普通高等教育"十一五"国家级规划教材

能源与环境

冯俊小　李君慧　主编

北　京
冶　金　工　业　出　版　社
2011

内容提要

本书在结构上分为能源和环境的关系、能源的环境影响和污染防治、节能减排和废弃物能源资源化利用几个层次编写。全书内容分为9章：绪论，能源的环境问题，环境污染治理途径及原理，硫氧化物控制，氮氧化物的治理，二噁英的治理，烟尘的污染及防治，工业节能与环境，废弃物资源化利用和环境。每章后都附有复习思考题。

本书为能源动力类专业本科32~64学时环境保护类课程的教材，也可供有关工程技术人员参考。

图书在版编目（CIP）数据

能源与环境/冯俊小，李君慧主编．—北京：冶金工业出版社，2011．6

普通高等教育“十一五”国家级规划教材

ISBN 978-7-5024-5649-8

Ⅰ．①能… Ⅱ．①冯… ②李… Ⅲ．①能源—高等学校—教材 ②环境保护—高等学校—教材 Ⅳ．①TK01 ②X

中国版本图书馆CIP数据核字（2011）第123213号

出版人 曹胜利

地　址 北京北河沿大街嵩祝院北巷39号，邮编100009

电　话 (010)64027926 电子信箱 yjcbs@cnmip.com.cn

责任编辑 宋　良 美术编辑 李　新 版式设计 孙跃红

责任校对 王贺兰 责任印制 张祺鑫

ISBN 978-7-5024-5649-8

北京兴华印刷厂印刷；冶金工业出版社发行；各地新华书店经销

2011年6月第1版，2011年6月第1次印刷

787mm×1092mm 1/16；16.75印张；447千字；255页

35.00元

冶金工业出版社发行部 电话:(010)64044283 传真:(010)64027893

冶金书店 地址:北京东四西大街46号(100010) 电话:(010)65289081(兼传真)

（本书如有印装质量问题，本社发行部负责退换）

前　言

本书是教育部普通高等教育“十一五”国家级规划教材，是在1990年冶金工业部制定的冶金、有色高等院校“八五”规划教材《能源与环境》（李君慧主编，东北工学院出版社，1993）基础上，总结编者在北京科技大学多年“能源与环境”课程教学实践经验编写而成的。在编写过程中，参考了国内能源与环保领域已有的能源与环境、环境工程概论、工业热工基础及工程燃烧学等教材和国内外有关文献。

本书在结构上仍然保持了原来能源与环境教材的内容体系，分为能源和环境的关系、能源的环境影响和污染防治、节能减排和废弃物能源资源化利用几个层次编写。同时，根据现代人类生存发展对环境质量要求的变革，以及工程与科学技术的发展，适当地拓宽了原书的内容，增加了二噁英防治、垃圾能源化处理、富氧燃烧和蓄热燃烧节能减排新技术等内容，对原教材中涉及的理论数据和生产数据进行了更新和充实。此外，加强了论述的科学性、严谨性与准确性。为了便于多媒体教学，本书配备了电子版光盘。

能源与环境是人类生存和发展的基础，进入21世纪后，中国已经成为世界能源消费大国，能源开发和利用所带来的环境问题，特别是大气污染问题相当严重，能源与环境的矛盾非常突出。满足经济发展和人民生活对能源的需求，不断提高能源利用效率和减少能源对环境的污染，已经成为中国乃至世界经济可持续发展的必由之路。随着现代工业与科学技术的发展，能源与环境问题已经深入到能源与环境领域之外的机械、冶金、化工、交通、电子、信息、航空航天及生物医学工程等领域，能够了解、认识和解决各工程领域中能源与环境的技术难题，是对现代工程技术人才的基本要求，是面向21世纪工科各类专业人才工程素质的重要组成部分。因此，为使本书满足21世纪人才培养的需要，一方面，对环境保护的基本概念、基本理论和基本规律进行了阐述；另一方面，为了拓宽本书的实用性，对现有节能减排环保工艺技术进行了详细的论述，同时选编了适量的结合工程实际的思考题，以培养学生的工程观念，理论联系实际，提高分析问题、解决问题的能力。

本书可作为能源动力类各专业大学本科 32～64 学时环境保护类课程的教材，也可供有关工程技术人员学习参考。由于本书在结构上相对独立，既可满足 64 学时课程教学的需要，亦可根据学科侧重点和教学要求对授课内容进行取舍，作为 32 学时能源与环境课程的教材或参考书。

在编写过程中，郑海薇、孙志斌、吕悠扬工程师，张宇、谢知音、陈艳梅博士，赵志南、张志远、姬江峰、刘天力、朱彦飞硕士在资料收集、文献查阅、图表制作和文献编辑方面给予了大力支持和帮助；还得到了北京科技大学及兄弟院校许多老师的关心和帮助，他们的许多宝贵意见和建议，使本书的质量得到保证。在此谨向所有给予支持和帮助的上述人员表示诚挚的谢意。

由于编者的水平所限，书中不足在所难免，诚请读者批评指正。

编 者

2011 年 4 月于北京科技大学

目　　录

1 绪　论

1.1　人类与环境

1.1.1　环境

环境的本意是指周围境况。环境总是相对于某个中心事物而言的，在人类-环境系统中，这个中心就是人，环境是指人类生存的周围环境。换句话说，环境是人类赖以生存和发展的宇宙空间及其中全部物质要素的综合体，是人类周围生物因素、化学因素、物理因素和社会因素的总称。构成环境的这些基本因素称为环境因素。

环境按照属性可分为自然环境和社会环境。

自然环境指的是人类周围自然因素的总称，是人类赖以生存和发展的必要物质条件，即客观世界，是由近及远、由小到大有层次的复杂体系。自然环境又可分为人类生活环境、地理环境、地质环境和宇宙环境。人类生活环境包括大气、水、植物、动物、土壤、岩石矿物、太阳辐射等因素，是人类赖以生存的物质基础。通常把这些因素划分为大气圈、水圈、生物圈、土壤圈、岩石圈等五个自然圈。

社会环境是指社会的经济制度和上层建筑，如经济基础、政治、法律、宗教、艺术、哲学等，即人类物质资料生产过程中，共同进行生产形成的生产关系的总和。

自然环境是社会环境的基础，而社会环境是自然环境的发展。人类是自然的产物，而人类的活动又影响着自然环境。原始的自然环境按照自己的规律生成和发展，它的客观属性和人类的主观要求之间，它的客观发展过程和人类有目的的活动过程之间，不可避免地存在着矛盾。原始的自然环境在被利用和改造的过程中，转变为人类的生存环境。所以，今天人类的生存环境，不是单纯由自然因素构成的，也不是单纯由社会因素构成的，而是在自然环境的基础上，经过人类改造后形成的。

《中华人民共和国环境保护法》指出：本法所称环境指：大气、水、土地、矿藏、森林、草原、野生动物、野生植物、水生生物、名胜古迹、风景旅游区、温泉、疗养区、自然保护区、生活居住区等。这里所指的是人类自然环境中生物圈这一层。

1.1.2　人类与环境的关系

人类与环境有着密切的联系。一方面，人类受到环境的制约；另一方面，人类对环境有能动的改造能力。人类与环境的关系是作用与反作用的关系。在人类的生活和生产活动中，一方面从自然界（环境）获取各种物质和能量资源供人类进行生产和消费；另一方面又会将产生的废料和利用后的各种排泄物，以废物的形式把获取的物质及能量返回到环境中去，进而对环境造成影响。人类活动对环境的改变会以反馈的形式反作用于人类。由此可见，人类与环境之间是通过物质循环和能量循环紧密联系起来的，构成了复杂的人类-环境系统，如图 1-1 所示。

人的生存依赖于环境，并受环境的制约。首先，人依赖于环境提供的各种资源，包括空气、水、阳光、土地、矿产等，否则人类无法生存。其次，环境的质量影响人类的健康、生存

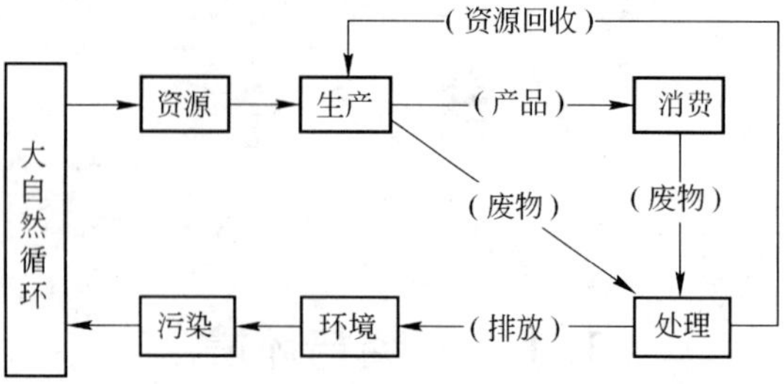

图 1-1 物质循环和能量循环示意图

和寿命。随着生存条件的改善、医学科学的发展和医疗条件的改善，人的寿命越来越长。更有科学证据的是人体中各种微量元素的平均含量与地壳中的水平几乎保持一致，真可谓是“一方水土养一方人”，“靠山吃山，靠水吃水”。

同时，人具有改造环境的能动性。为了改善生活条件，人们会改造环境，从钻木取火、开垦耕田、兴修水利，到盖房、修路、造车和生产电器等，都是人类主观能动改造世界的很好例证。

随着现代化生产的进行，一方面，在短时间内从环境获得如此之多的财富，令人们满足和陶醉；另一方面，对自然界无限制的恣意攫取，破坏了环境应有的相对稳定的状态，久而久之造成了日益严重的环境问题，使人类自身失去生存和发展的物质基础。人类在长期的生产活动中，一般只注意取得生产的最近最直接的物质财富与经济效益，而往往忽视了这些生产过程对环境造成的破坏现象及其长期积累的不良后果，因而常常遭到自然界的报复，对人类和社会发展造成巨大损失和影响。为确保人类获得长久良好的生存环境，实现经济和社会的可持续发展，必须研究人类与环境这一对矛盾的实质，研究其对立统一的关系，充分认识两者之间作用和反作用的关系；必须全面而正确地认识当前与人类环境密切相关的人口问题、能源问题、资源问题和环境保护问题。只有这样，才能在人类生活和生产活动过程中遵循其发展规律，能动地促进环境朝着有利于人类的方向发展。

1.2 环境科学

1.2.1 环境科学的形成

环境科学所研究的环境，是指以人类为主体的外部世界，即人类赖以生存和发展的物质条件的综合体，包括自然环境和社会环境。环境科学就是研究“人类与环境”这对矛盾的科学。在第一次工业革命之后的200年里，随着资本主义大工业的发展，进入自然环境中的废气、废水、废渣（即所谓的三废）等有害物质不断增加。这些有害物质的数量又往往超出自然界本身的稀释和净化能力，从而破坏了环境的生态平衡，危害到了人体健康，制约了经济发展。

环境和经济发展是相互促进、相互制约的。当经济活动处于低级阶段，发展生产和环境污染还没有成为主要矛盾时，人们对两者的关系是不可能有深刻认识的。起初人们只是片面地追求物质条件和经济效益，并为此而自豪，直到环境给予报复时才醒悟过来，真正认识到环境是人类生存的物质基础，认识到保护和改善环境是不断发展经济的必要条件，认识到现代工业的发展虽然创造了巨大的物质财富，却使人类赖以生存的环境不断恶化。于是，人们开始研究发展经济与保护环境之间的相互制约、相互依存和相互促进的内在关系，从而形成了一门独立的、领域广阔的科学——环境科学。

1.2.2　环境科学的内容

环境科学作为一门独立科学，只有四十多年的历史，是一门新兴、发展中、跨学科的庞大科学体系。它是研究“人类与环境”的对立统一关系的发生和发展、调节和控制的科学。环境科学兼有认识改造环境和调控人类和环境关系，使其处于最优化发展状态的多重任务。

环境科学（自然科学部分）研究的具体内容主要有以下 7 个方面：

（1）环境状况的调查研究和环境质量的分析评价；

（2）污染物在自然环境中迁移、转化、循环、消化和积累的过程和规律；

（3）环境污染物及其危害；

（4）环境污染的防治原理、途径，以及控制和防治措施；

（5）自然资源的保护，资源合理开发和高效利用；

（6）环境监测、分析技术和环境污染的预报和预测；

（7）环境的区域规划和环境保护的规划等。

1.2.3　环境科学的分类

时至今日，环境科学已成为多学科、跨学科的综合科学体系。环境科学的分类方法很多，目前还没有统一的分法。主要有按照研究范畴、基础学科和环保重点等划分方法。

如果按照研究范畴进行划分，环境科学可分为理论环境学、基础环境学、应用环境学三大部分，如图 1-2 所示。

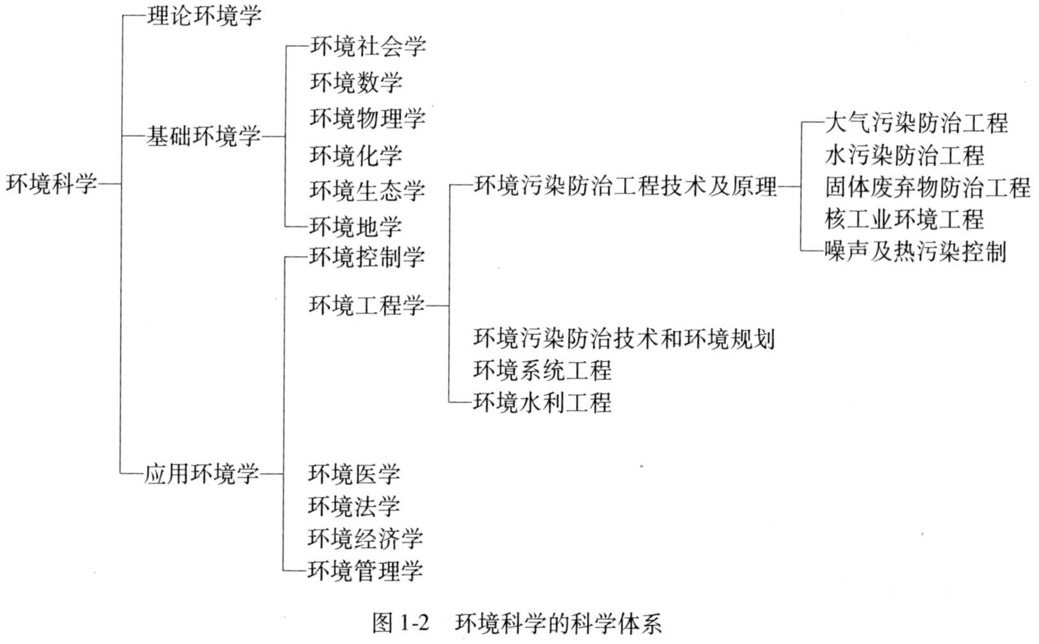

图 1-2　环境科学的科学体系

理论环境学研究的是环境科学的基本理论和基础知识，是环境科学的核心。

基础环境学是由目前相应的学科向环境学过渡的新分支，是环境科学向各个自然学科渗透和发展中形成的。

应用环境学又称环境保护学，是研究上述理论实践应用的学科。其中的环境工程学是研究应用工程技术和有关学科的原理和方法，保护和利用自然资源，防止环境污染，以改善环境质量的学科。主要研究内容包括大气污染防治工程、水污染防治工程、固体废弃物的处理与应用、噪声控制技术、环境系统工程、环境监测与分析技术等。最终通过工程实施解决生产和生活过程中的环境问题。

其他划分方法在此不再赘述。

1.3 环境污染及环境标准

1.3.1 环境污染

环境受到人类生产和生活活动的影响而改变了原有状态和性质，这种改变既包括改善，也包括破坏。当人类活动排放到环境中的污染物数量超过环境自净能力不能承受的量级时，污染物就会在环境中不断积累，当达到一定数量后，就会使环境机能遭到破坏，最终导致自然环境质量的严重衰退，并对人类的生产和生活产生危害或影响。这种现象称为环境污染。

环境污染亦可用下列公式表示：

$$\text{环境污染} = \text{人类活动的冲击} - \text{环境的自净能力}$$

此外，目前人类发明制造的新化学品种种类繁多，层出不穷，当其进入环境的自净化循环系统后，有些是无法通过化学和细菌的作用而消化的，而是长期保留在环境中，如上世纪60年代我国曾大量使用的杀虫剂DDT。

环境污染是指环境受外界影响而改变了原有状况和性质的现象。如：大气混浊、水质变坏、废物堆积、噪声、振动、日照减少、山野荒芜、风景破坏、生物灭绝等。

1.3.2 污染源及其分类

污染源是指造成环境污染的污染物质的发生源或者排放源，通常指向环境排放有害物质或对环境产生有害影响的场所、设备和装置。

按污染物的来源划分，污染源可分为天然污染源和人工污染源。前者是自然现象（如火山喷发，风暴）形成的污染源，后者是人类生产活动和社会活动形成的污染源。

人工污染源有多种分类方法。按污染的主要对象划分，可分为大气污染源、水体污染源和土壤污染源等；按人类活动功能划分，可分为工业污染源、农业污染源、交通运输污染源和生活污染源等；按污染物质种类划分，可分为有机污染源、无机污染源、热污染源、噪声污染源、振动污染源、重金属污染源、放射性污染源和同时排放多种污染物的混合污染源；按排放污染物的空间分布特点划分，又可分为固定污染源和移动污染源。

固定污染源指不可移动的排放口或排放源，根据它对环境污染的空间特点，又可分为点源和面源。点源一般指排放量大的高烟囱；面源指许多矮烟囱或无烟囱组合成的区域性污染源。移动污染源指可移动的排放源，如火车、轮船、汽车和飞机等，又称为线源。污染源的具体分类见图1-3。

1.3.3 环境污染物及污染物标准

有害物质出现在自然界，进入了空气、水的自净循环系统。当有害物质排放量大，且浓度超过环境自净化能力负载时，此有害物质被看做污染物，此时会造成环境污染。

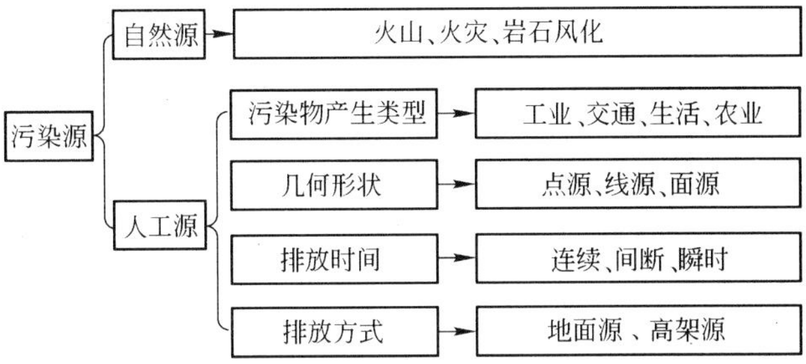

图 1-3　污染源分类

空气污染物系指由于人类活动或自然过程排入大气的并对人或环境产生有害影响的物质。定义空气污染物的方法可以是：如果空气中含有浓度远远超过“清洁的”干空气成分的一种或数种物质，由于这些物质的存在引起人类、动物、植物或器物的损害，则称这些存在的物质为空气污染物。“清洁的”干空气的组成见表 1-1。

表 1-1　清洁空气中的物质浓度

气　体	符　号	浓度/ $\times10^{-6}$	气　体	符　号	浓度/ $\times10^{-6}$
氮	N_2	780900	氪	Kr	1
氧	O_2	209400	氧化二氮	N_2O	0.5
氩	Ar	9300	氢	H_2	0.5
二氧化碳	CO_2	315	氙	Xe	0.08
氖	Ne	18	二氧化氮	NO_2	0.02
氦	He	5.2	臭氧	O_3	0.01 ~ 0.04
甲烷	CH_4	1.0 ~ 1.2			

环境污染程度取决于环境中有害物质的浓度，通常以体积浓度和质量浓度来表征。污染物的浓度越高，说明污染程度越严重。

体积浓度通常以 $\times10^{-6}$（百万分之几）表示，即

$$1\times10^{-6}=\frac{1\text{ 体积气体污染物}}{10^6\text{ 体积(污染物 + 空气)}}$$

人们偶尔也用 pphm（即 10^{-8}）、ppb（即 10^{-9}）和 ppt（即 10^{-12}）表示体积浓度。

质量浓度一般用 $\mu g/m^3$ 表示，它和体积浓度之间存在着定量的关系，在 25℃ 和 0.1MPa 下，ppm 和 $\mu g/m^3$ 之间的换算关系如下：

$$\mu g/m^3=\frac{\text{ppm}\times\text{分子质量}}{22.41}\tag{1-1}$$

1.3.4　环境标准

1.3.4.1　环境标准的种类

环境标准是为保护人体健康和维护生态平衡，根据环境政策和有关法令，在综合分析自然

环境特征、控制环境污染的技术水平、经济条件和社会要求的基础上，规定环境中污染物的最高允许浓度、污染源的最大排放量和浓度大小等的规范。环境标准是执行环境保护法规、实施环境管理的依据，同时又是环境质量评价的基础。

随着环境科学的发展，环境标准的种类越来越多。按使用范围可划分为国家、地方、行业、企业的环境质量标准；按污染对象划分，可分为大气、水、土壤、噪声等多种质量标准；按用途划分，可分为环境质量标准、污染源排放标准、技术设计标准、警报标准等。下面就空气质量控制标准进行讨论。

1.3.4.2 大气环境质量控制标准

大气环境质量控制标准一般分为四级，是1963年世界卫生组织WHO(World Health Organization）提出的一种划分方法。具体为：

第一级：根据当前人类掌握的科学知识，认为对人、物看不到有什么直接或间接影响的环境状况。以该环境状况下的浓度和允许暴露的时间作为一级标准。

第二级：如果环境对人体感觉器官有刺激，对植物有害，使视野距离缩短，则把开始产生这些影响的浓度和允许暴露的时间作为二级标准。

第三级：如果环境能够引起人类慢性病发病，使人的生理发生障碍或衰退、寿命缩短，则把开始产生这些症状的浓度和允许暴露的时间作为三级标准。

第四级：环境使感受比较敏感的人引起急性症状或导致死亡，则把开始产生这些影响的浓度和允许暴露的时间作为四级标准。

世界各国都参照WHO划分的四级标准，结合本国环境和社会的实际情况来制定本国的标准。我国大气质量标准介于此标准的一、二级之间。

大气环境质量控制标准又可分为大气质量标准、污染源排放标准、技术设计标准和警报标准四类。

A 大气质量标准

大气质量标准是以保障人的健康和生态系统不受损害为目标而制定的各种污染物在环境中的最高允许含量，是进行环境质量管理和评价的依据，是后三种标准制定的依据，该标准对后三种标准起着主导和制约的作用，后三种标准是前者的延伸。我国大气质量标准见表1-2。此标准将大气环境质量分为三级：

一级标准：为保护自然生态和人群健康，在长期暴露情况下，不发生任何危害影响的空气质量要求。

二级标准：为保护人群健康和城市乡村的动物、植物在长期和短期接触情况下，不发生伤害的空气质量要求。

三级标准：为保护人群不发生急、慢性中毒和城市一般动植物（敏感者除外）正常生长的空气质量要求。

具体执行又根据各地区的地理、气候、生态、政治、经济和大气污染程度，确定的大气环境质量分为三类：

一类区：为国家规定的自然环境保护区、风景旅游区、名胜古迹和疗养地等，执行一类标准。

二类区：为城市规划中确定的居民区、商业交通居民混合区、文化区和广大农村等，执行二类标准。

三类区：为大气污染程度比较重的城镇和工业区及城市交通枢纽、干线等，执行三类标准。

表 1-2 中华人民共和国大气质量标准

污染物名称	取值时间	浓度限制/$mg \cdot m^{-3}$		
		一级标准	二级标准	三级标准
总悬浮颗粒物 TSP	年平均	0.08	0.20	0.30
	日平均	0.12	0.30	0.50
可吸入颗粒物 PM_{10}	年平均	0.04	0.10	0.15
	日平均	0.05	0.15	0.25
二氧化硫 SO_2	年平均	0.02	0.06	0.10
	日平均	0.05	0.15	0.25
	1 小时平均	0.15	0.50	0.70
氮氧化物 NO_x	年平均	0.05	0.05	0.10
	日平均	0.10	0.10	0.15
	1 小时平均	0.15	0.15	0.30
二氧化氮 NO_2	年平均	0.04	0.04	0.08
	日平均	0.08	0.08	0.12
	1 小时平均	0.12	0.12	0.24
一氧化碳 CO	日平均	4.00	4.00	6.00
	1 小时平均	10.00	10.00	20.00
臭氧 O_3	1 小时平均	0.12	0.16	0.20
氟化物	日平均	7①		$\mu g/m^3$
	1 小时平均	20①		
	月平均	1.8②	3.0③	$\mu g/dm^3$
	植物生长季平均	1.2②	2.0③	

①适用于城市地区；
②适用于牧业区和以牧业为主的半农半牧区，蚕桑区；
③适用于农业和林业区。

表 1-3 为我国环境质量标准中规定的居民区大气中有害物质最高允许浓度。表 1-4 为我国环境质量标准规定的车间空气中有害物质的最高允许浓度，原表中共包括 111 种有害物质，在此仅列出其中的 18 种。

表 1-3 中国居住区大气中有害物质最高允许浓度

物质名称	最高允许浓度/$mg \cdot m^{-3}$		物质名称	最高允许浓度/$mg \cdot m^{-3}$	
	一次②	日平均		一次	日平均
一氧化碳	3.00	1.00	环氧氯丙烷	0.20	—
乙　醛	0.01	—	氟化物（换算成 F）	0.02	0.007
二甲苯	0.30	—	氨	0.20	—
二氧化硫	0.50	0.15	氧化氮（换算成 NO_2）	0.15	—
二氧化碳	0.04	—	砷化物（换算成 As）	—	0.003
五氧化二磷	0.15	0.05	敌百虫	0.10	—
丙烯腈	—	0.05	酚	0.045	0.015①
丙烯醛	0.10	—	硫化氢	0.01	—
丙　酮	0.80	—	硫　酸	0.30	0.10
甲基对硫磷（甲基 E605）	0.01	—	硝基苯	0.01	—
甲　醇	3.00	1.00	铅及其无机化合物(换算成 Pb)	—	0.0007
甲　醛	0.05	—	氯	0.10	0.03
汞	—	0.0003	氯丁二烯	0.10	—
吡　啶	0.08	—	氯化氢	0.05	0.015
苯	2.40	0.80	铬（六价）	0.0015	—
苯乙烯	0.01	—	锰及其化合物（换算成 MnO_2）	—	0.01
苯　胺	0.10	0.03	飘　尘	0.5	0.15

①《居住区大气中酚卫生标准》(GB 18067—2000)。
② 一次最高允许浓度，指任何一次测定结果的最大允许值。

表 1-4 车间空气中有害物质最高允许浓度（节选）

编号	物质名称	最高允许浓度 /mg·m^{-3}	编号	物质名称	最高允许浓度 /mg·m^{-3}
1	一氧化碳	20	10	二氧化硒	0.1
2	一甲胺	5	11	二氯丙醇（皮）	5
3	乙 醚	500	12	二氯化碳（皮）	10
4	乙 氰	2.5	13	二异氰酸甲苯酯	0.2
5	二甲胺	10	14	丁 烯	100
6	二甲苯	100	15	丁二烯	100
7	二甲基甲酰胺（皮）	10	16	丁 醛	10
8	二甲基氯硅烷	2	17	三乙基氯化锡（皮）	0.01
9	二氧化硫	10	18	三氧化二砷及五氧化二砷	0.3

注：1. 本表摘自 GBZ 2—2002 工作场所有害因素职业接触限值。
2. 表中最高允许浓度，是工人工作地点空气中有害物质不应超过的数值。工作地点指工人为观察和管理生产过程而经常或定时停留的地方。
3. 有“（皮）”标记者为除经呼吸道吸收外，尚易经皮肤吸收的有毒物质。

B 污染源排放标准

污染源排放标准是为实现环境质量标准而对污染源排放的有害物质的允许量（排放量或排放浓度）进行限制的标准，旨在更有效地保护环境。因此，环境质量标准是制定污染源排放标准的依据。

为使该标准能达到既保护环境又促进生产的综合效益，制定时必须考虑以下几个原则：

（1）满足环境质量标准。排放标准应是实现环境质量标准的管理手段。因此，制定排放标准要尽量以满足环境质量标准为依据。

（2）技术可行性和经济合理性。制定的排放标准应和目前科学技术发展的水平及社会经济水平相适应，即技术上要可行，同时要具有相应的经济能力，这样的标准才能有效地实施。要在控制排放量所需的费用和由于过量排放所造成的经济损失的关系上寻找综合最佳点，如图 1-4 所示。例如，烟气除尘，当除尘效率达到一定程度后，再进一步提高除尘效率，所需的费用要成倍及至几倍的增长，这时就要用最优化方法来确定最佳点（控制费用指现阶段可行的最佳控制技术的费用）。

（3）考虑环境容量。环境具有一定的自净能力，排放标准所要控制的只是在当地环境下不能自净的那部分污染物。2004 年，国家环保总局和质检总局联合发布新修订的《火电厂大气污染物排放标准》，提出了到 2005 年和 2010 年火电厂应执行的二氧化硫和烟尘排放限值，有利于火电厂根据自身的情况采取相应的控制措施。以二氧化硫为例，中国环境科学研究院的研究表明，从长远来看，我国二氧化硫的排放量应控制在 1200 万吨/年，其中电力行业排放的二氧化硫应控制在 550 万吨/年以下。不同的城市和地区，由于生产的发展和布局不同，气象地理条件的差别，应根据当地的具体情况，制定出地方性的污染物排放标准，甚至制定出更为严格的废气排放总量标准。所谓废气排放总量标准，是根据当地的具体情况，在保证大气环境质量标准的前提下，制定出当地的特定污染物的最大允许排放总量，然后将这一排放总量分配到每一个污染源上，规定出每一个污

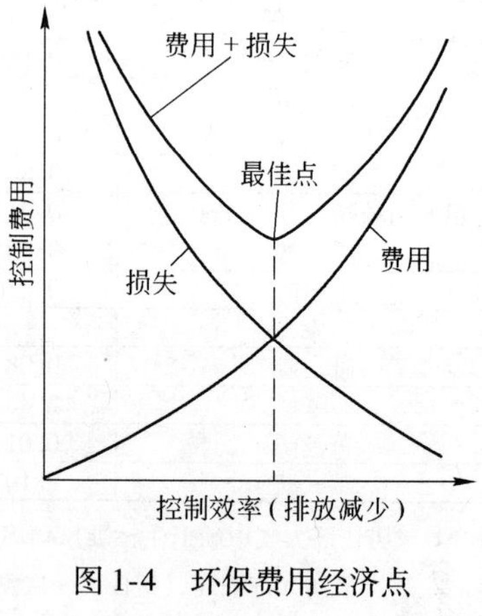

图 1-4 环保费用经济点

染源的最大允许排放总量。

C 技术设计标准

技术设计标准由排放标准引申而来。如燃料、原料使用标准、净化装置选用标准、烟囱高度标准等，使生产、设计和管理人员容易掌握和执行。保证工艺设计和设备选型满足环境质量的要求。

D 警报标准

当环境污染达到较严重的程度，会对人产生恶劣影响时，必须向公众发出警报，以采取必要的防护措施，甚至撤离本地区。该污染物的最高浓度标准，称为警报标准。这类标准在防止严重的污染事件方面能起到一定的预防作用。

1.4 生态学与环境保护

采取法律、行政、经济、科学技术的措施，合理利用自然资源，防止环境污染和破坏，保护和发展生态平衡，扩大自然资源的再生产，保障人类社会发展称为环境保护。具体讲，就是为了尽可能地维护或恢复人类、动物、植物、景观和古迹等环境的自然状态所采取的一切措施。环境质量的保持与改善以及生态平衡的恢复和再建，都依赖于人们对生态系统结构和功能的了解，进而把生态学的原理应用到环境保护工作上。

生态学是研究生物与生物间、生物与其生存环境之间相互关系的一门科学，起源于19世纪60年代。到20世纪60年代，生态学研究的中心是生态系统。

1.4.1 生物圈

生物圈是指地球上所有生物有机物（包括动物、植物和微生物）和它们所生存的环境的总体。地球所有的生命生活在地球的表面层里，把这个生物有机体生存的地球表面层称作生物圈。它包括海平面以下不到11km的海洋（太平洋最深处的马利亚那（Mariana）凹地）和地平面以上10km的大气层。其中包括全部水圈、土圈和部分大气圈及岩石圈。圈内有来自地球内部的内能和来自太阳的太阳能，是能量交锋地带；具有常温、常压的物理条件，有维持生命生存的空气、水和土壤。生物圈是与人类关系最密切的，必须很好地加以保护的那部分自然环境。对于庞大的宇宙而言，它只是薄薄的一层生物薄层，如图1-5所示。

生物圈内的一切事物都是相互联系、相互依赖的，它们之间进行着复杂的能量交换和物质交换，例如水、氧气和二氧化碳的循环（见图1-6）。

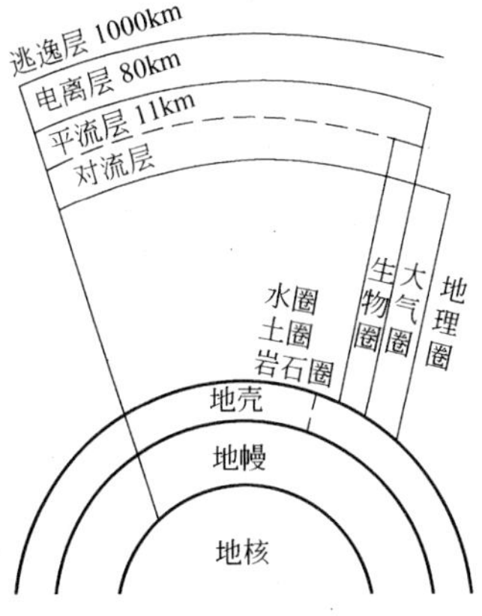

图1-5 地球构造的分层性

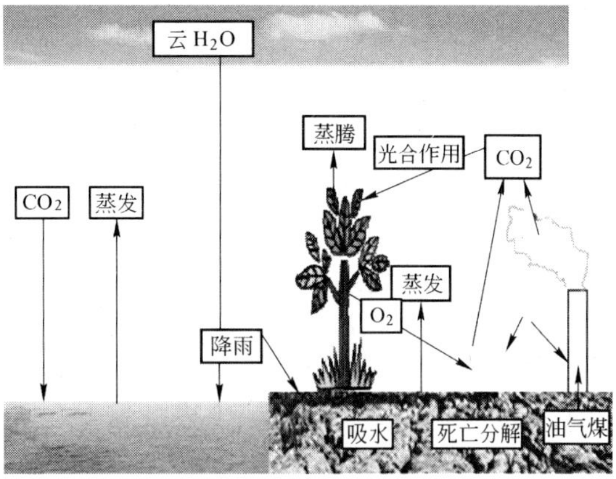

图1-6 水、氧气和二氧化碳的循环

1.4.2 生态系统

生态系统是指由生物群落及其生存环境共同组成的动态平衡系统，即自然界一定空间内的生物与环境之间进行着物质和能量交换，并相互作用、相互制约，不断演变而达到动态平衡、相对稳定的统一体。

根据环境性质和形态特征，生态系统分为陆地生态系统、淡水生态系统和海洋生态系统。陆地生态系统既包括自然的森林、草原、荒漠、火山等，也包括人工的农田、城镇、工厂、村落等。淡水生态系统包括河流、水库和湖泊。海洋生态系统则包括海岸、河口、浅海、大洋、海底等。生态系统可大可小，如含有小藻类细胞的一滴水，一个湖泊，一个工厂，都可称为一个生态系统。

1.4.2.1 生态系统的组成

生态系统由生产者、消费者、分解者和无生命物质四个部分组成。

（1）生产者：指可以利用太阳能把无机物合成为有机物的各种绿色植物。

（2）消费者：主要指各类动物。

（3）分解者：指存在于生物圈中的微生物（细菌和真菌），它们能把动、植物残骸分解成简单的化合物，释放回环境，故称分解者。

（4）非生命物质：这里是指生态系统中的各种各样无生命的无机物、有机物和各种自然因素，包括水、空气、矿物质、酸、碱等，它们组成生物赖以生存的物质环境。

以上四部分组成一个生态系统，缺一不可。它们相互联系，相互制约，不断变化，而又在一定条件下处于相对的平衡状态，构成了一个非常精巧而又复杂的生态系统。图 1-7 表示组成生态系统的四部分之间相互联系和制约的情况。

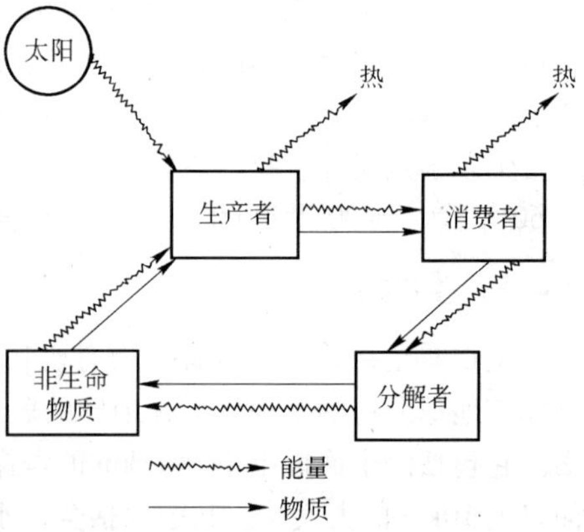

图 1-7 生态系统的物质和能量循环

1.4.2.2 生态系统中的物质循环和能量交换

地球上全部生命活动所需的能量均来自太阳，就是这些能量推动着自然界生态系统中物质不断循环。大自然中的空气携带着大量的水，水会被植物吸收利用，而植物则帮助动物更新。重要的化学物质在生物圈里做周期性的再循环。循环保证了自然界将不会面临自然枯竭，进而形成了环境的自然净化过程。

生态系统在自然界中并不是静止不变的，但在一定时间内和一定条件下处于平衡状态。这种平衡是动态的平衡。任何自然界因素和人类活动都会破坏这种暂时的平衡，如火山爆发、地震、水灾、工农业生产的大发展、污染物的任意排放等。此时，生态系统中进行着新的物质和能量交换，只要来自系统以外的冲击不大，生态系统对外来的化学物质均具有一定的稀释和净化能力，这些都称之为生态系统的自净能力。外来冲击小于系统的自净能力时，系统虽遭破坏，但经过新的交换和变化，生态系统会达到另一个新的平衡系统，对系统内的生物有机体不会造成很大的危害。如果这种外来冲击（自然的或人类活动造成的）较大，超过了系统的自净能力，生态系统就会遭受严重的破坏，就会发生环境污染或公害事件。

1.4.3 环境保护

1.4.3.1 环境污染的严重性

当人们称为“污染物”的许多化学物质出现在自然界，并且进入了空气和水自净化系统的循环，当环境中的污染物浓度超过环境自然净化能力时，这些为系统自净能力所不能承受的化学物质称作“污染物”。特别是污染物量大的农业、工业集中的地区，更易造成此类情况。还有一种污染物是指自然界中出现了许多本来没有的化学物质（如DDT）时，这些物质进入环境循环系统不易被消化，也就是说基本不受环境净化的化学作用和细菌作用影响，而长期保留在环境中，形成对环境的持久性的污染。这些污染物的过量排放使环境遭到了破坏，使生态失去平衡。

人类在利用大自然发展经济和创造文明的同时，也在破坏大自然并使人类自身失去生存和发展的物质基础。环境污染已严重地威胁到人类的健康、生存发展和正常的繁衍。表1-5所列为迄今为止发生的世界著名公害事件，表1-6所列为我国发生的重大污染事件，都是很好的例证。

表1-5 世界著名公害事件

时间	地点	污染物（24小时平均浓度）		额外死亡人数① 发病人数	备注
		$\mu g/m^3$	$\times 10^{-6}$		
1948.10.27~31	多诺拉			死20人，四天内42%的人患病	工厂多、雾天、逆温天气②
1948.11.26	伦敦	烟尘3800	SO_2，0.75	700~800	（1）燃煤烟尘中SO_2及烟尘；（2）逆温天气；（3）历年累计死亡近万人
1952.12.5~9	伦敦	烟尘4500	SO_2，1.34	4000	
1956.1.3~6	伦敦	烟尘2400	SO_2，0.55	1000	
1957.12.2~5	伦敦			200~250	
1962.12.5~10	伦敦		SO_2，1.98（小时平均值）SO_2，0.5	700	
1963.1~2	纽约			200~400	
1964.2.27~3.10	纽约			168	
1956~1957	洛杉矶		光化学烟雾	65岁以上400人	三面环山的山谷地形
1931~1972	福岛		含镉废水	患者380人，死亡50多人	河流两岸
1955	日本四日市	煤尘	SO_x，钴锰铁等重金属	患者1500人，死亡36人	哮喘，支气管炎，肺气肿
1968	爱知县等		对氯联苯	患者5000人，死亡16人	恶心、呕吐、咳嗽、肌肉痛，肝功能下降
1979.3.28	三里岛		放射性物质没有进入大气环境	只有3人受到略高于半年的容许剂量的照射	IAEA定为4级
1986.4.26	切尔诺贝利		放射性物质	直接和间接受害者达900万人	核电站爆炸，16万平方公里的土地被污染，IAEA定为7级
2011.3.11	福岛		放射性物质	大气、土壤、海洋受污染	地震引发核泄漏，IAEA定为7级

①正常情况下与事件死亡人数之差。

②指上层大气温度高于下层大气温度的气象状况。

表 1-6 重大污染事件

时 间	地 点	污染物	影 响	污染类别
2003. 12. 23	四川石油管理局川东钻探公司	硫化氢	4000 多人中毒，10 万人疏散，直接经济损失达 6432. 31 万元	大气污染
2004. 02. 14	重庆市天原化工总厂	硫化氢，氯气	9 人损伤	大气污染
2004. 04. 15	重庆市天原化工总厂	氯 气	9 人死亡，3 人受伤，15 万群众被转移	大气污染
2005. 11. 24	垫江县英特化工有限公司	甲基乙烷	造成 1 人死亡，5 人受伤	大气污染，水污染
2006. 03. 25	四川石油管理局	甲烷及硫化氢	7000 名群众被疏散	大气污染

注：摘自中国环保网。

A 环境污染的影响

（1）环境污染波及的范围广。环境污染造成土壤、水体、大气的污染，亦可能造成地面下沉，产生巨大噪声和振动等，几乎可以波及生物圈的各圈层，可谓影响巨大。如 2011 年 3 月 11 日日本地震引发海啸造成福岛核电站泄漏，大量的放射性物质排入大气，在我国各地区的大气中检测到放射性物质碘-131、铯-131 和铯 137，在蔬菜中也检测到微量放射性物质碘-131。此外，还将大量放射性污水排入海洋，对海洋造成污染，进而危及海洋生物。

（2）污染物排放量大。随着世界人口的增多，人们对生活环境的要求越来越高，对能源和资源的需求越来越大，同时产生的废弃物和有害物质也越来越多，有害物质的种类也越来越繁杂。世界每年排入大气的有害气体达数亿吨之多。

（3）污染物的危害程度很深。除表 1-5 和表 1-6 所列的重大污染事件对人类造成急性危害外，有很多是长期的慢性危害，经过很多年以后才逐渐表现出来，如引起慢性病发病率升高，还可能导致癌症、致畸等疑难病症的增加。

（4）经济损失严重。环境污染给国民经济造成了重大损失。据美国估算，其国内每年因环境污染造成的经济损失多达 500 亿美元，占国民生产总产值的 5% 左右。西欧共同体九国历年的统计表明，此项损失约占国民生产总值的 3. 5%。世界环境署的调查结果表明，工业发达国家由于环境污染造成的经济损失约占国民生产总值的 3% ~5%。如 1974 年能源危机，美国的能源缺口 1. 16 亿吨标准煤，国民生产总值减少 930 亿美元；日本的能源缺口 0. 6 亿吨标准煤，国民生产总值减少 485 亿美元。能源不足引起经济损失约为能源本身价值的 2 ~60 倍。

当前一些发展中国家每年要拿出国民经济总产值的 1% 用于环境保护设施的投资，但污染仍在进一步加重，造成的经济损失进一步扩大。环境的污染和破坏还会制约经济的发展。

B 我国的环境污染

我国的环境污染相当严重，是世界上污染物排放量最多的国家之一。表现为：

a 大气污染

表 1-7 为 2000 年全国重点城市大气污染物监测结果，近些年我国大气污染情况仍然不容乐观，有些城市污染较严重。酸雨地区由上个世纪 80 年代的西南地区发展到目前的西南、华南、华中和华东四个大面积酸雨区，酸雨区面积占国土面积的 30%。我国已经成为继欧美之后第三大酸雨地区。全国酸雨区域相对比较稳定，但是酸雨污染严重，部分城市达到严重级别。

表 1-7　2000 年全国重点城市大气污染物监测结果

城　市	污染指数	首要污染物	空气质量级别
北　京	90	总悬浮颗粒物	Ⅱ
天　津	96	总悬浮颗粒物	Ⅱ
石家庄	140	总悬浮颗粒物	Ⅲ
太　原	90	总悬浮颗粒物	Ⅱ
呼和浩特	150	总悬浮颗粒物	Ⅲ
沈　阳	119	总悬浮颗粒物	Ⅲ
长　春	108	总悬浮颗粒物	Ⅲ
南　京	57	总悬浮颗粒物	Ⅱ
南　昌	80	总悬浮颗粒物	Ⅱ
济　南	60	总悬浮颗粒物	Ⅱ
郑　州	83	总悬浮颗粒物	Ⅱ
武　汉	62	总悬浮颗粒物	Ⅱ
长　沙	65	二氧化硫	Ⅱ
广　州	51	二氧化硫	Ⅱ
重　庆	119	总悬浮颗粒物	Ⅲ
成　都	71	总悬浮颗粒物	Ⅱ
贵　阳	75	总悬浮颗粒物	Ⅱ
昆　明	55	总悬浮颗粒物	Ⅱ
西　安	109	总悬浮颗粒物	Ⅲ
兰　州	269	总悬浮颗粒物	Ⅳ
西　宁	95	总悬浮颗粒物	Ⅱ
银　川	165	总悬浮颗粒物	Ⅲ
乌鲁木齐	118	总悬浮颗粒物	Ⅲ

注：摘自中国环保网。

2009 年对全国 612 个城市进行了环境质量检查，其中达到一级标准的城市 26 个，占 4.2%；达到二级标准的城市 479 个，占 78.3%；达到三级标准的城市 99 个，占 16.2%；低于三级标准的城市 8 个，占 1.3%。全国地级及以上城市环境空气质量的达标比例为 79.6%，县级城市的达标比例为 85.6%。全国二氧化硫年排放量高达 2214.4 万吨，烟尘 1159 万吨，工业粉尘 1175 万吨。到 2010 年，环保重点城市的空气污染物年均浓度达到国家二级标准的城市占 73.5%，比 2009 年提高 6.2%。重点城市中 95.6% 的空气质量优良天数超过 290 天，比 2005 年提高 27.1%。城市空气中二氧化硫年均浓度比 2009 年下降了 2.3%，二氧化氮和可吸入颗粒物年均浓度分别上升 2.9% 和 1.1%。与 2005 年相比，二氧化硫、可吸入颗粒物年均浓度分别下降了 26.3% 和 12.0%。全国酸雨依然严重，pH 年均值低于 5.6 的面积约占国土面积的 12.6%，较 2005 年下降 1.3%。pH 年均值低于 5.0 的较重酸雨区和 pH 年均值低于 4.5 重酸雨区的面积基本稳定。酸雨集中分布于长江沿线及以南、青藏高原以东地区。降水中主要致酸物质为硫酸盐。

b　水体污染

水体是地面水、地下水及水中的悬浮物、底泥和水生物的总称。水体的污染是由于工业废水、生活污水及大气有害物迁入水域而造成的。2008 年，全国废水排放总量 571.7 亿吨，其中，工业废水排放量 241.7 亿吨，占废水排放总量的 42.3%；城镇生活污水排放量 330.0 亿吨，占废水排放总量的 57.7%。环境保护部公布的 2010 年全国环境质量状况报告表明，地表水总体为中度污染，重点湖泊和水库未发生大面积水华，近岸海域海水水质与去年相比有所下降，为轻度污染。

全国地表水国控监测断面中，Ⅰ～Ⅲ类水质占51.9%，较2009年提高了3.7%；劣Ⅴ类水质断面占20.8%，与2009年基本持平。七大水系Ⅰ～Ⅲ类水质断面占59.6%，较2009年提高了2.3%。

重点湖泊中，太湖为重度污染，属轻度富营养。滇池为重度污染，属重度富营养。巢湖为中度污染，属轻度富营养。洪泽湖为中度污染，属轻度富营养。洞庭湖为重度污染，属轻度富营养。鄱阳湖为轻度污染，属轻度富营养。丹江口水库水质良好。

全国近海岸为轻度污染，一、二类海水占62.7%，三类海水占14.1%，四类和劣四类海水占23.2%，主要污染物为无机氮和活性磷酸盐。四大海区中，黄海和南海近岸海域海水水质良好，渤海近岸海域海水为中度污染，东海近岸海域海水为重度污染。9个重要海湾中，黄河口和北部湾水质为优，胶州湾为轻度污染，辽东湾为中度污染，渤海湾、长江口、杭州湾、闽江口和珠江口为重度污染。11个沿海省份中，海南、广西和山东一、二类海水比例超过80%，其中海南一、二类海水比例达到100%。

c 固体废弃物污染

固体废物是指人类在生产和生活活动中丢弃的固体和泥状物质，包括从废水、废气分离出来的固体颗粒的总称，具体是指在人类一切活动过程产生的，且对所有者不再具有使用价值而被废弃的固态或半固态物质，通称为固体废物，简称固废。

人类在生产和生活活动中产生大量的废弃物（废渣、粉尘、污泥）和垃圾，已成为环境的主要污染源之一。我国固体废弃物排出量越来越大，已对环境构成很大的压力，仅冶金、煤炭、电力三个工业部门历年积存的废石、尾矿、废渣就有120亿吨，每年还继续向环境排放6亿吨固废，其中工业废渣和矿渣占70%以上。目前工业废渣利用率仅有19.3%。未做无害化处理的占80%以上，只做消极弃置。固废不仅占用了大面积良田沃土，还会经过气蚀和雨淋而污染大气、土壤和水体，污染环境，传播疾病。

d 噪声污染

从生理角度来看，凡是干扰人们休息、学习和工作的声音，即正常活动不需要的声音，统称为噪声。当噪声对人及周围环境造成不良影响时，就形成了噪声污染。产业革命以来，各种机械装备的创造和使用，给人类带来了生活的繁荣和进步，但同时也产生了越来越多而且越来越强的噪声，对人们的生活造成危害。

噪声对人的最直接危害是损伤听力。人们在强噪声环境中暴露一段时间，会感到双耳难受，甚至会出现头痛等症状。噪声污染是引起老年性耳聋的重要原因。噪声对人的睡眠影响极大，人即使在睡眠中，听觉也要承受噪声的刺激。噪声会导致多梦、易惊醒、睡眠质量下降等。突然的噪声对睡眠的影响更为突出，研究表明，当人受到噪声的突然干扰时，会丧失4秒钟的精神集中。据统计，噪声还会使人的劳动生产率下降10%～50%，工作差错率会随着噪声的增加上升。

可见，噪声会分散人的注意力，导致反应迟钝，容易疲劳，工作效率下降，差错率上升。噪声还会掩蔽安全信号，如报警信号和车辆行驶信号等，以致对人造成事故。

e 经济损失

我国目前还缺乏环境污染经济损失方面的统计资料，但从烟尘及有害废气的排放总量为世界最大排放量国之一来看，造成的经济损失肯定是巨大的。中国社会科学院数量经济技术研究所对我国大气污染经济损失作了定量研究，提出我国大气污染经济损失粗略预测方法。研究结果表明：2004年全国因环境污染造成的经济损失约为5118亿元，占当年GDP的3.05%；每百万人中有6人死于空气污染。在我国所有的污染损失中，以农业污染的损失最为严重。

1.4.3.2 环境保护的重要性

环境是人类生存的物质基础。为保证人体健康、万物茁壮成长，必须实现人类生产和生活活动中的身体良性循环。为此要从政策和法律上作出规定，以严格控制污染，改善环境。

环境和经济发展是互相制约、互相促进的，保护好环境可使经济得到持续的发展。破坏了环境，经济发展将受到制约。高度发展的经济又为改善环境提供了物质条件。

保护和改善环境是现代化生产的必要条件。现代化的生产装备，如精密仪器、设备和产品等，要求有一个清洁的环境，不保护好环境，就难以实现现代化生产。

环境污染除了影响人类健康外，还对人类质量有着长远的影响，可造成人类质量的退化，这将是不可挽回的损失。

保护好环境，才能保证经济和社会的顺利发展。因此，环境保护是现代化建设中的一项基本保证条件和战略任务，已经成为国家可持续发展的一项基本策略。

1.4.3.3 环境保护的基本方针

必须从不同国家的具体实际环境情况出发，制定行之有效的环境保护方针。我国的环境问题具有以下特点：

（1）我国能源结构是以煤为主，占到整个能源消费量的70%，煤炭相对于其他能源是一种污染排放指数较高的能源，它的大量使用必将对环境产生更严重的污染。

（2）我国的工业还处于粗犷型发展阶段，工业企业结构以中小型企业居多。这些企业工艺技术和装备比较落后，管理水平低，原材料、能源的浪费严重，加之布局不合理，对环境的危害很大。

（3）我国人口占世界总人口的五分之一，可谓人口众多，带来的问题是人均资源少，能源消耗大，污染物排放多，环境极易受到污染。

（4）我国属于发展中国家，是经济大国但不是强国，人均水平较低，短时期内国家不可能拿出很多钱来治理环境。

（5）科学技术还比较落后，表现在创新能力不足，全民的文化素质较低，对环境保护认识不足，不利于环境保护。

（6）在协调经济发展和环境保护的步调、合理开发利用资源和控制人口等方面，还存在很多问题。

我国环境保护的方针是：在国家计划的统一指导下，环境保护与经济建设、城乡建设同步规划、同步实施、同步发展，实现经济效益、社会效益和环境效益的统一。我国政府在防治环境污染方面，实行“预防为主、防治结合、综合治理”的方针；在自然保护方面，实行“自然资源开发、利用与保护、增殖并重”的方针；在环境保护的责任方面，实行“谁污染谁治理，谁开发谁保护”的方针。

1.5 能源与环境

1.5.1 经济发展、人口增长与环境

1.5.1.1 经济发展与环境

1784年，瓦特发明了蒸汽机，由于蒸汽机的出现与广泛使用，生产力和生产规模以空前

的速度发展起来，引发了人类第一次工业革命。随后，煤的开采与消耗激增，工业规模和人口数量增长迅速并集中于城市，世界各国城市化进程加快，城市环境发生了明显的恶化。20 世纪 50 年代，继英国之后，美、法、德、俄、日等国相继实现了工业化。特别是石油等新能源被大量利用，内燃机迅速发展取代了蒸汽机，形成了许多大工业城市，以致对环境的污染日趋严重，环境污染事件频繁发生。由于科学技术突飞猛进，对能源和资源开发强度之大，工业发展速度之快，都是前所未有的。环境污染也发展到了高峰，并已成为发达资本主义国家的一个重大社会问题。这时，人们才从片面追求经济发展所造成的恶果中醒悟过来，开始重视研究发展经济与保护环境之间的相互制约、相互依存和相互促进的关系。

环境问题是随着经济和社会的发展而产生和发展的，是人类生活和经济活动的直接结果。在工业化以前，新鲜的空气，干净的水，未开垦的富饶的土地，唾手可得，不感稀缺。随着经济的飞速发展和人口的急剧增加，工厂“三废”和农药污染日趋严重，新鲜的空气，洁净的水，安静的环境，良好的土地都变成了稀缺的资源，都具有内在的价值。这一现象表明了经济发展与环境污染的矛盾。

经济发展与环境保护的关系是对立统一的关系。要处理好经济和社会发展与环境保护的关系，在发展中解决环境问题。既要保护环境，又要促进经济和社会发展，才能从根本上解决环境问题。在环境保护与经济发展关系上，一些工业发达国家走的是先发展后治理的道路，以牺牲环境质量为代价来追求眼前的或短暂的经济高速发展。当污染形成公害并影响经济的发展时，才被迫去治理，从而付出巨大的代价。我们主张在经济发展的同时注意保护环境，因为经济发展在很大程度上受环境资源条件的制约。环境保护搞好了，就可以提高自然资源的再生和增值能力，就有可能长期利用这些资源，促进经济持续稳定地发展。

经济发展和环境保护既是相互矛盾的，又是可以统一的，可以相互促进。经济发展虽然带来了环境污染，但同时也增强了解决环境问题的能力，从而为经济进一步发展创造了更加有利的条件。但是，由于目前世界上关于环境恶化问题还远未得到解决，持续的经济增长必将导致环境质量的继续下降，对环境造成的污染与危害可能性势必增大，它最终将削弱人类未来生存的基础，破坏社会经济再生产的渊源，这不能不引起人们的重视。

1.5.1.2 人口与环境

只有处理好经济发展与环境的关系，才能从根本上解决环境问题。除此之外，还必须将人口、能源、资源等和环境作为一个系统来考虑，从整体上解决环境问题。

人口已经成为当前人类环境的首要问题。人口的迅猛增长，对环境造成很大的压力。主要表现在对资源和能源的消费骤增，缩短了资源的耗尽时间，增加了污染物的排放，进一步加剧了环境的污染。

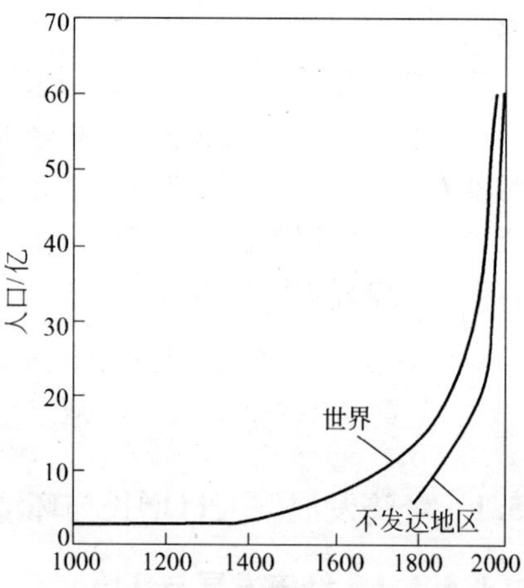

图 1-8 1000～2000 年人口增长的情况

资源总量是固定的或者说增长极慢，因而人口剧增意味着许多自然资源的耗尽时间缩短。虽然全世界在不断发现新的自然资源，技术进步可以提高资源的利用率，适当地延缓了资源的耗尽时间；但随着人类对生活环境要求的逐步提高，资源和能源的消耗速度仍在不断的增加，地球上迟早会出现严重的资源枯竭。此外，人口增长，排出的污染物增加，也会使环境污染加剧。近 1000 年来世界人口的增长情况可参看图 1-8。该图表明了世界人口增长的动态：人口增长符合指数增长的规律。表 1-8 表示了世界人口增长的历史特征。

表 1-8 世界人口增长的历史特征

时期（年份）	相隔时间/年	总人口/亿	备 注
1000	—	2.8	
1650	650	5.0	T_d =700 年，约相当于 r =0.1%/年
1800	150	10.0	T_d =150 年，约相当于 r =0.47%/年
1920	120	20.0	T_d =120 年，约相当于 r =0.58%/年
1965	45	40.0	T_d =45 年，约相当于 r =1.6%/年
1980	15	43.6	T_d =35 年，约相当于 r =1.8%/年
2000	20	60.0	T_d =20 年，约相当于 r =1.6%/年
2010	10	68.8	T_d =10 年，约相当于 r =1.0%/年

由表 1-8 可见，人口倍增时间是逐渐缩短的，由早期的 150 年缩短到 35 年。

1949 年，我国人口为四亿五千万，之后人口增长速度加快，倍增时间为 33 年，比印度的 34 年和世界的 35 年都要短。人口发展和国民经济的发展不相适应，人口发展速度超过了生产资料的增长速度。

1.5.2 指数增长规律及其应用

1.5.2.1 指数增长

所谓指数增长，是指在任何时间 t 内，某一量 N 在每一时间周期内都以一固定不变的百分率增长，该百分率用 τ 来表示，则有

$$\frac{\mathrm{d}N}{\mathrm{d}t} = \tau N \tag{1-2}$$

积分后

$$\int_{N_0}^{N} \frac{\mathrm{d}N}{N} = \int_0^t \tau\,\mathrm{d}t \tag{1-3}$$

或

$$\ln\frac{N}{N_0} = \tau t \tag{1-4}$$

化简上式后得

$$N = N_0 e^{\tau t} \tag{1-5}$$

式中 N——第 t 年的人口数；

N_0——初始（$t=0$）的人口数。

1.5.2.2 计算资源消耗量倍增时间

图 1-9 为指数增长规律的示意图，T_d 为倍增时间，是表示在增长率固定的条件下，资源耗量或人口增加一倍的时间。倍增时间的推导：

$$N = N_0 e^{\tau t} \tag{1-6}$$

令 $N=2N_0$ 的时间为 T_d，T_d 就是 N_0 增长一倍所需的时间。由式（1-6）可得

$$T_d = \frac{\ln 2}{r} \approx \frac{0.7}{r}(\text{年}) \tag{1-7}$$

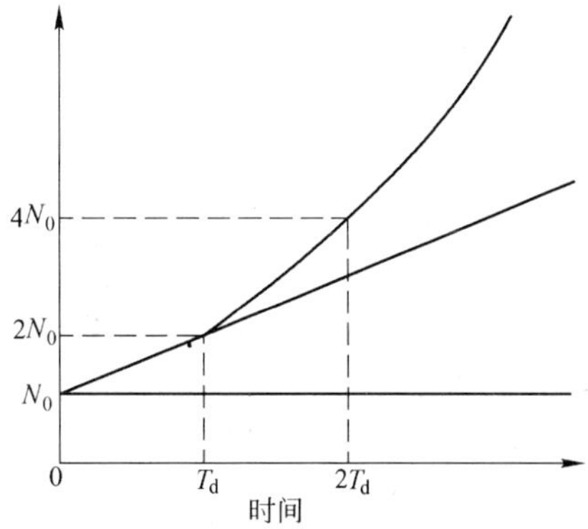

图 1-9 指数增长规律示意图

若年增长率 $r=1\%$ 时，$T_d=70$ 年；年增长率 $r=2\%$ 时，$T_d=35$ 年。

1.5.2.3 计算资源耗尽时间

按指数增长规律消耗资源，无疑地，一些资源可能很快耗尽。

设某一资源的现有储量为 R，现在的消耗速度为 P，当消耗速度呈指数增长，其增长率为 r，全部用完年数为 T，则有

$$T = \frac{1}{r}\ln\left(\frac{rR}{P}+1\right) \tag{1-8}$$

1.5.2.4 求未来任何时刻的资源耗量

设 N 是从某一基数 $N_0(t=0)$ 开始的资源耗量，以一不变速率 r 增长，则可预计出未来任一时刻 t 的资源耗量为

$$N = N_0 e^{\tau t} \tag{1-9}$$

1.5.3 能源及能源消耗

1.5.3.1 能源的基本概念

A 能源

能源指现实生活中人类取得能量的来源，包括已开采出来可供使用的自然资源与经过加工或转换的能源。未开采出来的能源资源只称为能源“资源”，不列入“能源”的范畴，以免混淆。

B 能源资源

自然界中存在而可能为人们利用来获取能量的自然资源称为能源资源。这些资源或者已经具有经济价值，或者预计在不远的将来具有经济价值。如果不具有经济价值，就不可能在国民经济中大量使用，就称不上是“资源”。

C 能源储量

为了解能源供需情况，必须了解能源储量的含义。能源储量是指在目前的技术和经济条件下，具有开采的经济价值，已准确估计的或已知的资源。能源储量又分地质储量和探明储量。地质储量是指按地质储藏、形成与分布规律推算、预测的能源储量。探明储量是经过地质勘探工作探明的、有最终勘探报告的、由地质勘探报告统计计算而得到的储量。可采储量是在现有生产科学技术水平和经济条件下，估算出的、能从探明储量中开采的储量。

1.5.3.2 能源消耗

能源是实现国民经济现代化和提高人们生活水平的物质基础，是经济发展的命脉。工业发展，社会进步，人口增长，人均耗能量增加，将使能源消耗量成倍增长。各国的经济发展事实表明，总的能源消耗量和消费增长速度与国民经济增长率成正比关系。能源总消耗量和人均能源消耗量是衡量一个国家或地区经济发展水平的重要标志。

数十年来，世界能源的消耗量剧增，表 1-9 为世界能源消费的变化情况。1990 ~ 1998 年间，能源消耗增长速度缓慢，为 0.68%/年；1998 年到 2007 年间，能源消耗增长速度加快，为 3.03%/年，其增长速度比人口增长速度还快。

世界总耗能中，发达国家人口占世界总人口的 25%，消耗的能源占世界总能耗量的 80%，而人口占 75% 的发展中国家只消耗了 20% 的能源。能源的大量使用，使得能源资源耗尽时间缩短，同时三废排放增加，对环境造成巨大损害。

表 1-9　世界能源消费的变化情况

年　份	总供应量/Mt(标煤)	比例/%				
		煤	石　油	天然气	水　力	核　能
1990	11476	27.3	38.6	21.7	12.4	
1996	11972	26.9	39.6	23.5	10.0	
1997	12156	27.0	39.9	23.2	9.9	
1998	12111	26.2	40.0	23.8	10.0	
2002	13430.34	25.5	37.5	24.3	6.5	6.3
2005	15047	27.8	36.4	23.5	6.3	6.0
2006	15534.5	28	36	24	6	6
2007	15850	26	38	24	6	6
2020（Ⅰ）	25139.8	31.6	25.3	24.7	7.6	12.8
2020（Ⅱ）	19657.8	31.5	17.6	17.4	7.3	12.0

注：Ⅰ表示经济高速发展方案；Ⅱ表示经济低速发展方案。

新中国成立后，能源消耗量增长也比人口增长快得多。2006 年的能源消耗量比新中国成立初期增长了 94 倍。表 1-10 为我国能源消耗量及能源结构的变化情况。

表 1-10　我国能源消耗及结构

年　份	总供应量/Mt(标煤)	比例/%			
		原　煤	石　油	天然气	水　力
1949	25.48	97.9	0.7	—	1.4
1952	48.71	96.3	1.2	—	1.9
1962	178.14	91.4	4.8	0.9	2.9
1965	188.24	88.0	8.5	0.8	2.6
1975	487.45	77.6	22.6	2.4	4.4
1980	637.21	69.5	23.8	3.0	3.7
2001	1430	66.7	22.9	2.6	7.9
2002	1520	66.3	23.4	2.6	7.7
2003	1750	68.4	22.2	2.6	6.8
2004	2030	68.0	22.3	2.6	7.1
2005	2230	68.9	21.0	2.9	7.2
2006	2406	69.7	21.1	3.0	6.2
2007	2650	69.1	19.4	3.6	7.9
2008	2910	68.7	18.0	3.8	9.5
2009	3066	70.3	18.0	3.9	7.8

目前世界上拥有的能源还能用多久以及能源的环境问题，是当前世界各国共同关心的

问题。

1.5.4 能源与环境的关系

1.5.4.1 能源消费是最主要的大气污染源

近200年来，能源造成的环境问题极其严重。统计数据表明，大气污染物中 SO_x，NO_x 等人为排放量的80%来自能源的消费。特别是矿物燃料的开采、加工和使用过程，都会排放大量污染物。

1.5.4.2 能源结构与污染类型

能源对环境的影响与燃料结构有很大关系。例如，根据燃料性质及大气污染物的组成和反应，可将大气污染分为四种类型：煤炭型、石油型、混合型、特殊型。

（1）煤炭型：主要特征是由煤炭燃烧排出的烟尘和二氧化硫等所构成的一次污染物，以及由这些污染物之间、污染物与大气之间发生化学反应而生成的硫酸及盐类、气溶胶等所构成的二次污染物。英国伦敦发生的烟雾事件是典型的煤炭型污染。

（2）石油型：主要污染物来自石油化工产品（汽油、柴油、重油等）的加工和燃烧过程，主要一次污染物为氮氧化物（NO_x）和碳氢化物（HC）；一次污染物在紫外线照射下发生光化学反应，生成二次污染物，主要有过氧乙酰硝酸酯（PAN）和醛类。参与光化学反应的一次污染物和二次污染物形成的混合物叫做光化学烟雾。如美国洛杉矶的烟雾事件和日本“四日市哮喘病”就属于石油型污染。

（3）混合型：包括以煤炭为主要污染源排出的污染物、石油为污染源而排出的污染物及工厂企业排出的污染物质，其反应复杂。多诺拉事件属于混合型污染。

（4）特殊型：包括有关工厂生产过程排出的气体及意外事故排出的有害气体所造成的污染。

各种能源所造成的环境问题将在第2章论述。

1.5.4.3 能源与环境协调发展

能源的大量使用构成了能源环境问题。在能源与环境的关系中，能源对环境既具有积极作用又具有消极作用，环境对能源也具有制约作用。能源与环境必须协调发展，其实质是要以环境保护作为制约条件，促使能源开发、加工、储存、运输和利用的不断合理化、最优化，达到既能满足社会经济发展对能源不断增长的需求，又能保证能源的消费对环境产生极小的影响。

能源与环境关系的形成可以说归结于下述三个原因：

（1）能源消耗的全球性增长；

（2）理想清洁燃料资源缺乏；

（3）能源的开发和利用造成环境的破坏。

由于上述三个原因，预计能源问题在今后会有一个转折，世界各国在这一转折中都要做到两个适应：一是要适应较高的能源代价，保证做到合理、无浪费地使用非再生能源；二是使能源多样化，以适应环境所允许的能源构成，以此来解决能源的需求问题。环境问题将成为决定能源政策的主要支配因素之一。随着能源需求量的增大，两者的关系将更加密切，直到清洁能源能够充分满足人类的需要。

环境对能源不但有制约的一面，更有促进能源开发的一面。从某种意义上说，由于能源和资源没有得到合理利用而造成环境污染，在条件不变的情况下，能源利用率的提高程度与环境污染的减轻程度是成正比的，污染物作为资源回收的效率与环境污染减轻程度也是成正比的。因此，提高能源利用率和资源回收率就会使环境污染程度相应下降。

我国是世界上能耗最多的国家之一，单位产品的能源和资源消耗高，废弃物排放多，每消耗1t标准煤所提供的社会产品仅为经济发达国家的25% ~50%。因此，提高能源利用率和资源回收率，就显得极为重要。

复习思考题

（1）解释概念

环境，生物圈，生态系统，污染物，污染源，环境标准，环境污染与环境保护。

（2）简要回答问题

1）人与环境的关系。

2）能源与环境的关系。

3）经济发展与环境保护的关系。

（3）分析问题

中华人民共和国环境保护法中关于能源的相关条款。

参 考 文 献

[1] 王岩，陈宜俍．环境科学概论[M]．北京：化学工业出版社，2003.
[2] 吴彩斌，雷恒毅，宁平主编．环境学概论[M]．北京：中国环境科学出版社，2005.
[3] 恩格，史密斯，博凯里著．环境科学：交叉关系学科（第10版）[M]．北京：清华大学出版社，2007.
[4] 龙湘犁，何美琴编著．环境科学与工程概论[M]．上海：华东理工大学出版社，2007.
[5] 盛连喜主编．现代环境科学导论——高等学校教材[M]．北京：化学工业出版社，2002.
[6] 黄儒钦主编．环境科学基础（第3版）[M]．成都：西南交大出版社，2002.
[7] 冯江等主编．动物生态学——21世纪环境科学[M]．北京：科学出版社，2005.
[8] 许英主编．环境科学教育基础（高等院校环境类系列教材）[M]．北京：中国环境科学出版社，2008.
[9]《环境科学大辞典》编委会编．环境科学大辞典[M]．北京：中国环境科学出版社，2008.
[10] 何康林，裴宗平主编．环境科学导论．北京科文图书业信息技术有限公司，2007.
[11] 朱世云，林春绵主编．环境影响评价[M]．北京：化学工业出版社，2007.
[12] 国家环境保护总局科技标准司编．中国环境保护标准汇编，2004.
[13] 中国环境监测总站编．中国生态环境质量评价研究[M]．北京：中国环境科学出版社，2004.
[14] 毛文永著．生态环境影响评价概论（修订版）[M]．北京：中国环境科学出版社，2003.
[15] 刘年丰主编．生态容量及环境价值损失评价[M]．北京：化学工业出版社，2005.
[16] 王金南，曹东等著．能源与环境中国2020[M]．北京：中国环境科学出版社，2004.
[17] 修光利，侯丽敏编著．能源与环境安全战略研究[M]．北京：中国时代经济出版社，2008.
[18] 周乃君主编．能源与环境．长沙：中南大学出版社，2008.
[19] 贾文瑞等著．21世纪中国能源、环境与石油工业发展[M]．北京：石油工业出版社，2002.
[20] 中国国家发展和改革委员会编．国际可再生能源现状与展望[M]．北京：中国环境科学出版社，2007.

2 能源的环境问题

能源是现代社会文明的支柱，给人类带来了无限光明和幸福，但同时也给人类带来了环境污染，带来了灾难。当前的环境问题，大部分是由于能源大量开发，特别是能源矿产的利用引起的。不同种类的能源开发和利用过程，不同的能源结构和消费方式，会对环境产生不同的影响。要探索如何解决能源开发和利用过程所造成的环境污染问题，寻找合理有效的控制途径，就必须对各种能源所造成的环境问题进行深入了解。

2.1 能源的分类、储量及能源消费结构

2.1.1 能源分类

能源包括化石能源、水力能、核能、风能、太阳能、生物质能、地热能、海洋能和潮汐能等。目前没有统一的分类方法，可以从不同角度进行多种分类。如一次能源和二次能源，常规能源和新能源，再生能源和非再生能源等。能源分类见表 2-1。

表 2-1 能源分类

类　别		常规能源	新能源
一次能源	非再生能源	化石能源：煤炭，石油，天然气，油页岩	核燃料：铀，钍，钚，氚
	再生能源	水力能，生物质能	原子能，风能，海洋温差能，海流能，潮汐能，地热能
二次能源	电力，汽油，柴油，重油，焦炭，煤气，水蒸气，氢能，醇类燃料，沼气		

2.1.1.1 一次能源和二次能源

一次能源是从自然界取得的未经加工的能源，如开采出的原煤、原油、天然铀矿和天然气等。二次能源是由一次能源经过加工、转换得到的能源。如焦炭、煤气、煤油、汽油等燃料。大部分的一次能源都需要经过转换使其变成容易输送、分配和使用的二次能源，以适应消费者的需求。

储存在自然界的能源有三大类，即太阳辐射、地球本身蕴藏的能量及太阳系行星运行产生的能量。

第一类是来自太阳辐射的能源，起源于太阳内部的热核反应，这是地球上最主要的能量来源。地球上截获的阳光总能流达 1780×10^8 兆焦，如果把到达地球大气上层的太阳辐射作为 100%，其中，被大气吸收了约 19%，被大气中的云层和尘埃反射，被空气分子和微小尘埃散射，以及地面反射等原因回到宇宙空间的约有 34%；被地面吸收的太阳辐射能约占 47%。估计地球每年接收的太阳能超过世界年能耗的 20000 倍。

风能、水能、波浪能和生物质能等均来自太阳能。太阳光通过光合作用变成的生物能，每

年约有 8.7 × 10^{14} 千瓦时，这部分能量贮留在植物中。

煤炭、石油、天然气等化石能源，是古代埋在地下的动植物在一定的地质条件下形成的，是间接来自太阳能的能源。图 2-1 为太阳能的转化和利用形式。

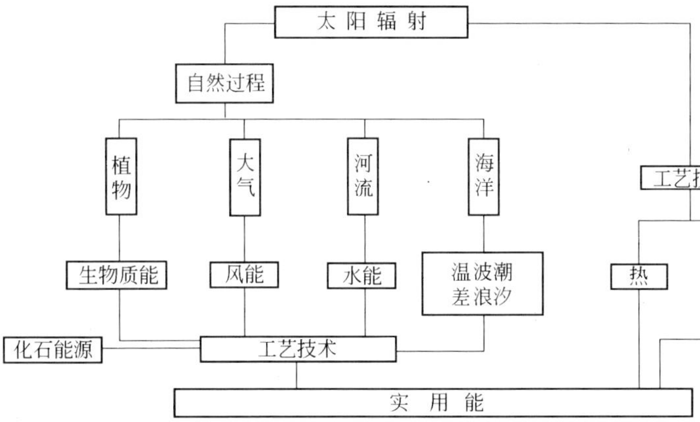

图 2-1 太阳能转化和利用形式概念图

第二类是地球本身蕴藏的能量，主要有原子核能和地热能，其来源与地球密切相关。原子核能是铀、钍、氚（重氢）等易发生核反应物质的原子核发生反应时释放出来的能量。最重要的核反应有裂变反应和聚变反应两种，前者是较重的原子核分裂成较轻的原子核的反应过程，1 千克铀-235 裂变时释放出的能量为 8.32 × 10^{10} 千焦，相当于 2000 吨石油燃烧释放的能量。目前的核电站均是利用核裂变反应产生的热量发电的。核聚变反应的有效利用尚在研究中，1 千克氚聚变时放出的能量为 35 × 10^{10} 千焦，如果核聚变能得以应用，将从根本上解决人类所需能源的问题。

地热能的理论储量大，仅在 10 千米以内的地壳表层中所拥有的能量就相当于煤炭总储量的 2000 倍。地热是低品位的能源，开发利用受到一定的限制。

第三类能源来自太阳系行星的相对运行。月球与地球在各自的运动过程中相对位置在不断改变，不同位置时其间吸力就不同，这会激发潮流和潮汐的产生。集中于狭窄海面的潮流称为潮汐，由于通道狭窄，能量比较集中，较易于开发。据估计，英吉利海峡蕴藏有 80 百万千瓦的潮汐能，我国黄海也有 55 百万千瓦潮汐能。江河的潮汐流比大海小，但易于开发，我国杭州湾潮差最高可达 8.93 米，是一项可观的能源。据估计世界江河潮汐能总量约 77 百万千瓦。潮汐能的利用尚处于试验阶段。

2.1.1.2 再生能源与非再生能源

在一次能源中，不会随人们的使用而减少的能源称为再生能源，如太阳能、水能等。而化石燃料和核裂变燃料都会随着使用而逐渐减少，称为非再生能源。

2.1.1.3 常规能源和新能源

能源按使用状况可分为常规能源和新能源。常规能源是指当前被广泛使用且量大的能源；新能源是指在新技术基础上加以开发利用的能源。

还存在其他分类方法，如按能源流通情况划分，可以分为商品能源与非商品能源。商品能源是指经过流通环节大量消费的能源；非商品能源是指未经过流通环节而就地利用的能源，如薪柴、秸秆等。非商品能源在发展中国家的能源供应中占有相当的比重，对环境和生态平衡的影响不可忽视。

2.1.2 能源矿产资源

2.1.2.1 世界能源资源

到2009年，世界化石能源地质储量总共约819232百万吨油当量。煤约占2/3，油、天然气各占1/6，见表2-2。

表2-2 2009年世界化石能源储量

矿石	储量	单位	%
煤炭	984453	Mt	65.47
	536330	Mt 油当量	
石油	142700	Mt	17.42
	142700	Mt 油当量	
天然气	1557800	$\times 10^8 m^3$	17.11
	140202	Mt 油当量	

世界水电资源探明储量是22.6×10^8kW，目前运转中的水电装机是372百万千瓦，年发电量16000百万度（按装机容量50%利用率计算），占探明资源的16%。发达国家水电开发利用程度高，日本达到66%，原联邦德国达78%；发展中国家开发程度低，利用率低于10%。水电资源是可再生的能源，应尽量加以利用。世界水电资源分布及开发利用示于图2-2。

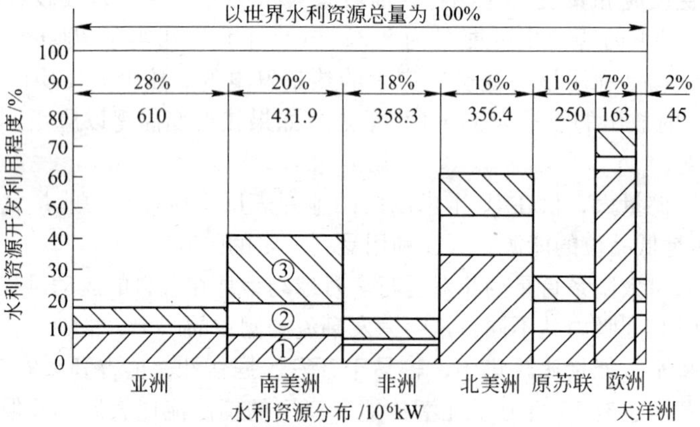

图2-2 世界水力资源分布及开发利用

①—已开发的；②—兴建中的；③—规划中的

核能的利用具有广阔的发展前景，核电是当代最重要的能源，目前利用热中子反应堆，核燃料是铀和钍，使燃料资源扩大百倍以上。从远景发展看，利用海水中丰富的重氢——氘（D）和氚（T）开发核聚变能，1吨氘相当于12百万吨标煤，具有552×10^{12}百万吨标煤的能量，可为人类提供长期使用的能源。世界核能资源储量见表2-3。

表2-3 世界核能资源储量 Mt

资源	探明储量	总储量
铀	3.87	—
钍	2.75	—
氘	—	46×10^6

根据世界核协会（WNA）网站提供的资料，截至2010年5月1日，全球有29个国家共运行着438台核电机组，总净装机容量为374.1百万千瓦；有13个国家正在建设54台核电机组，总净装机容量为56.1百万千瓦；有28个国家计划建设148台核电机组，总装机容量为162×10^6千瓦。我国核电发展较晚，1991年12月15日我国设计能力第一期为30万千瓦的秦山核电站并网发电，2009年我国在建的核电站为24台。目前，我国的核电装机容量约10.82百万千瓦，在建30.97百万千瓦，已成为全球在建核电规模最大的国家。2010年核电发电量约768亿度。现有核电装机只占国际装机容量的1.1%，相比日本、法国、俄罗斯和美国，比重非常小。遵照《能源开展“十二五”计划》、《新兴能源工业开展计划》的设定，若要在2020年实现非化石能源比例达15%的目的，核电装机要达到7500万千瓦以上，未来有高达7~8倍的发展空间。

再生能源除水能资源外，其他能源也极其丰富，见表2-4。表列数据是各方面专家测算估计值，由联合国环境规划总署E·埃尔欣纳维汇总，目前很难确定实际可开发的资源量。

表2-4　世界再生新能源资源量估计

能　源	资 源 量	备　注
太阳能	1.2×10^{14}kW	地球表面接收的辐射总能量
风　能	1.2×10^{9}kW	
海洋温差能	5.0×10^{10}kW	南北纬20°之间
波浪能	2.7×10^{9}kW	不冻海域
潮汐能	6.0×10^{7}kW	
地热能	12.6×10^{23}kW	地壳10km的外层
生物质能	17.1×10^{10}t/a	按干重计，平均热值为1900kJ/kg

全世界总的能源储量是丰富的，但常规能源中的石油、天然气的储量不很多，若今后不能继续发现大的油气田，现有的油气资源将在几十年内开采完。煤炭和核裂变燃料储量较大，但假若油气资源耗尽之后，以每年200~300亿吨标煤能耗计算时，现探明的可采储量只能用50年左右。太阳能和核聚变燃料这两种能源数量巨大，据预测，到下世纪后半叶，这两种能源将在能耗中占重要地位。水能、生物质能、风能、海洋能、潮汐能必须加快开发利用。

2.1.2.2　我国的能源资源

我国能源资源丰富，但按人均占有资源量计算则比较低。对石油、天然气的地质勘探工作比较薄弱，有的资源尚未探明。我国常规能源探明储量及生产量见表2-5。从中可看出，我国常规能源储量和生产量均以煤炭为主。我国水能资源可供开发容量为680百万千瓦，位居世界第一。

表2-5　我国常规能源探明储量及生产量

资　源	探明储量	生　产　量		
		2001年	2004年	2009年
煤/Mt	1300000	1089	1956	2960
石油/Mt	6000	106	174	189
天然气/Mm^3	1610600	30269	40980	87450
水　电	6000000MkW	257500MkW·h	452600MkW·h	554490MkW·h
一次能源生产总量/Mt(标煤)		1370	1845	2751

2.1.3 世界能源消费及构成

十一个国家2006年能耗及构成列于表2-6。由表可见，当代世界能源消耗及构成的几个特点是；化石能源消耗占能源消耗总构成的近90%，其中石油和天然气占总能耗的60%左右，煤炭占30%左右；我国能源结构以化石能源为主，煤炭占我国能源构成的70%左右，今后较长时间仍将保持这一趋势。

表2-6 2006年世界一次能源消费量及构成

国家	能源消费/Mt	比例/%					占世界消费总量百分比/%
		石油	天然气	煤	核电	水电	
美国	2326	40.4	24.4	24.4	8.0	2.8	21.38
中国	1698	18.2	3.2	70.2	0.7	5.5	15.61
俄罗斯	705	18.2	55.2	16.0	5.0	5.6	6.48
日本	520	45.2	14.6	22.9	13.2	4.1	4.78
印度	423	28.4	8.4	56.2	1.0	6.0	3.89
德国	329	37.5	23.9	25.1	11.6	1.9	3.02
加拿大	322	30.7	27.0	10.8	6.9	24.6	2.96
法国	263	35.3	15.5	5.0	38.9	5.3	2.42
英国	227	36.3	36.1	19.3	7.5	0.8	2.08
韩国	226	46.6	13.7	24.3	14.9	0.5	2.08
巴西	207	44.6	9.2	6.3	1.5	38.4	1.90

2.2 化石燃料燃烧的环境影响

煤的组成及结构最为复杂，是由碳、氢及少量的氧、氮、硫等元素构成的复杂的多种高分子物质组成的，复杂的稠环结构是其特点，其中的灰分还含有多种金属、放射性元素。石油主要是链烷烃、环烷烃、芳香烃等碳氢化合物组成的，同时含有碳、氢与少量硫、氮、氧组成的复杂化合物，还含有多种微量元素。天然气的组成以甲烷为主，其次是乙烷、丙烷，C4～C10也可能存在，还含有氮、氢、二氧化碳、硫化氢，有时还有少量惰性气体氦、氩等。

化石燃料燃烧后向大气排放二氧化碳和多种大气污染物质。主要大气污染物有二氧化硫、烟尘、氮氧化物、一氧化碳、碳氢化合物，以及少量醛类（RCHO）、稠环化合物、重金属及放射性物质等。燃料燃烧产生的大气污染物排放量大，会造成严重大气污染。煤炭燃烧的污染物排放见表2-7。

燃料燃烧是造成大气污染的主要原因。大气污染问题与能源结构及利用情况密切相关。化石燃料品种和质量不同，燃烧方式和燃烧条件不同，排放污染物的质和量都有显著不同。煤炭燃烧造成的大气污染最为严重，煤质不同，燃烧装置不同，燃烧与污染物排放情况都有显著的差别。表2-7列出了燃煤锅炉产生污染物的数量。燃料燃烧不完全会排出大量黑烟，其中含有多环芳烃等致癌物质。随着烟气排放的颗粒物中尚含有砷、铍、铅、汞等重金属及放射性元素等有毒物质。

表 2-7 各类锅炉燃烧烟煤产生污染物的数量

锅炉			污染物产生量/$kg \cdot t^{-1}$					
使用范围	热负荷/$10^6 kJ \cdot h^{-1}$	形式	颗粒物	SO_2	CO	C_mH_n	NO_x	醛类
大型锅炉	>100	煤粉炉	8A	19S	0.5	0.15	17.5	0.0025
		旋风炉	1A	19S	0.5	0.15	9	0.0025
工业及商业锅炉	10~100	链条炉、下饲炉	2.5A	19S	1	0.5	7.5	0.0025
		抛煤机炉	6.5A	19S	1	0.5	7.5	0.0025
小型民用锅炉	<100	抛煤机炉	1A	19S	5	5	3.0	0.0025
		手烧炉	20	19S	45	45	1.5	0.0025

注：A—煤的灰分,%；S—煤的全硫,%；C_mH_n 以 CH_4 计；NO_x 以 NO_2 计。

石油系液体燃料，热值高，燃烧时比煤炭干净，但由于使用量大，也是大气污染的主要原因。在一些发达国家里，交通运输业（主要是汽车）成为 CO、C_mH_n 和 NO_x 的主要排放源。

在工业污染源中，火电厂是化石燃料消耗最集中，大气污染物排放量巨大的污染源。表2-8列出了百万千瓦级火电厂排放的污染物量。由表可见，分别利用三种不同的燃料发电，燃煤的大气污染物排放量最大，对大气污染最为严重，同时还排放大量固体废渣。与煤炭相比，石油和天然气对大气的污染相对较小。

表 2-8 100 万千瓦火电厂排放的主要大气污染物

燃料 / 大气污染物	煤/$t \cdot a^{-1}$	渣油/$t \cdot a^{-1}$	天然气/$m^3 \cdot a^{-1}$
	300×10^4	200×10^4	22×10^8
颗粒物	3×10^3	1.2×10^3	0.5×10^3
SO_2	110×10^3	37×10^3	20.4
NO_x	27×10^3	25×10^3	20×10^3
CO	2×10^3	0.7×10^3	
C_mH_n	0.4×10^3	0.47×10^3	34
醛类及其他有机物		0.24×10^3	0.24×10^3

注：1. 煤含硫 2%，飞灰脱除率 99%，无烟气脱硫措施；
2. 渣油含硫 1%，灰分 0.5%，飞灰脱除率 99%；
3. 电厂热效率均为 38%；
4. 表列数据根据 1974 年威尔逊和琼斯测算结果。

我国大气污染状况是世界上比较严重的国家之一，这与我国以煤为主的能源结构和污染控制水平有关。据中国统计年鉴报道 2008 年我国各地区主要大气污染物的排放量及处理量见表2-9。表中可看出我国各地区主要大气污染物排放量都十分大，处理量还较小。到 2020 年我国能源结构不会发生大的变化，随着经济的发展，消耗能源的增长，我国大气污染物的排放量还会不断增加。

表 2-9 我国各地区主要大气污染物排放量和处理量（2008 年）

地 区	工业废气排放总量/亿立方米	燃料燃烧/亿立方米	生产工艺/亿立方米	工业 SO_2 排放量/万吨	生活 SO_2 排放量/万吨	工业 SO_2 除去量/万吨	工业烟尘排放量/万吨	生活烟尘排放量/万吨	工业烟尘去除量/万吨	工业粉尘排放量/万吨	工业粉尘去除量/万吨
全 国	403866	229535	174331	1991.4	329.9	2286.4	670.7	230.9	30542.8	584.9	8471.2
北 京	4316	2737	2579	5.8	6.5	11.2	2.0	2.8	199.9	1.5	108.4
天 津	6005	21478	2737	21.0	3.0	22.1	5.8	1.2	307.9	0.7	119.3
河 北	37558	9643	21478	115.9	18.6	92.8	39.6	17.2	2158.3	50.7	741.8
山 西	23180	6471	9643	105.8	25.0	108.7	54.5	20.6	2102.5	45.2	306.7
内蒙古	20190	10385	6471	125.9	17.3	141.1	42.8	15.0	2358.2	21.0	236.2
辽 宁	40219	2002	10385	100.1	13.0	89.1	47.0	22.3	1520.4	26.7	675.3
吉 林	6155	1531	2002	31.3	6.4	8.9	25.6	11.8	885.5	6.9	293.5
黑龙江	7796	6397	1531	44.1	6.5	4.1	37.1	9.8	1133.3	12.0	107.0
上 海	10436	9072	6397	29.8	14.8	24.0	4.1	6.6	524.4	0.8	103.4
江 苏	25245	6143	9072	107.4	5.7	177.2	30.7	2.8	2117.3	20.5	295.3
浙 江	17633	8881	6143	71.6	2.5	128.6	16.5	1.0	1297.2	17.1	475.7
安 徽	15749	3833	8881	50.3	5.3	133.4	24.2	4.9	1097.2	32.2	321.0
福 建	9150	3248	3833	40.9	2.0	29.7	7.5	4.2	485.8	17.1	226.9
江 西	7456	15344	3248	51.1	7.2	130.6	15.8	2.6	1058.9	29.9	497.5
山 东	33505	8912	15344	146.6	22.6	222.2	32.7	11.7	2683.2	26.1	614.0
河 南	20264	7367	8912	128.1	17.1	134.6	53.2	8.1	2382.3	28.7	585.0
湖 北	11558	5064	7367	56.2	10.7	71.8	19.1	3.8	781.3	21.7	362.1
湖 南	9249	7308	5064	67.5	16.5	70.4	30.7	7.1	816.1	55.5	295.9
广 东	20510	5721	7308	109.7	3.9	108.8	28.2	4.4	1108.6	20.1	609.3
广 西	11643	241	5721	87.0	5.4	56.8	29.1	1.3	503.9	35.8	248.6
海 南	1345	3588	241	2.1	0.1	4.0	0.8	0.1	68.6	0.9	9.6
重 庆	7351	6367	3588	62.7	15.5	65.3	10.1	8.3	279.8	15.3	41.7
四 川	12997	2943	6367	96.9	17.9	61.7	21.9	10.7	1006.9	14.0	239.3
贵 州	6842	4370	2943	74.1	49.4	80.2	14.6	18.1	1015.1	12.9	143.9
云 南	8316		4370	42.0	8.2	114.4	15.2	5.3	817.6	12.2	373.7
西 藏	13	3797		0.1	0.1		0.1		0.1	0.1	
陕 西	9706	2488	3797	80.7	8.3	36.4	16.3	11.2	440.6	20.9	190.7
甘 肃	5685	2549	2488	41.2	8.9	139.1	8.8	4.9	327.5	8.6	84.0
青 海	3237	1949	2549	12.6	0.9	1.1	5.4	2.2	139.1	7.6	66.8
宁 夏	4403	1924	1949	31.9	2.9	13.3	10.1	1.5	495.7	3.6	37.7
新 疆	6154	2579	1924	51.0	7.5	4.6	21.3	9.3	429.8	18.4	61.1

从表 2-10 中数据可以看出，2009 年我国燃烧排放到大气中的硫氧化物的量比 1985 年增加近一倍，固体颗粒物排放比 1985 年减少近一半。目前我国对燃烧过程的烟气脱硫、脱氮工作尚在推广阶段，可见燃煤污染的控制任务是十分艰巨而紧迫的。

表 2-10　全国废气中主要污染物排放量年际变化

项目年度	二氧化硫排放量/万吨			烟尘排放量/万吨			工业粉尘排放量/万吨
	合计	工业	生活	合计	工业	生活	
2006	2588.8	2234.8	354.0	1088.8	864.5	224.3	808.4
2007	2468.1	2140.0	328.1	986.6	771.1	215.5	698.7
2008	2321.2	1991.3	329.9	901.6	670.7	230.9	584.9
2009	2214.4	1866.1	348.3	847.2	603.9	243.3	523.6

资料来源：中国环境保护产业协会网站。

发达国家的大气污染在 20 世纪 50 年代末至 60 年代初达到了最严重程度，这与大量燃煤而没有有效地控制污染有关。由于逐步建立了以石油和天然气为主的能源结构，强化了污染治理和实施高烟囱排放等措施，环境污染得到了较好的控制，环境质量明显改善，但环境污染问题仍然普遍存在。

发展中国家的大气污染严重，仍与化石燃料的燃烧有关，已引起广泛重视。

大量使用化石燃料，引起了全球性的大气污染，SO_2，NO_x，CO_2 都是降水中酸性物质的来源，尤其是燃煤中 SO_2 的排放，在烟尘中金属离子的催化作用下形成 SO_3，并与大气中的水分结合成雾状硫酸（$H_2SO_4 \cdot nH_2O$），随雨水一起降落，当达到一定浓度，雨水 pH 值小于 5.6，即所谓酸雨。酸雨成分复杂，除含硫酸外，还可能有硝酸、盐酸等酸性物质及其盐类。酸雨形成的机制很复杂，且由于大气运动的输送作用，造成了酸雨蔓延。20 世纪 50 年代美国东北部工业区出现酸雨，加拿大、北欧、西欧、亚洲也相继出现。由于大气中 SO_2 逐年增加，20 世纪 70 年代以来，降酸雨区大面积扩展，美国 15 个州出现 pH 值为 4 ~ 4.5 的酸雨，瑞典因欧洲大陆排放 SO_2 形成的酸雨，9 万个湖泊中有 2 万个濒于死湖边缘。酸雨使大片森林死亡，农作物减产，危及水生动植物和整个生态环境。酸雨使土壤酸化和贫瘠。水域的酸化提高了重金属在水中的溶解度，人体和动物通过饮水和食物链受到毒害。酸雨还对各种材料、建筑物及文物古迹造成严重腐蚀。总之，酸雨已成为一种严重的世界性的环境问题，被称为“来自空中的死亡”。

与国外相比，我国各主要城市降水中硫酸根含量和硫酸根与硝酸根浓度比值高，充分反映了煤烟型大气污染和低空排放的特点。从重庆、广州等城市来看，酸雨与周围地区燃烧高硫煤或燃煤电站的发展是密切相关的。烟尘污染是我国煤烟型大气污染的又一典型特征，很多城市大气中的颗粒物超标，且北方城市多于南方城市，特别是冬季采暖期，烟尘和 SO_2 超标率增加，这与燃煤量的增加有直接关系。图 2-3 为 2002 ~ 2006 年上海市日平均能见度变化图，可以看出燃煤对大气的污染程度。

沈阳市全年能见度小于 4km 的出现率达 17%，能见度的降低是由于地面上空逆温层的影响及大气中的烟尘、SO_2、NO_x、碳氢化合物等发生光化学反应形成的烟雾等原因所引起，且随湿度增加而加剧。一天内能见度变化与生产和生活规律相吻合，上午 5 ~ 10 时能见度最低与居民炊事和取暖燃煤量增加直接有关。

化石燃料燃烧对大气的污染还有着行业部门分布的特点。交通运输主要消耗石油类燃料，

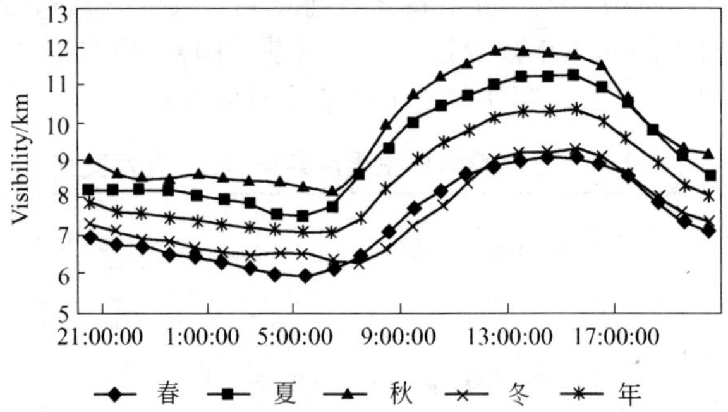

图 2-3 2002 ~ 2006 年上海市日平均能见度变化图
摘自《上海地区大气能见度变化规律及影响因子分析》(施红等著)

是发达国家城市市区大气污染的主要来源。我国各工业生产部门中，化石燃料消耗量及大气污染物排放量的顺序是电力、建材、化工、钢铁、有色冶金……。但是，若加上生产工艺过程排放，则钢铁和有色冶金行业排放 SO_2 居第二（仅次于电力），颗粒物排放居第三（次于电力和建材），颗粒物中重金属含量高是其特点。

2.3 化石燃料的环境影响

能源的环境问题不单是指由能源使用造成的环境问题，而且包括其开采、运输、储藏加工等过程所产生的环境影响。在环境科学中提出了“燃料周期”的概念。所谓“燃料周期”，是指燃料从开采、运输、加工、贮藏到使用的全过程产生的污染及其管理。只有这样才能对一种能源作出较中肯的评价，即考查其全过程，而不是某一过程。这对于制定合理的能源政策，正确选择能源构成及合理高效使用能源，具有重要意义。

下面就化石燃料在开采、贮运、加工、转化和利用过程中的环境影响进行讨论。

2.3.1 化石燃料开采和加工转化对环境的影响

2.3.1.1 煤炭

A 煤炭开采

由于煤田地质情况不同，煤炭开采分为地下矿井开采和露天开采。露天开采作业安全，生产规模大，机械化程度高。全世界露天开采产量达到煤炭总产量的40%，德、美、澳、捷等国达到或超过60%。我国露天开采产量仅占总产量的3%左右，云南省露天开采率为最高，达到全省总产量的30%。

煤炭地下开采会造成地表沉陷，沉陷深度最大可达采出煤层总厚度的80%。我国抚顺、鹤岗等特厚煤层矿区沉陷深度已超过10米。地表陷落导致相应范围内地面建筑、供水管道、供电线路、铁路公路和桥梁等设施变形以致破坏，土地河流水系状态发生变化，各层地下水漏失、混合和遭污染。沉陷会威胁到井下安全。

煤炭开采主要是占地和破坏地表植被，同时对地表水和地下水也有影响，破坏自然生态和环境。占地的多少与剥采比（剥离土石量与采煤量之比）关系大，因而为恢复土地投入的复田费变化也大，一般每采1吨煤的复田费为煤炭价格的5%左右。

煤炭开采还有生产事故及职业性伤亡、粉尘及噪声等危害。煤炭开采过程的环境污染见表2-11。

表2-11 煤炭开采过程的环境污染

种 类	项 目	矿 井	露 天
对人的影响	死亡人数/人	0.2～0.4	0.1
	受伤人数/人	15～30	5.5
	职业病死亡/人·年$^{-1}$	0～0.46	0～0.46
	慢性呼吸道疾病/人·年$^{-1}$	0.84	0.84
对地面生态系统的影响	破坏土地/公顷		800
	派出矿坑废水/万吨	9.6～15.3	5.0

B 洗煤水和酸性废水污染

首先，洗煤会对水造成污染，洗煤水中的主要污染物是粒度小于0.5毫米的煤泥。据全国105个洗煤厂统计，年入洗原煤1.1亿吨，排出洗煤水5000～8000万吨，流失煤泥150万吨。有浮选工艺的炼焦煤洗煤水中，还含有少量轻柴油、酚、甲醇等有害物质，高硫煤洗煤水中有较多的硫化物。洗煤水排入河流，会影响水质、填高河床和影响鱼类生存。

煤炭含硫量大于5%时，矿井水的pH值可能小于6，还含有其他有害物质，这部分水的排放会造成水体污染和土壤酸化。例如，美国阿巴拉契亚地区17000米的河流有10000米被井下与露天的酸性矿坑水所污染，影响水生物的生长，甚至致其死亡。

C 矿井瓦斯排放污染

矿井瓦斯是井下煤体和围岩涌出及生产过程中产生的气体，主要成分是甲烷。我国多数矿井为瓦斯矿，含有一定浓度瓦斯的空气遇火能引起燃烧爆炸。我国每年都会发生煤矿瓦斯突出的矿难事故，此外还有塌方、透水等，严重威胁井下生产安全。瓦斯排出地面不仅浪费能源且污染大气，应合理开发利用。

D 煤矸石对环境的影响

采煤和洗选中，排放占原煤产量10%～20%的煤矸石，全国每年排放2～3亿吨以上。除部分利用，历年积存数十余亿吨，再加上露天矿排矸，占用了大面积的土地。矸石还会发生自燃，燃烧会释放出大量SO_2、CO和烟尘等污染物质，造成大气污染。国内外广泛开展矸石应用研究，热值高（$\geq 8 \times 10^3$kJ）的可作为沸腾炉燃烧和造气；有的可用于建材生产，在生产过程中可进一步利用其可燃成分。

E 煤炭贮运造成的污染

煤炭贮存过程中，常在矿区、车站和码头造成自燃，细煤会随风飞扬，降雨会淋洗煤堆，进而对水系产生危害。在运输过程中，若运输能力不足、运输设施不全及生产管理不善，常会造成煤炭流失。装卸还会造成大量的煤尘，污染大气，破坏景观。使用管道密相输送，可较好解决此问题。

F 煤炭的焦化、气化和液化对环境的影响

煤炭是一种优质的化工资源，其综合利用价值很高。煤炭的转化是合理综合利用煤炭的重要途径。在煤炭转化过程中，煤的部分硫（焦化过程中）或绝大部分硫（气化和液化过程中）以H_2S的形式被除去并制成为含硫产品，能获得宝贵的化工原料。

转化过程因控制水平等原因，排放气体中含有烃类、H_2S、CO等污染物。其中多环芳烃是危害大的致癌物质。

排放的污水成分复杂，含焦油、酚、氰等毒害大的物质，应闭路循环或加以深度处理。此外，转化过程还有一定的废渣污染。燃煤火电站的环境问题相关数据见表2-12。

表2-12 100万千瓦火电站耗煤量的资源消耗和污染排放

项目		低热值煤气	高热值煤气	煤的液化
需要的资源	煤/Mt	4.6	5.7	4.6
	土地/亩	22965	10080	23430
	水/$Mt \cdot a^{-1}$	2.4	19.6	10
废气/$t \cdot a^{-1}$	颗粒物	0.75	820	529
	SO_x	1960	9061	1706
	NO_x	982	6671	7409
	CO	28	356	291
	烃	28	108	2268
	NH_3	40	49	—
废渣/$t \cdot a^{-1}$		53×10^4	57×10^4	62×10^4

2.3.1.2 石油

石油开采过程中，污染环境的有泥浆、含油污水和洗井污水。泥浆中含有碱、铬酸盐等试剂，含油污水中的酸、碱、盐、酚、氰等污染物，都需经处理后才能外排。

此外，井喷会造成严重的环境污染，原油外泄会污染土地，影响植物生长。在海上采油，一旦发生井喷等事故，就会对海洋环境造成严重污染，影响水生物生长，破坏海洋生态平衡。如2010年4月20日夜间墨西哥湾英国石油公司的海上钻井平台“深水地平线”发生爆炸并引发大火后沉入墨西哥湾，事故造成11名工作人员死亡，7人重伤。钻井平台底部油井自24日起漏油不止，泄漏的原油30日开始漂到路易斯安那州沿岸。约7.8亿升原油泄入墨西哥湾，严重破坏沿岸和海洋生态环境，引发美国历史上最严重的漏油事件。大量原油泄漏造成了严重的海洋污染。一年后，漏油使许多地方土壤受侵蚀，植被退化，海滩上会不时出现裹满油污的海豚尸体和原油球块，某些海洋生物会因此而灭绝。英国石油公司可能因漏油事件损失629亿美元。

石油加工过程中，会排出含油、硫、碱和盐，以及酚类、硫醇等有机物的污水。炼油厂废气含烃类、CO及氧化沥青尾气等。炼油厂废渣中毒性大的主要是石油添加剂废渣。其中污水影响最大，每加工1吨原油需耗水2~5吨。石油加工或炼制的三废排放比煤气化和液化时多十倍以上。石油加工过程中的三废排放见表2-13。

表2-13 石油加工过程中的三废排放（处理油量与100万千瓦火电站耗油量相同）

排放物	吨/年	废水中排出物	吨/年	废水中排出物	吨/年
SO_x	21000	氯化物	24000	悬浮颗粒	2000
有机化合物	23000	油　脂	600	溶解固体物	100000
NO_x	18000	氨态氮	600	酚、苯	22
CO	4300	碳酸液（Cd、Pb、Zn、Cu等）	3		
氨	2230				

石油贮运中油品漏失。油船压舱水和清舱水、特别是油船事故泄油，会严重影响海洋环境。我国近海域油类污染突出，应引起重视。石油输运影响比煤炭更为严重。

石油海运在急剧增长，20世纪50年代最大油船3万吨，现在达到五十万吨级，甚至百万吨级。石油海运量在快速攀升，1960年的海运量为4.49亿吨，1977年达到17亿吨；到2011年海运油量将上升到28.3亿吨。洗舱水外排上升，海洋撞船和泄漏事故频繁，如1970~1978年的9年间，海上跑油达107万吨；海湾战争期间，更是造成大量的石油排入海洋。船舶污染风险的发生不以人的意志为转移，一旦发生重大污染事故，将会带来巨大的经济损失。

2.3.1.3 天然气

天然气蕴藏在地下多孔隙岩层中，是一种多组分混合气体，主要成分是烷烃，其中甲烷占绝大部分，另有少量的乙烷、丙烷和丁烷，此外一般还含有硫化氢、二氧化碳、氮气和水蒸气，以及微量的惰性气体，如氦和氩等。在标准状况下，甲烷~丁烷以气体状态存在，戊烷以下的以液体形式存在。

天然气系古生物遗骸长期沉积于地下，经过漫长的转化及变质裂解过程而产生的气态碳氢化合物，具可燃性，多存在于油田（开采原油时伴随而出）或纯天然气气田。比空气轻，具有无色、无味、无毒之特性。天然气公司皆须遵照政府规定添加臭剂（四氢噻吩），以资用户嗅辨。天然气在空气中的含量达到一定浓度后会使人窒息，当浓度达到5%~15%的范围时，遇明火时容易发生爆炸。这个浓度范围即为天然气的爆炸极限。爆炸会在瞬间产生高温、高压，其破坏力极大。

天然气根据蕴藏状态，可分为构造性天然气、水溶性天然气、煤层天然气等三种。构造性天然气又可分为伴随原油的湿性天然气、不含液体成分的干性天然气。天然气开采中的污染物主要是硫化氢和伴生盐水的污染，需要进行处理。

天然气可用来发电，降低煤炭的发电比例，是改善环境污染的有效途径。天然气作为化工原料，可用于制氢、制造氮肥等，具有投资少、成本低、污染少等特点。天然气占氮肥生产原料的比重，世界平均为80%左右。天然气还广泛用于城市居民生活用气。随着人民生活水平的提高及环保意识的增强，大部分城市对天然气的需求增大。压缩或液化天然气可代替汽油，具有价格低、污染少等优点。

目前人们的环保意识逐渐提高，世界对洁净能源的需求越来越大。天然气是洁净的能源之一，因此，在还未发现真正的替代能源前，天然气需求量在不断增加。

2.3.2 化石燃料利用对环境的影响

化石燃料的主要用途是化工厂的原料和燃料。石油最早大量用于工业生产，随着油价的逐步攀升，目前主要用于交通运输。而煤炭主要用于发电、供暖和工业炉窑。可见，化石燃料使用过程中的污染主要是燃烧过程中产生的气态、固态污染物和余热等。它是大气环境污染物的主要来源，引起温室效应和热污染。

化石燃料的污染源于第一次工业革命，1775年瓦特发明了蒸汽机，至1781年完善以后，促进了工业大发展，进而促进了煤炭的生产，随之而来的是环境污染。英国作家狄更斯在《艰难时代》中描述19世纪50年代英国伦敦人们的生活环境时写到：“这是一个到处都是机器和高耸烟囱的市镇，无穷无尽的长蛇似的浓烟一直不停地从烟囱里冒出来”，“喷出的大量毒烟，不用多久就会把天空罩住”，“使煤炭镇居民看到的太阳呈现出一种日食的状态”。随着时代的发展，当今人类化石燃料的使用所造成的污染还相当严重。工业燃烧过程、内燃机的燃烧等都会排放燃烧产物，由于燃烧装备不同和燃料的差别，烟气排放也有明显的区别。化石燃料燃烧对地球环境产生的宏观综合影响主要有下述几方面。

2.3.2.1 温室效应

随着世界化石燃料消耗的急剧增长，排入大气中的CO_2愈来愈多，加之生态环境破坏，大气中的CO_2呈增长趋势。19世纪工业革命以前，地球大气中CO_2的浓度约为$(200\sim280)\times10^{-6}$，与海洋和绿色植物的吸收和储存基本平衡。近50年来，CO_2在大气中的浓度以每年略高于1×10^{-6}的速度在增加，1960年大气中的CO_2浓度达到了317×10^{-6}，1986年大气中的CO_2浓度为347×10^{-6}，2008年升高到394×10^{-6}，其结果将导致1990~2100年间全球平均气温有可能升高1.4~5.8℃。许多专家认为，CO_2浓度的增加已经影响到了全球的气候。大气中的CO_2不仅能选择性地吸收太阳的短波长辐射能，还能大量吸收地球表面反射回来的长波辐射能，最终使大气升温，吸收热量后的CO_2再将能量逆辐射到地面。因此，大气中的CO_2犹如一个防止把热散射到宇宙空间的盖子，从而干扰地球的热平衡，并使地球的平均气温升高。这种效应称为“温室效应”。早在1985年，联合国环境规划署、世界气象组织和国际科学联盟理事会就在奥地利拉赫召开了会议，委托瑞典的国际气象研究所进行此项研究，研究得出了到2030年世界平均气温将要升高1.5~4.5℃的结论，结果使海平面升高1.4米。

“温室效应”引起气候和降雨模式变化，能导致广泛的环境危害，许多国家海拔较低的沿海地区将被淹没，从地球上消失。水位上升使农作物模式改变，严重影响农业生产。

“温室效应”尚待进一步研究。有的科学家已提出了控制CO_2排放和制止全球大规模砍伐森林的全球环境战略。同时，世界上的燃烧专家都在全力开发清洁高效燃烧技术，减排二氧化碳、捕集二氧化碳和封存二氧化碳的技术。

2.3.2.2 酸雨

酸雨是另一个全球性的环境问题，是一种综合性污染。它指的是pH值小于5.6的雨雪或其他方式形成的大气降水（雾、霜），广义指酸性物质的干、湿沉降。其酸性成分主要是硫酸，也有硝酸和盐酸等。酸雨主要由化石燃料燃烧产生的二氧化硫、氮氧化物等酸性气体，经过复杂的大气化学反应，被雨水吸收溶解而成。

目前我国定义的酸雨区的科学标准还没有统一，但一般认为：年均降雨的pH平均值高于5.65，认为酸雨率是0~20%，为非酸雨区；年降雨的pH平均值在5.30~5.60之间，认为酸雨率是10%~40%，为轻酸雨区；年降雨pH平均值在5.00~5.30之间，认为酸雨率是30%~60%，为中度酸雨区；年降雨pH平均值在4.70~5.00之间，认为酸雨率是50%~80%，为较重酸雨区；如果年降雨pH平均值小于4.70，认为酸雨率是70%~100%，为重酸雨区。这就是所谓酸雨的五级标准。

我国的酸雨主要是因大量燃烧含硫量高的煤而形成的，多为硫酸雨，少为硝酸雨，此外，各种机动车排放的尾气也是形成酸雨的重要原因。近年来，我国一些地区已经成为酸雨多发区，酸雨污染的范围和程度引起人们的密切关注。

2.3.2.3 热污染

由于技术水平的限制，目前国内外火力发电效率和燃烧设备热效率都比较低，一般在38%~46%之间。造成大量的热量未被利用，以余热的形式排入环境，引起环境的热污染。如电站的温水排入水域，会使该水域的水温升高，引起水域中鱼类生活环境的改变，严重的会导致水生物死亡，水生生态系统也会发生变化。

城市和工业区因大量燃料燃烧，随烟气排出的废热可能使市内气温升高，改变局部气候，即形成所谓“热岛效应”，对该区域的人群健康、动植物的生存和器物寿命造成危害，对周边生态环境亦带来有害影响。这是包括各种能源在内的热污染共有的环境影响。

采用热电联产，“余热”供电厂或民用，发展暖房育种、温水养殖，可以提高热能利用率。技术上大部分采用凉水塔和冷却池降低排水温度，减少水域热污染。

2.3.2.4　其他影响

燃烧排放的各种一次污染物，在一定的气象和地理条件下，相互协同作用能产生危害更大的二次污染物。燃煤排放的烟尘、SO_2 等可能因逆温下光化学催化作用，形成酸雾和硫酸盐气溶胶，达到一定浓度时，造成所谓硫酸烟雾（如 1952 年伦敦烟雾事件）。石油燃烧排放的 NO_x、碳氢化合物，可能形成光化学烟雾。

2.4　水电及核能的环境影响

目前世界电力生产发生了巨大变化，其中，煤炭发电占 39%，水力发电占 19%，核能发电占 16%，天然气发电占 15%，石油发电占 10%，其他占 1%。水电和核能在世界能源结构中的比例已经超过 35%。在发展中国家，水电近期内将稳定增长。在未来能源结构中，核电将有很大的发展。

2.4.1　水力发电对环境的影响

水力资源是一种经济、清洁、可再生的能源，不产生空气污染，但需要建水库。水力发电工程对江河径流在时间和空间分布上进行人为的调节和再分配，必然引起河川自然环境和生态系统的变化，并对区域社会经济和人们的生活环境带来深远的影响。水力发电工程，特别是具有高库大坝的水电工程，兼有防洪、灌溉、航运、供水及水产、旅游等多种功能，综合效益大，并具有环境美学价值。目前世界上建造的大型水电站见表 2-14。

表 2-14　世界著名水电站

电站名称	所在河流	最大水头/m	装机容量 $/\times10^4$kW	年发电量 $/\times10^8$kW·h	开始发电年份	国　名
中国三峡	长　江	113	1820	847	2003	中　国
巴拉圭　伊泰普	巴拉那河	126	1260	710	1984	巴　西
大古力	哥伦比亚	108	1083	203	1942	美　国
古　里	卡罗尼河	146	1030	510	1968	委内瑞拉
图库鲁伊	托坎廷斯河	68	800	324	1984	巴　西
萨扬舒申斯克	叶尼塞河	220	640	237	1978	俄罗斯
克拉斯诺雅尔斯克	叶尼塞河	100.5	600	204	1968	俄罗斯
拉格兰德二级	拉格兰德	142	533	358	1979	加拿大
丘吉尔瀑布	丘吉尔河	322	523	345	1971	加拿大

我国三峡水电站的建设对我国的经济发展具有重要作用，具有灌溉、航运等多种功能。防洪的功能：库容 221.5 亿立方米，能有效控制洪水；发电功能：年发电 840 亿度，可替代煤炭 5000 万吨，可减轻上述地区的煤炭运输压力，并可减轻因火电燃煤引起的环境污染；航运功能：形成 660 千米长的深水航道，改善重庆下游的航道条件。由于险滩淹没，航深增加，坡降变缓，流速减小，船舶的运输效率将明显提高，运输成本可降低 35% ~37%，并且大大提高了

航运的安全性。但是，它对自然环境、生态环境和社会经济环境会产生某些不利影响。

2.4.1.1 对自然环境的影响

水库蓄水，抬高了水库周围的地下水位，在一定条件下可能形成局部浸渍和沼泽化。水库破坏了河流泥沙的运行规律和平衡条件，可能造成泥沙的淤积。改变了河流的水文条件，水库下游水位降低，可造成土壤盐碱化。“因下游泥沙减少，使出口三角洲受到侵蚀”。巨大的水库可能引起地面沉降，地表活动，甚至诱发地震。水库建设必须确保大坝安全，以免造成巨大灾害。影响局地气候，蒸发量增大，气候变得凉爽。

2.4.1.2 对生态环境的影响

水库筑坝蓄水对生态环境产生影响，其影响大小与水库的地理位置、季节有关。一般情况，上下游的生态系统会发生相反的变化，上游会淹没农田、森林、城市等，往往造成陆地生物的更新和水生生物的增加，大量野生动植物被淹没，改变了鱼类生存条件，因而打破了原有的生态平衡；对地方病和卫生防疫有一定影响，可能导致血吸虫病等疾病蔓延。

2.4.1.3 对社会经济环境的影响

库区淹没影响较大，建坝蓄水淹没耕地、村镇、古迹文物和交通设施，造成人口迁移，影响农耕。

对渔业的影响是：一方面水库水面有利于人工养殖，另一方面回游鱼类及喜流水性鱼类发展受抑制。水库下游有机质减少，影响下游渔业。

对航运等其他多方面均有一定影响。

以我国丹江口水电站为例说明其环境影响。丹江口水电站在汉水上游，属狭长水库（面积达1050平方千米，库容达290亿立方米），挡水建筑物全长2468米，其中混凝土坝全长1141米，最大坝高97米。建库后产生的环境影响有：（1）平均水温由16.8℃升高到18℃；夏季凉爽，雨少，冬季雨多，不稳定；（2）地震次数增加，从16世纪到1959年，周围有感地震次数为43次，建库以来测得五百多次；（3）水质变差，水中镉、汞、砷、氰化物、营养物等有害物质增加，如硝酸盐从0.44mg/L升高到90mg/L，增加了近200倍；（4）迁移人口38万，重建镇三座，淹没了不少春秋战国和汉唐古墓，经济文化损失不可计量。可见，水电的开发利用必须考虑对环境的影响，一旦造成危害就不可逆转。从环境的角度考虑，大型水库的副作用较多，一般情况，以建中小型水库为宜。

鉴于上述情况，进行水电站建设时，必须事先进行周密的调查研究，进行严格的环境影响评价，并采取相应措施，趋利避害，保证工程不仅有优良的技术经济指标，同时具有良好的环境效益和社会效益。

2.4.2 核能利用的环境影响

从技术发展看，合理有效地开发核能，一般经过热中子堆、快中子增值堆、核聚变堆三个阶段。现有的核电站绝大部分属热中子堆核电站，只能利用铀资源的1%左右。快中子增值反应堆和核聚变堆皆属未来的能源。核能对解决人类未来能源将起到举足轻重的作用。自从1951年美国在加利福尼亚州海边希平港（Shipping Port）建成世界上第一座试验性核电站以来，经过60多年的发展，核电已成为30多个国家能源组成中不可或缺的部分。全世界正在运行的核动力堆已超过440座，总装机容量超过387GW，核电占世界总发电量的比例达到17%。其中法国核电占其国内总电力的76%，比利时为56.8%，瑞典为39%，日本为33.8%，德国为30.6%，英国为22%，美国为20%，俄罗斯为16%；而中国仅为1.1%。对核能利用的环境影响必须高度重视。我国核电站的分布见图2-4。

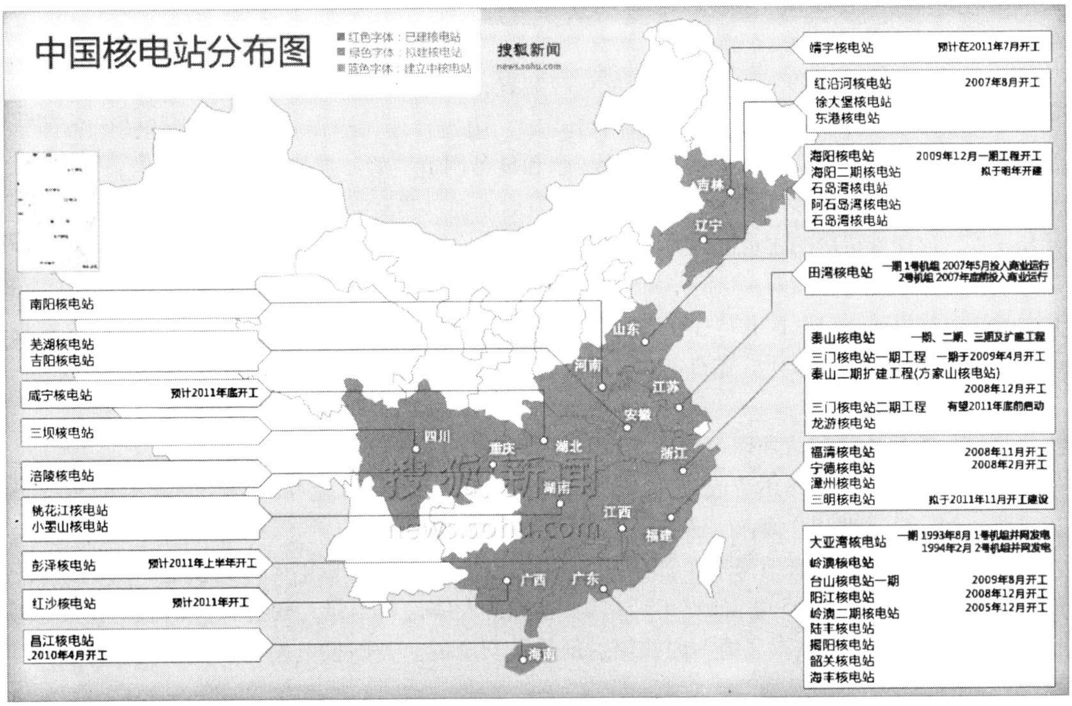

图 2-4 中国核电站分布图

资料来源：搜狐网。

2.4.2.1 核电站及其对环境的影响

核能是利用^{235}U（铀-235）、^{239}Pu（钚-239）的核，在中子的轰击下发生裂变，同时释放出核能，将水加热成蒸汽，由蒸汽驱动汽轮机，汽轮机带动发电机发电。核能发电除核电站外，还包括核燃料的开采、加工制造和核燃料循环，见图 2-5。铀矿石按流程顺序加工浓缩为 5% 的 UO_2，再制成燃料元件装入核电站反应堆。废燃料元件送到后处理工厂进行处理，UO_2 循环

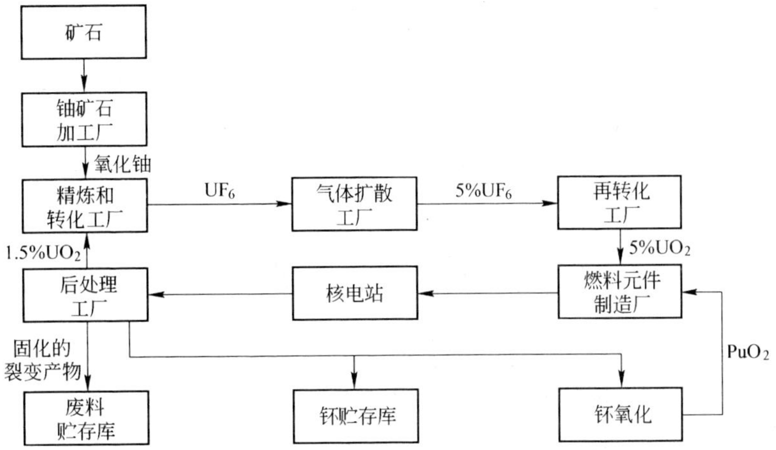

图 2-5 核燃料制造及循环过程

利用。核能的主要环境影响是核反应堆的安全和放射污染问题。解决好反应堆的安全控制和放射废物的处理，是控制核能环境污染的关键。

A 核反应堆的安全问题

热核反应使用低浓度铀，并有精密的调控装置，反应堆有厚而密封的外壳，并采取了各种措施预防事故发生。关键是要保证设备符合要求，调控合理，操作正常。在现代技术条件下，完全可以保证安全运行。但是，由于设计技术和设备制造缺陷，会导致事故的发生。

1986 年 4 月 26 日凌晨，乌克兰加盟共和国首府基辅以北 130 千米处的切尔诺贝利核电站发生猛烈爆炸，反应堆机房的建筑遭到毁坏，同时发生了火灾，反应堆内的放射物质大量外泄，是在广岛投掷的原子弹所释放的 400 倍，周围环境受到严重污染。25 年过后，核电站周边成为无人的荒芜地区。这反映了原有核电站存在着一些潜在问题和不完善的地方，已引起各国的高度重视。国际原子能机构、联合国环境规划署已议定公约，以加强国际合作防止污染和预防紧急事故。

B 慢性辐射影响

核燃料的前处理和后处理过程中如有不当，会有少量放射辐射渗入冷却回路，通过水或空气尤其是食物链的放大作用造成对人体的慢性辐射。如：碘-131 在甲状腺中富集，锶-90 在肾中富集，铯-137 在肌肉中富集，最终对人体产生危害。

核电站生产的各个环节采取了严密的防辐射措施，美国 1970 年运行的核电站对附近居民的照射量仅为 0.01～0.05 毫雷姆/年（雷姆，rem：人体伦琴当量，辐射产生的相对生物效应剂量单位），远低于天然本底值，因此辐射剂量是安全的。美国核电站辐射剂量与各种辐射剂量对比见表 2-15。

表 2-15 核电站辐射与其他来源辐射剂量对比

来 源	受照射人数占总人口的百分数/%	受照人口年平均剂量/mrem	占总照射的百分数/%
天然本底	100	124	83.7
医用 X 光	100	20	13.5
放射性尘埃	100	4	2.7
核电工业	22	0.01（0.05①）	0.007
总 计		148	100

资料来源：1976 年美国核学会数据。

①1972 年 Klement 数据。

从表 2-15 中可以看出，生活在自然界的人类，无时无刻不在接受着 124 毫雷姆/年的自然辐射，核电站对居民的辐射剂量只相当于天然辐射量的 1/5～1/6，相当于 X 射线胃透检查照射的 1/12，小于电视辐射（每天 1 小时，半年）。可见，在今天核电站密度不大的情况下，对慢性辐照的影响可暂不作考虑。

C 放射性废物的环境影响

反应堆每年停车一次更换燃料。有来自裂变碎片产物和中子活化产物的放射。反应堆取出的废料，具有强放射性。对低放射性水平的废料，一般埋入土中，或者装在特殊容器中；对高放射性水平的废料需进行特殊处理，长期隔离。

核废料的处理必须慎重，到 2000 年，美国放射性废物中积累的放射性约 209×10^{9}Ci，饮用水标准 10^{-9}Ci/L，这些放射性废料可污染 $2\times10^{14}m^{3}$ 的水，即全世界淡水的 2 倍，全部水圈的 1/8。有人设想将废料埋入 150～600m 的盐床中、送到太阳中或贮于南极冰帽中等。

发展核电最突出的问题是放射性废物的污染和处理问题，核燃料后处理工厂废物品种多，其中低放射废水和废弃物经专门处理并检测合格后排放，中度和强放射性废液国际上多采用玻璃化、沥青和水泥固化，以控制不进入天然水系。目前是将固化物用不锈钢密封贮存。

2.4.2.2　快中子增殖反应堆

快中子增殖反应堆的目的在于利用极为丰富的同位素^{238}U进行裂变反应，将不裂变的^{238}U转变为可裂变的^{239}Pu，可得到的热能是^{235}U的资源的近百倍，能增殖核燃料。快中子增殖反应堆温度比热堆高，提高了热能利用率，减轻了对环境的热污染。增殖反应堆仍存在着放射性废物的运输和处理问题。原料生产和反应堆的控制要求更为严格。我国在该技术领域已有突破性进展。

2.4.2.3　核聚变能

核聚变反应燃料是从海水中提炼的氢的同位素氘。每1升海水中所蕴含的氘如果提取出来，发生完全的聚变反应，能释放相当于300升汽油燃烧时释放的能量。以此推算，根据目前世界能源消耗水平和海水存量，核聚变能可供人类使用数亿年，甚至数十亿年。

1991年11月9日，欧洲的科学家在英国首次成功地进行了实验室里的受控热核聚变反应试验，从而揭开了核聚变能利用的序幕。核能是指由原子核的链式反应所产生的能量，它有两种来源：一种是由重原子核裂变释放出来的；一种是由轻原子核聚变产生出来的。核聚变是两个或两个以上的较轻原子核（如氢的两种同位素氘和氚）在超高温等特定条件下聚合成一个较重的原子核时释放出巨大能量的反应。因为这种反应必须在极高的温度下才能进行，所以又叫热核反应。据计算。每1千克核燃料完全裂变可以放出93.6万亿焦的热量，相当于3200t标准煤燃烧放出的热量。而每1千克热核聚变燃料聚变放出的热量是核裂变所释放能量的4倍。可见核聚变能是一种极具发展潜力的能源。

2006年5月24日，中国、欧盟、美国等7方代表在欧盟总部布鲁塞尔共同草签了《成立国际组织联合实施国际热核聚变反应堆（ITER）计划的协定》。这标志着ITER计划进入了正式执行阶段。

ITER计划是一个大型的国际科技合作项目。它的实施结果将决定人类能否迅速地、大规模地使用核聚变能，可能影响人类从根本上解决能源问题的进程，其意义和影响十分重大。

与化石燃料相比，核能无空气污染，无漏油污染，无酸性矿坑污水等；唯一缺点就是放射性污染，使用后的废渣，也必须与环境隔绝，不能进入生态系统。

2.5　新能源开发利用的环境影响

所谓新能源，一般是指在新技术基础上加以开发利用的可再生能源。按照我国的实际情况，可分为下述五种：

太阳能——太阳能的热利用、光电利用和蓄能技术。

生物质能——能源植物、沼气、生物质气化和液化。

风能——风能发电、风能动力及其他利用技术。

地热能——地热发电、中低温地热水的利用。

海洋能——潮汐发电、波浪能发电及其他利用技术。

一般来说，上述新能源的能量密度低，品位低而且分散。除生物质能、地热能外，还有随机性和间歇性的特点。每种新能源又可按其开发利用技术分为若干类，下面结合我国情况，对每种能源就其主要应用方面的环境影响进行讨论。

2.5.1　太阳能直接利用及其环境影响

太阳能是地球上生物得以生存的重要因素，没有太阳，星球温度会下降到-268℃。太阳能是一种巨大的、廉价的、无污染的能源。由于地球纬度季节不同、昼夜轮换及其他原因，地面接收的太阳能量不同，每平方米的变化范围在0～1100W之间。据我国700个气象站实测，各地太阳能总辐射量约为3.3×10^9～$8.4\times10^9 J/m^2$，中值为$5.9\times10^9 J/m^2$，全年日照时间为2000～3300小时。西北部的新疆、甘肃、青海、西藏大部及内蒙古一部分为太阳能丰富带，我国太阳能资源是相当丰富的。长期以来，在世界范围内太阳能的应用发展不快，主要原因是太阳能的能流密度低，受纬度、气候等自然因素影响大，目前大规模能量收集、转换和储存等问题没有能够完全解决。随着科学技术进步、能源发展需要和环境保护的要求，各国在逐步扩大和加速太阳能的开发利用。

通过一定的工艺过程，太阳辐射可转变成热和电。直接利用太阳能的设备有热电转换系统、光电转换系统、太阳能集热器、太阳灶等。太阳能的用途有采暖、空调、炊事、食品冷藏、材料高温处理、干燥、抽水、照明等。近期主要用途是采暖和供热，远期主要用途是发电。

太阳能利用对环境的影响可归纳为：

(1) 没有毒气体和CO_2排出，不污染大气环境。

(2) 占用较多的土地，发电能力为1兆瓦的中央接收式太阳能发电站占地3～4万平方米，而1000兆瓦的核电站只占地50万平方米。

(3) 太阳能集热系统吸收太阳能后，会影响地面、大气的能量平衡，减少了地面、建筑物反射回空间的能量，大规模使用太阳能可能对局部气候产生影响。

(4) 巨大的集热系统及聚光装置影响景观，改变建筑风格和规范，增加造价，带来其他新的问题。

(5) 太阳能电池光电转换效率低，需要进一步开发研究，提高转换效率。

(6) 目前电池材料生产的能耗太高，不宜盲目大规模生产。

2.5.2 生物质能与沼气对环境的影响

生物质能是指绿色植物通过叶绿素将太阳能转化为化学能储存在生物质内部的能量。光合作用能把太阳能转化为贮存于绿色植物中的化学能，植物可再转化为常规的固态、液态和气态燃料，取之不尽、用之不竭，是一种可再生能源，同时也是唯一一种可再生的碳源。地球上的生物质能资源较为丰富，而且无害。地球每年经光合作用产生的物质有1730亿吨，其中蕴含的能量相当于全世界能源消耗总量的10～20倍，但目前的利用率不到3%。所以从广义上讲，生物质能是太阳能的一种表现形式。目前很多国家都在积极研究和开发利用生物质能。通常作为能源消耗的生物质能包括薪柴、木炭、农业残余物（如谷壳、甘蔗渣、秸秆等）、能源树、杂草、人蓄粪便，以及由上述物质、农产品及有机废物通过一定工艺生产的醇类和沼气等。

生物质能属可再生资源，通过植物的光合作用可以再生。生物质的硫、氮含量低，燃烧过程中生成的SO_x、NO_x较少；生物质作为燃料时，由于它在生长时需要的二氧化碳相当于它排放的二氧化碳的量，因而对大气的二氧化碳净排放量近似于零，可有效地减轻温室效应。生物质能的主要利用及其环境影响有如下三个方面。

2.5.2.1 速生薪柴林及能源树

为解决大量森林植被破坏和满足农村对薪柴的需要，许多国家大量选育发展速生树种。产于墨西哥的银合欢，每年能提供木材50t/公顷（相当于松树的5倍）。我国的速生树种有紫穗槐、泡桐等。发展薪柴林有显著的生态效益。

某些树种被称为能源树，如我国的油楠、南美的苦配巴，均能分泌出可直接燃烧的液体。该液体燃烧时无SO_2污染。

速生薪柴林的生长周期很短，而且由于是作为经济林作物开发的，所以在种植地区无法形成山林所应有的生态链，植被单一，对野生动物、植物、鸟类、昆虫的生存环境造成巨大的破坏。速生薪柴林通常都具有较强的吸水、吸肥能力，常常使得速生薪柴林周围的植物无法生存，破坏了植被的多样性。由于其强吸水能力，熟知这种植物的人，通常给它一个称号“抽水机”。在“抽水机”种植的地区，多年以后，常常可以发现该地区土质松散，沙化严重。

2.5.2.2　转化为液体燃料

利用生物质资源可生产甲醇、乙醇和生物柴油等液体燃料。如用淀粉、甘蔗等制取酒精，可以替代部分汽油。目前巴西用甘蔗酒精替代了20%以上的汽油。酒精燃烧时，污染较小。

2.5.2.3　沼气

沼气是一种可燃性气体，最早发现于1778年，意大利物理学家沃洛塔在沼泽地发现，故名沼气。一百年后，人们成功地利用了人工沼气。

沼气是动植物有机体在微生物作用下，经厌氧发酵分解产生的。利用农作物废料、树叶、人畜粪便、生活有机垃圾及某些有机工业废渣和各种废水，可以生产沼气。沼气的主要成分是CH_4，约占60%～70%；CO_2占25%～40%，还有少量的H_2S、N_2、H_2和CO。沼气热值为16～25MJ/m^3，是一种优质的气体燃料。

城市中发展大中型沼气也有很好的综合效益，可以利用有机废液、粪便、生活污水及生活垃圾等。我国一些酿酒厂用酒糟清液生产沼气。以人畜粪便为原料的沼气池也逐步发展。城市制取沼气流程如图2-6所示。

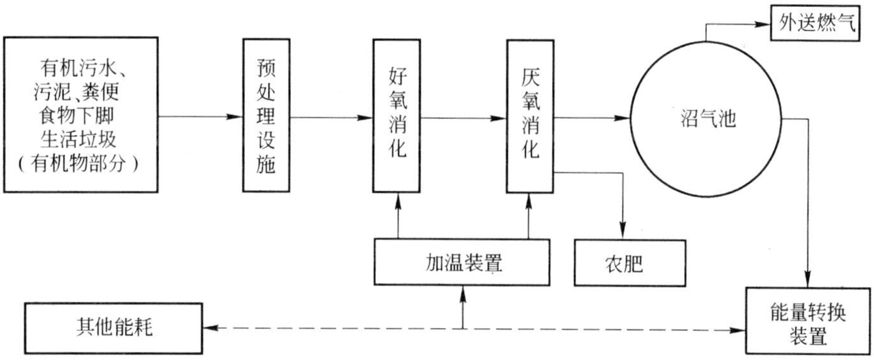

图2-6　城市制取沼气流程

生产和利用沼气有着显著的综合效益，可代替薪柴弥补农村能源的不足，保护了森林资源。沼气与薪柴和煤炭相比，是一种更为清洁的燃料，减少了污染。厌氧消化生产沼气为管理好有机废物和废水提供了手段，沼气发生过程消灭了大量细菌病原体和有毒物质，有利于环境和卫生，有利于生态的良性循环。沼渣是很好的肥料，也可作为饲料，用于开展综合养殖。使用沼气关键是注意安全，当沼气与空气混合含量达5%～15%时，遇明火会发生爆炸。沼气气体和废水中含有少量的H_2S，对环境有危害。

2.5.3　风能利用及其环境影响

风能是大气沿地球表面流动而产生的动能资源。风能是由太阳辐射的一小部分能量（约2%）转变成的动力能。目前对地球表面可以利用的风能尚无准确的估计，有人认为每年有相当于电力10～500亿度的能量。风能存在分散、间歇、能量密度不高和风力不均匀等弱点，利用时要因地制宜。在远离电网的缺电地区，年平均风速超过4～5m/s时，利用风能有较好的经济效益，可以用来发电、驱动抽水机、贮存能量等。

风能资源决定于风能密度和可利用的风能年累积小时数。风能密度是单位迎风面积可获得的风的功率，与风速的三次方和空气密度成正比关系。据国家气象局估计，我国可开发利用的风能资源约为1.6亿千瓦。按照风能利用条件分为四级：一级为风能最佳区，指一年当中风速在3m/s以上的时间超过5000小时，6m/s以上风速的时间超过2200小时，风能密度大于200W/m^2的地区。这些地区包括西北地区克拉玛依、敦煌等地及华北地区、东北地区、东部沿海。二级为风能较佳区，一般风能密度大于150W/m^2。三级为风能可用区，风能密度大于100W/m^2。四级为风能贫乏区，风能密度大于50W/m^2。我国的四级区占全国总面积的1/3。

随着全球能源价格的攀升和能源资源的匮乏，风能市场得以迅速发展。自2004年以来，全球风力发电能力翻了一番，2006年至2007年一年间，全球风能发电装机容量增长了27%。2007年已达到9万兆瓦，到2010年已经发展到16万兆瓦。预计未来20～25年内，世界风能市场每年将递增25%。随着技术进步和环保事业的发展，风能发电在商业上将完全可以与燃煤发电竞争。

“十一五”期间，中国的并网风电得到迅速发展。2006年，中国风电累计装机容量已经达到260万千瓦，成为继欧洲、美国和印度之后发展风力发电的主要市场之一。2007年我国风电产业规模延续暴发式增长态势，截至2007年底，全国累计装机约600万千瓦。2008年中国风电装机总量已经达到1250万千瓦，占中国发电总装机容量的1%，位居世界第五。这也意味着中国已进入可再生能源大国行列。2008年以来，国内风电建设的热潮达到了白热化的程度。到2010年底我国风电累计装机容量累计超过4000万千瓦，跃居世界第一。

截至2009年底，我国风电累计发电量约为516亿千瓦时，按照发电标煤煤耗每1千瓦时350克计算，可节约标煤1806万吨，减少二氧化碳排放5562万吨，减少二氧化硫排放28万吨。

同时，风电的利用可起到防风固沙的作用。但是必须看到，风电质量差，并网困难，能效需进一步提高；对大气环流，尤其是地表污染物的扩散、迁移，有显著影响。

2.5.4 地热能开发利用对环境的影响

地热能是从地壳内部抽取的天然热能，这种能量来自地球内部的炽热熔岩，并以热力形式存在，是导致火山喷发及地震的能量。地球内部的岩浆温度高达7000℃，在距离地表80～100千米的深处，温度会降低到650～1200℃。热量会通过地下水的流动和熔岩的涌动传递至离地面1～5千米的地壳，热力得以被传送至离地面较近的地方。高温的熔岩将附近的地下水加热，这些被加热了的水最终会渗出地面。运用地热能最简单和最合理的方法，就是直接利用这些热量。地热能是一种可再生能源。

按照地球内部深处温度超过1000℃计算，它所造成的温度梯度的平均值为25℃/km。温度梯度和热流高出平均值很多的地区就是地热丰富区，约占陆地面积的10%。在一定技术经济条件下能被人类开发利用的部分地热能量称为地热能。地热资源的储量丰富，有人估计地壳表面3km以内可以利用的地热能就达8.4×10^{20}焦。据估计，地壳表面3km内的地热能为8.3×10^{20}焦，接近全世界煤储量的热含量，按10%转换为电能，相当于五十年内5800万千瓦发电机组的发电量。人类很早以前就开始利用地热能，例如利用温泉沐浴、医疗，利用地下热水取暖、建造农作物温室、水产养殖及烘干谷物等。但真正认识地热资源并进行较大规模的开发利用却是始于20世纪。早在1904年意大利（拉德勒罗）就利用地热蒸汽进行发电，直到现在其推广应用仍然进展缓慢。

地热能有干蒸汽、湿蒸汽和热水三种形式。干蒸汽温度在150℃以上，属高温热田，质量高，但储量少，可以直接用于发电。湿蒸汽温度在 90～150℃之间，属中温地热田，需脱水后才能用来发电，故技术上要复杂一些。湿蒸汽田的储能量为干蒸汽田的 20 倍。热水储量最大，温度一般低于 90℃，属低温地热田。我国地热资源分布面广，150℃以上的高温地热田主要分布在西藏、云南西部和台湾等地，100℃以下的中低温地热田遍及全国各地，以东南沿海为多。西藏羊八井地热田，井深 200 米以下最高温度为 172℃，井口压力 0.3～0.5MPa。云南腾冲地区井深 12m 处温度达 145℃。台湾的大屯火山区，井深 1000m 处温度达 294℃。

在现代科学技术条件下，中、高温地热田可用于发电，低温地热田可用于取暖和供热。1997 年，全世界地热发电的容量为 762.2 万千瓦。我国上世纪 70 年代就开始建试验地热电站。西藏羊八井地热电站是我国最大的地热电站，目前装机容量达到 2.52 万千瓦。

地热发电对环境的影响有下列几个方面：

（1）化学污染：地热水和地热蒸汽中，含有许多污染环境的矿物质，含有 CO_2，SO_2，H_2S，NH_3，Be，有时还会释放出放射性氡。个别地方的地热水中可能含有 As（砷）和 Sb（锑）、汞之类有毒物质，会对大气和水体产生污染，需要进行适当处理。最好的办法是注入地下，不要排入水体。各种气体浓度范围见表 2-16。

表 2-16　地热蒸汽的组成　　mg/kg

成　分	N_2	CO_2	H_2S	CH_4	NH_4	H_2
数　值	0～24	1660～47500	26～1500	10～420	0～194	0～56

（2）热污染：地热蒸汽的温度和压力都不如火力发电厂高，地热电站热利用率低，不到 10%，冷却水用量大于普通电站，会造成更多的热污染，应加以综合利用。

（3）对土地的影响：建设地热电站要占用大量土地，破坏地表的植被，提取地热流体后容易引起地表下沉。

（4）噪声的影响：高压地热蒸汽和水高速喷射会产生高达 120dB（A 声级）的噪声，且有高频的特点。如安装有效的消声器，不会造成多大环境问题。

总之，地热资源比化石燃料污染小得多，比核能安全，是一种较清洁的能源。

2.5.5　海洋能利用对环境的影响

海洋储藏了巨大的能量，主要指潮汐能、潮流能、海流能、波浪能、温差能和盐差能等，是一种可再生能源。这些能量蕴藏于海上、海中、海底，属于新能源的范畴。由于海洋环境恶劣，能源密度小，给开发带来了困难，且开发投资较大。目前关于海洋能利用的研究工作较少，开发程度较低，短期内难以大规模开发利用。

（1）潮汐能。选择海湾等有利地形，围截出口建坝，蓄存涨潮海水是利用潮水涨落造成的水位落差产生的潮汐能可推动水轮发电机发电。1966 年，法国在朗斯河口建造了大型潮汐发电站，装机容量 24 万千瓦，年发电 5 亿多度。我国可利用的潮汐资源约为 2×10^7 千瓦，主要集中在浙江、福建沿海。目前我国已有 8 座潮汐电站在运行，装机总容量 7000 千瓦，年发电量 1000 多万度。我国的潮汐发电量，仅次于法国、加拿大，居世界第三位。

（2）波浪能由风能衍生而来，其能量和动力值得考虑，但尚未找到经济有效的利用途径，其可利用的能量约 2.7 亿千瓦。它不存在任何环境问题，对大气、土壤、水质均无影响；若合理利用，反而有利于港口区的保堤和安全抛锚。波浪能是指海洋表面波浪所具有的动能和势能。波浪的能量与波浪高的平方、波浪的运动周期以及迎波面的宽度成正比。虽然大洋中的波浪能巨大，但是难以利用，因此可供利用的波浪能资源仅局限于靠近海岸线的地方。波浪能是利用波浪的上下运动，推动浮筒内的活塞以带动涡轮发电机。我国已将此类发电机用于浮标航标灯，目前每台容量仅几十瓦。

（3）海洋温差能又称海洋热能。可利用海洋中受太阳能加热的表层水与深层较冷的水之间的温差进行发电而获得能量。在南北纬30°之间的海面，表层海水和深层海水之间的温差在20°左右；在南、北纬20°海面上，每隔15千米建造一个海洋温差发电装置，理论上最大发电能力达500亿千瓦。赤道附近太阳直射多，其海域的表层温度可达25～28℃；波斯湾和红海由于被炎热的陆地包围，其海面水温可达35℃；而在海洋深处500～1000m处，海水温度却只有3～6℃，其间蕴藏着丰富的能源。

目前很难估计海洋能的可开发程度。海洋能开发的环境影响方面，一般认为海洋发电起了消波器作用，可能干扰海洋循环和海洋-大气的转换运动，进而影响气候。海洋温差发电可能影响盐分和热量分配，局部会影响海洋生态。

2.5.6　未来能源可燃冰及其环境问题

可燃冰也称甲烷水合物、甲烷冰（methane clathrate），最早发现于20世纪60年代，存在于海底沉积物或永冻土中，蕴藏量丰富。其组成为1摩尔甲烷和5.75摩尔水，该比例取决于甲烷分子“嵌入”的多少；密度约0.9g/cm^3。在标准状况下，1L可燃冰固体平均包含168L的甲烷气体。一旦温度升高或压力降低，甲烷会逸出；1m^{3}可燃冰在常温常压下可释放164m^{3}天然气及0.8m^{3}淡水。可燃冰的分子结构式为$CH_4 \cdot 8H_2O$，呈白色固体，外形像冰，燃点很低，极易燃烧，同等条件下燃烧产生的能量比煤、石油、天然气要多出数十倍，而且燃烧后不产生任何残渣和废气，属优质能源。

可燃冰的燃烧方程式如下：

$$CH_4 \cdot 8H_2O + 2O_2 = CO_2 + 10H_2O \quad \text{（反应条件为“点燃”）}$$

可燃冰的形成须具备温度、压力和气源三个基本条件，在0℃以上即可生成，超过20℃便会分解；在0℃时，只需3MPa大气压即可生成；海底富含碳的有机物沉淀经生物转化，可产生充足的气源。科学家们称可燃冰为“属于未来的能源”，27%的陆地和90%的大洋属潜在区域。据潜在气体联合会（PGC，1981）估计，永冻土下可燃冰资源量为$1.4\times10^{13}\sim3.4\times10^{16}$m^3，资源总量为$7.6\times10^{18}$m^3。但大多数人认为储存在可燃冰中的碳至少有$1\times10^{13}$t，是当前已探明的所有化石燃料中碳含量的2倍。如能证明这些预计属实的话，可燃冰将成为未来一种储量丰富的重要能源。

科学家的评价结果表明，仅仅在海底区域，可燃冰的分布面积就达4000万平方千米，占地球海洋总面积的1/4。目前，世界上已发现的可燃冰分布区多达116处，其矿层之厚、规模之大，是常规天然气田无法相比的。有科学家估计，海底可燃冰的储量至少够人类使用1000年。世界上海底可燃冰已发现的主要分布区域是大西洋海域的墨西哥湾、加勒比海、南美东部陆缘、非洲西部陆缘和美国东海岸外的布莱克海台等，西太平洋海域的白令海、鄂霍茨克海、千岛海沟、冲绳海槽、日本海、四国海槽、日本南海海槽、苏拉威西海和新西兰北部海域等，东太平洋海域的中美洲海槽、加利福尼亚湾和秘鲁海槽等，印度洋的阿曼海湾，南极的罗斯海和威德尔海，北极的巴伦支海和波弗特海，以及大陆内的黑海与里海等。在美国东南沿海水下2700平方千米面积的水化物中，含有足够供应美国70多年的可燃冰。其储量预计是常规储量的2.6倍，如果全部开发利用，可使用100年左右。中国在藏北高原羌塘盆地开展的大规模地球物理勘探成果表明：继塔里木盆地后，西藏地区很有可能成为中国21世纪第二个石油资源战略接替区。

由于可燃冰在常温常压下不稳定，因此开采可燃冰的方法设想有：热解法、降压法和二氧化碳置换法。

1960年，前苏联在西伯利亚发现了可燃冰，并于1969年投入开发；美国于1969年开始实施可燃冰调查，1998年把可燃冰作为国家发展的战略能源列入国家级长远计划；日本是在1992年开始关注可燃冰，完成周边海域的可燃冰调查与评价。最先挖出可燃冰的是德国。从2000年开始，可燃冰的研究与勘探进入高峰期，世界上至少有30多个国家和地区参与其中。其中以美国的计划最为完善，印度和日本的开发工作也走在了前列。全球只有美国、日本、印度及中国四个国家具有开采能力。

我国是世界上最大的发展中的海洋大国，能源十分短缺。我国的油气资源供需缺口很大，从1993年开始转变为净进口国，能源对外依存度增大，能源安全问题严峻，因此急需开发新能源以满足经济的高速发展。海底天然气水合物资源丰富，其上游的勘探开采技术可借鉴常规油气，下游的天然气运输、使用等技术都很成熟。因此，加强天然气水合物调查评价是贯彻实施党中央、国务院确定的可持续发展战略的重要措施，也是开发我国21世纪新能源、改善能源结构、增强综合国力及国际竞争力、保证经济安全的重要途径。

中国对海底可燃冰的研究与勘查已取得一定成果，在南海西沙海槽等海区已相继发现存在可燃冰的地球物理标志BSR，这表明中国海域也分布有可燃冰资源，值得开展进一步的研究。同时，青岛海洋地质研究所已建立有自主知识产权的可燃冰实验室并成功点燃可燃冰。2005年4月14日，中国在北京举行中国地质博物馆收藏我国首次发现的天然气水合物碳酸盐岩标本仪式；宣布中国首次发现世界上规模最大被作为“可燃冰”即天然气水合物存在重要证据的“冷泉”碳酸盐岩分布区，其面积约为430平方千米。按照国家发展战略规划的安排，2006～2020年是调查阶段，2020～2030年是开发试生产阶段，2030～2050年，我国可燃冰将进入商业生产阶段。

可燃冰的开采对环境有较大的影响，会改变它赖以赋存的温度、压力条件，引起天然气水合物的分解。因此，在可燃冰的开采过程中，如果不能有效实现对温度和压力条件的控制，就可能引发一系列环境问题，如温室效应的加剧、海洋生态的变化以及海底滑塌等。天然气水合物在给人类带来新的能源前景的同时，对人类生存环境也提出了严峻的挑战。天然气水合物中的甲烷，其温室效应为CO_2的20倍。温室效应造成的异常气候和海面上升正威胁着人类的生存。全球海底可燃冰中的甲烷总量约为地球大气中甲烷总量的3000倍，若不慎让海底可燃冰中的甲烷气逃逸到大气中去，将产生无法想象的后果。而且固结在海底沉积物中的水合物，一旦条件发生变化使甲烷气从水合物中释出，还会改变沉积物的物理性质，极大地降低海底沉积物的工程力学特性，使海底软化，出现大规模的海底滑坡，毁坏海底工程设施，如海底输电或通讯电缆和海洋石油钻井平台等。天然可燃冰呈固态，不会像石油开采那样自喷流出。如果把它从海底一块块搬出，在从海底到海面的运送过程中，甲烷就会挥发殆尽，同时还会对大气造成巨大危害。为了获取这种清洁能源，世界上许多国家都在研究天然可燃冰的开采方法。科学家们认为，一旦开采技术获得突破性进展，可燃冰立刻会成为21世纪的主要能源。

2.6 能源评价与能源展望

能源评价的目的在于从宏观上研究和指明国家和地区乃至世界能源发展的方向，以利制定能源政策和规划，并促进能源技术进步和发展。

2.6.1　能源评价的一般原则

能源评价是一个十分复杂的问题。从宏观方面看，涉及政治、国防、社会、资源、技术和经济等多个方面。政治方面需要考虑国际国内政治和外交的影响；国防方面要应考虑其与战略和战争的关系，以及国家安全和能源安全；社会方面要分析生态环境保护和群众的意愿，为社会提供充足的、大众能负担得起的能源；资源方面要考虑可开发的各种能源的资源状况和储量，这直接影响到国家的能源结构、能源生产和消费；技术方面需考虑该项能源技术是否成熟、先进、合理、可行；经济方面则需要考虑是否合算，是否使用价值高而成本低。前面五个方面的评价一般比较容易、明确，可能有多种方案符合要求，最后起决定作用的往往是经济方面的优劣。从目前的技术水平来看，评价能源品质以及开发利用可行性的技术经济指标主要有如下五个方面。

2.6.1.1　储藏量

储藏量是关系到能源供应能否稳定持续的必要条件。化石能源和核裂变燃料都是不可再生的能源，在自然界的储量有限，用一点少一点。目前大量使用的石油和天然气可开采的数量也很有限，核能可能是能源过渡时期的替代能源。发展中国家水力资源开发程度低，应加速开发。其他可再生能源资源丰富，如太阳能、风能、地热能、海洋能等，开发利用时主要是要考虑技术经济问题。储量评价还应考虑能源的地理分布。

2.6.1.2　能源品位及能流密度

能源品位是其作功能力的定性表述。人类利用能源的本质是利用其做功的能力，能量不但有数量的大小，而且有质量的高低。如机械能、电能可以完全转变为功，而热能则只有部分作功能力。做功能力强的能源被称之为高品位能源，反之称为低品位能源。能流密度是指单位面积所能取得的或单位重量能源所能产生的某种能源的能量或功率，是评价能源的主要技术指标之一。能流密度大的能源容易开发利用，能流密度小的能源很难作为主要能源。要定量地研究能源作功能力的大小可以通过有效能、能质系数等指标实现。

任何一种形式的能量都可看成由 （或称有效能。即周围环境条件下，理论上能够转变为有用功的那部分能量）和 （或称无效能。即不能够转变为有用功的那部分能量）两部分组成。可用 来评价能量的质量和品位， 大的能量具有较高的能质和品位。电能、机械能、水力能等是高质能，而化学能、热能等是较低质的能。非高质能的有效能占的比例越大，则能的品位越高。例如热能中，温度越高，其 值就越高，品位也越高，高温高压水蒸气的品位比低温低压水蒸气的要高，接近环境状态的热能是低品位能源。

2.6.1.3　对环境的影响与安全问题

能源在开发利用过程中可能对环境产生一系列的影响。化石燃料燃烧时会严重污染大气，以煤最为严重。核能应用的安全问题已引起广泛关注，现代技术可以解决，但有轻微辐射污染。核电站和化石燃料电站对人体健康危害指数的比较见表2-17。太阳能、风能等基本上是无污染的能源，开发利用对环境影响很小。但是，值得考虑的是，太阳能的大规模利用会改变目前地球的能量平衡关系，是否会对大气温度造成影响？风力的大力开发和利用，是否会对大气环流产生影响？必须慎重考虑。

2.6.1.4　技术成熟程度

这与现代科学技术经济水平有关。除常规能源外，核裂变发电已投入较广泛使用，并将有更大的发展。太阳能、风能、地热、海洋能已有一定程度的利用，太阳能热利用和生物质能利用取得了较大的进展，但大规模利用的技术问题尚未完全解决，需要进行大量的开发研究工作。核聚变发电技术尚未能加以控制，近期尚不能投入使用。

表 2-17 核电站和化石燃料电站对人体健康危害比较

电站类型		排放物	相对危害指数	备注
燃煤电站		SO_2	32000	危害指数是以同样功率的电站相比，以氪-85 和氙-133 对人体健康影响为基准定为 1，其他表示倍数
		颗粒物	1100	
		NO_x	4530	
燃油电站		SO_2	11960	
		颗粒物	176	
		NO_x	4450	
核电站	压水堆	氪-85，氙-133	1	
		碘-131	19	
	沸水堆	氪-85，氙-133	1	
		碘-131	20	

资料来源：美国核学会编，卢铖章译．核电与环境问答．北京：原子能出版社，1985。

技术方面还需考虑能源存储和运输的可能性，以及供应的连续性。在这方面，化石燃料和核能比较容易实现。

2.6.1.5 经济上合理可行，价格上用户能承受

需要综合考虑开发费用、设备投资、环境保护费用、生产运行费用等因素。此外能源的开发周期（从设计到投产的时间）的长短也是影响经济的因素，一般来说，矿物能源的开发周期长，包括建矿到建厂完成需要数年时间，如水电站建设周期一般需十年左右。从总费用看，太阳能、风能等的“原能”不花钱，但其发电技术的设备投资大。太阳能发电成本在光照最好的测试场景中为 17 美分/千瓦，相比之下，风能是 15 美分/千瓦，煤炭 7 美分/千瓦，天然气 6 美分/千瓦，相对成本较高。化石能源和水电的投资要低得多。化石能源中煤炭价格便宜，但环保费用高。能源技术经济评价工作过程很复杂，最终综合反映在能源的成本和价格的竞争上。

2.6.2 能源的发展趋势

能源在国民经济发展中具有举足轻重的战略地位。当前，从人类社会和经济发展对能源的需求增加和迫切需要解决严重的环境问题这一实际情况出发，在现有技术经济基础上应逐步合理地调整能源结构；提高化石能源采收率和有效利用率，节约能源，控制环境污染；要提高水能的开发强度；加快新能源的研究和开发，以多种途径、多种能源来解决能源的供需平衡。目前，我国能源供需矛盾尖锐，能源结构不合理，能源利用效率低，一次能源消费以煤为主，化石能源的大量使用造成了严重的环境污染。针对目前的情况，我国能源的发展思路是：

（1）坚持节能优先，降低单位产品能耗或万元产值能耗。攻克主要耗能领域的节能关键技术，积极开发建筑节能技术，竭力提高一次能源利用效率和终端用能效率。

（2）推进能源结构多元化发展，增加能源供给。在提高油气开发利用及水电技术水平的同时，大力发展核电技术，形成核电系统技术自主开发的能力。风能、太阳能、生物质能等可再生能源技术取得突破进展，并逐步实现工业化应用。

(3) 促进煤炭的高效清洁利用，减轻环境污染。大力发展煤炭清洁、高效、安全开发和利用技术，发展煤燃烧先进装备，尤其是要注重煤炭的综合利用。

(4) 加强先进能源装备引进技术的消化、吸收和再创新。攻克先进煤电、核电等重大装备制造核心技术，做到再创新和国产化。

(5) 提高能源资源的优化配置。开发安全可靠的先进电力输配技术，实现大容量、远距离、高效率的电力输配。

作为下一代能源应具备的基本条件是：储藏量大，最好是可再生的；清洁而安全，对环境影响尽可能小；使用方便且能连续稳定供应；技术经济合理。从现在的观点看，大规模地开发太阳能和核聚变能，以及太阳能直接分解水蒸气或电解水制氢作为燃料，并综合开发其他能源，是对未来能源体系的一个设想，还有许多未可预见的因素，实际上要复杂得多。满足持续快速增长的能源需求和能源的清洁高效利用，将成为对能源科技发展长期的重大挑战。

2.6.3　解决我国能源环境问题的途径

我国能源环境问题主要表现为如下两类情况：一是城市和以城市为代表的工业区，以煤为主要能源，造成煤烟型大气污染；二是广大农村，生活能源以燃烧秸秆、薪柴为主，乱砍滥伐林木所造成的水土流失和自然生态平衡的破坏。

必须综合考虑能源资源状况和技术经济基础，以我国的能源政策为依据来解决我国能源环境问题。

2.6.3.1　解决城市能源环境问题的途径

(1) 改变煤炭供应不合理状况，尽可能做到按质用能和按需用能。为了减轻城市大气污染，要采取既节能又环保的技术经济政策，低硫分、低挥发分的煤优先供应民用，工业上应用高硫煤时，应洗选脱硫或实施排烟脱硫。

(2) 煤的气化和综合利用。燃用气体燃料既可取得节能效果，又可获得较高的环境效益。在有石油、冶金、煤炭、化工等企业的城市和地区，要充分利用油田气、天然气、煤矿瓦斯以及工业联产的液化气、焦炉煤气等高热值的气体，除部分工业应用外，应尽量供给民用。没有气源的城市或地区，可以用煤制气或利用合成氨厂联产煤气作为民用燃料。

(3) 逐步实现集中供热、联片采暖、热电结合和余热利用。

(4) 改进燃煤技术和设备；推广使用型煤。

(5) 大力发展天然气，通过国内开发和国际购买，增加天然气的使用量以及在能源消费中的比例，尤其是城市用能尽可能天然气化。

上述措施既有利于节能、提高能源有效利用率，又可有效地控制能源造成的环境污染。

2.6.3.2　解决农村能源环境问题

我国地域辽阔，农村人口占总人口的70%，农村能源引起的环境和生态问题，要根据农村能源实际状况，本着因地制宜多能互补的原则去解决。主要的途径有：推广节柴灶，营造速生薪柴林，积极发展沼气，有条件的地方要大力发展小水电，合理调配生活用煤等。

2.6.3.3　解决工业能源环境问题

工业是我国的能耗大户，也是污染物排放大户。工业节能是解决能源环境污染问题的主要途径。首先要淘汰陈旧设备和落后的高耗能工艺。采用先进工艺和现代化装备，开发新的节能工艺和节能设备。加强管理和节能意识以及环保理念，逐步调整能源结构，减少煤炭的消耗比例，增加水电、风电、太阳能的应用比例。

节约非能源物质，会有较大的节能减排效果。可以说，节约非能源物质与节约能源是同等重要的。如收得率就是考核节约非能源物质的重要指标。降低各工序原材料消耗，提高成品率是节约非能源物质的重要内容。目前，一些企业在购买低品位的原料，认为可降低成本。但是增加了能源消耗和污染物排放，有负面的影响。应采用技术经济的科学方法进行技术经济分析，采用优化的解决方案。

研究工业企业生产过程中的物质流、能源流、能源转换、物质的合理循环利用，实现生产工艺流程的最优化，实现工业系统节能。要结合企业的不同情况，找出最佳方案。要对单体设备节能、工序节能、管理节能进行综合研究；要认识到节能减排不是个体或某个环节的问题，而是全局的问题，通过系统优化才能取得预期效果。

复习思考题

（1）名词解释

能源，能源储量，能源资源，一次能源和二次能源，常规能源和新能源，再生能源与非再生能源，“燃料周期”。

（2）简要回答问题

1）能源、化石燃料和核能的主要环境问题是什么？

2）核电和太阳能利用之我见。

3）中国未来的能源战略。

（3）分析回答问题

我国的能源现状及其对策。

参 考 文 献

[1] 王革华主编．新能源概论[M]．北京：化学工业出版社，2006.
[2] 克劳士比著．王正林，王权译．人类能源史[M]．北京：中国环境科学出版社，2009.
[3] 江泽民著．中国能源问题研究[M]．上海：上海交通大学出版社，2008.
[4] 苏亚欣等编著．新能源与可再生能源概论[M]．北京：化学工业出版社，2006.
[5] 翟秀静，刘奎仁，韩庆编著．新能源技术[M]．北京：化学工业出版社，2005.
[6] 王革华编著．新能源——人类的必然选择[M]．北京：化学工业出版社，2010.
[7] 张军等编著．国际能源战略与新能源技术进展[M]．北京：科学出版社，2008.
[8] 李全林主编．新能源与可再生资源．南京：东南大学出版社，2008.
[9] 吴治坚主编．新能源和可再生能源的利用[M]．北京：机械工业出版社，2006.
[10] 张晓东等编著．核能及新能源发电技术[M]．北京：中国电力出版社，2008.
[11] 周志伟编著．新型核能技术——概念、应用与前景[M]．北京：化学工业出版社，2010.
[12] 朱华编著．核电与核能[M]．杭州：浙江大学出版社，2009.
[13] 李代广编．话说新能源丛书——走近核能[M]．北京：化学工业出版社，2009.
[14] 王民浩主编．2008 年中国风电技术发展研究报告[M]．北京：水利水电出版社，2009.
[15] 国际能源署编，张阿玲等译．能源技术展望——面向 2050 年的情景与战略[M]．北京：清华大学出版社，2009.
[16] 王革华编著．新能源——人类的必然选择[M]．北京：化学工业出版社，2010.

3 环境污染治理途径及原理

3.1 环境污染治理的发展及现状

3.1.1 环境污染治理的发展

20 世纪 50 年代以前，人们普遍认为工厂烟雾弥漫象征着工业的发展和社会的进步。但是事与愿违，随着工业规模的高速发展，环境污染已成为严重的社会问题，使人类的生存和社会经济发展受到威胁。至此人们才认识到现代工业的发展一方面带来了物质财富，另一方面也让人类付出了巨大的代价，其赖以生存的生活环境遭到严重污染，威胁到人类自身的生死存亡。在这种背景下，人们在不断地寻求环境治理的途径。世界主要工业发达国家的环境治理大致经历了如下几个阶段。

3.1.1.1 单项治理阶段

20 世纪 60 年代中期前，面对严重污染的现实，迫切需要进行环境治理。这一阶段分门别类在单项治理技术方面取得了一些成效。人们仅仅把污染问题孤立地看做是工业和其他经济活动的“三废”问题，忙于采取头疼医头、脚疼医脚的应急措施。当时主要采用“排出口治理”的措施。这样做的结果是耗资巨大，效率不高，环境治理效果不好，环境质量仍得不到根本的改善，污染不断加剧。

3.1.1.2 综合防治阶段

20 世纪 60 年代末期，人们对环境污染的认识加深，意识到环境污染不仅会造成短期的急性危害，还会造成长期的甚至是无法挽回的后果（如许多鸟类绝迹等）；认识到污染物质可以到达地球的任何角落，认识到污染问题的广泛性乃至全球性（从南极的企鹅到北极的白熊，都发现了滴滴涕成分）。以 1972 年的斯德哥尔摩人口环境会议为转折点，人们的认识提高到第二阶段，认识到地球是大家的，大气是共享的，大环境的好坏对小环境往往有决定性的影响。开始把注意力从工业环境、城市环境，转向人类赖以生存的自然环境，注意研究探讨环境污染对于整个生物圈的影响。开始从单项治理转向“以防为主、防治结合”的环境保护阶段。这一阶段除单项治理仍不断取得进展外，还颁布了一系列政策法令，进行了一系列的工艺改革，研制出了一些清洁工艺，加强了环境管理，发展了预断评价，及闭路循环等无害工艺，使环境质量得到明显的改善。许多国家先后都成立了全国性的环境保护机构，颁布环境污染法规，制定污染防治规划，执行环境影响评价制度等以防为主的措施。当前环保已经走上法制化和正常化的道路。

2005 年世界银行公布的世界主要城市空气污染状况如表 3-1 所示。

3.1.1.3 经济和环境保护协调发展阶段

20 世纪 80 年代，明确地提出了一个更能揭示本质及更具说服力的观点，即环境问题的实质是生存系统的维护和退化的问题。1980 年第十五届国际自然及自然资源保护同盟大会所拟定的世界自然保护大纲，强调保护自然资源对人类生存和维护资源本身持续发展的重要意义，强调经济活动和环境保护两者必须协调发展，并把这种策略和方针作为战略大纲纳入各国的发展计划中，开始了谋求创造更好生活和生存环境的探索。

表 3-1 世界主要城市空气污染状况

国家和地区	城 市	城市人口/万	总悬浮颗粒物 /$\mu g \cdot m^{-3}$	二氧化硫 /$\mu g \cdot m^{-3}$	二氧化氮 /$\mu g \cdot m^{-3}$
中 国	上 海	1267	87	53	73
	北 京	1085	106	90	122
	天 津	935	149	82	50
印 度	孟 买	1834	79	33	39
	德 里	1533	187	24	41
	加尔各答	1430	153	49	34
印度尼西亚	雅加达	1319	103		
伊 朗	德黑兰	735	71	209	
日 本	东 京	3533	43	18	68
	大 阪	263	39	19	63
	横 滨	337	32	100	13
韩 国	汉 城	959	45	44	60
	大 丘	251	49	81	62
	釜 山	353	43	60	51
马来西亚	吉隆坡	139	24	24	
菲律宾	马尼拉	1043	60	33	
新加坡	新加坡	316	41	20	30
泰 国	曼 谷	660	82	11	23
土耳其	伊斯坦布尔	976	62	120	—
	安卡拉	359	53	55	46
埃 及	开 罗	1115	178	69	
南 非	开普敦	294	15	21	72
	德 班	136	29	31	—
	约翰内斯堡	234	30	19	31
加拿大	多伦多	506	26	17	43
	蒙特利尔	351	22	10	42
	温哥华	212	15	14	37
墨西哥	墨西哥城	1901	69	74	130
美 国	纽 约	1849	23	26	79
	洛杉矶	1215	38	9	74
	芝加哥	871	27	14	57
阿根廷	科尔多瓦	159	52		97
巴 西	圣保罗	1833	46	43	83
	里约热内卢	1147	40	129	—
委内瑞拉	加拉加斯	328	18	33	57

续表 3-1

国家和地区	城 市	城市人口/万	总悬浮颗粒物 /μg·m^{-3}	二氧化硫 /μg·m^{-3}	二氧化氮 /μg·m^{-3}
保加利亚	索非亚	105	83	39	122
捷 克	布拉格	116	27	14	33
法 国	巴 黎	985	15	14	57
德 国	法兰克福	67	22	11	45
	柏 林	333	25	18	26
	慕尼黑	232	22	8	53
意大利	米 兰	401	36	31	248
	都 灵	97	53		
	罗 马	263	35		
荷 兰	阿姆斯特丹	116	37	10	58
波 兰	华 沙	220	49	16	32
	罗 兹	94	45	21	43
罗马尼亚	布加勒斯特	176	25	10	71
俄罗斯联邦	莫斯科	1067	27	109	
	鄂木斯克	113	28	20	34
西班牙	马德里	515	37	24	66
	巴塞罗那	442	43	11	43
乌克兰	基 辅	262	45	14	51
英 国	伦 敦	762	23	25	77
	伯明翰	222	17	9	45
	曼彻斯特	219	19	26	49
澳大利亚	悉 尼	439	22	28	81
	墨尔本	366	15	0	30
	帕 斯	148	15	5	19
新西兰	奥克兰	115	15	3	20

资料来源：世界银行《世界发展指标》2005 年。

在这一阶段，人们认识到环境、人口、资源之间紧密相关，把环境当作一种资源看待，强调环境的整体性、综合性；强调全面规划、布局合理等环境管理；强调高效和综合利用等。呼吁各国要寻找综合、统一的办法，做到对环境无害，使社会经济持续发展；希望各国妥善规划、提高认识、进行技术革新和工艺改革，做到对环境友好。这些都标志着人们对环境的认识达到了一个崭新的阶段，它将推动防治污染的发展，开拓了环境保护的新局面。

3.1.2 我国的环境污染治理及现状

我国是一个发展中国家，幅员辽阔，人口众多，资源和环境对国际的经济和社会发展将是一个长期的制约因素。由于长期处于粗放型的传统经济增长方式，加之科学技术进步比较缓慢，所以，自然环境破坏严重，主要表现在：主要污染物排放量超过环境承载能力，流经城市的河段普遍受到污染，许多城市空气污染严重，酸雨污染加重，持久性有机污染物的危害开始显现，土壤污染面积扩大，近岸海域污染加剧。发达国家上百年工业化过程中分阶段出现的环境问题，在我国近30多年来集中出现，而且，在缺乏强制性的宏观调控的情况下，环境污染和生态破坏愈演愈烈。2004年由于环境污染造成的经济损失估计约5118.2亿元，占GDP的比例为3.05%，其中，大气污染造成的经济损失为2198.0亿元，水污染造成的经济损失为2862.8亿元，固废堆放侵占土地和土壤污染事故造成的经济损失为57.4亿元，分别占总污染损失的43%、56%、1%。

1972年联合国召开了世界环保会议，1973年我国召开了第一次全国环境保护工作会议。在此之前，人们把环境问题看得很狭隘，往往只是从资源利用的角度出发，只注重经济效益。1973年的环保会议加深了人们对环境的认识，环境保护问题被提到了国家建设的重要议程上来，并且成为广大人民群众所关注的大问题。至“八五”期间，我国政府提出了《我国环境与发展十大对策》，明确指出走可持续发展道路是当代我国以及未来的必然选择。我国批准发布了《二十一世纪议程——中国21世纪人口、环境与发展白皮书》，从人口、环境与发展的具体国情出发，提出了我国可持续发展的总体战略、对策以及行动方案，确定了污染治理和生态保护的重点，加大了环保执法力度，积极稳步推行各项环保管理制度和措施，环境保护工作取得了较好的成果。“九五”期间，全国人大八届四次会议审议通过了《中华人民共和国国民经济和社会发展“九五”计划和2010年远景目标纲要》，把实施可持续发展作为现代化建设的一项重大战略，使可持续发展战略在我国经济建设和社会发展过程中得以实施。在此期间，我国的环境保护事业得到了进一步加强，环境保护事业进入了快速发展时期。“十五”期间，党中央提出了树立科学发展观、构建和谐社会的重大战略决策。为落实科学发展观，国家颁布了一系列的环境保护法律和行政法规，自然资源法、环境保护法、环境保护部门规章和规范性文件、地方性环境法规和地方政府规章等。2002年，我国第一部循环经济立法——《清洁生产促进法》出台，标志着我国环境污染治理模式由末端治理开始向全过程控制转变。“十一五”时期，国家进一步加大环境保护的力度，制定了建设资源节约型、环境友好型社会，大力发展循环经济，加大自然生态和环境保护力度，强化资源管理等一系列国策；建立了节能降耗、污染减排的统计监测和考核体系和制度。环境保护事业在“十一五”规划期间得到了大力弘扬，我国的环境状况得到了明显改善。“十二五”伊始，国家又制定了一系列减少碳排放的重大措施，提出了到2020年实现在2005年的基础上单位GDP碳排放减排40%~45%的发展目标。

近30年来，我国环境治理取得了巨大成就，在防治结合、以防为主的环保方针指引下，在环境污染治理方面取得了不少成果，包括：（1）工业“三废”减排取得成效；（2）城市环境治理能力不断得到增强；（3）主要污染物排放总量逐步得到控制；（4）工业布局逐步调整更趋合理；（5）企业环境管理规范化和法制化，得到大力加强。这些成果对于今后控制工业污染具有指导性作用和普遍意义。

但是，值得指出的是，我国工业企业的污染治理任务仍然十分繁重，人们的生活环境还需要进一步改善。因此，必须更加深入地认识环境，更有效地利用资源，更牢固地了解和掌握环境污染治理技术，采取切实可行的措施，控制污染，预防环境状况恶化，以促进生产，造福人民。这就要求人们要具有污染治理的科学知识和高新技术。

3.2 大气污染物的产生

3.2.1 大气污染物

大气污染物的种类很多，按其存在形式，可概括为两大类：气溶胶状态污染物和气体状态污染物。

3.2.1.1 气溶胶状态污染物

气溶胶是液态微粒或固态微粒在空气中的悬浮体系。它们能够成为水滴和冰晶的凝结核、对太阳能辐射具有吸收和散射的作用，并能够参与大气中的各种化学循环，是大气的重要组成部分。天空中的云、雾、尘埃，工业和运输业使用的锅炉和各种发动机里未燃尽的燃料所形成的烟，采矿、采石场磨材、粮食加工生产时所形成的固体粉尘，人造的烟幕和毒气等，都是气溶胶的典型实例。液体气溶胶微粒一般呈球形，固体微粒则形状不规则，半径一般为 $10^{-3} \sim 10^{2}\mu m$。粒径在 $10^{-1} \sim 10^{1}\mu m$ 的气溶胶在大气光学、大气辐射、大气化学、大气污染和应用物理学等方面具有重要作用。

气溶胶污染物按其来源可分为一次气溶胶污染物（以微粒形式直接从发生源进入大气）和二次气溶胶污染物（在大气中由一次污染物转化而生成的）两种。它们可以来自被大风扬起的细灰和微尘、海浪溅起水花蒸发而成的盐粒、火山爆发的火山灰以及森林大火生成的烟尘等天然源，也可以来自化石和非化石燃料的燃烧、交通运输以及各种工业生产装置排放的烟尘等人为源。气溶胶状态污染物从大气污染控制的角度，按照气溶胶的来源和物理性质，又可将其分为如下五类：

1）粉尘（dust）；2）烟（fume）；3）飞灰（fly ash）；4）黑烟（smoke）；5）雾（fog）。

应当指出，在国内外各种文献特别是工程实际中，粉尘、烟、飞灰和黑烟等名词往往是混用的，多不加区别地统称为“粉尘”或“烟尘”；而雾则是指属于气体中液滴的悬浮体的总称，在气象中指造成能见度低于1000m的水滴的悬浮体。

3.2.1.2 气体状态污染物

气体状态污染物是以分子状态存在的污染物，包括气体和蒸汽。气体是某些物质在常温、常压下所形成的气态形式。常见的气体污染物有：CO、SO_2、NO_2、NH_3、H_2S 等。蒸汽是某些固态或液态物质受热后，引起固体升华或液体挥发而形成的气态物质，如汞蒸汽、苯、硫酸蒸汽等。蒸汽遇冷，仍能逐渐恢复原有的固体或液体状态。

气态污染物又可以分为一次污染物和二次污染物。一次污染物是指直接从污染源排到大气中的原始污染物质；二次污染物是指由一次污染物与大气组分，或几种一次污染物之间经过一系列化学或光化学反应而生成的与一次污染物性质不同的新污染物质。在大气污染控制中受到普遍重视的一次污染物有硫氧化物、氮氧化物、碳氧化物以及有机化合物等；二次污染物有硫酸烟雾和光化学烟雾，臭氧等。气态污染物的种类很多，常见的分为下列五大类：

（1）以二氧化硫为主的硫化合物；

（2）以氧化氮和二氧化氮为主的氮化合物；

（3）以烷烃、烯烃、芳香烃、芳香化合物（如萘、蒽、苯并芘等）为主的碳氢化合物；

（4）一氧化碳、二氧化碳为主的碳氧化物；

（5）卤素化合物。

大气污染物的主要来源是化石燃料的燃烧排放。下面对燃烧大气污染物及工业生产大气污染物的产生及其生成机制进行讨论。

3.2.2 影响燃烧污染的因素

3.2.2.1 燃料种类和性质的影响

通常作为燃料燃烧的固体燃料有煤、焦炭等，作为液体燃料燃烧的有汽油、煤油、柴油、重油、甲醇和乙醇等，作为气体燃料燃烧的有天然气、煤层气、发生炉煤气和各种工业过程的富产煤气等。不难看出，在得到相同热量的情况下，燃烧污染物的生成数量与燃料的种类有关，同时与燃料的性质有关。一般存在如下规律：固体燃料燃烧的污染物排放量 > 液体燃料燃烧的污染物排放量 > 气体燃料燃烧污染物的排放量。燃料性质越好，燃烧污染物排放就越少。

同一类燃料，如液体燃料燃烧，重油的燃烧污染排放量 > 柴油燃烧的污染物排放量 > 汽油燃烧的污染物排放量，油质越重，燃烧污染越严重。对于固体燃料，往往由于产地不同其性质也不同。例如我国的煤，一般属高硫煤，含硫低于 1% 的煤仅占储量的 23% 左右。山东、浙江、广东、广西、湖北、湖南、四川、贵州的煤多为高硫煤，有的高达 10%。我国煤的含硫量由东北往西南、由上部往下部（指煤层）、由年轻到年老，有含量增加的趋势。不同性质煤的燃烧，带来的环境影响也不同。同样是燃烧 1kg 的煤，如果其含硫量为 1% 时，燃烧产生的 SO_2 为 20g；如果煤的含硫量增加到 10% 时，则燃烧生成的 SO_2 为 200g。

采取燃料转换技术对燃料进行加工，可以把污染严重、燃烧效率低的燃料（如煤、重油等）转化为清洁的、燃烧效率高的燃料。例如，把煤进行气化，获得容易燃烧的煤气进行燃烧利用。也可以对燃料进行改质，在燃料状态不变的条件下，改变燃料性质，去除其中的有害杂质，使其变为清洁燃料。例如，把高硫油变为低硫油，把高硫煤变为低硫煤。

3.2.2.2 燃烧条件的影响

燃烧条件指的是燃料燃烧的空间大小、形状、燃烧时间、燃烧空间的温度和压力，燃料和助燃剂的混合条件，以及燃料和助燃剂的相对浓度条件等。显然，燃烧条件不同，会影响燃烧过程，进而影响燃烧污染物的排放。

同一种燃料燃烧所产生的污染物数量也不尽相同，这已为大家所了解。例如燃料与空气混合条件好、空气充足，则燃烧完全；在连续燃烧设备中，一般不易生成一氧化碳，而在内燃机等设备中却易生成一氧化碳；温度过高，空气充足，则易生成氮氧化物等。通过调节、控制燃烧条件可以降低污染物的生成量。

燃烧过程中生成的污染物性质与燃烧过程有密切关系，了解污染物的生产机理，确定影响污染物生成量的定性和定量关系，寻求在燃烧过程中控制污染物的生成的减排途径，是十分重要的。

3.2.2.3 燃料消耗量

燃料消耗量取决于燃料利用率（或用能效率）、设备状态、生产规模和操作管理水平等。单位产品燃料消耗量指的是生产单位产品所消耗的燃料实物量，如生产 1 度电所消耗的燃料煤量（kg/kW·h）、冶炼吨铁的焦炭消耗（kg/t）、加热炉的吨钢燃耗（kg 标煤/t 钢）。总燃料消耗量表示已建成或筹建设备单位时间所消耗的燃料量（kJ/h，或 kg/h）等。生产规模相同的工厂，降低单位产品燃耗，其总能耗毋庸置疑也会下降，污染物质排放量也将减少。

3.2.3 冶金工业污染物的产生

冶金工业包括钢铁工业和有色工业。电力、冶金、化工、建材是工业部门中造成环境污染严重的行业。闻名世界的八大公害事件中，有三件的肇事者就是钢铁工业，如比利时的马斯河谷烟雾事件（1939 年 12 月初），美国的多诺拉烟雾事件（1948 年 10 月），主要是钢铁企业含二氧化硫的重金属烟尘造成的大气污染事件。由于冶金工业生产的污染物数量大、品种多、毒性深，造成了严重的环境污染。因此，二氧化硫、金属微尘和重金属离子等冶金工业污染逐步引起人们的重视。

3.2.3.1　钢铁工业的大气污染

钢铁工业是高温、多工序、工艺复杂的工业，能源消耗量大，其中煤耗占总能耗的70%以上，主要为炼焦用煤、燃料煤及高炉喷吹用煤。此外，我国冶炼钢铁的矿物原料，有的成分复杂，有的还含有砷、氟、硫、钍等多种元素，这造成了我国钢铁工业污染十分严重。

统计数据表明，每生产 1t 钢便产生 2.47kg 的烟尘和 7.21kg 的粉尘，主要污染物排放情况，见表3-2。生产1t 钢还要产生16100m^3 的废气，见表3-3。由表可见，这些废气中含有大量的潜热和显热，同时含有各种有害物质，造成了严重的环境问题。大气污染是慢性障碍性呼吸道疾病，包括肺气肿和慢性气管炎等的主要致病原因。由于大气污染严重导致我国的呼吸道疾病发病率升高，除了人遭受痛苦之外，其医疗负担也很大，是发展中国家平均水平的两倍多。疾病调查已经发现，常暴露于含有一定浓度污染物（如空气中所含颗粒物和二氧化硫）的大气环境中，会危害人身健康，诸如呼吸道功能衰退、慢性呼吸疾病、早亡以及医院门诊率和收诊率的增加等。调查结果还表明，肺癌死因、死亡率的高低与该地区大气污染的严重程度基本一致。近年来，随着国家环保法规的完善和健全，环境保护力度的加大，更主要的是对环境保护重要性的认识大大提高，积极开展了节能减排技术的开发研究，更新陈旧工艺和设备，钢铁企业造成的环境问题已大有改善，有的企业的排放水平已接近国外先进水平。但总的来说，我国钢铁企业环境污染控制水平与国外先进水平相比，还有很大差距。因此，在实现我国钢铁工业现代化的同时，抓好环境治理是十分重要的。

表 3-2　主要污染物排放总量和吨钢主要污染物排放情况

序　号	污染物名称	行业排放总量 /$t \cdot a^{-1}$	吨钢主要污染物排放情况/$kg \cdot t^{-1}$		
			行业平均	宝　钢	国际水平
1	烟　尘	254937.39	2.44	0.47	0.165
2	粉　尘	752921.46	7.21	0.43	—
3	SO_2	753996.71	7.22	2.55	0.060
4	挥发酚	533.86	0.005	微量	—
5	氰化物（CN^-）	548.99	0.005	微量	—
6	石油类	10055.49	0.096	0.002	—
7	COD	171157.20	1.639	0.060	—

表 3-3　烟气、尘、SO_2、NO_x 的排出

产品名称	烟气量/$m^3 \cdot t^{-1}$(产品)	烟尘/$g \cdot m^{-3}$(烟气)	NO_x/$kg \cdot t^{-1}$(产品)	SO_2/$kg \cdot t^{-1}$(产品)
烧结矿	4000 ~ 6000	0.5 ~ 15	约 0.5 燃烧型	1 ~ 12
焦　炭	焦炉煤气约 400 烟气 600 ~ 1200	5kg/t 焦 燃烧型	0.37 燃烧型	与含硫量有关 燃烧型③
生　铁	高炉煤气 1400 ~ 2500 热风炉煤气 1000 ~ 1500	5.0 ~ 40 燃烧型②	燃烧型	忽　略 燃烧型

续表 3-3

产品名称	烟气量/$m^3 \cdot t^{-1}$(产品)	烟尘/$g \cdot m^{-3}$(烟气)	NO_x/$kg \cdot t^{-1}$(产品)	SO_2/$kg \cdot t^{-1}$(产品)
转炉钢	转炉煤气 80~100 混铁炉 150~300	10~30kg/t 钢 燃烧型	忽　略 燃烧型	0.7×10^{-6} 燃烧型
电炉钢	1500~2500	2~12	燃烧型	燃烧型
平炉钢	3630	不吹氧 1.0 吹氧 4~6	燃烧型	燃烧型
钢　材	开坯、轧制的燃烧烟气 3000~4000①	燃烧型	燃烧型	燃烧型
动力炉钢	燃煤、燃油、高炉煤气等 烟气 1000~1500	燃烧型	燃烧型	燃烧型

①依燃料品种、燃耗高低而异，该系数是以我国开坯和轧制的能耗为依据进行估算的；
②燃料有气、液、固三种，燃烧型烟尘按冶金工业气、液、固燃料比例进行估算；
③焦炉煤气中均含有洗精煤的三分之一的硫分。

钢铁工业的大气污染源来自各工序，分析如下。

A　烧结工序

烧结是冶金工业造块的主要方法，钢铁行业是将铁（精）矿粉造块，且通过烧结改善原料的冶金性能。有色金属冶炼烧结造块还有脱硫的作用。烧结技术发明于 1911 年，当时主要目的是利用钢铁厂的废弃物。随着选矿和高炉炼铁对精料要求的提高，自 20 世纪 50 年代以来，烧结技术发展迅速。烧结是将选矿得到的铁精矿粉以及生产中各工序回收的含铁粉料、熔剂和燃料等，按比例配料，加水制成颗粒状的烧结混合料，平铺在烧结机上，经点火抽风烧结成块。烧结矿的粒度组成情况见表 3-4。其生产设备有烧结机和带式烧结机。烧结是钢铁工业的重污染工序之一，每生产 1t 烧结矿，产生废气 4000~6000m^3，其中含尘量：烧结带为 1~5g/m^3，卸矿带为 5~10g/m^3；含 SO_2 500~1500mg/m^3，含 NO_2 100~150mg/m^3。烧结厂的粉尘和废气会污染环境，可采用水封拉链清灰，用高效的静电除尘代替多管除尘，用密闭运输和采取其他措施减少烧结废气中的硫氧化物、氮氧化物和一氧化碳等有害气体，以保护环境。

表 3-4　烧结矿的粒度组成情况

粒度/mm	>40	25~40	16~25	10~16	5~10	<5
粒度组成/%	8.0	11.1	19.9	15.2	23.4	22.4

B　焦化工序

焦炭是目前传统炼铁工艺生产必备的原燃料。冶金行业一般采用高温炼焦来获得焦炭和回收化学产品。焦炭除了可作为高炉冶炼的燃料外，也可用于铸造生产、有色金属冶炼、制造水煤气；可用于制造生产合成氨的发生炉煤气，也可用来制造电石，以获得有机合成工业的原料。在炼焦过程中还可回收、加工提取焦油、氨、萘、硫化氢、粗苯等产品，并获得净化焦炉煤气。净焦炉煤气可供民用和作为工业燃料。中国是焦化产品生产、消费以及出口大国，焦化产品广泛用于化学工业、医药工业、耐火材料工业和国防工业，近年来焦化产业得到快速发展。山西是中国第一产焦大省，2006 年生产焦炭 9200×10^4t，约占全国的三分之一，焦炭资源出口供应量约占全国总量的 80%。多年以来，山西焦炭在国际贸易市场上的比重均超过 50%。

我国炼焦化学工业已能从焦炉煤气、焦油和粗苯中制取一百多种化学产品，这对我国的国民经济发展具有十分重要的意义。

整个炼焦过程中产生的烟气可分为两大部分：一部分是废气，另一部分是焦炉煤气。废气又分两种形式排出，一种是连续由炉门和炉盖中冒出，另一种是在装煤、推焦和熄焦时发生的间断烟气。焦炉煤气产生在焦化期间，每1t焦煤约产生300～350m^3焦炉煤气。废气主要含有尘和焦油。据美国、日本估计，尘的排放量为6kg/t焦，波动在2～9kg/t焦。焦化生产烟尘排放见表3-5，装出料的污染物排放见表3-6。

表3-5 烟尘的颗粒范围

>250μm	74～250μm	<74μm
21.7%	34.2%	44.1%

表3-6 装煤和出焦时排出的污染物 g/t焦

煤 尘	硫化氢	氮氧化物	一氧化碳	烯烃类	氰化物	二氧化碳
550	544	370	300	158	70	21

原料中有60%的硫转移到焦炭中，2.5%留在产品中，约有33%的硫以硫化氢的形式存在于煤气中。焦炉煤气的成分依据煤的质量而异，大致含有7～11mg/m^3的硫化氢。

为了保护环境，必须在焦化行业推行先进技术，如煤调湿、风选调湿、捣固炼焦、配型煤炼焦、粉煤制半焦、干法熄焦、热管换热、导热油换热、焦炉烟尘治理、焦炉煤气脱硫、含酚废水深度处理回用、焦炉煤气制氢、苯加氢精制、焦油加氢处理、煤焦油产品深加工等。

C 炼铁工序

炼铁是钢铁生产的重要环节，源于古代竖炉炼铁。高炉炼铁技术经济指标良好，工艺简单，生产量大，劳动生产率高，能耗低。用这种方法生产的铁目前仍占世界铁总产量的95%以上。生产中将铁矿石、焦炭、石灰石等从高炉炉顶装入，从下部风口吹入预热到1100～1300℃的空气。在高温下焦炭和喷吹煤粉中的碳同鼓入空气中的氧燃烧生成的一氧化碳和氢气，在上升过程中夺取铁矿石中的氧得到铁。铁水从出铁口放出。铁矿石中不还原的杂质和石灰石等熔剂生成炉渣，从渣口排出。产生的煤气从炉顶导出，经除尘后，作为热风炉、加热炉、焦炉、锅炉等的燃料。

炼铁工序对环境的影响主要指高炉煤气和炉渣。煤气排放量为1300～1500m^3/t铁，渣量约为200～400kg/t铁。除此以外，高炉系统的称料、上料、出铁等会排出微粒物质和析出烟气。

高炉煤气含尘量为5～40g/m^3，必须经除尘使含量低于10g/m^3，一般经过除尘净化后供用户使用。高炉煤气的余热余能利用方式还有CCPP、TRT发电技术。

回收炉渣显热，可降能耗25kg/t。炉渣显热占炼铁工序能耗的4%～10%。用炉渣粒化法和冲渣水采暖法来回收炉渣显热。将炉渣余热变为蒸汽的冷却法，2.5～3.0t炉渣产生1t蒸汽。由于利用难度大，目前仍在研究阶段，但已引起国内外的广泛关注。粒化渣还可以综合利用，作为水泥添加剂或者建筑材料等。

炉料和燃烧中的硫通过造渣，90%以上固定于渣中，其余的绝大部分固定于铁水中，煤气中含硫极低。

热风炉产生的烟气与其他燃烧烟气一样造成了大气污染。

D 炼钢工序

铁水中含有C、S、P、Si等杂质，影响铁的强度和脆性等，需要对铁水进行再冶炼，以去除上述杂质，并加入 Al、Mn 等合金成分。对铁水进行重新冶炼以调整其成分的过程称为炼钢。

炼钢的主要原料是含碳较高的铁水或生铁以及废钢。为了除去铁水中的杂质，还需要向铁水中加入氧化剂、脱氧剂和造渣材料，以及铁合金等材料，以调整钢的成分。含碳较高的铁水或生铁加入炼钢炉以后，经过供氧吹炼、加矿石、脱碳等工序，将铁水中的杂质氧化除去，最后加入合金，进行合金化，便得到钢水。炼钢炉有平炉、转炉和电炉 3 种。平炉炼钢法因能耗高、作业环境差已逐步被淘汰。转炉和平炉炼钢是先将铁水装入混铁炉预热，将废钢加入转炉或平炉内，然后将混铁炉内的高温铁水用混铁车兑入转炉或平炉，进行融化与提温，当温度合适后，进入氧化期。电炉炼钢是在电炉炉缸内全部加入冷废钢，经过长时间的提温与熔化，再进入氧化期。高炉铁水和废钢（或海绵铁）在氧气顶吹转炉、平炉或电炉中炼成钢。

a 氧气顶吹转炉（LD）法

顶吹转炉是炼钢工序的主要污染源。每炼 1t 钢，产生 70 ~ 120m^3 的转炉煤气。详细煤气成分见表 3-7。转炉煤气中还含有大量的烟尘，转炉烟尘粒度分布见表 3-8。转炉煤气富含一氧化碳，是很好的气体燃料，经过净化除尘后可供其他热工设备利用。转炉煤气温度很高，氧化期的烟气温度可达 1600 ~ 1700℃，具有可观的显热。这部分热量必须加以利用，否则会造成巨大的热污染，浪费大量能源。成熟的回收技术是产生蒸汽，作为工厂动力或者进行发电利用。

表 3-7 转炉煤气成分表

粉 尘	16 ~ 30g/m^3（含有 60% ~ 80% 的氧化铁）	O_2	0.1%
CO	50%（可达 70%）	NO	5×10^{-6}
CO_2	14%	HCN	1×10^{-6}
N_2	11%	H_2S	0.1×10^{-6}
H_2	1.2%	SO_2	0.5×10^{-6}

表 3-8 转炉烟尘粒度分布范围

>1μm	>2μm	>3μm	>4μm	>5μm	>15μm
90%	51%	22%	15%	13%	5%

氧气顶吹转炉的烟尘对人体危害较大的是含有金属的细粒尘，小于 1μm 的占总尘量的 10%，小于 3μm 的占总尘量的 78%。转炉烟尘也是钢铁企业重点治理内容之一。

b 电炉

电炉是冶炼特殊钢的主要设备，随着技术的发展，电炉的容量越来越大，兑铁水和吹氧成为常规工艺。生产 1t 电炉钢产生的烟尘量为：吹氧为 5 ~ 20kg，不吹氧为 2 ~ 8kg。烟尘的粒度范围见表 3-9。电炉钢炉料较精，烟气中的 SO_2 可忽略不计。但随着规模的扩大，废钢质量难以保证，其排放的废气也需要净化。

表 3-9 烟尘粒度范围

0 ~ 5μm	5 ~ 10μm	10 ~ 20μm	20 ~ 40μm	>40μm
45% ~ 70%	10% ~ 37%	3% ~ 8%	2% ~ 14%	0% ~ 18%

上述两种炼钢方法的烟尘含铁量均很高。粉尘中氧化铁的含量：转炉 80% 以上，电炉 23% ~ 64%，必须严格净化处理。转炉渣量大，温度高，可利用其余热生产蒸汽，经处理后可实现资源化利用。

E 开坯和轧制

开坯和轧制是钢铁生产的中间工序，为了实现不同的产品需求，首先将钢坯或者钢锭加热后轧制成更小规格的原材料。在此过程中需要多种热工设备，如均热炉、加热炉、热处理炉等。这些工业炉窑需要各种燃料提供热源，所以，轧钢和开坯过程中的环境问题是燃料燃烧造成的污染，包括燃烧烟气和烟尘，以及污水等。

目前，轧钢节能减排工作已将侧重点转向轧钢工艺方面，从节能角度出发来改革现有的轧钢工艺，可促使轧钢工艺的水平迅速提高，又可收到节能减排的效果。从节能角度看，加热炉的热效率还不足50%，即一半以上热量白白散失掉；从加热角度看，连铸坯不需要再加热就可以直接送到轧机上轧制成成品，理应满足轧制温度的要求，但现在由于与连铸配合不当，我国绝大多数轧机还不能实现直接轧制，甚至实现热送热装工艺的也还很少，大部分连铸坯需先冷却下来，再冷装到加热炉内加热，浪费了大量燃料。

3.2.3.2 有色冶金工业的大气污染

人们将钢铁工业称为黑色冶金工业，而将其他金属材料的冶炼生产统称为有色冶金工业。有色金属种类很多，如铜、铅、锌、镍等重金属；铝、镁等轻金属，银、金、铂、铱等贵金属，锗、铍、钛、钒等稀有金属，以及钪、钇、镧等稀土金属，品种极为繁多。按产量计，铜、铝、锌等约占总量的70%以上。

与黑色冶金相比，有色冶金的原料成分更加复杂，生产工艺多种多样，生产规模大小不一，因而生产中产生的污染物种类和数量的差别悬殊。然而，就每生产1t有色金属排放的环境污染物量和毒性来说，比钢铁工业有过之而无不及。因为有色金属矿大多为高含硫量的硫化矿，所以有色冶金的高浓度含硫烟气污染尤为突出（见表3-10）。冶炼厂用硫化矿反射炉炼铜，每生产1t铜就会排放出3500m^3 含 SO_2 1%的烟气，其中含 SO_2 为2.24t，折合成硫为1.12t，比铜产量还多。在有色冶炼中另一个突出的大气污染源，是铝电解厂的含氟废气。在美国，每生产1t铝约排放出氟化物5.7kg（1979年），而我国却高达17～23kg，同时排放硫5kg，一氧化碳300kg，二氧化碳1000kg。

表3-10 2004～2008年有色金属工业用水、排水及水污染物排放情况

年　份	2004	2005	2006	2007	2008
统计企业数	88	86	87	108	118
悬浮物/t	26806	9556	6626	5620	4408
石油类/t	354.1	413.8	375.0	241.7	436.4
硫化物/t	17.13	52.63	14.88	25.66	
汞/t	5.09	2.04	1.51	0.53	0.50
镉/t	74.79	57.79	37.91	2.21	19.67
铅/t	212.2	185.6	101.2	304.4	68.73
铜/t		230.8	199.3	168.5	467
锌/t		1064	477.4	297.0	393.4
砷/t	134.5	138.7	115.4	121.8	108.7
六价铬/t	1.21	2.25	1.01	0.83	0.51

由于污染严重，以致历史上出现过有色工程周围方圆几公里寸草不长的严重污染现象。目前我国的环境形势依然不容乐观，尤其是重金属的污染还十分突出。相比水和大气的污染，重金属的污染因其长期性、累积性和不可逆性，对人体和环境危害更大，进入21世纪以来，出

现过多起儿童血铅事件，重金属污染的治理迫在眉睫。2011 年 4 月，浙江省台州市还发生了一起 100 多人血铅超标的事件，这是紧邻居民区的蓄电池企业超标排放所致。因此，相关环保部门专门对全国 388 家铅蓄电池生产企业进行污染排查，调查发现，我国相当一部分铅蓄电池企业生产工艺落后，污染治理运行不正常，但是这类企业又有相当一部分没有纳入当地环保部门的监管范围。这个问题暴露出地方政府对重金属污染企业的监管不全面、不细致。针对诸多铅蓄电池企业存在的问题，环保部今年要把铅蓄电池生产企业的污染作为整治重点，对全行业进行彻底排查。环保、安全和卫生防护不到位、无污染治理设施或治理设施不能正常运行的企业，一律要求停产。

3.2.3.3 化学工业和其他工业

化学工业的特点是产品多样化。现在世界上大约有 500 多万种化学物质，已有约 7 万种化学制品投入市场，每年还有上千种新的化学制品问世。而且同一化工产品，往往可以采用不同的工艺方法和不同的原料路线得到，这也相应带来废物的多样化。同时，由于行业多、厂点分散，故污染物数量大、污染面广，是污染的“大户”之一。

3.3 大气污染的防治途径

大气污染防治途径有如下四个方面。

3.3.1 提高控制技术水平

对一个具体的用能设备，例如一个加热设备——加热炉、锅炉，或一个产品生产设备——炼钢转炉，其工艺、设备和污染物排放都各有特点，需针对各自特性采用合理的防治措施，则可使污染物的排放降低到最低限度。每个设备都采取防治措施，则环境便可得到令人满意的改善。如图 3-1 所示，大气污染控制措施有如下五种途径：

（1）采用清洁（或低污染）的燃料（原料）；

（2）降低单位产品的燃耗（或能耗或原料消耗）；

（3）燃烧治理（或采用无害、低害工艺）；

（4）排烟治理，即在烟气排放到大气环境之前，在烟道上减排污染物的技术措施；

（5）高烟囱排放。

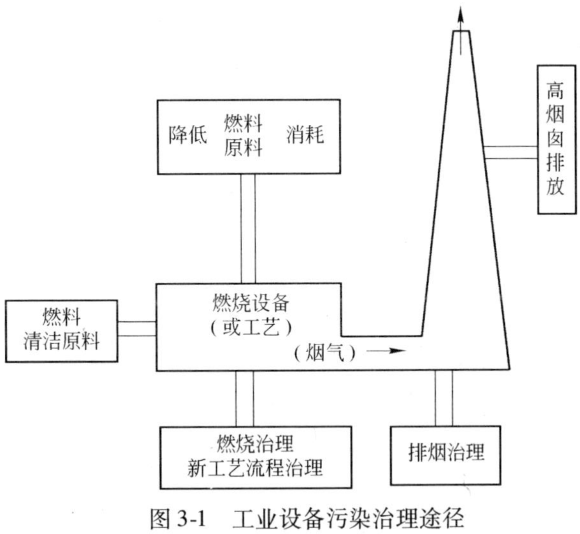

图 3-1 工业设备污染治理途径

3.3.2　全面规划、合理布局

所谓全面规划，就是各地区、各部门制订城市或者工业发展规划时，既要从发展生产的角度出发，又要充分考虑到本地环境的状况，以及环境的保护和改善，把两方面的要求统一起来，统筹规划，合理安排。把防治环境污染的要求纳入到经济建设计划中去，开展环境评价，采用无污染工艺等以预防为主的措施。合理布局主要指工业布局要合理。工业布局是否合理与形成大气污染关系极为密切。工业企业过分集中的地区，大气污染物的排放量必然过大，不易被稀释扩散，容易造成污染。在布局不合理的情况下，即使采用严格的防治污染技术和管理措施，也往往无济于事。布局要适应生态要求。

工业企业合理布局的基本原则是实行大分散、小集中，将生产规模大的企业分散在不同地区建设，将小型生产企业集中到一个地区开发，这将有利于大气污染物的稀释扩散。选择厂址时，要充分考虑地形和气象条件，它们对大气污染的影响巨大。工厂企业要布置在城市居住区的下风方向，以利于污染物的扩散，减少废气对城市居民区的危害；工厂区和生活区要有一定的间隔距离。总之，要使工业布局真正符合经济与生态和谐发展的规律。

3.3.3　加强环境管理

现代环境管理是应用近代系统工程的理论和方法，遵循客观的社会经济规律和自然生态规律，并通过全面规划和行政、技术、经济、法律、教育等手段，组织并管理人类社会的生活和生产活动，合理开发利用自然资源，以控制其对环境的污染与资源的破坏，使社会经济发展与环境治理协调一致，达到既能持续发展经济，又能保证环境生态系统的较佳平衡，从而保护和改善人类生活的环境质量，并满足人们物质与文化上不断增长的需要。可以看出，现代科学的环境管理具有综合性、全面性、整体性等特征。实现现代环境管理，可使环境状态获得根本性的改善。环境管理的主要内容可分为三个方面：

（1）环境计划的管理：环境计划包括工业交通污染防治计划、城市污染控制计划、流域污染控制计划、自然环境保护计划，以及环境科学技术发展计划、宣传教育计划等，还包括在调查、评价特定区域的环境状况的基础区域环境规划等。

（2）环境质量的管理：主要指组织制订各种质量标准、各类污染物排放标准和监督检查工作，组织调查、监测和评价环境质量状况，以及预测环境质量变化趋势。

（3）环境技术的管理：主要包括确定环境污染和破坏的防治途径和技术政策；确定环境科学技术发展方向；组织环境保护的技术咨询和情报服务；组织国内和国际的环境科学技术合作交流等。

环境污染防治系统是从系统的观点出发，运用环境系统分析的方法，寻求综合防治方案的整体优化，是环境污染防治的主要发展趋势。

3.3.4　环境质量预断评价

环境质量评价是对环境质量的优劣的定量评述。通过环境质量评价可为区域环境质量状况及其各时期的变化趋势提供依据；为控制污染和治理重点污染源提出要求；为制订城市建设规划、环境污染物排放标准、环境标准和环境法规等提供依据。环境质量评价包括环境质量回顾评价、现状评价和预断评价三类。

环境质量回顾评价是指对区域过去一定历史时期内的环境，依据历史资料进行回顾性的评价，可提示区域环境污染的发展变化过程。本底评价就是回顾评价的一种形式，是就环境的原有状况——环境本底、原有天然污染同人为污染对人群健康、作物等的影响情况所进行的调查对比和相关分析。回顾评价常常要受历史资料积累程度的限制。

环境质量现状评价是根据近两三年的环境监测资料，对某地区的环境质量进行评价。通过现状评价摸清环境污染的现状，为区域环境污染综合防治提供依据。我国已在这方面进行了不少工作。环境质量现状评价还可以推动和促使各企业对防治环境污染的积极性，也便于环境部门加强监督和管理。

环境质量预断评价是环境质量评价的一类，是现代化环境管理内容之一，是以防为主、防治结合环保方针的体现。

预断评价也称“环境预先判断性评价”或“环境质量影响评价”，指对某一地区任何重大企业（或工程）在新建或扩建之前，必须提出对可能造成的环境影响进行预先判断性评价的报告。也就是说，在工程（或企业）新建或扩建前进行充分的调查研究，作出科学的预测估计，并制定出能妥善地预防公害和防止环境破坏的对策，经有关的环境保护部门和其他有关部门审查和批准后，才能进行设计、新建和扩建。

预断评价包括取得气象特征参数（直接影响污染物的扩散与排出后的分布规律，包括风向、风速、气温分布……）、当前污染物质的组成（本底参数）等，在这些参数的基础上，考虑新建工程的污染物排放量，对这些污染物给予环境质量的影响进行评价；并根据环保的要求，制定多种防治预案，对这些方案进行比较，择优选择。

预断评价制度是1969年由美国首先试用的，是改善环境的重要措施。当前先进工业国已将该评价法律化。目前世界上已有二十多个国家和地区建立了环境预断评价制度，我国也已将该内容纳入环境保护法。我国环境保护法亦明确规定：“在进行新建、改建和扩建工程时，必须提出对环境影响的报告书，经环境保护部门和其他有关部门审查和准许才能进行设计。”

我国环境保护法中规定了“在老城区改建和新城市建设中，应当根据气象、地理、水文、生态等条件，对工业区、居民区、公用设施、绿化地带等作出环境影响评价”。在城市规划条例中也明确规定“城市总图规划必须包括城市环境质量评价图案。”

环境质量预断评价已开始在我国实行，并取得一定成效，还需要加大推广力度。

1986年1月，国家环保局和冶金部在上海共同主持召开了《宝钢环境评价预断报告书》评审会。经过讨论和评议，确认上诉报告书论据可靠。宝钢是新中国成立以来最大的建设项目，报告书对宝钢二期工程建设有指导意义。二期工程建成后，对于各种污染物，特别是二氧化硫的环境影响，必须进行科学的预断。有关单位进行了以二氧化硫污染为主课题，包括气象、水文、地质等分课题的预断评价研究。评价表明需要做大量复杂工作，例如设计中要求采用较低的含硫原燃料，采用较低能耗和物料消耗的新工艺，同时有较完善的环保设备，才能保证较低的污染物质排放量。宝钢每小时向大气排放二氧化硫6t左右，其中自备电厂约占一半。为了充分利用宝钢濒江临海的有利条件，利用稀释扩散的地理条件，采用了高烟囱（200m高）排放废气，可有效地控制二氧化硫的着地浓度。

我国具体的环境管理制度有：环境保护目标责任制，综合整治与定量考核，污染集中控制；限期治理，排污许可证制度，环境影响评价制度，“三同时”制度，排污收费制度等。“三同时”制度是新建、改建、扩建项目技术改造项目以及区域性开发建设项目的污染防治设施必须与主体工程同时设计、同时施工、同时投产的制度。

3.4 大气污染控制技术原理

大气污染的防治途径中，不断提高控制技术是很重要的一环。下面围绕图 3-1 所示的五条途径进行阐述。

3.4.1 采用清洁燃料（或原料）

采用清洁的燃料(或原料),可以减少污染物质的生成,从而使排放满足环境质量的要求。

工业污染往往随着原材料不同而有很大差异。生产同一产品，用某种原料，可以造成严重污染，而用另一种原料，则可减少污染，甚至避免污染。如高炉炼铁用矾土矿代替含氰萤石作熔剂，可以有效地消除氰对环境的污染。原料中有害物质成分高，一般生产过程排出的污染物也越多。采用低污染物质的原料有利于改善环境，故采用精料也是治理环境的有效措施。因此，采用无污染或少污染的新型原料，提高对各种原料的加工深度，从根本上消除污染物的来源，就能杜绝环境危害的发生。

能源也一样，对污染严重的燃料进行加工、转化和改质，获得燃烧效率高、污染少的清洁燃料，从而达到减排污染物的效果。

3.4.1.1 燃料转换

燃料转换是指把污染严重、燃烧效率低的煤（或重油）转化为燃烧效率高的燃料油、煤气等清洁燃料的技术，其特征是：转换过程中伴随着物态的变化。煤的气化、液化、重油加氢气化等都属于燃料转化的范畴。

燃料转换有双重作用：一是把资源丰富的煤炭转换为资源短缺的气体和液体燃料；二是在加工转化的过程中，把环境不能接受的、危及人类健康和环境的化合物除去或加以处理并回收副产品。因此，在燃料的转换过程中也有环境问题，但每种主要加工过程中产生的废物大部分是可以控制的或可以转化为环境可以接受的物质。例如一系列的脱硫技术被综合应用到煤的转化过程中去。硫能从煤的预处理、转换过程、产品或废气中除掉。在进行煤的预处理时，主要去掉黄铁矿，很难去除有机硫。但有机硫在转化的过程中，一部分转入产品，则可通过煤气脱硫技术等手段除去；另一部分转化到烟气中，可采取排烟脱硫除去。虽然处理量很大，但这种形式并不特别复杂，可被环境接受。以 100×10^4kW 电站为例，其所需的能源，其气化、液化需要的资源和污染物排放估计如表 2-12 所示。

煤的液化可以提供低硫、低灰分、低氮的燃料油、汽油、喷气机燃料和柴油等各种类型的液体燃料，还可以为冶金工业提供人造高黏性煤，以代替炼焦配煤中的肥煤，从而可以达到扩大炼焦煤资源利用的目的。

煤的气化和液化无疑是今后进一步扩大煤的利用和保护环境的必不可缺的途径。对钢铁工业来说，矿石直接还原是个方向，而煤的气化无疑是该还原法中必不可少的还原剂的来源。再者，冶金工业的生产需要大量的燃料，尤其是中热值燃料（5×10^8J/m^3 以上），气化可以提供这些燃料。因此，气化在冶金工业中有其重要意义。

燃料转化研究的重点在于进一步降低成本和降低污染物排放量等技术问题。燃料转化方法很多，在选择转化方法时，应考虑到燃料转化方法的先进性、经济合理性及环境保护的要求，综合进行选取。

3.4.1.2 燃料改质

燃料改质是指在不改变燃料物态的条件下改变燃料的性质（指物理性质和化学性质）。正如本章3.2节中所述，同一类燃料，由于性质不同，对环境的影响也不同。通过加工手段改变燃料性质，可以改善燃料对环境的污染。

煤炭的洗选，可以降低灰分和硫的含量，添加固硫剂（如石灰石粉）的型煤，重油脱硫、脱氮、煤气脱硫都属于燃料改质。燃烧前对重油预热，也属于燃料改质。不同的是前者改变的是化学性质，后者改变的是物理性能。

3.4.2 高烟囱排放

高烟囱排放是利用烟气在大气中的扩散现象和规律，使污染物着地之前与更多的周围大气混合稀释，从而达到污染物的着地浓度降低，达到环境质量的有关要求。

在理想状态下（即无风时），从烟囱口排放烟气，由于污染物在烟气中的浓度高于在环境大气中的浓度，污染物会在浓度差作用下扩散，根据流体力学知识可知，烟的扩散为球形扩散，其等浓度面为球面，如图3-2左图所示。

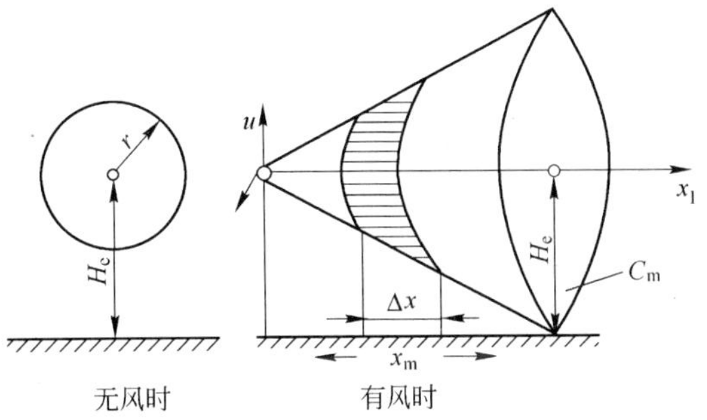

图3-2 烟的扩散模型

x_1—1秒间放出的烟生成的长度；H_e—烟囱实物高度；r—烟气扩散半径；

C_m，x_m—分别为最大着地浓度和它出现的距离

在有风状态下，设排出的烟气和该处的环境风以同一速度（风速 u）向前延长，由于扩散作用，排出物由该点（烟囱排出口）以圆锥形状向下风向扩散，在圆锥的同一截面上烟的浓度相同，离烟囱排放口的距离越远，烟气中污染物的浓度就越低。图3-2右图为在环境风作用下，烟气向下风方向扩散的示意图。在距离烟囱排放口 x 处的截面上，可以认为是污染物的等浓度截面，其数学表达式如下：

$$Q = \pi r^2 \overline{u} C(x) \tag{3-1}$$

式中 Q——烟囱口的排烟量，m^2/s；

$\overline{u}$——环境平均风速，m/s；

$C(x)$——在下风向离烟囱口点源的距离 x 处的烟气浓度，kg/m^3；

r——圆锥半径，m。

由式可见，当 $H_e = r$ 时，烟气浓度 $C(x) \doteq C(m)$，$C(m)$ 称为最大着地浓度。得

$$C(x) = Q/\pi r^2 u \tag{3-2}$$

$$C(m) = Q/\pi H_e^2 u \tag{3-3}$$

即烟气着地浓度与烟囱高度的平方成反比。因此，在其他条件相同时，增加烟囱高度后，由于

扩散作用，烟气扩散到达地面的浓度越低，距该点源也越远。

上述公式只说明了高烟囱的扩散稀释原理，实际上扩散稀释还受气象和地理条件的影响，如风速、风向和风的湍流速度，对扩散稀释效果有很大影响。当气象条件不利，促成大气层形成逆温层时，则烟气的扩散稀释效果就会变差。上述种种复杂且多变的气象条件，使扩散规律的研究显得难度较大。尽管如此，前人研究获得的一些经验公式仍有较大的实用性，这些公式将在第4章进行讨论。

由于高烟囱能够取得较好的扩散稀释效果，减小污染物着地浓度，容易通过环保机构的检查，导致20世纪60年代在世界各地出现了许多高烟囱。美国建造了世界上最高的360m烟囱，英国也建造了200~260m的烟囱，但是结果如何呢？英国本国国土污染得到了改善，可是英格兰的东南、法国的西北部、比利时、卢森堡与荷兰等国雨水的pH值已经降到了4.5~4.0；整个斯堪的那维亚半岛下酸性雨，不少生物消失了，鱼产量降低至1/10以下。又如西欧一些国家利用欧洲南风多的特点，建200m以上的烟囱，由南风把有害气体送到北欧去，造成北欧国家的大气污染，瑞典湖泊大量被酸化。可见高烟囱排放并不能从根本上控制污染物质的排放量，只能解决局部地区污染物浓度过高的问题。我国国土幅员辽阔，建造高烟囱时更应该注重下风向的污染问题。

除高烟囱排放外，还有一种排放方法，称为集合烟囱排放法。这种方法是把几个（一般是2~4个）排烟设备集中到一个烟囱排出去。这种排烟方法可以使排烟温度达130℃以上，排烟口的排烟速度达到3~5m/s。将几个小烟囱环形集中布置，排烟呈环状吹上天空，烟气抬升高度高，使低烟囱起到了高烟囱的作用。

值得注意的是，高烟囱排放不能从根本上解决污染物的排放，只是一种权宜之计，污染物排放一点都没少，并且扩大了污染范围，是一种嫁祸于人的措施，不建议使用。

3.4.3 发展无害技术

通过燃烧治理或通过工艺改革的实质，就是通过无污染或者少污染的工艺技术来控制有害物质的排出。例如改善燃烧技术可降低烟尘和一氧化碳的排出量，也可控制NO_x的排出量；又如在生产过程中采用无水工艺技术，实现工艺用水的循环使用，通过水的净化实现用水的闭路循环等手段，都属于无害新工艺流程。

我们把工艺技术改革治理、降低燃料消耗和原料消耗结合起来，看做无害或少害生产技术，或称为无废或少废技术。

所谓无废技术，就是为满足人类社会的需要，应用现代化的科学知识，对自然资源和能源做到合理利用，以达到持续的发展生产和保护环境的目的。发展无废技术的关键，是对人类社会的各种活动进行全面的规划管理，从而使物质和能量在其使用过程中产生的废物最少。这是一个相对的理念。

“无废技术”一词应理解为一种最佳的技术，它能作为衡量物质和能量利用的最终效果的标准。因为传统技术产生的废物应视为潜在资源的损失，废物是放错位置的资源。减少废物所做的各种努力，对社会、经济和环境都会产生有益的效果。无废技术的宗旨是产生的废物量最少，对环境危害程度最轻。

无废技术除研究减少或消除在生产和消费过程中产生的废物之外，还将探索各种已知产品的新生产路线，包括新工艺、新原料、新能源的利用，将尽量生产对环境无害的产品。所谓无害产品，是指一些产品在使用时与同类产品相比较，它们排放的污染物最少，消耗的能源最小，使用寿命长，最后能采用简单、无害和便宜的办法加以处理或者利用。这样的产品被认为是对环境无害或少害的产品。

只有发展无害技术，才能创造出排入环境系统的废物最少的新工艺系统。这是当前和今后减少环境污染和保护资源的方向。其主要技术途径如下：

(1) 发展工厂群的“闭合工艺圈”。在研究或规划某些工厂群时，对各厂诸生产工艺进行科学、合理的布置，使之形成一种“闭合工艺”，可以不产生（或大大减少）污染。例如，使过程甲在生产过程中产生的“三废”成为过程乙的原料，而过程乙的“三废”又可成为另一过程的原料，形成了“闭合圈”，达到利用“三废”，减少污染的目的。

例如，有色金属冶炼厂、钢铁企业烧结厂的废气或硫酸厂的尾气都含有二氧化硫，如能用氨水（如焦化厂的氨水）吸收，即可解决二氧化硫污染的问题，又可得到亚硫酸氨，供造纸厂代替烧碱制浆。有的农药厂利用造纸厂的废碱渣代替蓖麻油作溶剂，生产农药乳制品，从而形成了“闭合圈”，利用了造纸厂的烧碱，节约了农药厂的蓖麻油，降低了成本，又使废气、废水排放量大为减少。

(2) 发展无污染工艺。人们正在不断探索无污染或者少污染的生产工艺开发。例如焦化厂的干熄焦技术，就是在封闭系统内回收高温焦炭显热的实例，并减少了含酚二氧化硫废气的排出。又如利用石灰浆在文氏管中去除烧结车间废气中二氧化硫的技术和装备，已取得令人鼓舞的成果，得到了工程应用。在第 5 章、第 7 章中将要叙述的燃烧治理 NO_x 和烟尘也属于无污染、少污染生产工艺。

(3) 改革原料路线，使用高纯原料或低污染原料。这是发展无废、少废工艺的技术途径之一，是工艺封闭化的关键因素之一。如日本的转炉，由于严格控制造渣剂石灰石的质量，使转炉烟气洗涤水水质得到了极大的改善，从而使洗涤循环水系统水质稳定，易于控制。

(4) 综合利用、加强回收、减少污染。这是无废或少废技术的内容之一，将在第 9 章叙述。

3.4.4　降低原燃料消耗

第 1 章第 1.5 节中阐述了能源与环境必须协调发展。协调发展的实质是要以环境保护作为制约条件促使能源的开发、加工、利用的不断合理化、最优化，既满足了供需，又保证了能源对环境的消极影响最小。

环境的污染程度取决于能源消费量和能源结构，生产工艺和生产装备水平，以及产品结构等。在当前能源消耗全球性增长，特别是理想洁净燃料迅速减少的情况下，能源的开发利用、原材料的开发使用造成的污染，仍然严重地威胁着环境，特别是燃料以煤为主的中国，节约能源和原材料消耗对治理环境具有更重要的意义。

大气污染物中的 SO_x，NO_x 有 80% 以上来自能源的开发和利用，特别是利用；烟尘的 60% 以上也来自能源的利用；CO 等碳氢化合物的 90% 来自交通运输的能源消耗。这充分说明了节约能源就是减少污染的道理。

截至 2010 年，我国能耗量居世界第二位，仅次于美国，但是国民收益却比美国少得多。以单位产值能耗计，我国 1 亿美元国民生产总值的能耗比日本高 4 倍，比美国高 2 倍。主要原因是单位产品能耗高，以吨钢能耗为例，我国每生产 1 吨钢所用的矿石、煤炭、电力等资源量远远高于发达国家，甚至高于世界平均水平。2004 年，我国生铁产量为 2.51 亿吨，钢产量为 2.72 亿吨，钢材产量为 2.97 亿吨，焦炭产量为 2.09 亿吨，仅以钢的产量而论，中国的钢产量要比产钢量居世界第二、第三、第四位国家的产量之和还要多，占世界钢总产量的 26.31%。但由于钢铁产品结构不合理，产品附加值不高，加之产业集中度低，技术装备水平差距大等原因，造成了我国钢铁工业属于高能耗高污染行业。

根据我国能源供给情况和能源建设情况，应实行开发与节约并重，近期把节约放在优先地位的方针。在《环境法》第十九条中提出“大力发展和利用煤气、液化石油气、沼气、太阳能、地热能和其他无污染或少污染的能源，在城市要积极推广区域供热”。节能是缓解能源供需紧张关系和保护环境的重要措施。

要大幅度地节能，仅靠节约直接能源消耗是不够的，还必须节约原材料。因为原材料的生产本身也要消耗能量，即原材料属于间接含能物质。例如我国的铁钢比（同一时期内铁产量/钢产量）一直大于0.9，2008 年为0.94，而全世界的铁钢比为0.7096，除中国以外为0.5662。铁水是炼钢的原料，每1 吨铁水的能值约20 兆焦，仅此一项，我国的钢铁工业每年就要比国外企业多消耗数百万吨标准煤。因此，努力节约能值高、耗能量大的原材料，是节能减排的重要内容之一。

为此，国家在“十一五”规划纲要中明确提出“单位国民生产总值（GDP）能耗降低20%，主要污染物排放总量减少10%”的约束性指标。“十一五”规划提出万元GDP能耗下降20%的目标，其核心是落实和实施科学发展观。

在钢铁联合企业中开展系统节能工作，主要标志有两点：一是利用系统工程的方法建立起生产规律的数学模型，用科学的计算来指导生产；二是以寻求系统的优化取代局部的优化，在节能中以系统的最终产品的“完全能耗”为着眼点。此外，钢铁企业系统节能还有另一层含义，即根据可用能（㶲）的概念，对各种能源实行按质用能、分级用能或实现一能多用的系统观念，或称总能系统。

我国钢铁企业的系统节能经验值得肯定。2007 年，我国节能减排呈现良好走势，单位GDP能耗比上年下降3.27%，化学需氧量（COD）、二氧化硫排放总量近年来首次出现双下降，分别比上年下降3.14%和4.66%。但是，就现状而言，实现节能降耗和减排目标的任务依然十分艰巨。

3.5 排烟治理的原理

排烟治理是通过从烟气（废气）中将污染物分离出来并转化为无害物质或加以回收的技术，在工业生产中得到广泛应用。

一般工业废气中含有固体颗粒（或气溶胶）状污染物和气体状态污染物两大类。前者称为烟尘，后者称为有害气体。烟尘治理系根据烟尘的物理特性，采用重力、惯性力、离心力、静电力（库仑力）及过滤等办法进行捕集，达到净化的目的，称为气体除尘。有害气体的治理称为气体净化。气体有害物以分子状态存在于混合气体中，依据化学、物理性质不同，不同的组分具有不同的分压、不同的溶解度、不同的反应性及选择性吸附作用等进行净化。有害气体的净化方法主要有：吸收法、吸附法、催化氧化（或催化还原）法、燃烧法等。下面对各种气体净化方法的基本原理作一简述。

3.5.1 吸收法

3.5.1.1 吸收法

利用有害气体的溶解性和化学反应性能，用适当的吸收剂（水、水溶液或溶剂）溶解废气中的有害气体或与有害气体起反应后形成环境能接受的无害成分，这种方法称为吸收法。被吸收的有害气体称为吸收质。吸收法常用来处理浓度从万分之几到千分之几的无机有害气体。

气态污染物的控制具有如下一些特点：（1）需要处理的废气量大，且其中的气体污染物浓度低，因此要求有较高的吸收率和吸收速度。（2）需要净化的气体成分比较复杂，例如燃烧烟气中，除含有二氧化硫外，还含有烟尘、氧、二氧化碳、氮氧化物等，这将给吸收操作带来困难。（3）吸收过程只是将污染物由气相转向液相，因此还需要对吸收液进一步处理，以免造成二次污染。最恰当的方法是能将污染转化为有用的产品，即“废物资源化”，通过这一过程使吸收剂再生，将吸收质回收为副产品。

吸收过程实际上是气相（废气）通过相界面传入液相（吸收液）的传质过程。吸收剂常采用水、稀酸或稀碱液。

吸收过程一般在吸收塔内进行，如图3-3所示。图中A表示被吸收的有害气体，B表示对吸收剂为惰性气体的组分，C为吸收剂。混合气体（A+B）由吸收塔底引入，吸收剂C由塔顶喷入与混合气体逆流相遇，所得吸收液为溶剂和溶质（A+C）的混合物或化合物自塔底排出后进行回收或循环利用，从塔顶排出的为净化烟气。

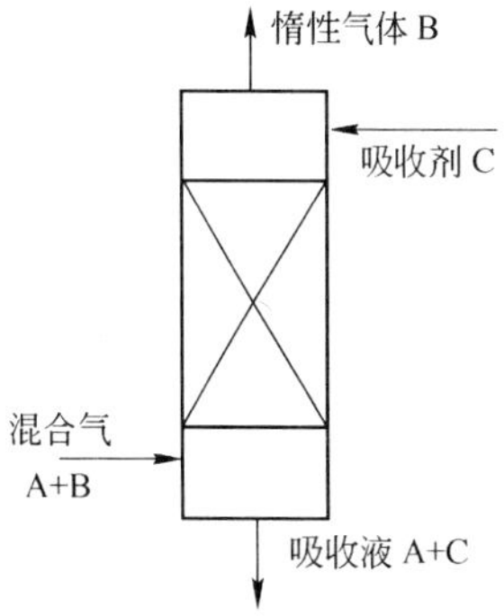

图3-3 液体吸收示意图

吸收塔的作用在于使气液两相充分接触，有利于气相通过吸收剂与液相间的界面的传质过程，提高吸收效率。吸收塔可分为空塔（或喷雾塔）、填料塔、板式塔等。提高吸收效率的重要方向是发展高效吸收设备，选用时主要从设备造价、能耗（压降）的高低及运行可靠性等方面来考虑。

3.5.1.2 物理吸收和化学吸收

单纯的物理溶解过程称为物理吸收。物理吸收所能达到的最大限度，取决于在吸收条件下气体在流体中的平衡溶解度，吸收的速率主要取决于组分从气相转移到液相的扩散速率。如果在吸收过程中组分与吸收剂还发生化学反应，这种吸收称为化学吸收。在化学吸收过程中，吸收率除与扩散速度有关外，有时还与化学反应的速率有关，而吸收的极限同时取决于气液相的平衡关系和其他化学反应的平衡关系。化学吸收的机理较物理吸收复杂。

气态污染物控制中，化学吸收应用较普遍。这是由于与物理吸收比较，化学吸收有如下特点：

（1）吸收的推动力增大。吸收质因反应而被消耗掉，吸收质平衡压降低，结果提高了吸收剂的吸收能力，增大了吸收推动力。

（2）传质系数一般都有所提高。由于化学反应常使溶解质在未扩散到液相主体之前便在液相膜内被消耗掉，故减小了扩散阻力，这就使液相传质吸收乃至总传质系数增大。

（3）气、液有效接触面积增大。在物理吸收中，流动很慢或停滞不动的流体易被溶质所饱和而不能再进行吸收。在化学吸收中，流体可以吸收更多的吸收质才能达到饱和，于是对物理吸收不是很有效的湿表面，对化学吸收仍然可能是有效的。

以碱液为吸收剂的方法称碱液法。这里以碱液吸收法为例，对吸收法的过程做一概述。用碱液吸收二氧化硫的反应如下：

$$2KOH + SO_2 \longrightarrow K_2SO_3 + H_2O \tag{3-4}$$

$$K_2SO_3 + H_2O + SO_2 \longrightarrow 2KHSO_3 \tag{3-5}$$

反应温度控制在60℃左右，将吸收SO_2后的吸收液冷却，亚硫酸钾即成焦硫酸钾结晶。

$$2KHSO_3 \longrightarrow K_2S_2O_5 + H_2O \tag{3-6}$$

滤出 $K_2S_2O_5$ 后，滤液经处理后返回循环使用，滤饼加水又成为 $KHSO_3$，加热到100℃，便分解为 SO_2 和 K_2SO_3。SO_2 以很纯的气态形式回收，可制成液体二氧化硫或用来制造硫酸，而 K_2SO_3 又返回吸收塔循环使用。

碱液吸收法用来处理能和碱液发生化学反应的有害气体，如二氧化硫、氮氧化物、氟化氢、氯化氢、硫化氢等。常用的碱液有：碳酸钠、氢氧化钠、氢氧化钙、氨水等。

吸收效率的高低与吸收剂有很大关系，选择吸收剂时应考虑以下 6 点：

(1) 溶解度大，吸收能力强。吸收剂应对混合气中的吸收质具有较强的溶解度，即在一定的温度和浓度下，吸收质的平衡分压低。

(2) 选择性强。由于混合气成分多，因此要求吸收剂对被分离的吸收质有较高的选择性，对其他组分溶解度小。

(3) 易于再生或处理。吸收质在吸收剂中的溶解度对温度变化敏感，最好选择在低温下溶解度大，且随温度升高，溶解度迅速下降。这种吸收质便于解吸，吸收剂易再生，易重复利用。

(4) 吸收剂的蒸气压低，故吸收和解吸过程中其挥发损失小。

(5) 化学稳定性好，使用过程中不会发生变质。

(6) 经济和安全。即尽可能具有廉价、易得、无毒、不易燃等经济和安全方面的优点。

吸收法是一种重要方法，但一般来说需要处理的废气气量大、温度高、压力低，吸收净化这种废气在技术上和经济上都有不少问题需要研究。

3.5.2 吸附法

3.5.2.1 吸附法

吸附法是利用多孔性固体（孔隙率大、比表面大）吸附剂对废气中各组分的吸附能力不同，选择性地吸附一种或几种组分，从而净化废气。被吸附的有害气体称为吸附质。由于吸附法往往具有高的吸附选择性，因而具有较好的吸附效果。吸附分离过程特别适用于低浓度高要求的混合物的分离，许多工业废气正是含有低浓度的污染物。在吸附法脱除气态污染物的 NO_x 和 SO_2 等有害物质时，除物理吸附作用外，还有催化作用，在吸附的同时，分别被氧化为 NO_2 和 SO_3，从而使它们可以很快地与水（或水蒸气）结合生成酸，而得到脱除。

吸附剂在对吸附质吸附到一定浓度后，其吸附能力逐渐降低，当其表面的吸附质足够多时，吸附剂就不再起吸附作用了，即不能再净化气体了。这时则需要改变操作条件，使吸附剂上的吸附质解吸出来，称为脱附。脱附可使吸附剂恢复吸附能力，这个过程称为吸附剂再生。有些情况下，吸附质脱附后，吸附剂还不能恢复吸附能力，需要对吸附剂再进行某些处理，如干燥、焙烧、酸洗等，使其恢复吸附能力。这种处理过程称吸附剂的活化。

吸附法在环境治理中占有重要地位。在空气污染控制工程中，正是利用吸附剂不断地吸附、脱附、再生的循环来净化废气，收回其中有用组分。

3.5.2.2 物理吸附和化学吸附

吸附现象根据其作用不同，可分为物理吸附和化学吸附两种。

A 物理吸附

吸附质和吸附剂之间靠气相分子和液相分子间的作用力，即范德华（Van De Woals）引力所造成的吸附，称物理吸附。其特征为吸附质和吸附剂不发生化学变化，是一种可逆过程，是放热过程。由于运动着的吸附质被吸附到吸附剂表面后，动能转化为热能，其吸附热一般为几十至几百千焦每摩尔。当吸附剂与吸附质之间的引力大于吸附质分子间的引力时，吸附质就被吸附在吸附剂表面上，而当系统的温度升高或压力降低时，这些被吸收在固体表面的吸附质可以很快地从吸附剂表面逸出，回到气相中，而不改变吸附质原来的性状。这种现象称为物理脱附。物理吸附可以是单分子层吸附，也可以是多分子层吸附，随着吸附压强增大，吸附层往往由单分子层变成多分子层。

B 化学吸附

吸附剂与吸附质之间由于化学键力发生的吸附称为化学吸附。与物理吸附比较，化学吸附有如下特点：

（1）化学吸附也是放热过程，其吸附热很大，一般为 21 ~ 42kJ/mol，相当于化学反应热。

（2）化学吸附需要大量活化能，需要在较高温度下进行，而物理吸附不需要活化能，可以在较低温度下进行，化学吸附速率受温度影响很大，随温度的增高而显著增大。

（3）化学吸附具有明显的选择性。

（4）化学吸附是单分子层或单原子层吸附。

（5）化学吸附比较稳定，一般是不可逆反应，也不易脱附。

应当指出，物理吸附和化学吸附这两种吸附有时很难区分，有时两种吸附同时进行。同一物质可能在较低温度下进行物理吸附，而在较高温度下进行化学吸附。

吸附装置也称吸附器，根据吸附床的特点，可将吸附装置分为固定吸附床、流动吸附床、沸腾吸附床和回转吸附床等。气态污染物的净化，一般采用固定床。如图 3-4 所示，含 SO_2 的尾气先在文丘里洗涤器内被来自循环槽的稀硫酸冷却并除尘。洗涤后的气体进入固定床活性炭吸附器，经活性炭吸附净化后的气体排空。在气流连续流动的情况下，从吸附器顶部间歇喷水，洗去在吸附剂上生成的硫酸，此时得到 10% ~15% 的稀酸，此稀酸在文丘里洗涤器冷却尾气时，被蒸浓至 25% ~30%，再经浸没式燃烧器等的进一步提浓，最终浓度可达 70%，可用来生产化肥。该流程脱硫效率达 90% 以上。

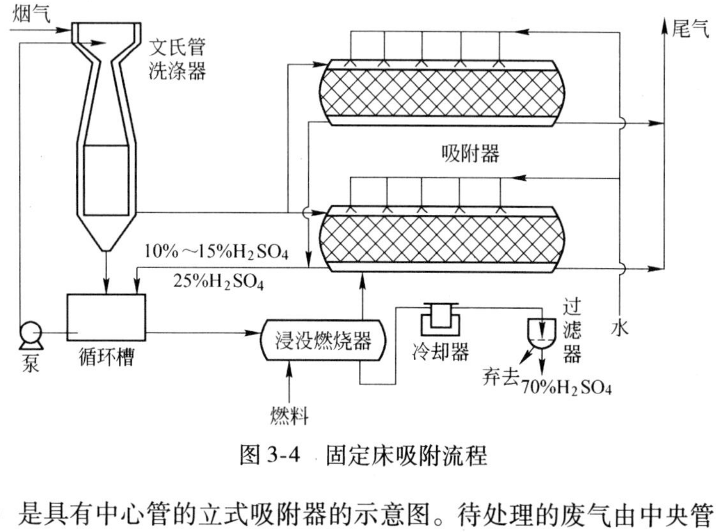

图 3-4 固定床吸附流程

图 3-5（a）是具有中心管的立式吸附器的示意图。待处理的废气由中央管 3 引入，之后自下而上地通过固定的吸附床，由管 5 排出。采用卧式吸附器可以减少气体混合物通过吸附器的动力消耗，如图 3-5（b）所示，其吸附剂厚度可大大变薄。但操作过程中容易产生吸附剂分布不均、引起沟流、短路，造成吸附效率下降。

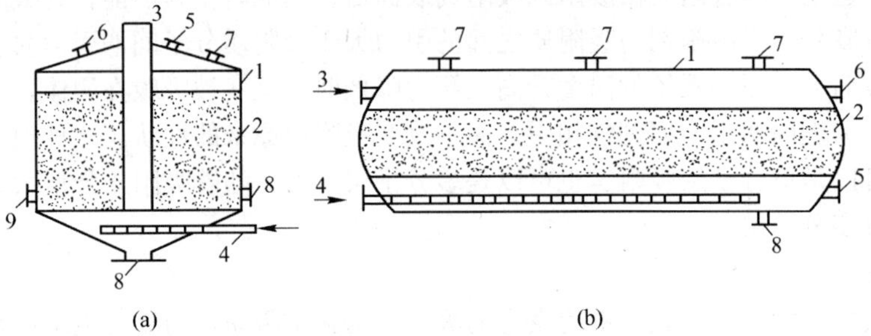

图 3-5　固定床吸附器示意图

1—吸附器；2—吸附床；3—吸附时气体混合物入口；4—鼓泡器，解析时通蒸汽；5—吸附时气体出口；6—解析时气体出口；7—吸附剂加料孔；8—冷凝液排出口；9—吸附剂排出口

常用的吸附剂有活性炭、活性氧化铝、硅胶分子筛等。工业用的吸附剂应满足如下要求：即比表面积大，孔隙率大，吸附性能好，选择性好，具有一定的粒度、机械强度高、化学稳定性好、使用寿命长和易活化再生等特点。

吸附质的性能也直接影响吸附效率，通常吸附质的相对分子质量越大，分子尺寸越大，沸点越低，越易被吸附。

吸附法可单独使用，也可和冷凝、焚烧或吸收等方法联合使用。

3.5.3　催化转化法

催化法是利用催化剂的催化作用，将废气中的有害气体转化成各种无害化合物，或转化为易被去除的化合物。故催化法也称催化转化法。

在环境工程中，催化技术在治理“三废”、消除污染方面是极有成效的。在空气污染控制工程中，催化净化气态污染物已成为控制气态污染物的一种重要方法。

催化作用是通过催化剂进行的。在化学反应过程中，由于催化剂的加入，物质在反应过程中反应速度显著加快或减慢，但催化剂的数量和化学性质在反应前后没有任何改变。起加快作用者称为正催化，反之为负催化。催化剂也可以使反应按特定的途径进行。

每一种催化剂只能适用于某一特定的化学反应，故催化剂种类很多，成分也千差万别，各自适用的化学反应也不一样。但各类催化剂都具有如下共性：

（1）生成中间产物，改变反应途径和降低活化能。

例如 $A + B \longrightarrow C$ 的反应，若无催化剂参与反应，反应活化能为 E_0，若有催化剂 K 参与，则改变了反应途径，可设想反应按两步进行：

第一步　$$A + K \longrightarrow AK（中间产物） \tag{3-7}$$

第二步　$$AK + B \longrightarrow C + K \tag{3-8}$$

第一步活化能为 E_1，第二步为 E_2。由于催化剂的作用 $E_1 + E_2$ 低于 E_0，故反应速度得到加快。

（2）能缩短平衡时间，但不改变平衡状态。

例如 A + B ══ C，对这样一个可逆反应，在温度、压力一定的条件下，其平衡常数 $K_P = K_1/K_2$。由于催化剂能同时加快正反应和逆反应的速度，且能使得正反应和逆反应增大倍数相同，即正反应速度常数 K_1 和逆反应速度常数 K_2 同倍增长，从而使得平衡常数 K_P 值不变，即平衡状态不变。

绝大多数气体净化过程中所用的催化剂为金属盐类或金属。通常担载在具有巨大表面积的惰性载体上。但是没有载体的催化剂也常被应用，典型的载体为氧化铝、石棉、陶土、活性炭和金属丝等。使用载体可以节约催化剂，并且使其分散度或有效表面积加大，从而提高了活性。载体还可以提高催化剂的机械强度，并能防止高温下催化剂活性组分的熔结现象，延长催化剂的寿命，从而加强了催化剂的活性和稳定性。

催化转化法分为催化氧化法和催化还原法两种。

（1）催化氧化法：指在催化剂的作用下，废气中的有害物质能够被氧化为无害物质或氧化为更易处理的其他化合物。如 SO_2 的治理中利用催化剂使 SO_2 转化为硫酸。例如用活性炭吸附过程中，活性炭也起催化作用：

$$SO_2 + \frac{1}{2}O_2 \xrightarrow{\text{催化剂}} H_2SO_4 \tag{3-9}$$

（2）催化还原法：指一些还原性气体在催化剂作用下可将废气中的氮氧化物还原为无害物质。如用氨作还原剂时，以铂作催化剂，当 NH_3 和氮氧化物以 1.5∶1 的比例通过催化床时，反应就立刻完成：

$$8NH_3 + 6NO_2 \xrightarrow{\text{催化剂}} 7N_2 + 12H_2O \tag{3-10}$$

$$4NH_3 + 6NO_2 \xrightarrow{\text{催化剂}} 5N_2 + 6H_2O \tag{3-11}$$

$$8NH_3 + 4NO_2 \xrightarrow{\text{催化剂}} 8N_2 + 12H_2O \tag{3-12}$$

图 3-6 为催化还原脱氮方法的流程图。烟气进入反应器前先冷却到 220～300℃，并和加入

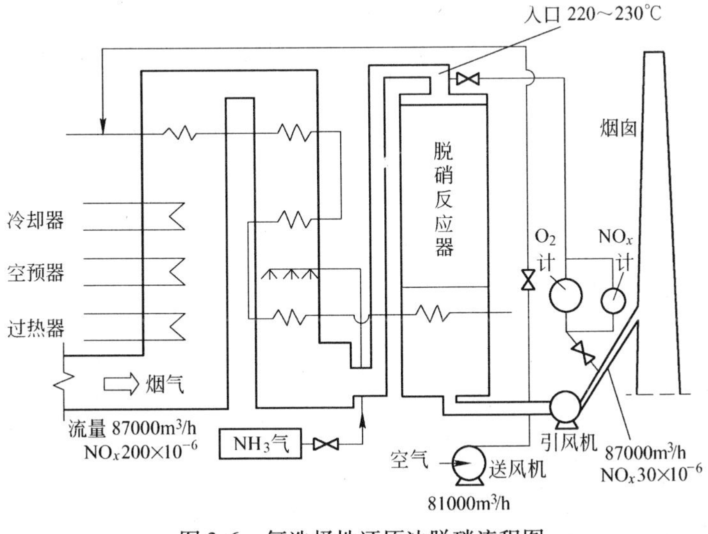

图 3-6 氨选择性还原法脱硝流程图

的 NH_3 气体混合，在 NH_3/NO 比为 1～1.2 时，催化剂以 $1m^3$ 催化层能处理 $5000m^3/h$ 烟气量，即在 $5000m^3/h$ 的条件下，氮氧化物可由入口的 200×10^{-6} 下降到 30×10^{-6}，脱硝效率在 85% 以上。该装置的压力损失为 5000Pa，电能消耗 360kW、NH_3 用量 17kg，催化剂寿命为 1 年以上。

在净化气态污染物方面，常用的催化剂有如下几种：将烟气中的 SO_2 氧化为易吸收除去的 SO_3，常用钒催化剂（V_2O_5 为活性组分），硫酸为助催化剂，精制硅藻土为载体；活性炭也具有较好催化性能；以氧化铝为载体的铜催化剂，也具有良好的催化性能。对 NO_x 的催化可分为选择性催化还原和非选择性催化还原。前者指还原剂为氨，氨主要与 NO_x 反应，后者指还原剂为氢、甲烷、汽化石脑油等，催化剂除与氮反应外，还与 O_2、SO_2、CO_2 等起反应，因此催化剂的消耗量大。

复习思考题

（1）名称解释

燃料转化，燃料改质，环境的预料评价，无废工艺（清洁工艺），吸收法，吸附法。

（2）简要回答问题

1）简述影响燃烧污染物生成因素。

2）大气污染有哪些防治途径？

3）排烟治理主要措施，解释其机理。

（3）分析问题

清洁生产的形成及国内外主要进展，清洁生产的主要技术措施，实用清洁生产技术。

参 考 文 献

[1] 刘健，潘良宝．区域大气环境容量与基础工业布局研究——以镇江为例[J]．长江流域资源与环境，1994.

[2] 马超群．环境容量研究[D]．西安：西北大学，2003.

[3] 马小明，李诗刚等．中国城市大气污染物总量控制方法及案例研究[J]．北京大学学报（自然科学版），1999.

[4] 赵晓明，董育新，王一函．大气污染物的综合防治[J]．承德民族师专学报，2005(2).

[5] 陈艳秋．谈大气污染的危害及防治措施[J]．黑龙江科技信息，2007(17).

[6] Nagar R. Windows. NET File System Internals[M]. New York：O′ Reilly & Associates，1998.

[7] Oneyw. Programming the Microsoft Windows Driver Model[M]. Redmond，WA：Microsoft Press，2002.

[8] Microsoft Corporation. Microsoft Windows 2000 Driver Development Kit[CP/DK]. Redmond，WA：Microsoft Corporation，2000.

[9] 戴树桂．环境化学[M]．北京：高等教育出版社，1997：11～87.

[10] 周立操．大气污染与节能减排．实践与探索，2009. 3

[11] 张庆阳，张沅．城市大气污染治理有关研究[J]．气象科技，2001(4).

[12] 李晶，刘清华，丁大伟．浅谈城市大气污染现状及其综合防治[J]．云南环境科学，2003.

[13] 童志权，陈焕钦．工业废气污染控制与利用[M]．北京：化学工业出版社，1989.

[14] 覃世金．黄磷生产中“三废”综合利用的思路[J]．湖北化工，1997.

[15] 林肇信．大气污染控制工程[M]．北京：高等教育出版社，2000.

[16] 席胜伟．大气污染危害性分析及治理途径[J]．科技情报开发与经济，2006，16(12).

[17] 王树恩，陶玉柳．试论人类与环境关系的演变．自然辩证法研究，2005(2).

[18] 何大伟. 我国的水环境管理：问题与对策. 科技导报，1999(8).
[19] 林积泉，王伯铎等. 能源重工业区大气环境容量与大气环境整治研究[J]. 环境工程，2005.
[20] 曲格平. 中国环境问题及对策[M]. 北京：中国环境科学出版社，1984：204.
[21] 黄振中. 中国大气污染防治技术综述[J]. 世界科技研究与发展，2004，(2).
[22] 平措. 我国城市大气污染现状及综合防治对策[J]. 环境科学与管理，2006，31(1).

4 硫氧化物控制

4.1 硫氧化物的危害

4.1.1 二氧化硫的性质及其在大气中的转化

硫氧化物是硫的氧化物的总称。通常硫有4种氧化物，即二氧化硫（SO_2）、三氧化硫（SO_3，硫酸酐）、三氧化二硫（S_2O_3）、一氧化硫（SO）；此外还有两种过氧化物：七氧化二硫（S_2O_7）和四氧化硫（SO_4）。大气中的硫氧化物主要指二氧化硫和三氧化硫。硫氧化物的混合物用 SO_x 表示，都是呈酸性的气体。SO_2 是目前大气污染物中排放量大、危害严重、影响面广的污染物质，主要来自含硫燃料的燃烧、金属冶炼、石油炼制、硫酸（H_2SO_4）生产和硅酸盐制品焙烧等过程。

SO_2 是无色具有刺激性的气体，密度是空气的2.26倍；在水中具有一定溶解度，能与水和水蒸气结合形成亚硫酸，腐蚀性强；一定条件下可被进一步氧化成为三氧化硫。

SO_2 在大气中只能存留几天，除被降水冲刷和地面物质吸收一部分外，都被氧化为硫酸雾和硫酸盐气溶胶。SO_2 在大气中氧化机制复杂，大体归纳为两个途径：SO_2 的催化氧化和 SO_2 的光化学氧化。

4.1.2 硫氧化物的危害

硫氧化物的危害包括 SO_2 的危害作用，更严重的是 SO_2 与其他污染物的协同效应和二次污染物的危害。它不仅危害人体健康和植物生长，而且还会腐蚀设备、建筑物和名胜古迹。

SO_2 对人体健康的影响是通过呼吸道吸入并被水分吸收阻留变为亚硫酸、硫酸和硫酸盐，首先刺激上呼吸道黏膜表层的迷走神经末梢，引起支气管反射性收缩和痉挛，导致咳嗽和呼吸道阻力增加，接着呼吸道的抵抗力减弱，诱发慢性呼吸道疾病，甚至引起肺水肿和肺心性疾病。SO_2 对人体健康的影响见表4-1。

表4-1 SO_2 对人体健康的影响

浓度/$\times 10^{-6}$	对人体的影响
0.01～0.1	视程降低
0.1～1.0	对人体健康有某种潜在影响，老年人呼吸系统疾病增多
1.0～3.0	开始有感觉，胸闷，呼吸不畅，有刺激感
3.0～5.0	开始闻到异味
5.0～10.0	在15分钟内受刺激，流泪；1小时内感到难受，不能坚持工作
10～30	眼睛、呼吸道发生炎症，胸部压迫感，不能坚持工作
30～100	呼吸困难，咽喉及胸部疼痛，肺部组织有障碍
100～300	呼吸困难，肺水肿，有生命危险
>300	可迅速窒息死亡

SO_2 与飘尘的协同毒性作用是飘尘将 SO_2 带到肺的深部，使其毒性增加 3 倍。飘尘中的 Fe_2O_3 等催化氧化形成的硫酸雾被飘尘带入呼吸道深部，其毒性比 SO_2 大 10 倍。SO_2 可以增强致癌物苯并［a］芘的致癌作用。

SO_2 对植物的影响也很大，一般植物对 SO_2 的耐受力较弱。SO_2 的侵害作用可使作物减产，如水稻在扬花期危害最严重，减产可达86%；也会造成森林大片死亡，如落叶松、马尾松森林易于受害。另一类树如槐树、梧桐、棕榈等则对 SO_2 耐受力较强，可用于绿化 SO_2 污染源附近的环境，并能吸收部分 SO_2。还可利用植物耐受 SO_2 的能力作环境监测的辅助手段，如隐花植物地衣、苔藓、花苜蓿，在 SO_2 浓度年均 $(0.015 \sim 0.105) \times 10^{-6}$ 范围内即会死亡。

SO_2 对各种材料的腐蚀也十分严重，金属材料在 SO_2 污染区比清洁空气区腐蚀速度高 1.5～5 倍。低碳钢在 0.12×10^{-6} SO_2 的环境中暴露，每年失重约 16%。如重庆市公共汽车厢体原来用铁外壳，1～2 年即需更换。SO_2 高污染地区输电线的寿命比其他地区缩短 1/3。酸性大气使建筑材料及文物古迹，特别是大理石材料腐蚀，如希腊雅典古建筑及雕像遭到严重剥蚀。SO_2 还使皮革、纸张及纤维变脆，强度降低，色泽改变。

SO_2 形成的气溶胶可引起能见度降低。酸雨会对土壤、水域等造成酸化，严重影响植物和水生生物的生长，给人类造成巨大的经济损失。如 1978 年美国东北部酸雨造成的经济损失达 50 亿美元之多。其他损失，特别是人体健康受危害，人承受疾病的折磨和痛苦，是很难用经济价值来估计的。

4.2 燃料燃烧过程硫氧化物的形成

4.2.1 化石燃料中硫的形态和含量

4.2.1.1 煤炭

煤炭是古代植物埋藏在地下经历了复杂的生物化学和物理化学反应逐渐形成的固体可燃矿物。主要由植物遗体经生物化学作用和地质作用转变而成。

煤炭作为一种燃料，早在 800 年前就已经开始。煤被广泛用于工业生产是从 18 世纪末的产业革命开始的。煤用做工业生产的燃料，给社会带来了前所未有的巨大生产力，推动了化工、采矿、冶金等工业的发展。煤炭热值高，标准煤的发热量为 30MJ/kg。煤炭在地球上的储量丰富，分布广泛，比较容易开采，因而被广泛用作各种工业生产中的燃料。

判别煤质优劣的指标很多，其中最主要的指标为煤的灰分和硫分。一般陆相沉积煤的灰分、硫分普遍较低；海陆相交替沉积煤的灰分、硫分普遍较高。煤的伴生元素很多，锗、镓、铀、钒等可被利用属于有益元素，而硫、磷、氟、氯、砷、汞、硒等属于有害元素。硫是煤中常见的有害成分，有四种形态，即黄铁矿硫、硫酸盐硫、有机硫和元素硫。煤中硫的分类见表 4-2，其中有机硫的组成十分复杂，表中所列只是部分类型。

表 4-2 煤中含硫的分类

硫的形态	煤中含硫组成或含硫官能团	燃烧性质	备注
无机硫	硫铁矿 FeS_2 元素硫 S 硫酸盐：石膏 $CaSO_4 \cdot 2H_2O$ 绿矾 $FeSO_4 \cdot 7H_2O$	可燃烧 可燃烧 不燃烧	可洗选脱硫

续表 4-2

硫的形态	煤中含硫组成或含硫官能团	燃烧性质	备　注
有机硫	硫醇类 R—SH 硫醚类 R—S—R′ 二硫化物 R—S—S—R′ 噻吩类杂环化合物如 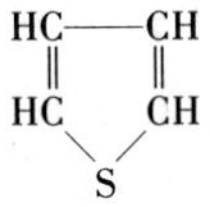 硫醌类化合物如 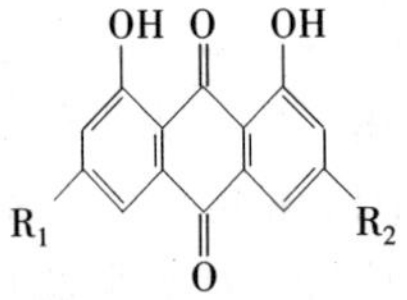	均可燃烧	硫与碳、氢合成化合物，且在煤中分布均匀，洗选不能脱除

煤的含硫量称为全硫。其中硫铁矿硫、有机硫、元素硫是可燃硫，硫酸盐硫是不可燃硫。可燃硫是灰分组成的一部分。

煤炭可按含硫量分为：低硫煤含硫低于1.5%；中硫煤含硫量1.5%～2.5%；高硫煤含硫2.5%～4.0%；富硫煤含硫高于4%。我国煤的含硫量多数为0.5%～3%，探明储量中，硫分低于1%的低硫煤占23%。华北、华东浅层煤硫分低，深层煤硫分高。南方各煤田，包括西南和江南的煤田，除滇东各矿烟煤外，硫分一般都较高。

4.2.1.2　石油

石油也称原油，是一种黏稠的、深褐色的液体。石油的性质因产地而异，密度0.8～1.0g/cm^3，黏度范围很宽，凝固点－60～30℃，沸点范围为常温～500℃以上，可溶于多种有机溶剂，不溶于水，但可与水形成乳状液。石油的化学成分主要有碳（83%～87%）、氢（11%～14%），氧（0.08%～1.82%）、氮（0.02%～1.7%）、硫（0.06%～0.8%）及微量金属元素（镍、钒、铁、锑等）。由碳和氢化合形成的烃类构成石油的主要组成部分，占95%～99%。含硫、氧、氮的化合物属于有害物质，在石油加工中应尽量除去。不同油田的石油的成分差别很大。石油主要被用作燃油和汽油，是目前世界上最重要的一次能源之一。

石油中含的硫绝大部分以有机硫形式存在，主要的含硫化合物如表4-3所示。此外，石油中大部分氮、氧、硫都以胶状沥青状物质形态存在，它们是一些分子质量大，分子中杂原子不止一种的复杂化合物。石油中的沥青质集中在渣油中，渣油可直接作燃料油或脱沥青后作燃料油。

表4-3　原油中主要含硫物质分类

原油中的含硫化合物及官能团	备　注
硫化氢 H_2S	溶于原油中的气体，蒸馏时气相排出
硫醇类 R—SH	多存于低沸点馏分中，具有难闻的臭味
硫醚类 R—S—R′	含量较多，分布随沸点上升而增加，高沸点馏分中可占总硫量的70%
硫酚类 C_6H_5SH	在油中易变质生胶
二硫化物 R—S—S—R′	较集中于高沸点馏分，热稳定性较差，高于200℃开始分解为硫醇、硫醚及 H_2S 等
噻吩类 C_4H_4S	热稳定性较好，石油馏分中含量较高，重质油中苯基噻吩含量高

石油中硫的含量因产地不同变化很大，一般为0.1%～7%。我国已开采的油田大都含硫量不高，大庆原油含硫低于0.5%，胜利原油含硫为0.5%～1%，均属中低硫原油。中东地区的原油一般含硫较高。原油中约有80%的硫含于重质馏分中。用直馏法获得的渣油（燃料油），其含硫量一般为原油的1.5～1.6倍或更高。

4.2.1.3 天然气及油田伴生天然气

天然气是一种多组分混合气体，主要成分是烷烃，其中甲烷占绝大多数，另有少量的乙烷、丙烷和丁烷，此外还含有硫化氢、二氧化碳、氮、水气和微量的惰性气体。在标况下，甲烷至丁烷以气体状态存在，戊烷以上为液体。天然气的燃烧产物对人类呼吸系统健康有影响的物质极少，产生的二氧化碳为煤的40%左右，产生的二氧化硫也很少。天然气燃烧后无废渣、废水产生，相较于煤炭、石油，具有使用安全、热值高、洁净等优势。天然气中的含硫主要是硫化氢。我国四川天然气中 H_2S 占0%～2.5%，大部分在0.1%左右。

4.2.2 燃烧过程硫氧化物的形成

在正常燃烧条件下，当空气过剩系数高于1.1时，可燃硫化物虽然会形成一些中间产物，但最后多生成 SO_2。由于 O_2 的过量，约有0.5%～5.0%的 SO_2 进一步氧化为 SO_3。

4.2.2.1 二氧化硫的形成

燃料中的可燃硫完全燃烧时，其原则反应式如下：

$$S + O_2 \longrightarrow SO_2 \tag{4-1}$$

燃烧产生 SO_2 的量可按下式计算：

$$G_{SO_2} = 2Bw[S]\eta \tag{4-2}$$

式中 G_{SO_2}——SO_2 产生量，t；

B——消耗燃料量，t；

$w[S]$——燃料中全硫含量的质量分数，如含硫为3%，则以 $w[S]=3\%$ 代入；

η——全硫中可燃硫所占百分比。

煤炭的 η 值根据实际情况确定，一般在60%～90%范围内；石油、天然气的 η 值可视为100%。

4.2.2.2 三氧化硫的形成

燃烧过程中，部分 SO_2 在过剩氧存在的条件下会被进一步氧化成为 SO_3，其转化过程一般为：氧分子在高温下首先离解为氧原子O，氧原子再与 SO_2 起反应生成 SO_3。

$$O_2 \rightleftharpoons 2O \tag{4-3}$$

$$SO_2 + O \underset{k_2}{\overset{k_1}{\rightleftharpoons}} SO_3 \tag{4-4}$$

式中 k_1——正向反应速度常数；

k_2——逆向反应速度常数。

按照式（4-4），SO_3 的生成速度可表达为

$$\frac{d\rho[SO_3]}{dt} = k_1\rho[SO_2]\rho[O] - k_2\rho[SO_3] \tag{4-5}$$

当 SO_3 达到最大浓度时，$\frac{d\rho[SO_3]}{dt} = 0$，则

$$\rho[SO_3]_{max} = \frac{k_1}{k_2}\rho[SO_2]\rho[O] \tag{4-6}$$

由式（4-5）和式（4-6）可以看出：SO_3 的生成速度及 $\rho[SO_3]_{max}$ 的值均随 $\rho[O]$、$\rho[SO_2]$ 的增大而增加，而在 $\rho[SO_2]$ 一定的前提下，$\rho[O]$ 则起着决定的作用。一般认为空气过剩系数大，燃烧温度高，火焰区停留时间长，O 原子的浓度就大，因而 SO_3 的浓度会增加。因此，在保证完全燃烧的前提下，降低空气过剩系数有利于抑制 SO_3 的生成。

SO_3 的形成还与锅炉对流受热面上的积灰和金属氧化膜及悬浮颗粒的催化作用有关，V_2O_5，Fe_2O_3，SiO_2，Al_2O_3，Na_2O 对 SO_2 的氧化有催化作用，其直接后果是锅炉尾部受热面发生腐蚀。

SO_3 与烟气中的水蒸气在温度低于 200℃时，能形成硫酸蒸气，当排烟进入大气且温度降低至露点以下时，硫酸蒸气凝结在烟尘粒子上，即形成酸性尘雾。

4.3 燃烧脱硫与煤炭转化

4.3.1 煤炭的选矿脱硫

按工艺及环保要求，各种用煤都有一定的煤质标准。工业发达国家的炼焦用煤要求灰分低于8%（我国规定不超过11.5%），硫分低于1%。国际市场动力煤要求灰分低于15%，硫分低于1%。选煤是合理用煤的前提和控制污染的措施。英国、日本原煤入选比例高于90%，美国大于40%。我国原煤入选率低，仅为18%左右，应逐步提高。

煤中各种形态硫的比例，直接影响选煤和脱硫方法的选择。煤中含硫铁矿，其相对密度为4.7～5.2，比煤和矸石重得多。硫铁矿虽无磁性，但在强磁场作用下能转变为顺磁性物质，和煤相比，微波效应不同，化学性质不同。利用这些性质，采用不同的物理和化学方法，可以从煤中不同程度地脱硫。煤中所含有机硫可分为原生硫和次生硫两类，原生硫以各种不同形式的含硫杂环分布在煤的有机质结构中；次生硫与煤中其他有机质构成真正分子，主要存在于黄铁矿包裹体周围。不同煤种有机硫的构成情况不同，且因大多数与煤中有机质构成复杂分子，重力分选不能脱除，可以用化学方法脱硫。煤中的硫酸盐比前两种含量少，除石膏外还含有铁、锰等金属盐，洗选时随灰分脱除。

煤脱硫方法可分为两类：物理法和化学法。

（1）物理脱硫方法。目前基本上是使用物理方法选煤，可以脱除原煤中的外在灰分和结核状黄铁矿硫。重选是利用煤与矸石的密度差异（如烟煤相对密度为1.2～1.5，矸石相对密度大于1.8），在水或重介质（重液，加入加重剂的悬浮液）和空气（干法）介质中进行分选的方法，有重介质选、跳汰选、槽选等方法。浮选是利用煤和矸石间表面物理化学性质上的差异进行分离的方法。此外，还有其他物理选煤方法，如利用杂质具有磁性的特点进行磁力选煤，利用煤与杂质间电导率或介电常数不同进行电选煤，以及微波法等。

（2）化学脱硫方法。为了脱除有机硫和很细的浸染状硫铁矿，需要采用氧化脱硫、化学浸出法、细菌脱硫法等新技术新工艺，目前由于技术经济的原因，尚未大量使用。

目前我国主要用跳汰、重介及浮选方式选煤，共占入选煤量的97%，洗选脱除了入洗原煤总硫的50%以上。在提高煤炭入选率的基础上，搞好煤炭的分产分运对口使用，同时对高硫煤及含硫量高于5%的矸石应采取回收硫铁矿的措施，以部分解决硫资源的不足，利于提高经济效益和控制污染。

4.3.2　煤炭的气化和液化

煤气化和液化的主要目的是提高煤炭的有效利用率，获得使用方便而清洁的二次能源。煤炭在气化、液化的工艺过程中脱除了绝大部分的硫、灰分、氮等污染物质，同时转化为较低分子质量的易燃气体、液体燃料，与直接燃煤相比可减少烟尘95%，减少 SO_2 90%以上。煤炭的气化、液化有利于其综合利用，还可获得宝贵的化工原料和化工合成原料气。煤气化除作为民用及工业燃气外，还大规模用作化工合成原料气，如冶金工业用作铁矿石直接还原生产海绵铁所需的还原气（富 CO 和 H_2）。

煤气化方法很多，各具特点，其中许多方法已发展成为大规模的工业气化方法，如：固定床气化、流态化气化和气流床气化等，在此不再累述。

20世纪30年代以来，人们还研究发展了煤炭地下气化的方法。该法不用采矿且能利用不易开采的煤炭资源，由于无矸石堆放和采煤废水问题，对环境影响可能较小。但这种方法技术复杂，涉及问题较多，大规模开发时，某些环境问题还难以预料。

煤气生产过程需要脱除气体中的硫，它主要是 H_2S，此外还有一定的有机硫。脱硫方法很多，大型气化装置都需要回收硫。如氨法吸收硫是利用低温下氨类吸收 H_2S，然后在较高温度下解吸出 H_2S。H_2S 再转化为 SO_2 以进一步利用。

煤的液化是把煤直接转化为液态的碳氢化合物，煤的液化方法很多，到目前为止可实现工业应用的只有加氢液化法。通过加氢进行复杂的化学转化，分子质量降低，同时除掉氧、氮和硫。20世纪70年代以来煤炭液化技术研究较多，美国、日本都进行了大量的研究工作，我国也开展了许多研究。用战略眼光看，开发替代石油液体燃料的能源技术有着重要的意义。

2006年12月16日，世界规模最大的神华煤直接液化试验装置在上海第一次投煤获得成功，神华煤制油百万吨示范项目于2008年12月30日投料试车，2009年1月12日在连续稳定运行303h后按计划停车。此次试车顺利生产出合格柴油、石脑油和液化气等目的产品，创造了“二战”以后所有直接液化装置首次开车最高纪录。但目前其产品成本比之石油价格高，因此发展受到一定限制。

4.3.3　重油脱硫

常压蒸馏渣油量很大，约占原油产量的60%。原油中约80%的硫在炼制过程中进入渣油，加氢精制不仅可以脱硫，同时可以脱除氮、氧等有害成分；同时还可以使不饱和烯烃达到饱和，以改善油品的质量，减少燃烧时的污染排放。加氢脱硫的典型化学反应如下：

脱硫：

$$RSH + H_2 \longrightarrow RH + H_2S \tag{4-7}$$

$$RSR' + 2H_2 \longrightarrow RH + R'H + H_2S \tag{4-8}$$

$$R\text{-}S\text{-}S\text{-}R' + 3H_2 \longrightarrow RH + R'H + 2H_2S \tag{4-9}$$

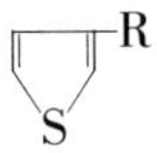

$$+ 4H_2 \longrightarrow H_3C\text{-}CH_2\text{-}CH\text{-}R + H_2S \tag{4-10}$$

烯烃饱和：

$$RCH{=}CH_2 + H_2 \longrightarrow R\text{-}CH_2\text{-}CH_3 \tag{4-11}$$

脱氧：

$$RCOOH + 3H_2 \longrightarrow RCH_3 + 2H_2O \tag{4-12}$$

脱氮：

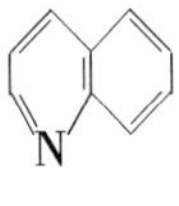

$+ 5H_2 \longrightarrow$

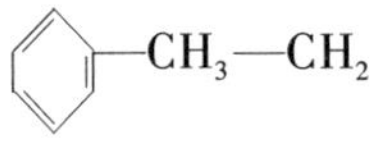

$$+ CH_4 + NH_3 \tag{4-13}$$

实际上，重油加氢反应比上述情况复杂得多，氢气的消耗量与油品的组成、性质及工艺流程有关。例如每还原油品中1%的硫并饱和除去，约需氢12.5m^3(标)/m^3(原料油)，但由于其他反应和损失，实际耗氢量要大数倍。

加氢精制是在高压和较高温度下进行的催化反应，渣油中相对分子质量为1000～15000的沥青质易结焦，因此加氢脱硫工艺可以采用不同的方案。中间法是减压蒸馏的重油脱沥青后，脱沥青油与轻馏分进行脱硫。间接法和中间法需将脱硫油的未加氢部分调合为燃料油，调和燃料油含硫2%左右。直接法加氢一般控制燃料油含硫1%左右。三种典型流程如图4-1～图4-3所示。

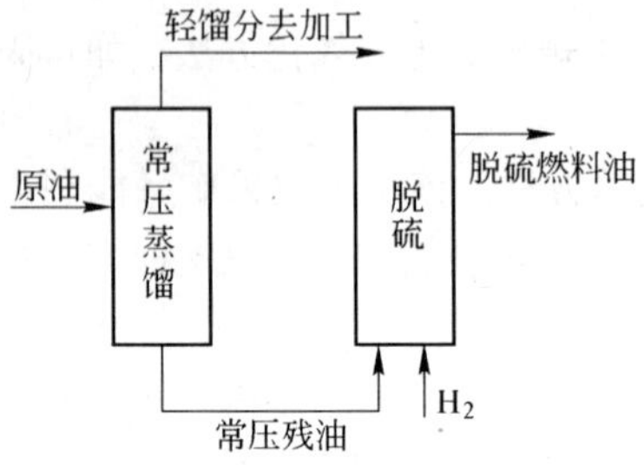

图4-1　渣油直接法脱硫

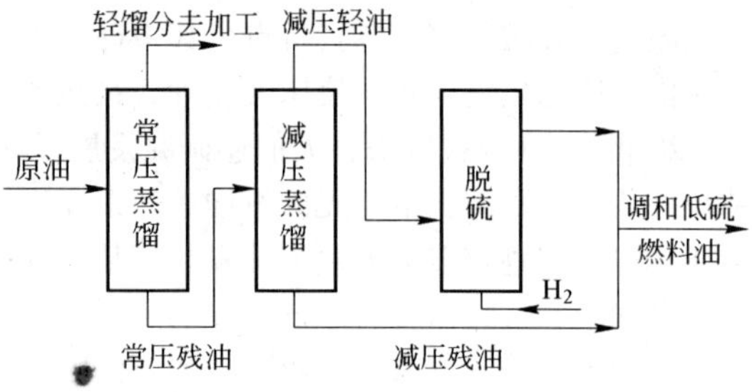

图4-2　渣油间接法脱硫

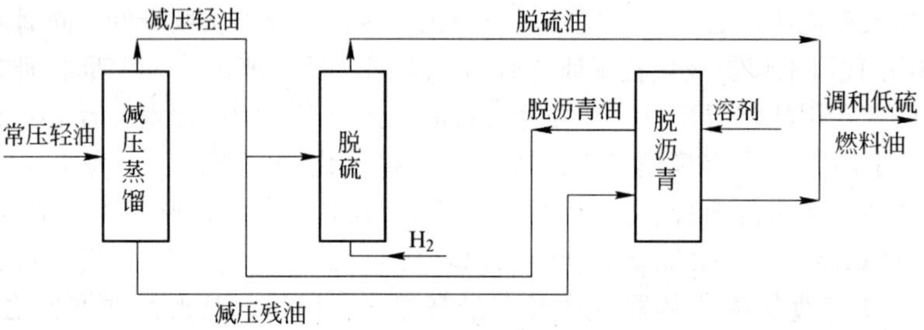

图4-3　渣油中间法脱硫

4.4　燃烧过程脱硫

4.4.1　沸腾燃烧脱硫

沸腾燃烧是利用风室中的空气将固定炉箅或链条炉排上的灼热料层（主要是灰粒）吹成沸腾状态，使其与煤粒一起上、下翻滚燃烧的方法，又称流化床燃烧。这种燃烧方式得到了迅速的发展和广泛的应用。它具有一些突出的特点，主要有下述两个方面：

（1）燃料的适应性广，包括低发热量、高灰分和高水分的劣质燃料，如泥煤、褐煤及具有相当发热量的煤矸石等。对于充分利用劣质燃料，改善燃料供给平衡，有重要的意义。

（2）能够控制燃烧过程产生污染物的排放，有利于环境保护。在燃烧过程中直接向沸腾床中加入石灰石或白云石，其分解产物CaO在炉内产生脱硫反应，这对燃烧高硫煤的污染控制有重要的意义。该炉在800～950℃范围内低温燃烧，加上一、二次供风的分级燃烧方式，还可大大减少NO_x的生成。

沸腾燃烧锅炉装置如图4-4所示。通常使用的脱硫剂是石灰石和白云石，将其粉碎至粒度为2.0～3.0mm，与煤粒一同加入到沸腾床内，煤在流化状态下燃烧，石灰石、白云石受热分

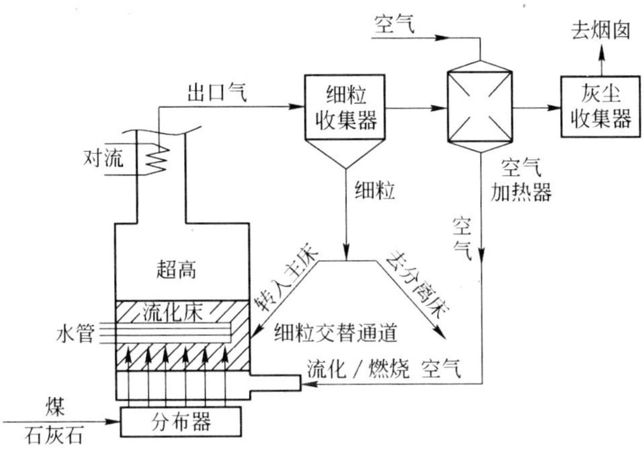

图 4-4 沸腾燃烧锅炉示意图

解的 CaO 与烟气中的 SO_2 结合，生成硫酸钙随灰渣排除。

在氧化气氛下，主要脱硫反应为：

$$CaCO_3 \xrightarrow{\triangle} CaO + CO_2 \tag{4-14}$$

$$CaO + SO_2 + \frac{1}{2}O_2 \longrightarrow CaSO_4 \tag{4-15}$$

脱硫反应是气固相反应，反应过程中，要求脱硫剂有较大的比表面积，SO_2 要良好的扩散。为保证脱硫效果好，还需要有足够的脱硫剂。因此影响脱硫效率的主要因素包括脱硫剂用量、沸腾床温度和流化速度。

脱硫剂的用量一般用钙硫摩尔比来表示：

$$\beta = \frac{x(\mathrm{Ca})}{x(\mathrm{S})} = \frac{\text{脱硫剂消耗量} \times w(\mathrm{Ca})/40.1}{\text{燃料消耗量} \times w(\mathrm{S})/32} \tag{4-16}$$

理论上，$\beta=1$ 可脱除燃烧产生的 SO_2，实际上由于脱硫剂表面生成了硫酸钙而阻止了 SO_2 向颗粒内部的扩散，有的氧化钙并未参与反应，因此 β 必须大于 1。

从热力学角度分析，烟气中 CO_2 的浓度与 $CaCO_3$ 的分解温度有关，CO_2 浓度越高，$CaCO_3$ 的分解温度越高。一般烟气中 CO_2 的浓度在 14% 左右，$CaCO_3$ 的分解温度应高于 765℃。对于脱硫来说，温度低于 1150℃，CaO 能吸收 SO_2 形成 $CaSO_4$，否则 $CaSO_4$ 将分解。

脱硫效率与床层温度及 $\frac{x(\mathrm{Ca})}{x(\mathrm{S})}$ 的关系见图 4-5。由图可以看出当 $\frac{x(\mathrm{Ca})}{x(\mathrm{S})}=3$，床层温度为 850℃时，脱硫率可达到 90% 以上。

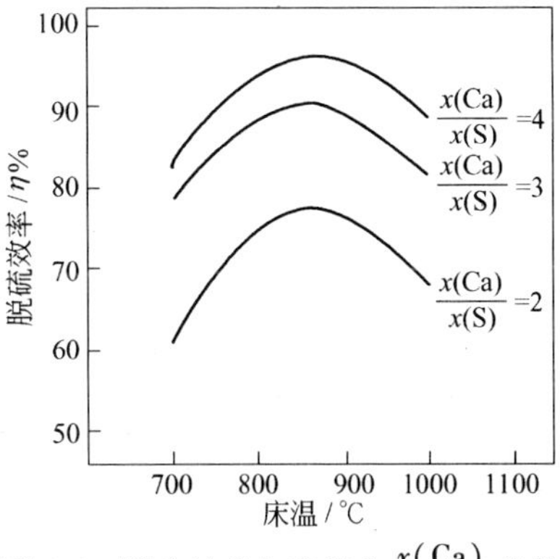

图 4-5 脱硫效率与床温和 $\frac{x(\mathrm{Ca})}{x(\mathrm{S})}$ 的关系

沸腾床的流化速度对脱硫也有很大影响。较低的流化速度下，气体停留时间长，可提高脱硫率。实验表明，在 850℃ 温度下，当流化速度为 0.9 ~ 1.2m/s，$\beta=2$ 时，脱硫效率为 80% 左右；而当流化速度为2.4 ~ 4.2m/s 时，要达到同样脱硫效率，需$\beta=4$。

脱硫剂粒度对脱硫率也有影响。粒度大，脱

硫剂利用率降低；而粒度过小，则容易被流化介质将其带出。

沸腾床的操作运行应综合考虑燃料的完全燃烧，热效率要高，同时要有较高的脱硫效率和较低的 NO_x 生成率。这需要根据燃料的品质、含硫量、脱硫剂的活性等因素综合优化操作条件。从脱硫的角度看，一般床温最佳的反应温度为850℃左右，要达到90%左右的脱硫率，$\frac{x(Ca)}{x(S)}$ 应大于3，而相应的风速应在2m/s左右。为了降低 $\frac{x(Ca)}{x(S)}$，有人试验在床中加入一定量的NaCl作活化剂，以提高石灰石的微孔结构并对脱硫起催化作用。

燃烧高硫煤的大型沸腾炉，需要考虑CaO的再生和硫资源的回收问题。

4.4.2　型煤加工与燃烧过程脱硫

将煤或半焦的煤粉加工成煤砖、煤球、蜂窝煤形状的型煤，根据含硫量在型煤中加入一定量的固硫剂，可以在燃烧过程中同时脱硫。型煤可用于民用燃料以及工业锅炉、造气、铸造及炼铁等方面。

型煤固硫剂可用廉价的石灰（同时又是黏结剂）。黏结剂可用电石渣（与石灰作用相同）、焦油沥青、黄泥、纸浆废液等。

燃烧型煤还可大大减少烟尘，并节能20%～30%。

4.5　低浓度二氧化硫烟气的脱硫

根据 SO_2 的含量不同，烟气可分为高浓度烟气和低浓度烟气。一般 SO_2 含量高于2%的称为高浓度 SO_2 烟气，主要来自硫化矿焙烧和有色金属冶炼过程。高浓度烟气中的 SO_2 是采用通常的催化氧化法制取硫酸。SO_2 含量低于2%的（大多为0.1%～0.5%）称为低浓度烟气，主要来自化石燃料燃烧排放。冶金过程也排放低浓度 SO_2 烟气，如炼铁厂烧结烟气、某些铅精矿的烧结烟气、炼铜反射炉烟气等。

4.5.1　烟气脱硫方法分类

由于烟气中 SO_2 浓度较低，气量又很大，因此目前还没有一种在任何情况下都适用的脱硫方法。烟气脱硫是一个十分典型的化工过程，采用不同的碱性脱硫剂，就构成不同的脱硫方法，比如：以石灰石为基础的钙法，脱硫产品为石膏渣和二氧化碳温室气体；以合成氨为基础的氨法，脱硫产品为硫氨化肥。因此，钙法一般归结为资源抛弃法，而氨法归结为资源回收法。早期烟气脱硫多采用的技术有湿法、半干法和干法等，近期发展的则有生物法、负载催化法及电化学法等[8]。这些方法在技术性、可操作性及经济性等方面均有一定的可取之处，下面就这些方法的发展现状做一介绍。表4-4列出了主要烟气脱硫方法的分类及比较。

表4-4　主要烟气脱硫方法的分类及比较

方　法	操作原理及脱硫剂	产　物
湿法抛弃流程	利用化学吸收原理；产物抛弃	
石灰/石灰石法	$CaO/CaCO_3$ 浆液吸收	$CaSO_3/CaSO_4$
双碱法	Na_2SO_3 溶液吸收，$CaO/CaCO_3$ 再生	$CaSO_3/CaSO_4$
加镁的石灰/石灰石法	$MgSO_3$ 溶液吸收，$CaO/CaCO_3$ 再生	$CaSO_3/CaSO_4$

续表 4-4

方 法	操作原理及脱硫剂	产 物
湿法回收流程	利用化学吸收；再生吸收液；产物回收	$(NH_4)_2SO_4$、石膏、SO_2、硫黄
氨 法	氨水吸收	SO_2、Na_2SO_4
钠碱法	Na_2SO_3 溶液吸收	SO_2
氧化镁法	$Mg(OH)_2$ 溶液吸收	$CaSO_4$、SO_2
酸式硫酸铝法	$Al_2(SO_4)_3 \cdot Al_2O_3$ 溶液吸收	
液相催化氧化法	在溶液中 SO_2 催化氧化为 SO_3，再形成 H_2SO_4，催化剂为 Fe^{2+}，Mn^{2+} 等	稀 H_2SO_4、$CaSO_4$
干法流程	吸附、吸收或催化氧化	稀 H_2SO_4、SO_2、硫黄
活性炭吸附法	活性炭吸附后洗涤或加热再生	Na_2SO_3/Na_2SO_4 或
喷雾干燥法	将碳酸钠溶液或石灰浆液喷入烟气	$CaSO_3/CaSO_4$
催化氧化法	用 V_2O_6 为主催化剂，SO_2 氧化为 SO_3，再吸收	H_2SO_4

4.5.2 湿法烟气脱硫工艺

湿法烟气脱硫（FGD）技术因其原理简单，脱硫效率和吸收剂利用率高而应用最多。已经工业化应用的湿法脱硫技术有石灰石膏法、碱法、亚硫酸钠法、氨水吸收法、IFP 法（法国石油天然气中心等。

4.5.2.1 湿式石灰/石灰石—石膏法

石灰或石灰石是烟气脱硫中最广泛应用的吸收剂之一，其来源广，价格低廉。用于脱硫的方法可分为湿式石灰/石灰石法、直接喷射法。日本、美国用湿式石灰/石灰石法脱硫容量占烟气脱硫总容量的一半以上。

20 世纪 80 年代以来，直接喷雾法开始大规模应用，发展很快。该法是用石灰石或石灰浆液对烟气中的 SO_2 进行化学吸收，由于吸收过程中操作控制方法的不同，对回收产品的处理方法不同，因而又可细分为石灰/石灰石—石膏法、石灰/石灰石—亚硫酸钙法及抛弃法等。

A *石灰/石灰石—石膏法*

该法最具有代表性，其基本过程是先将 5% ~ 15% 的石灰或石灰石浆液在吸收塔内与 SO_2 反应生成亚硫酸钙，然后在氧化塔内氧化生成硫酸钙。化学吸附过程主要反应为：

$$Ca(OH)_2 + SO_2 \longrightarrow CaSO_3 \cdot \frac{1}{2}H_2O + \frac{1}{2}H_2O \tag{4-17}$$

$$Ca(OH)_2 + CO_2 \longrightarrow CaCO_3 + H_2O \tag{4-18}$$

$$CaCO_3 + SO_2 + \frac{1}{2}H_2O \longrightarrow CaSO_3 \cdot \frac{1}{2}H_2O + CO_2\uparrow \tag{4-19}$$

$$CaCO_3 \cdot \frac{1}{2}H_2O + SO_2 + \frac{1}{2}H_2O \longrightarrow Ca(HSCO_3)_2 \tag{4-20}$$

由于烟气中含有 O_2，还会发生副反应：

$$2CaSO_3 \cdot \frac{1}{2}H_2O + O_2 + 3H_2O \longrightarrow 2CaSO_4 \cdot 2H_2O \tag{4-21}$$

氧化过程主要反应:

$$Ca(HSO_3)_2 + \frac{1}{2}O_2 + H_2O \longrightarrow CaSO_4 \cdot 2H_2O + SO_2\uparrow \tag{4-22}$$

吸收过程中，浆液的 pH 值对 SO_2 的吸收率影响很大，pH 值小于 4 时几乎不吸收，在 pH 值大于 7 时会吸收 CO_2 生成 $CaCO_3$，使石灰的有效利用率降低。采用石灰石浆作吸收剂时，pH 值应控制在 5~6；采用石灰浆作吸收剂时，pH 值控制为 6~8。

吸收过程需要有一定的液气比（浆液体积/烟气体积）。采用石灰石作吸收剂时，其粒度一般要求 200~300 目。以保证良好的传质效果。

石灰/石灰石-石膏法工艺流程如图 4-6 所示，烟气进入冷却塔内用水洗涤降温至 60℃左右，并进一步除去烟尘，再进入吸收塔，用石灰/石灰石浆液吸收烟气中的 SO_2 后，烟气经加热排放。塔底得含 $CaSO_3$ 和 $CaSO_4$ 的混合浆液，然后用硫酸调整 pH 值在 4 左右，进入氧化塔，并鼓入 500kPa 的压缩空气进行氧化，所得石膏浆液经离心分离后，即可得到成品石膏。该流程脱硫率约为 90%，并可获得副产品石膏，代替天然石膏可广泛应用于建筑材料。

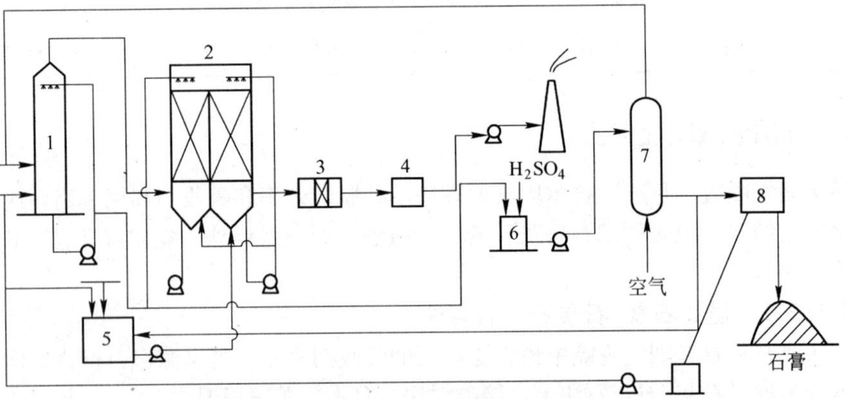

图 4-6 湿式石灰/石灰石-石膏法工艺流程

1—冷却塔；2—吸收塔；3—雾沫捕集器；4—加热器；5—石灰浆调制槽；6—pH 值调节槽；7—氧化塔；8—石膏分离机

石灰/石灰石-石膏法脱硫系统，由于采用浆状物料作为吸收剂，并获得固体物料副产品，因而设备容易堵塞和结垢。为保证脱硫率并减少系统阻塞，吸收设备的设计应考虑：塔的持液量要大；气液相之间的相对速度要高；气液接触表面积要大；吸收塔内部构件要少；整个系统的压力降要小。吸收塔形式很多，图 4-7 为目前广泛采用的文丘里喷雾塔洗涤器。

此脱硫工艺技术可用于燃油锅炉烟气、钢铁厂烧结烟气以及含 SO_2 浓度高于 2%~3% 的铜冶炼烟气的脱硫，脱硫率高于 90%，吸收剂利用率也超过 90%。

日本神户制钢公司对该法进行了改进，提出了 CAL 法，以解决设备结垢和堵塞问题。CAL 法将消石灰或生石灰添加于 30% 的氯化钙水溶液（称 CAL 液）作为吸收剂。由于消石灰在 30% 的 $CaCl_2$ 水溶液中的溶解度为水中溶解度的 7 倍，因

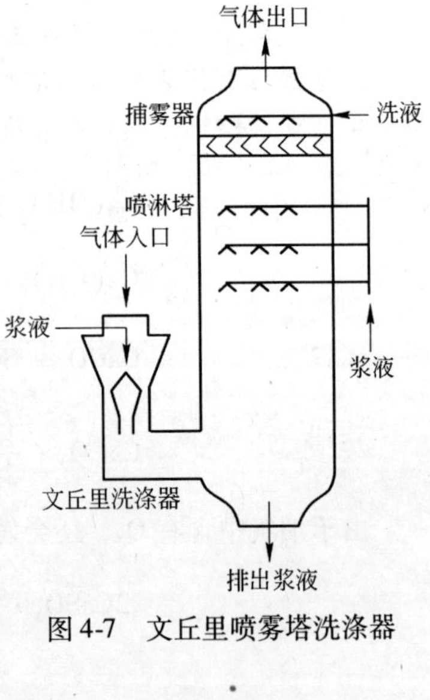

图 4-7 文丘里喷雾塔洗涤器

此对处理相同量的烟气而言所需液体量小，且 CAL 液能抑制吸收过程中的氧化副反应，防止由于石膏生成而造成的吸收设备结垢。上述方法在石膏资源缺乏的国家（如日本）和地区采用较多。

B　抛弃法

抛弃法吸收过程同上述方法，将吸收后含亚硫酸钙和硫酸钙固体浆液排往沉淀池，沉淀的固体物料抛弃。该工艺简单、投资省、操作费用低，但固体废物堆放占地，易造成固体废物二次污染。

C　石灰-亚硫酸钙法

石灰-亚硫酸钙脱硫方法与抛弃法的不同之处在于控制反应条件，生成粒度 1 ~ 3μm 的半水亚硫酸钙（$CaSO_3 \cdot \frac{1}{2}H_2O$）。该产品是优良的无机填料，可与合成树脂混炼生成“钙塑”材料，作为耐热、耐寒、隔音的建材。

4.5.2.2　氨吸收法脱硫

氨吸收法用氨水作为 SO_2 的吸收剂，与用其他碱类相比，主要优点是脱硫费用低，氨留在成品内以氮肥的形式加以利用，或者对氨吸收系统出来的 $(NH_4)_2SO_3 \rightarrow NH_4HSO_3$ 吸收液采用不同的方法处理。方法不同，所获产品亦不同。

氨水进入吸收系统，发生以下反应：

$$2NH_4OH + SO_2 \longrightarrow (NH_4)_2SO_3 + H_2O \tag{4-23}$$

$$(NH_4)_2SO_3 + SO_2 + H_2O \longrightarrow 2NH_4HSO_3 \tag{4-24}$$

亚硫酸铵对 SO_2 具有很好的吸收能力，氨法的实质是以循环的 $(NH_4)_2SO_3 \longrightarrow NH_4HSO_3$ 水溶液吸收 SO_2 的过程。随着溶液中 NH_4HSO_3 比例的增大，吸收能力下降，需补充氨使部分 NH_4HSO_3 转变为 $(NH_4)_2SO_3$，即

$$NH_4HSO_3 + NH_3 \longrightarrow (NH_4)_2SO_3 \tag{4-25}$$

氨法烟气脱硫工艺流程见图 4-8。脱硫塔是烟气脱硫和产生硫酸铵盐的中间装置，烟气中的 SO_2 在脱硫塔中被除去，脱硫塔中是 pH 值控制为 5.0 ~ 5.9 的饱和硫酸铵/亚硫酸铵溶液，而烟气会从现有的静电除尘器和鼓风机通过烟道系统流入轴流增压风机，进入脱硫塔。烟气进入脱硫塔

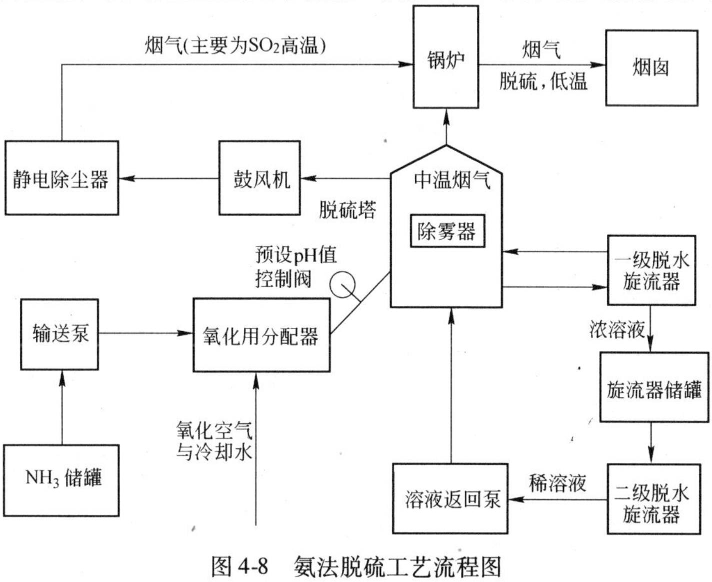

图 4-8　氨法脱硫工艺流程图

后，与包含氨水浆液的逆流喷浆接触，其中的 SO_2 由氨水浆液吸收。因该法中是将氨补入循环系统，在正常的吸收操作中，不直接用来吸收 SO_2。式（4-23）只是吸收开始进行时的反应。

为保证脱硫操作的正常进行，补加氨水的量应使循环吸收液的 pH 值保持在 6 左右，同时吸收液分流出一部分。根据需要，以下列几种方法回收副产品：

A 回收硫酸铵的方法

分流出的吸收液用氨水中和，使吸收液中 NH_4HSO_3 全部转化为 $(NH_4)_2SO_3$，然后将其在氧化塔中加压缩空气进行氧化，使之转化成硫酸铵。其反应如下：

$$NH_4HSO_3 + NH_4OH \longrightarrow (NH_4)_2SO_3 + H_2O \tag{4-26}$$

$$(NH_4)_2SO_3 + \frac{1}{2}O_2 \longrightarrow (NH_4)_2SO_4 \tag{4-27}$$

B 回收亚硫酸铵法

将分流出的吸收母液用氨或固体碳酸氢铵（NH_4HCO_3）中和，使吸收液中的亚硫酸氢氨转化为 $(NH_4)_2SO_3$，将其作为副产品就近供造纸厂使用，或作为液体肥料，亦可加工成固体亚硫酸铵。加入 NH_4HCO_3 的反应如下：

$$NH_4HSO_3 + NH_4HCO_3 \longrightarrow (NH_4)_2SO_3 \cdot H_2O + CO_2 \tag{4-28}$$

C 氨-酸法

可选用硫酸、硝酸、磷酸来分解分流出的吸收母液，分别副产硫酸铵、硝酸铵、磷酸铵，同时都得到高浓度的 SO_2。这一方法具有工艺成熟、操作方便及可副产化肥的优点，由于国际上硫酸铵化肥过剩，有的国家改用磷酸和硝酸来分解吸收液，以获得磷酸铵和硝酸铵。各种酸分解原理及流程相近。下面以硫酸酸化为例加以说明。

在吸收了 SO_2 后分流出的吸收液中，加入 93% ~98% 的浓硫酸进行酸化处理，其反应如下：

$$(NH_4)_2SO_3 + H_2SO_4 \longrightarrow (NH_4)_2SO_4 + H_2O + SO_2\uparrow \tag{4-29}$$

$$2NH_4HSO_3 + H_2SO_4 \longrightarrow (NH_4)_2SO_4 + 2H_2O + 2SO_2\uparrow \tag{4-30}$$

该法特别适宜于有硫酸生产系统的有色冶金企业含硫尾气处理，硫酸来源有保证，释放出的含 SO_2 约 7% 气体，进入硫酸系统制硫酸，$(NH_4)_2SO_4$ 作为化肥。

如前所述，氨法有多种方案，氨又价廉易得，对各种低浓度 SO_2 脱硫均能较好适应。如大中型钢铁联合企业的焦化厂，氨是焦化副产品（氨对于洗精煤的产率为 0.2% ~0.35%），如采用回收氨水的办法，氨水可用于烟气脱硫。日本钢管公司（NKK）发展了氨-亚硫酸铵-石膏法，用于烧结机烟气脱硫并获得石膏。我国有丰富的石膏资源，因此技术经济上比较可行的方案是：吸收后的亚硫酸铵直接使用；亚硫酸铵氧化成硫铵后入焦化厂硫铵系统生产固体硫铵；如附近有硫酸生产厂，则亚硫酸铵可用硫酸分解法获得 SO_2 供硫酸厂使用。

4.5.2.3 钠碱吸收法脱硫

采用钠碱（NaOH，Na_2CO_3 或 Na_2SO_3）的水溶液作为初始吸收液，吸收过程的主要反应如下：

氢氧化钠水溶液吸收 SO_2 的反应

$$2NaOH + SO_2 \longrightarrow Na_2SO_3 + H_2O \tag{4-31}$$

碳酸钠水溶液吸收 SO_2 的反应

$$Na_2CO_3 + SO_2 + H_2O \longrightarrow 2NaHCO_3 + Na_2SO_3 \tag{4-32}$$

$$2NaHCO_3 + SO_2 \longrightarrow Na_2SO_3 + H_2O + 2CO_2 \tag{4-33}$$

实际循环吸收过程是 Na_2SO_3 的化学吸收

$$Na_2SO_3 + SO_2 + H_2O \longrightarrow 2NaHSO_3 \tag{4-34}$$

烟气中有 O_2 存在，将引起副反应

$$Na_2SO_3 + \frac{1}{2}O_2 \longrightarrow Na_2SO_4 \tag{4-35}$$

由上述各反应可知，循环吸收液中含 Na_2SO_3、$NaHSO_4$ 和少量的 Na_2SO_4，能吸收 SO_2 的仅有 Na_2SO_3。溶液中的 $NaHSO_3$ 和 Na_2SO_3 的比例关系以 $\frac{x(S)}{x(C)}$ 表示。$x(S)$ 为每升溶液中硫的总摩尔数；$x(C)$ 则为溶液中钠的有效摩尔数，即与 Na_2SO_3 及 $NaHSO_3$ 结合的总数。当溶液全为 Na_2SO_3，而 $\frac{x(S)}{x(C)} = 0.5$ 时，对 SO_2 吸收能力最大；当溶液中全为 $NaHSO_3$，$\frac{x(S)}{x(C)} = 1.0$ 时，对 SO_2 无吸收能力。故当吸收液中 $NaHSO_3$ 含量达 80%，$\frac{x(S)}{x(C)} = 0.9$ 时，吸收液需进行再生或排出。因吸收液再生或处理方法不同，所获产品不同，形成了不同的工艺。

A　回收 SO_2 法（亚硫酸钠循环法）

由于 $NaHSO_3$ 不稳定，受热即分解，故将吸收塔底含 $NaHSO_3$ 高的吸收液引出，加热释放出 SO_2 得到再生，如式（4-36）所示。同时，Na_2SO_4 可以结晶分离，加水后可继续循环使用：

$$2NaHSO_3 \xrightarrow{\triangle} Na_2SO_3 + SO_2\uparrow + H_2O \tag{4-36}$$

B　溶液直接利用法

塔底引出的吸收液，加入一定量的 NaOH，使其中的 $NaHSO_3$ 转化为 Na_2SO_3，反应如下：

$$NaHSO_3 + NaOH \longrightarrow Na_2SO_3 + H_2O \tag{4-37}$$

C　双碱法（钠碱-$CaCO_3$ 或 $Ca(OH)_2$ 法）

在排出的吸收液中加入消石灰或粉状石灰石，进行再生。再生过程复分解反应如下：

$$2NaHSO_3 + CaCO_3 \longrightarrow Na_2SO_3 + CaSO_3\cdot\frac{1}{2}H_2O\downarrow + CO_2 + \frac{1}{2}H_2O \tag{4-38}$$

$$2NaHSO_3 + Ca(OH)_2 \longrightarrow Na_2SO_3 + CaSO_3\cdot\frac{1}{2}H_2O\downarrow + \frac{3}{2}H_2O \tag{4-39}$$

$$2NaHSO_3 + Ca(OH)_2 + \frac{1}{2}H_2O \longrightarrow 3NaOH + CaSO_3\cdot\frac{1}{2}H_2O \tag{4-40}$$

反应生产的 $Na_2SO_3\cdot\frac{1}{2}H_2O$ 按前述石灰液吸收法处理，生产石膏或抛弃，Na_2SO_3 则循环使用。

钠碱双碱法脱硫工艺是用 Na_2CO_3 或 NaOH 溶液吸收烟气中 SO_2，然后用石灰石或石灰再生吸收液将 SO_2 以亚硫酸钙或硫酸钙沉淀形式析出，经氧化后获得高纯度石膏，再生后的吸收液返回吸收系统循环使用。其工艺流程见图 4-9。

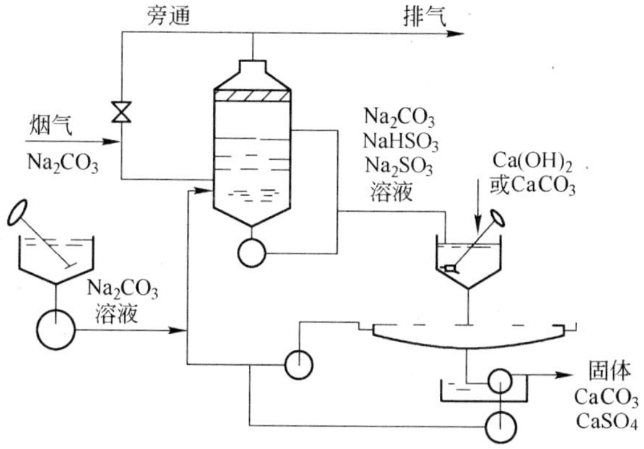

图 4-9　钠碱双碱法脱硫工艺流程图

钠碱法由于技术成熟，吸收效果好而装置较小，没有结垢问题，操作弹性大，一般认为脱硫规模愈大，在经济上愈合算，是一类重要的脱硫方法。

4.5.2.4 金属氧化物吸收法脱硫

一些金属氧化物，如氧化镁、氧化锌、氧化锰和氧化铜等对 SO_2 都有吸收能力。金属氧化物对 SO_2 的吸收可采用干法或湿法，湿法脱硫效率高，故使用较多。这类方法的特点是所形成的亚硫酸盐在较高温度下热分解，再生出的金属氧化物可以循环使用，释放出浓的 SO_2 气体，便于使用和加工，对资源的利用效果好。下面以氧化镁脱硫方法为例进行介绍。

氧化镁脱硫的基本原理包括三个基本过程：氧化镁浆对 SO_2 的吸收；吸收产物亚硫酸镁水合物的干燥脱水；亚硫酸镁的分解再生。

SO_2 的吸收是利用配成5%～30%氧化镁浆作吸收剂，吸收温度控制在60℃以下。其化学反应为：

$$MgO + H_2O \longrightarrow Mg(OH)_2(\text{浆液}) \tag{4-41}$$

$$Mg(OH)_2 + SO_2 + 5H_2O \longrightarrow MgSO_3 \cdot 6H_2O \tag{4-42}$$

$$MgSO_3 \cdot 6H_2O + SO_2 \longrightarrow Mg(HSO_3)_2 + 5H_2O \tag{4-43}$$

$$Mg(HSO_3)_2 + Mg(OH)_2 + 10H_2O \longrightarrow 2MgSO_3 \cdot 6H_2O \tag{4-44}$$

由于烟气中 O_2 的存在产生下述副反应：

$$MgSO_3 \cdot 6H_2O + \frac{1}{2}O_2 + H_2O \longrightarrow MgSO_4 \cdot 7H_2O \tag{4-45}$$

$$Mg(HSO_3)_2 + \frac{1}{2}O_2 + 6H_2O \longrightarrow MgSO_4 \cdot 7H_2O + SO_2 \tag{4-46}$$

$MgSO_4$ 的生成会使再生温度升高，能耗增大，为控制 $MgSO_4$ 的生产，吸收过程 pH 值控制在6～8，还可以加入苯二胺等阻氧化剂。

水合物的干燥脱水：

$$MgSO_4 \cdot 6H_2O \xrightarrow{\triangle} MgSO_3 + 6H_2O\uparrow \tag{4-47}$$

$$MgSO_4 \cdot 7H_2O \xrightarrow{\triangle} MgSO_4 + 7H_2O\uparrow \tag{4-48}$$

氧化镁的再生（800～1100℃）：

$$MgSO_3 \xrightarrow{\triangle} MgO + SO_2\uparrow \tag{4-49}$$

$$MgSO_4 + \frac{1}{2}C \xrightarrow{\triangle} MgO + SO_2 + \frac{1}{2}CO_2\uparrow \tag{4-50}$$

氧化镁脱硫及再生工艺流程如图4-10所示。经过除尘降温的烟气进入文丘里洗涤器（SO_2 吸收器）1，吸收浆液大部分循环利用，排出部分浆液经离心机2分离出固体水合物，固体水合物进回转干燥机3干燥和脱水，再进回转炉4，氧化镁浆液在配制槽5内配制，供文氏洗涤器使用。

该法适合于大规模烟气脱硫，脱硫率可达90%左右，再生过程排出 SO_2 的浓度可达15%～17%，可供制硫酸或其他用途。

4.5.2.5 催化氧化脱硫

A 气相催化氧化法

本法通常使用钒做催化剂（硅藻土为载体，V_2O_5 为活性组分，K_2SO_4 为助催化剂），SO_2

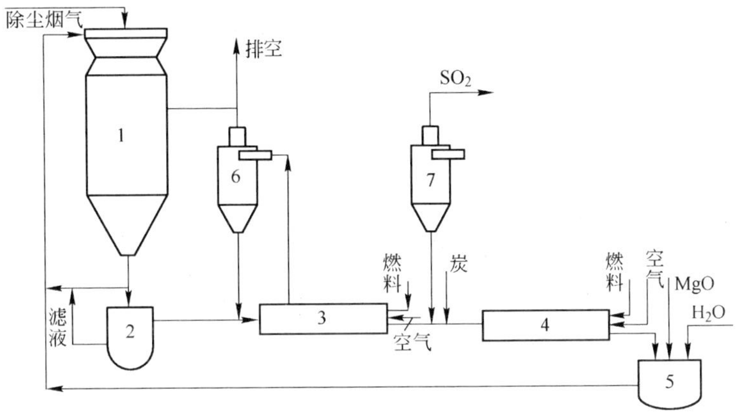

图 4-10　氧化镁浆液脱硫及再生工艺流程

1—文氏洗涤器（SO_2 吸收器）；2—离心机；3—加转干燥机；

4—回转焙烧炉；5—氧化镁配制槽；6，7—旋风分离器

在催化剂作用下被氧化为 SO_3。

由于燃料燃烧烟气含尘量高，烟尘中含有能使催化剂中毒的金属或非金属氧化物；气体温度高；烟气中 SO_2 浓度低而水分及 CO_2 含量高，且烟气量大。这些使氧化过程更趋复杂，无论在技术上和经济上都存在不少问题尚待解决。

图 4-11 为美国孟山都（Monsanto）电厂使用的气相催化氧化脱硫流程。该脱硫方法的优点是可得到 80% 浓度的硫酸产品，缺点是设备庞大，成品中水分和杂质都高于正常商品所要求的含量。

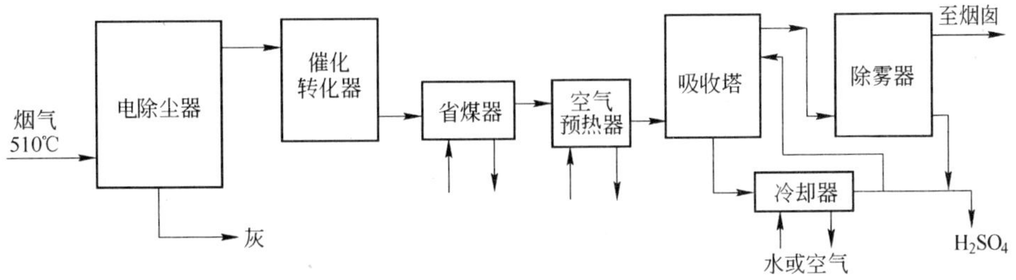

图 4-11　孟山都电厂气相催化氧化脱硫流程

B　液相催化氧化法

用含有催化剂 Fe^{2+}，Mn^{2+}，Cu^{2+} 等的水溶液或稀硫酸吸收烟气中的 SO_2，并催化氧化为 H_2SO_4。该法工艺设备简单。主要问题是产品为 15% ~25% 稀硫酸，且含有催化剂，直接使用受限制；催化剂中毒及从酸中分离催化剂不易，催化剂消耗量较大。

日本千代田法是利用含铁催化剂的 2% ~3% 的稀硫酸溶液作为吸收剂，其副产品为石膏。

4.5.2.6　湿式脱硫技术研究新动向

近期内，发展和完善湿式脱硫技术和装备仍是我国烟气脱硫技术研究的重点。目前主要研究方向和成果有：

（1）改善气液接触条件，增加接触面积，改善传质条件。目前有一些工艺借鉴采用了化工领域中的高效传质技术和装备，如旋流板塔、泡沫塔。

（2）研究采用高效的液相脱硫反应催化剂，如含铁、含锰催化剂，进一步强化传质，提高脱硫效率。

（3）研究新型的防腐材料、防结垢材料及其在脱硫装置中的内衬技术，湿式脱硫系统各部位的合理选材是解决腐蚀问题的主要方法，承受高温腐蚀、磨损较快的部位可考虑采用麻石、陶瓷或改性高硅铸铁；承受中低温和腐蚀、磨损不甚严重的部位，可采用防腐防磨涂料做表面防护处理。

（4）解决烟气带水问题也是改进湿式脱硫技术的主要内容之一，烟气带水是湿式脱硫除尘器中最常见的共性问题。烟气带水会导致烟道腐蚀引风机叶轮粘灰，严重时发生风机震动。一般控制烟气带水的措施有：在设备设计时尽可能选择较低的烟气上升速度；设备顶部距布水处要有一定的高度；必要时装设脱水效率高的脱水器。

（5）脱硫副产物的利用问题。

4.5.3 半干法脱硫

湿法脱硫虽效率高，但废液不易处理，增湿降温后的烟气不易排放扩散。干法脱硫虽然投资运行费用低，但脱硫效率也低。半干法烟气脱硫（SDFGD）是湿法与干法的结合、工况最优化的方法，近年来逐渐成为国内外研究的热点。所谓半干法，其工艺特点主要是利用特殊的反应器在潮湿的氛围下，增强反应物之间的接触，从而提高脱硫效率。其最终产物通常为干粉状。若使用袋式除尘器，可使脱硫效率提高10%。半干法脱硫包括喷雾干燥法脱硫、循环流化床脱硫、半干半湿法脱硫、粉末-颗粒喷动床脱硫、烟道喷射脱硫等。

4.5.3.1 喷雾干燥吸收法烟气脱硫

这是20世纪70年代后期发展起来的，兼具有湿法和干法的某些特点。该法是将 $Ca(OH)_2$ 浆液或碱性溶液如 Na_2CO_3 溶液雾化喷入烟气中，吸收介质在烟气中分散较均匀。吸收剂若为石灰乳雾滴，则与 SO_2 反应生成 $CaSO_3 \cdot \frac{1}{2}H_2O$。由于烟气中有氧存在，还会氧化生成部分 $CaSO_4 \cdot 2H_2O$。在化学反应的同时，雾滴中的水分蒸发，最后产物为干粉物料，并随烟气进入除尘器与飞灰一起脱除，除尘后的烟气经烟囱排放。喷雾干燥吸收法工艺流程见图4-12。

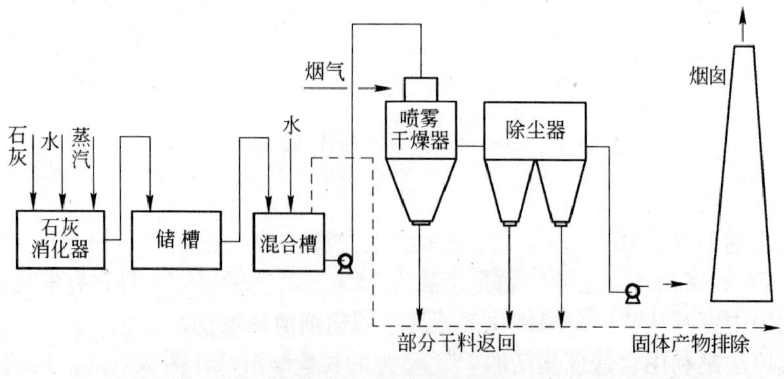

图4-12 喷雾干燥吸收法工艺流程

该工艺具有技术成熟、工艺流程简单、系统可靠性高等特点，脱硫率可达85%以上，在美国及西欧一些国家有一定应用范围（8%）。但其固体废弃物的应用或处置是推广此法时要予以重视的问题。脱硫灰渣可用作制砖、筑路，但多为抛弃至灰场或回填废旧矿坑。

4.5.3.2　循环流化床烟气脱硫技术

循环流化床烟气脱硫工艺是20世纪80年代末由德国鲁奇公司开发的一种新型半干法脱硫工艺。此工艺以循环流化床原理为基础，通过吸收剂的多次再循环，延长吸收剂与烟气的接触时间，大大提高了吸收剂的利用率。它不但具有干法脱硫工艺的很多优点，如流程简单、占地少、投资小以及副产品可以综合利用等优点，而且能在较低的钙硫比（$\frac{w(Ca)}{w(S)}=1.2\sim1.35$）情况下，脱硫效率达85%。烟气循环流化床脱硫工艺简单，设备布置紧凑，而且可以利用现有的设备如烟囱、除尘器等，占地仅为湿法工艺的30%～40%。在场地紧缺的现有机组和新建机组建设脱硫工程时，烟气循环流化床脱硫工艺是可供选用的有效方案。其所产生的副产物呈干粉状，化学成分与喷雾干燥脱硫工艺类似，主要由飞灰、$CaSO_3$、$CaSO_4$和未反应完的吸收剂$Ca(OH)_2$等组成，适合作废矿井回填、道路基础等。典型的烟气循环流化床脱硫工艺，当燃煤含硫量为2%左右，钙硫比不大于1.3时，脱硫率可达90%以上，排烟温度约70℃。典型的烟气循环流化床脱硫工艺流程图见图4-13。循环流化床烟气脱硫工艺包括：石灰石浆制备系统、脱硫反应系统、粉尘处理系统及引风系统。其主要设备为流化床反应器、带有特殊预除尘装置的电除尘器、水及蒸汽喷入装置、引风机等设备。其工艺流程为从锅炉出来的烟气经过反应器的底部，与雾化的石灰浆混合，反应器内的石灰浆在干燥过程中与烟气中的SO_2及其他酸性气体进行中和反应。烟气经旋风分离器分离粉尘后进入电除尘器或布袋除尘器，然后符合标准的灰仓清洁烟气经烟囱排放到大气中；含有脱硫灰和未反应完全的石灰的流化床料在旋风分离器中分离，其中99%的床料经调速螺旋装置送回反应器中循环，只有1%的床料作为脱硫灰渣排出系统。脱硫灰的循环意味着未反应的石灰可以继续进行脱硫反应，并且脱硫灰的循环可以更好地分散雾化石灰浆，促进脱硫反应的进行。主要工艺控制参数有床料循环倍率、流化床床料浓度、烟气在反应器及旋风分离器中停留时间、钙硫比、反应器内操作温度等。循环流化床烟气脱硫工艺主要特点是：没有喷浆系统及浆液喷嘴，只喷入蒸汽和水，石灰与循环床料混合进入反应器，依靠烟气悬浮，喷水降温反应等，脱硫塔内进行的是气液固三相反应。

在循环流化床脱硫塔内进行的化学反应是非常复杂的，SO_2与$Ca(OH)_2$的反应生成副产物$CaSO_3\cdot\frac{1}{2}H_2O$，同时还与$CO_2$、HF和HCl反应生成相应的副产物$CaCO_3$、$CaF_2$、$CaCl_2$等。

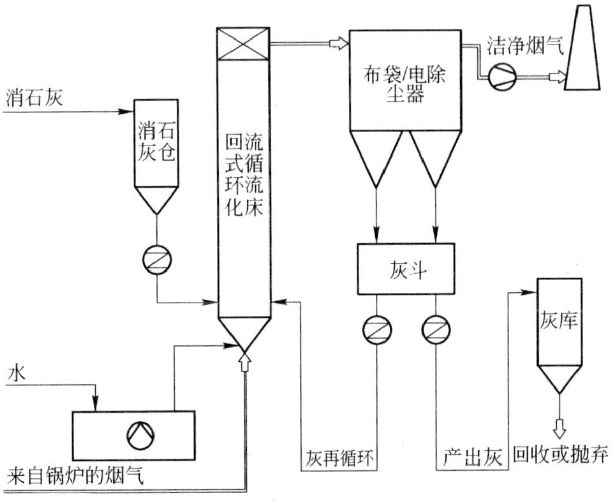

图4-13　典型的烟气循环流化床工艺流程图

主要化学反应方程式如下：

生石灰与液滴结合产生的水合反应

$$CaO + H_2O \longrightarrow Ca(OH)_2 \tag{4-51}$$

SO_2 被液滴吸收的反应

$$SO_2 + H_2O \longrightarrow H_2SO_3 \tag{4-52}$$

$Ca(OH)_2$ 与 H_2SO_3 的反应

$$Ca(OH)_2 + H_2SO_3 \longrightarrow CaSO_3 \cdot \frac{1}{2}H_2O + \frac{3}{2}H_2O \tag{4-53}$$

部分 $CaSO_3 \cdot \frac{1}{2}H_2O$ 被烟气中的 O_2 氧化

$$CaSO_3 \cdot \frac{1}{2}H_2O + \frac{1}{2}O_2 + \frac{3}{2}H_2O \longrightarrow CaSO_4 \cdot 2H_2O \tag{4-54}$$

烟气中的 CO_2、HF 和 HCl 等酸性气体同时也被 $Ca(OH)_2$ 脱除，总的反应式如下：

$$Ca(OH)_2 + CO_2 \longrightarrow CaCO_3 + H_2O \tag{4-55}$$

$$Ca(OH)_2 + 2HCl \longrightarrow CaCl_2 + 2H_2O \tag{4-56}$$

$$Ca(OH)_2 + 2HF \longrightarrow CaF_2 + 2H_2O \tag{4-57}$$

4.5.3.3 半干法烟气脱硫技术研究的新趋势

（1）重视脱硫产物、飞灰的再循环。脱硫产物和飞灰的再循环不仅可以提高脱硫剂的利用率，降低运行成本，而且还可以保证脱硫装置在较低的钙硫物质的量比条件下，取得较高的脱硫效率。

（2）以循环流化床为基础开发研究。在流化床内固体颗粒物充满整个上升段空间，混合、湍动十分强烈，加快了传热传质速率，使脱硫剂和烟气中 SO_2 充分反应，提高了脱硫剂的利用率和脱硫效率。

（3）利用工业废弃物以废治废。近年来国内外许多学者，致力于以工业废弃物作为脱硫剂的开发研究。这可以降低运行成本，节约能源，减少二次污染。粉煤灰、电石渣、硼泥以及废石膏等均可以作为钙基脱硫剂。

4.5.4 干法脱硫

干法脱硫工艺的特点是：反应在无液相介入的完全干燥的状态下进行，反应产物亦为干粉状态，不存在腐蚀结露等问题。目前国内外较受关注的干法脱硫技术是活性焦烟气脱硫技术，是20世纪60年代发展起来的一种以物理-化学吸附原理为基础的硫资源可回收干法脱硫工艺。它以煤为原料，制造为脱除烟气中二氧化硫、粉尘等的可复原再生的吸附剂。此外还有利用活性炭、分子筛等吸附剂对 SO_2 的选择吸附脱硫。下面介绍应用较多的活性炭吸附脱硫。

据测定煤制活性炭对 SO_2 的物理吸附量最大为140g/1000g（炭）。烟气脱硫中，活性炭对 SO_2 的吸附有物理及化学的作用，由于烟气中还含有 O_2、水蒸气及其他杂质，故能在活性炭上使 SO_2 发生催化氧化反应，并产生 SO_3 及 H_2SO_4。影响吸附的因素除活性炭的性能外，还有温度、流速、SO_2 浓度、操作压力及烟气中的氧气分压、杂质等。一般情况，低温下（低于100℃）主要是物理吸附；中温下（100～160℃）则主要是化学吸附，虽然物理吸附能力降低，但总的吸附能力上升，一般烟气脱硫在中温进行；高温下（高于250℃）化学吸附与吸附产物分解并行，脱硫率可能降低。提高氧及水分压对吸附有利。气流速度则需与 SO_2 浓度和脱硫率相适应，流速过高可使脱硫率降低。

吸附过程表示如下：

物理吸附：

$$\left.\begin{array}{l} SO_2 \longrightarrow SO_2^* \\ O_2 \longrightarrow O_2^* \\ H_2O \longrightarrow H_2O^* \end{array}\right\} \tag{4-58}$$

化学吸附：

$$\left.\begin{array}{r} 2SO_2^* + O_2^* \longrightarrow 2SO_3^* \\ SO_3^* + H_2O \longrightarrow H_2SO_4^* \\ H_2SO_4^* + nH_2O \longrightarrow H_2SO_4 \cdot nH_2O \end{array}\right\} \tag{4-59}$$

注：* 表示吸附于活性炭表面的分子。

活性炭上硫酸积累量（重量）超过 20%，吸附速度下降，这是由于表面覆盖稀硫酸，阻碍了吸附进行。此时活性炭需要脱附再生。活性炭再生可用水洗脱硫酸；可加热再生还原出 SO_2；或者再生还原为元素硫。因再生方法不同，可以组成不同的脱硫工艺，介绍如下。

4.5.4.1 活性炭脱硫-水洗再生（制酸）法

图 4-14 为鲁齐活性炭脱硫制酸工艺流程。该法使用并联多台（或多组）吸附器，每台（组）的一个操作周期包括吸附、脱附、干燥三个过程，几台（组）联合，使脱硫过程连续进行。水洗脱附得到 10% ~15% 浓度的硫酸，该酸返回加到文氏管洗涤烟气。由于烟气加速蒸发出水分，使酸蒸浓到 25% ~30%。此外，还可用浸没燃烧方法将稀硫酸蒸浓。

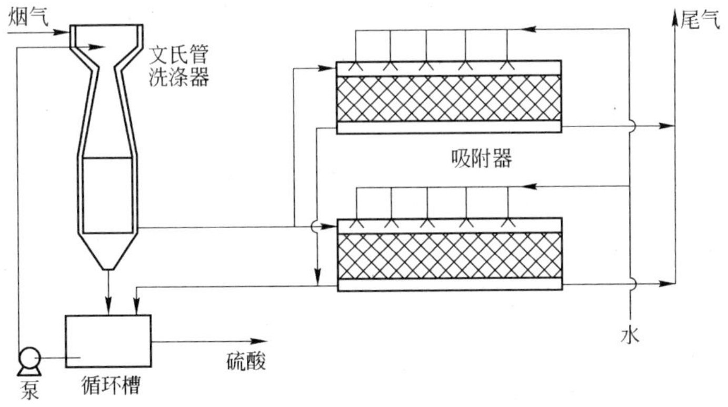

图 4-14 鲁齐活性炭脱硫制酸工艺流程

该方法的脱硫率可达 90%，但酸浓度较低，杂质较多，一般用于化肥生产或作为矿石沥取用酸。

4.5.4.2 活性炭吸附-加热再生法

活性炭为非极性分子，水为极性分子；极性与非极性分子间存在色散力和诱导力，因而会相互吸附。一般不提活性炭对水的吸附，因为在“三废”处理中，人们只关注活性炭对污染物的去除效果，在研究上往往就针对污染物展开。活性炭按生产方法可分物理水蒸气法和化学法生产，这里着重介绍物理水蒸气法生产。一般生产过程分为两个步骤，第一步，炭化，将原料在170～600℃的温度下干燥，同时将其80%有机组织炭化；第二步，活化，将第一步已炭化好的炭化料送入反应炉中，与活化剂和水蒸气反应，完成其活化过程，制成成品。在吸热反应过程中，主要产生CO及H_2组合气体，用以将炭化料加热至适当的温度（800～1000℃），除去其所有可分解物，产生丰富的孔隙结构及巨大的比表面积，使活性炭具有很强的吸附力。不同的原料生产的活性炭具有不同的孔径，其中以椰壳为原料的活性炭的孔径最小，木质活性炭的孔径一般较大，煤质活性炭的孔径介于两者之间。活性炭孔径一般分为三类：大孔：100～100000nm，过渡孔：2～100nm和微孔：2nm。根据以上特性可以看出，针对不同的吸附对象，需选用相应的活性炭，以得到最好的性价比，因此，在液相吸附中，应选用较多过渡孔径及平均孔径较大的活性炭。

在吸附完成后，以400℃的惰性气体加热活性炭，并将还原出的SO_2吹出，反应式为

$$2H_2SO_4 + C \xrightarrow{\text{惰性气体}} 2SO_2 + 2H_2O + CO_2 \tag{4-60}$$

活性炭吸附-加热再生法工艺流程如图4-15所示。

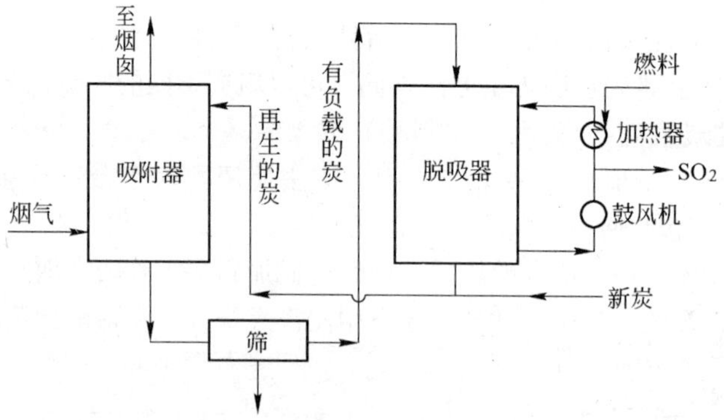

图4-15 活性炭吸附-加热再生法工艺流程

加热再生法的优点是可使用廉价的半焦代替活性炭；缺点是设备庞大，移动床大型化有困难；操作时因炭的消耗及磨损产生大量的细粒，需筛分分离。

4.5.5 烟气脱硫方法的选择

前述的燃料脱硫、燃烧过程脱硫都有各自的特点和适用范围，也有一定的局限性。排烟脱硫是从烟气中减少SO_2的排放，可以解决其他方法在技术和经济上不易解决的问题，例如一般煤炭洗选无法脱除有机硫，燃料深度脱硫成本过高，某些生产工艺不宜采用燃烧过程脱硫等。因此，排烟脱硫具有适用面广、脱硫效率高的特点，今后仍是控制SO_2污染的一个重要发展方向。合理选择烟气脱硫方法时，主要考虑下述几个基本原则：

（1）根据烟气的性质，如温度、SO_2及颗粒物浓度、烟气量，环保对排放的要求进行选择。

（2）工艺先进，技术成熟，操作弹性大，操作控制方便。

（3）脱硫剂容易获得，价格低廉，消耗低，最好能循环利用。

（4）原则上应使脱硫生成的产物有用途和使用价值高。

（5）不造成或很少造成二次污染。

(6) 投资少，操作费用低，综合效益高。

由于技术经济发展和环境保护要求日趋严格，预计我国将会因地制宜发展多种排烟脱硫技术。

4.6 大气扩散与高烟囱排放

空气污染从排放源到被人接受，中间需要经过大气的传输扩散。这一过程和气象条件的关系十分密切，因此气象科学对于空气污染的控制有着重要的作用。通过对大气扩散的研究，可以弄清在某地区的地形及气象条件下，大气所具有的扩散稀释能力，从而制定合理的排放控制标准。

采用高烟囱排放是充分利用大气对污染物的扩散能力、稀释能力和输送能力，避免或减少环境污染的一种措施。

4.6.1 影响大气扩散的主要因素

围绕地球的大气圈约有800km的厚度，按气温的垂直分布依次分为四层：对流层、平流层、中间层、暖层，如图4-16所示。暖层以上（高于800km）是大气的外层，统称散逸层。对流层是指从地表算起厚度为8～17km的近地面大气层，集中了大气质量的3/4和几乎全部水汽，主要的大气现象都发生在这一层，对人类活动的影响最大。对流层下部1～2km厚度的大气层称为大气边界层，它直接影响污染物的传输、扩散、稀释和转化。因此这里重点讨论边界层的大气扩散。

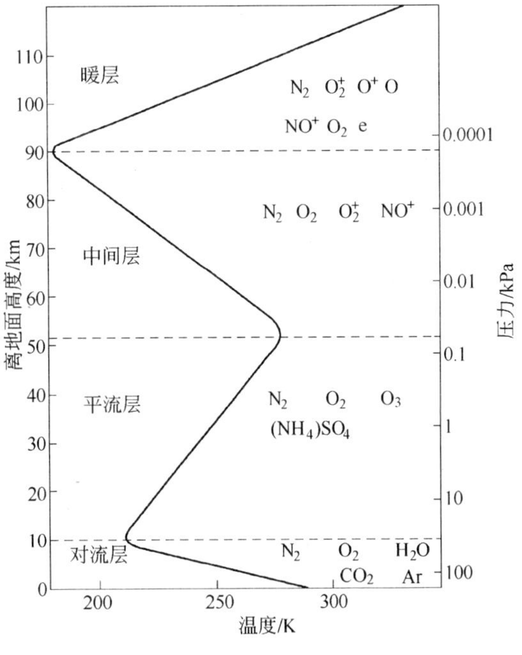

图4-16 大气圈的温度分布及构成

影响大气扩散的因素包括地形和气象等多方面因素。主要归纳如下。

4.6.1.1 大气的运动状态

主要是风和湍流对污染物在大气中的扩散和稀释起着决定性作用。

大气的水平运动称为风。风在不同时刻有着不同的风向和风速。污染物在大气中的浓度与污染物的总排放量成正比，与平均风速成反比，如式（3-1）所示。风速的增加增大了大气湍流的作用，还影响到排烟上升高度，所以实际情况更为复杂。风向出现频率还影响某一区域年平均浓度。

大气湍流是指大气以不同的尺度做无规则运动的流体状态。即风速时大时小，具有随机性，风向上下左右无规则摆动。

大气污染物的扩散除了分子扩散外，最主要是靠大气湍流作用，从而使烟团周界逐渐扩张并稀释，湍流扩散比分子扩散快10^5～10^6倍。

综上所述，风速越大，湍流越强，污染物的扩散速度就越快。风和湍流是决定污染物在大气中扩散稀释最直接最本质的因素，其他气象因素通过风和湍流来影响扩散和稀释。

4.6.1.2 大气的热力过程

湍流的强弱，对流能不能发展，又与大气稳定度直接相关。大气稳定度取决于气温垂直递减率 γ 与干绝热减温率 γ_d 的对比。

A 大气的垂直温度结构及逆温

在大气的对流层内，气温垂直变化总趋势是随高度的增加而降低，这种变化通常用气温垂直递减率 γ 来表示：

$$\gamma = -\mathrm{d}T/\mathrm{d}Z \tag{4-61}$$

式中，T 表示温度,℃；Z 表示高度，m；γ 是指垂直方向上每升高 100m 气温的降低值，在整个对流层内，γ 的平均值为 0.65℃/100m。

由于近地层气象和地形条件的复杂性，γ 随时随地变化，可能大于零、等于零或小于零。当 $\gamma>0$ 时，气温随高度增加而下降，空气上下对流，随之湍流发展，对污染物扩散有利。当 $\gamma=0$ 时，形成等温层，大气较稳定。当 $\gamma<0$ 时，气温随高度升高而增加，形成逆温，空气上下对流和湍流运动被抑制，污染物很难扩散。出现逆温的大气层，称为逆温层。逆温层的下限称为逆温高度，上下限的温度差称为逆温强度。逆温层根据出现高度的不同，分为接地逆温层与上层逆温层。气温垂直递减率及逆温层示意见图 4-17。

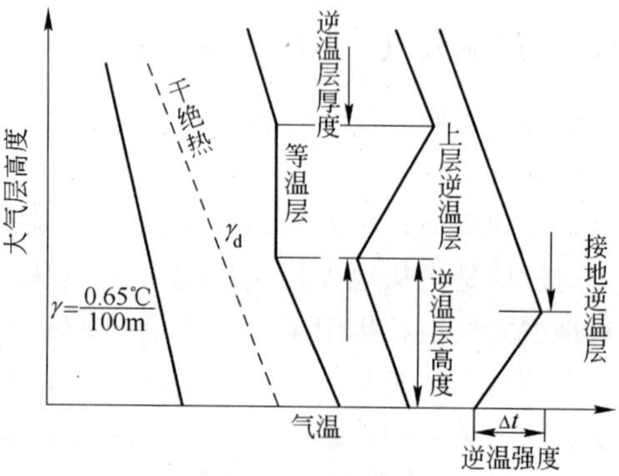

图 4-17 气温垂直递减率与逆温层

根据逆温层发生的原因可分为辐射逆温、下沉逆温、地形逆温、湍流逆温和锋面逆温。

B 气温的干绝热递减率

在气象学中引入一个特征值 γ_d：

$$\gamma_d = (\mathrm{d}T/\mathrm{d}Z)_d \tag{4-62}$$

表示气团（干空气）在绝热状态下，垂直上升或下降而引起膨胀、压缩，由此引起温度变化，取位移垂直距离为 100m 时温度变化的数值，称为干空气温度的绝热垂直递减率。根据热力学计算可得：$\gamma_d \approx 0.98℃/100m \approx 1℃/100m$。

C 大气稳定度与烟羽扩散的关系

大气稳定度是指垂直方向上大气温度稳定的程度，即是否容易发生对流。大气稳定度可根据气温垂直递减率 γ 与干绝热递减率 γ_d 之对比来判定。

如果某一空气团由于某种原因产生向上或向下运动，当除去外力后，这个气团就逐渐减速并有返回原高度的趋势，则称这种大气是稳定的，可根据 $\gamma-\gamma_d<0$ 判定。

当外力去除后，气团会加速上升或下降，此时 $\gamma-\gamma_d>0$，大气不稳定。

当外力除去后，气团被外力推到哪里，就停到哪里或作等速运动，此时 $\gamma=\gamma_d$，大气处于中性平衡状态。

大气稳定状态是影响污染物在大气中扩散的极重要因素。当大气处于不稳定时，湍流得到充分发展，对污染物扩散稀释能力强；当大气处于稳定状态时，湍流受到抑制，扩散稀释能力弱。

从烟流扩散的形状变化，可明显看出大气稳定度和风对烟气在大气中运行和扩散的影响。图 4-18 示出了五种典型的烟流形状与温度梯度的关系。表 4-5 列出了这些排烟形状与大气稳定度的关系。

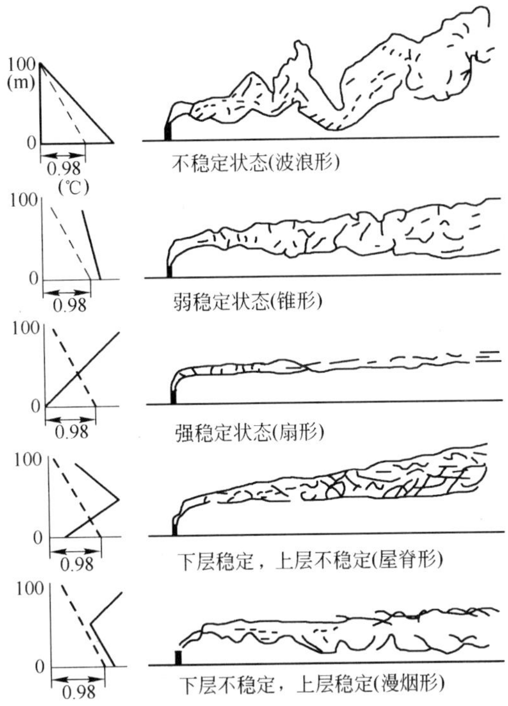

图 4-18 五种典型的烟流形状与温度梯度的关系
（坐标中实线表示 γ，虚线表示 γ_d）

表 4-5 排烟形状与大气稳定度的关系

排烟形状	大气层状态	特　征
波浪形	全层不稳定	烟流大幅度摆动，扩散良好，地面最大浓度落地点离烟囱较近，浓度较大，常见于晴朗的白天
锥　形	全层中性或若稳定	垂直扩散与水平扩散几乎一样，出现最大浓度的距离远于波浪形
扇形（平展形）	全层强稳定（逆温）	垂直方向上扩散受阻，烟流在水平方向上扩散成扇形，烟囱高的情况造成远地污染，常见于晴朗的夜间至清晨
屋脊形（爬升形）	下层稳定上层不稳定	低层逆温，气温梯度线中间有拐点，一般在日落前后出现，地面由于有效辐射放热，低层形成逆温，持续时间短，近处地面污染小
漫烟形（熏烟形）	下层不稳定上层稳定	下层不稳定造成了对流，烟流像熏烟那样扩散，夜间的逆温因日出后地面增温，逆温从地面起向上逐渐消失，多发生在上午8～10 时

4.6.1.3 下垫面条件对大气扩散的影响

下垫面包括地形条件和地面物等，下垫面对大气污染物扩散输送的影响是通过改变气流和影响气象条件来实现的，其影响可归纳为两方面：其一是动力作用，如下垫面粗糙度能够增加大气的机械湍流，地形条件可改变大气的局地流场和气流路径；其二是热力作用，由于下垫面性质不同或地形起伏，使其受热和散热的条件不均，从而引起地面温度场和风场的变化。上述因素直接影响大气扩散。本书所讨论的大气扩散问题主要针对情况比较单纯的开阔平坦地形。

综上所述，大气扩散的基本问题，是研究大气湍流与烟气流动相互作用以及污染物扩散、浓度衰减的关系问题。

4.6.2　烟囱有效高度的计算

烟气通过烟囱连续排放，烟囱高于15m的被视为高架连续点源。烟囱排放污染物所产生的地面污染与烟囱有效高度、距离和气象条件有关。为了计算烟囱周围的污染物浓度，首先要计算排烟抬升高度和烟囱有效高度，再计算其排放污染物在周围地区的最大浓度和污染物浓度分布。因此，烟囱有效高度是大气扩散估计和排放标准制定所必需的参数。

烟囱有效高度 H_e 为烟囱几何高度 H_0 与烟羽抬升高度 ΔH（烟囱出口至抬升后烟羽的中心线的垂直距离）之和，即：

$$H_e = H_0 + \Delta H \tag{4-63}$$

产生烟羽抬升有两方面原因：一是烟囱出口的烟气有一定的出口动量；二是由于排烟温度高于周围气温而产生一定的浮力。初始动量的大小主要取决于烟羽出口流速，而浮力大小则主要取决于烟气与周围大气之间的温差。影响烟气抬升高度的气象因素有烟囱出口处的平均风速、烟囱出口处环境大气温度，风速垂直切变（du/dz，s^{-1}）以及大气稳定度等。由于影响因素十分复杂，尚无一通用计算公式。下面介绍应用较广的几个公式，但是都有一定的局限性。

4.6.2.1　霍兰德（Holland）公式

$$\Delta H = \frac{v_q d}{\bar{u}}\left(1.5 + 2.7\frac{T_q - T_a}{T_q}\right) = \frac{1}{\bar{u}}(1.5 v_q d + 9.56 \times 10^{-3} q_H) \tag{4-64}$$

式中　v_q——烟气出口流速，m/s；

d——烟囱出口内径，m；

$\bar{u}$——烟气出口处的平均风速，m/s；

T_q——烟气出口处的烟气温度，K；

T_a——环境大气温度，K；

q_H——烟流的热释放率，kW：

$$q_H = c_p' Q_V (T_g - T_a) \tag{4-65}$$

式中　c_p'——烟气的定压体积热容，kJ/m^3；

Q_V——烟流体积流量，m^3/s。

该式适用于中性大气条件。霍兰德建议，对不稳定大气，计算出的 ΔH 应增大10%～20%；对稳定大气，计算出的 ΔH 值应减少10%～20%。该式计算结果偏于保守，特别是对高烟囱强热源烟气排放情况，偏差更大。

4.6.2.2　博桑盖特（Bosanguet）公式

烟囱有效高度用下式计算：

$$H_e = H_0 + 0.65(H_m + H_t) \tag{4-66}$$

$$H_m = \frac{\dfrac{4.77}{\bar{u}}}{1 + \dfrac{\bar{u}}{v_g}} \cdot \frac{\sqrt{Q_{Va} \cdot v_q}}{\bar{u}} \tag{4-67}$$

$$H_t = 6.37 \frac{Q_{Va}\Delta T}{\bar{u}^3 T_a}\left(\ln J^2 + \frac{2}{J} - 2\right) \tag{4-68}$$

$$J = \frac{\bar{u}^2}{\sqrt{Q_{Va}v_q}}\left(0.43\sqrt{\frac{T_a}{g(\mathrm{d}\theta/\mathrm{d}z)}} - 0.28\frac{v_g}{g}\cdot\frac{T_a}{\Delta T}\right) + 1 \tag{4-69}$$

式中 H_m——取决于排气速度的烟气上升高度，m；

H_t——由浮力决定的烟气上升高度，m；

Q_{Va}——按温度计 T_a 的排气量，m^3/s；

g——重力加速度，$9.81m/s^2$；

$\mathrm{d}\theta/\mathrm{d}z$——大气的位温梯度，℃/m。

其他符号意义同前。

在硫氧化物排放标准的计算中，上式的有关参数取为：$T_a = 288K$，$\mathrm{d}\theta/\mathrm{d}z = 0.0033$℃/m，$\bar{u} = 6m/s$。

博桑盖特公式为日本大气污染防治法实施细则硫氧化物排放标准中，用于计算烟囱有效高度的推荐使用公式。

4.6.2.3 中国《制定地方大气污染物排放标准的技术原则和方法》

在我国国家标准 GB 3840—83 中推荐的烟羽抬升公式，按烟羽的热释放量 q_H 的不同情况计算：

当 $q_H \geqslant 2092kW$，$(T_g - T_a) \geqslant 35K$ 时，有

$$\Delta H = n_0 q_H^{n_1} H_0^{n_2} \bar{u}^{-1}$$

式中，n_0，n_1，n_2 按表 4-6 取值。

表 4-6 系数 n_0，n_1，n_2 的值

q_H/kW	下垫面状况（平原地区）	n_0	n_1	n_2
$q_H \geqslant 20920$	农村或城市远郊区	1.43	1/3	2/3
	城　区	1.30	1/3	2/3
$20920 > q_H \geqslant 2092$ $\Delta T \geqslant 35K$	农村或城市远郊区	0.33	3/5	2/5
	城　区	0.29	3/5	2/5

当 $q_H < 2092kW$，$(T_g - T_a) < 35K$ 时，抬升高度 ΔH 为霍兰德公式计算值的 2 倍。

我国的推荐式是根据美国及加拿大常用的布里吉斯（Briggs）公式修正后获得的，具有良好的实用性。

计算烟羽抬升高度的公式颇多，因烟羽抬升情况复杂，使用时应根据具体情况选择。尤其对山区复杂地形情况，往往需要做环境风洞的模拟实验或其他的观测方法。

4.6.3 大气扩散模式与空气污染物浓度估算

4.6.3.1 高架连续点源的高斯模式

烟囱排放大气污染物的扩散被理想化为高架连续点源。高斯模型所使用的坐标系统如图4-19所示，取 x 轴为风轴；H_0 和 H_e 分别为烟囱高度和烟囱有效高度；ΔH 为烟羽抬升高度。

高斯模式基于如下四点假设：（1）污染物浓度在 y、z 轴上的分布符合高斯分布（正态分布）；（2）在全部空间中大气风速是均匀的、稳定的；（3）排放源强是连续均匀的；（4）在扩

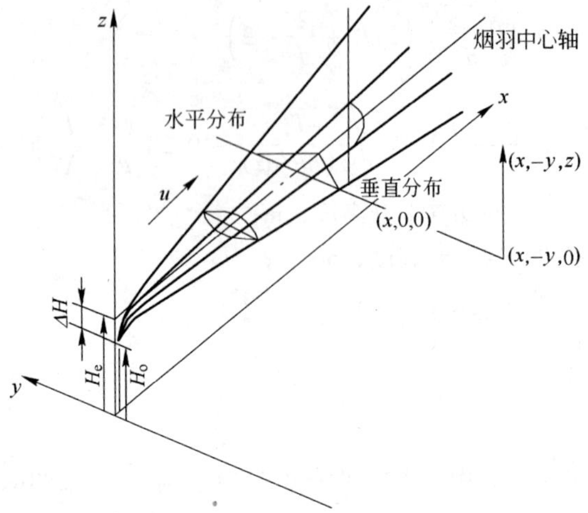

图 4-19　高斯模式应用的坐标系统

散过程中，污染物质量是守恒的。据此可以导出高架连续点源扩散在下风方向上任一点（x，y，z）的浓度关系式：

$$C(x,\ y,\ z,\ H_e)=\frac{Q}{2\pi\sigma_y\sigma_z\bar{u}}\exp\left[-\frac{1}{2}\left(\frac{y}{\sigma_y}\right)^2\right]\left\{\exp\left[-\frac{1}{2}\left(\frac{z-H_e}{\sigma_z}\right)^2\right]+\exp\left[-\frac{1}{2}\left(\frac{z+H_e}{\sigma_z}\right)^2\right]\right\} \tag{4-70}$$

式中　C——任一点的污染物的浓度，mg/m^3；

Q——源强，单位时间烟囱排出的污染物量，mg/m^3；

$\bar{u}$——环境平均风速，m/s；

x——烟源下风方向任一点的 x 方向的坐标，m；

y——烟源下风方向任一点的 y 方向的坐标，m；

z——烟源下风方向任一点的 z 方向的坐标，m；

H_e——有效排放高度（源高），m；

σ_y——任一点上烟气在水平（y）方向分布曲线的标准偏差，为 x 的函数，通称水平扩散系数，m；

σ_z——任一点上烟气在垂直（z）方向分布曲线的标准偏差，为 x 的函数，通称垂直扩散系数，m。

根据高架连续点源扩散基本公式（4-70），可以得出几种特殊情况的计算模式：

（1）高架连续点源地面（$z=0$）浓度。地面污染物浓度与人群生活环境污染状况密切相关。

$$C(x,\ y,\ 0,\ H_e)=\frac{Q}{\pi\sigma_y\sigma_z\bar{u}}\exp\left[-\frac{1}{2}\left(\frac{y}{\sigma_z}\right)^2\right]\exp\left[-\frac{1}{2}\left(\frac{H_e}{\sigma_z}\right)^2\right] \tag{4-71}$$

（2）高架连续点源地面轴线（$y=0$，$z=0$）浓度。地面浓度是以 x 轴为对称轴的，轴线上具有最大值，向两侧（y 的方向）逐渐减小。因此地面轴线浓度是人们所关心的。

$$C(x,\ 0,0,\ H_e)=\frac{Q}{\pi\sigma_y\sigma_z\bar{u}}\exp\left[-\frac{1}{2}\left(\frac{H_e}{\sigma_z}\right)^2\right] \tag{4-72}$$

（3）地面最大浓度（即高架连续点源地面轴线最大浓度）及其出现最大距离。最大地面浓度是工矿企业烟囱排放所必须考虑的环境标准，它的出现位置与烟囱和附近平面布局的规划有密切关系，也是烟囱高度设计时的依据。

σ_y，σ_z 均是距离 x 的函数，且均随 x 的增大而增大，但$\frac{\sigma_y}{\sigma_z}$ 可近似看作常数（即假定$\frac{\sigma_y}{\sigma_z}$不随 x 变化），即可求得计算地面最大浓度及出现最大距离的模式。

$$C_{\max}(x_{C\max}, 0, 0, H_e) = \frac{2Q}{\pi e H_e^2 \bar{u}} \cdot \frac{\sigma_z}{\sigma_y} \tag{4-73}$$

$$\sigma_z\big|_{x = x_{C\max}} = H_e / \sqrt{2} \tag{4-74}$$

或
$$H_e = \sqrt{2}\sigma_z \quad (当\ x = x_{C\max}) \tag{4-75}$$

由 σ_z 及大气稳定度的等级可以得出 $x_{C\max}$ 的值。

除了极稳定和极不稳定的大气条件，通常可假设 $\sigma_y = 2\sigma_z$，因而式（4-73）可简化为

$$C_{\max} = \frac{Q}{\pi e H_e^2 \bar{u}} \tag{4-76}$$

可供估计地面浓度，与孤立烟囱附近的环境监测数据较一致。由式（4-76）可以看出：（1）地面最大浓度与烟囱有效高度的平方成反比；（2）地面最大浓度与风速成反比；（3）地面最大浓度与源强成正比；（4）地面最大浓度离烟囱的距离随烟囱高度增加而变远（参见式4-74）。

上述浓度公式适用于单一烟囱计算。如果有多个烟囱（复合源），则情况比较复杂，须按不同情况分别处理。只有在烟囱距离大，互相之间无明显影响时，则可分别计算各个烟囱在不同点的排放污染物浓度，烟囱在相应点的浓度叠加起来，其和即为该点的总浓度。

除了高斯模式，常用的其他扩散模式，如萨顿扩散式，因篇幅原因，不再作介绍。

应该强调，前面所介绍的模式适用于均一的大气条件，应用于平坦或起伏不大的地形较合适。对于大气特性不均一和逆温层的情况，应该选用相应的模式。特别是山区及复杂地形条件下的扩散问题很复杂，需要做环境风洞模拟实验并结合其他办法解决。

4.6.3.2 扩散参数的确定

高斯模式得以广泛应用，是因为它能够以简洁的方式把浓度场和气象条件之间的物理联系和观测事实结合起来。模式应用的效果与模式中的参数的确定有关，扩散参数 σ_y，σ_z 的确定比较复杂，应用帕斯奎尔（Pasquill）扩散曲线法可按常规气象观测资料确定，并估算污染物在大气中的扩散。

用帕斯奎尔（P-G）扩散曲线法计算 σ_y，σ_z。

高斯扩散模式中的扩散参数 σ_y，σ_z 分别代表 y 向、z 向的浓度分布标准差，如图4-20所示。从实验和理论研究知道：σ 随扩散距离的增大而加大；σ 与大气稳定度有关，不稳定状态 σ 较大；上述条件相同时与地面情况有关，粗糙地面 σ 大。该法的要点是：首先根据太阳辐射情况（云量、云状和日照）和离地10m高度的风速（该法定义为地面风速），将大气扩散稀释能力分为 A ~ F 六个稳定度等级，见表4-7。根

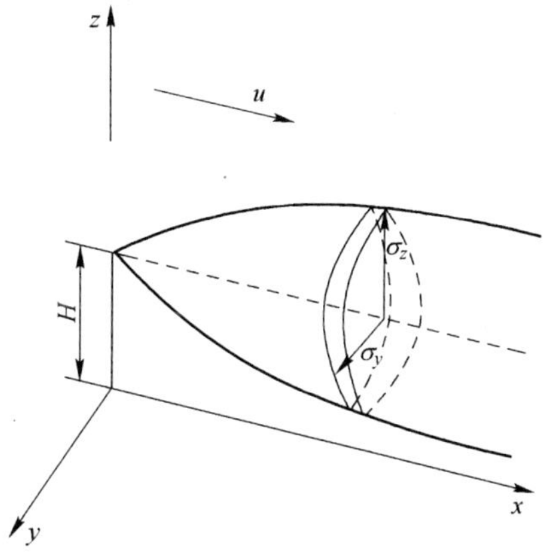

图4-20 用浓度分布标准差表示扩散参数 σ_y，σ_z

据实验和理论研究结果，用曲线表示在每一种稳定度等级下 σ_y，σ_z 与距离 x 的关系。稳定度-距离（x）-扩散参数（σ_y 或 σ_z）关系见图 4-21 及图 4-22（简称 P-G 曲线图）。再应用高斯模式相应公式，即可估算相应的浓度。浓度计算过程叙述于下。

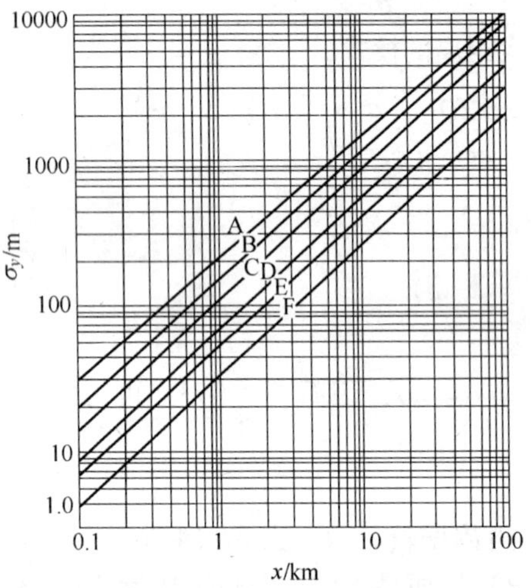

图 4-21 水平扩散参数 σ_y 与下风距离 x 的关系

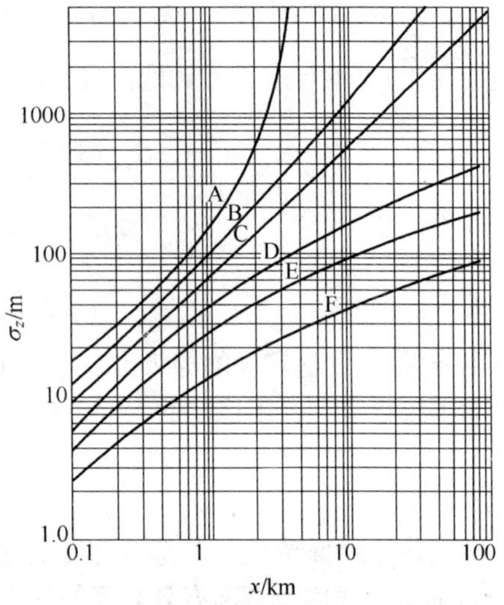

图 4-22 垂直扩散参数 σ_z 与下风距离 x 的关系

表 4-7 稳定度等级表

白天或夜间辐射强度或云量		白天太阳辐射			阴天的白天或夜间（阴云密布）	有云的夜间	
		强	中	弱		薄云遮天或低云≥5/10	云量<4/10
日照量或辐射强度（夜）$/J\cdot(cm^2\cdot h)^{-1}$		>210	105~210	<210	34~42	0~21	>21
地面风速（距地面 10m 处风速）$/m\cdot s^{-1}$	2<	A	A~B	B	D		
	2~3	A~B	B	C	D	E	F
	3~5	B	B~C	C	D	D	E
	5~6	C	C~D	D	D	D	D
	>6	C	D	D	D	D	D

注：A—极不稳定；B—不稳定；C—弱不稳定；D—中性；E—弱稳定；F—稳定。

A 稳定度的确定与表 4-7 稳定度等级表的使用

（1）表中的太阳辐射可用定性方法确定，即用太阳辐射的强、中、弱或云量的尺度。日本则用日照量和代替云量的红外辐射（夜间）分类，定量较准确。可根据实际情况参照使用。

（2）稳定度等级 A~B 表示按 A、B 级的数据内插。

（3）夜间定义为日落前 1 小时至日出后 1 小时。夜间前后各 1 小时，均算作中性，即按 D 级稳定度。

（4）中纬度仲夏晴天为强太阳辐射，寒冬中午为弱太阳辐射。

（5）该表判断对开阔乡村较准确，对城市区域则不够准确。

由太阳辐射状况和地面风速根据表 4-7 即可判定稳定度等级。

根据稳定度等级和烟囱下风距离查图4-21及图4-22可分别确定σ_y及σ_z。

B 浓度计算

在确定σ_y、σ_z后，将各项参数带入前述高斯系列扩散模式，即可求出下风向各点的污染物浓度。

为了估算地面最大浓度C_{max}及最大浓度距离x_{Cmax}，可以使用玛尔亭（Martin）绘制的作为连续高架点源在各稳定度时有效排放高度H_e（烟囱有效高度）函数的地面最大浓度距离x_{Cmax}和相对最大浓度$(C\bar{u}/Q)_{max}$的关系曲线，见图4-23。由稳定度及H即可查出x_{Cmax}及$(C\bar{u}/Q)_{max}$，利用式（4-17）即可求出C_{max}：

$$C_{max} = (C\bar{u}/Q)_{max} \cdot \frac{Q}{\bar{u}} \tag{4-77}$$

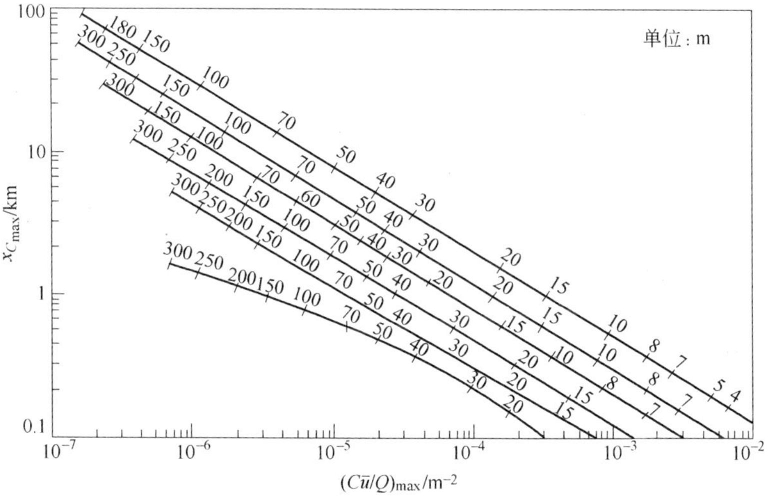

图4-23 稳定度（曲线）、有效排放高度（曲线上数字单位为m）与最大距离及$(C\bar{u}/Q)_{max}$的关系

帕斯奎尔扩散曲线适用于开阔平坦的下垫面条件下近地面源的小尺度扩散问题，如用于其他条件需加以适当修正。

例4-1 某冶炼厂建于城市远郊，烟囱高度为60m，烟囱顶部内径为1.5m。烟气出口速度为20m/s，温度为177℃。SO_2的排放量为50g/s。夏季晴天中午气温为35℃，地面10m高处风速为5m/s。试计算下风方向500m处SO_2的地面轴向浓度。

解：计算步骤

（1）确定稳定度等级

夏季晴天中午属强辐射，地面风速5m/s，查表4-7，大气稳定度属B级。

（2）计算烟囱有效高度H_e

1）按Holland公式计算

$$\Delta H = \frac{v_g d}{\bar{u}}\left(1.5 + 2.7\frac{T_g - T_a}{T_g}d\right)$$

$$= \frac{20 \times 1.5}{5}\left(1.5 + 2.7 \times \frac{(273+177)-(273+35)}{(273+177)} \times 1.5\right)$$

$$=16.7\text{m}$$

按本公式要求，当稳定度为B级时，抬升高度需增加20%。所以

$$\Delta H = 16.7 \times (1 + 20\%) = 20\text{m}$$

$$H_e = H_0 + \Delta H = 60 + 20 = 80\text{m}$$

2）按我国推荐公式（4-69）计算

$$\Delta H = n_0 q_H^{n} H_0^{n_2} \bar{u}^{-1}$$

$$Q_V = \frac{1}{4}\pi d^2 \cdot v_g \cdot \frac{T_0}{T_g} = \frac{1}{4} \times 3.14 \times 1.5^2 \times 20 \times \frac{273}{450} = 21.3\text{m}^3/\text{s}$$

$$C'_p = 1.3\text{kJ/m}^3$$

$$q_H = C'_p Q_V (T_g - T_a) = 1.3 \times 21.3 \times (450 - 380)$$

$$= 3931\text{kW}$$

查表4-6，根据q_H、ΔT及城市远郊得

$$n_0 = 0.33,\ n_1 = 3/5,\ n_2 = 2/5$$

$$\Delta H' = 0.33 \times 3931^{3/5} \times 60^{2/5} \times 5^{-1} = 48\text{m}$$

$$H'_e = H_0 + \Delta H' = 60 + 48 = 108\text{m}$$

H'_e与H_e比较，可见霍兰德式趋于保守。

（3）由P-G扩散曲线图查σ_y和σ_z

B级稳定度，下风方向500m：

$$\sigma_y = 85\text{m},\quad \sigma_z = 50\text{m}$$

（4）将已知各值代入式（4-72）计算浓度

1）按烟囱有效高度H_e计算浓度

$$C(500, 0, 0, 80) = \frac{Q}{\pi \bar{u} \sigma_y \sigma_z} \exp\left[-\frac{1}{2}\left(\frac{H_e}{\sigma_z}\right)^2\right]$$

$$= \frac{50}{3.14 \times 5 \times 85 \times 50} e^{-\frac{1}{2}\left(\frac{80}{50}\right)^2}$$

$$= 2.1 \times 10^{-4}\text{g/m}^3$$

2）按烟囱有效高度H'_e计算浓度

$$C(500, 0, 0, 108) = \frac{50}{3.14 \times 5 \times 85 \times 50} \times e^{-\frac{1}{2}\left(\frac{108}{50}\right)^2}$$

$$= 7.3 \times 10^{-5}\text{g/m}^3$$

计算结果表明，按我国推荐的烟气抬升高度公式计算的H'_e，得出的浓度仅为$7.3 \times 10^{-5}\text{g/m}^3$，可以此结果为依据，以霍兰德式计算值作参考。

例4-2 条件同例4-1，试求地面最大浓度出现的距离、最大浓度值。

解：已知稳定度为B级，烟囱有效高度为180m（按我国推荐抬升公式计算值），平均风速为5m/s，源强为50g/s。

由稳定度及H_e查图4-21稳定度-H_e-$(C\bar{u}/Q)_{max}$关系可得：

$$
\begin{aligned}
xC_{\max} &= 0.8\text{km} \\
(C\bar{u}/Q)_{\max} &= 1.5\times 10^{-5} \\
C_{\max} &= (C\bar{u}/Q)_{\max}\times Q/\bar{u} \\
&= 1.5\times 10^{-5}\times 50/5 \\
&= 1.5\times 10^{-4}\text{g/m}^3
\end{aligned}
$$

4.6.4 烟囱高度的设计计算

烟囱高度直接影响烟源的排放高度。合理的烟囱高度是既要满足大气污染物的扩散稀释要求，以保证地面浓度不超过环境标准规定的浓度限值，同时又要注意经济节约。目前应用较多的是按高斯模式计算烟囱高度的简化公式。由于对地面浓度的要求不同，常用计算方法有下列三种。

4.6.4.1 按地面最大浓度不超过允许浓度限值的方法

设标准规定的地面浓度限值为 C_0，本底浓度为 C_B，则烟囱允许排放产生的地面最大浓度 $C_{\max}\leqslant C_0-C_B$。由式（4-63）和式（4-64）即可导出烟囱高度计算公式：

$$
H_0\geqslant\sqrt{\frac{2Q}{\pi e\bar{u}(C_0-C_B)}\cdot\frac{\sigma_z}{\sigma_y}}-\Delta H \tag{4-78}
$$

4.6.4.2 按地面绝对最大浓度不超过允许浓度限值的方法

前面所讨论的地面最大浓度是以风速不变（使用平均风速 $\bar{u}$）为前提，实际上风速是变化的，相应于不同风速就有不同的地面最大浓度值。当同时考虑风速变化对烟气抬升高度和扩散稀释的影响时，其作用是相反的。由式（4-64）可知烟流抬升高度与风速成正比，即 $\bar{u}$ 增大，ΔH降低。但由式（4-73）看，$\bar{u}$ 增大，$C_{\max}$ 降低。而因 H_e($H_e=H_0+\Delta H$) 的降低又可使 $C_{\max}$ 增加，因此存在一个临界风速（或称危险风速）$\bar{u}_c$，它使最大地面浓度具有一个极大值，称之为地面绝对最大浓度 $C_{abs,m}$。

烟羽抬升公式可简化为 $\Delta H=B/\bar{u}$，B 视为常数，如式（4-64）中，$B=1.5v_g d+9.56\times q_H$。将此式代入式（4-73）中对 $\bar{u}$ 求导，并令 $dC_{\max}/d\bar{u}=0$，解得危险风速 $\bar{u}_c=B/H$。再将 $\bar{u}_c$ 代入式（4-64）中，得到地面绝对最大浓度，经移项变换即可得烟囱高度计算公式：

$$
H_0\geqslant\frac{Q}{2\pi eB(C_0-C_B)}\cdot\frac{\sigma_z}{\sigma_y}
$$

或

$$
H_0\geqslant\sqrt{\frac{Q}{2\pi e\bar{u}(C_0-C_B)}\cdot\frac{\sigma_z}{\sigma_y}} \tag{4-79}
$$

上述两种方法都是基于污染物扩散规律建立的计算公式。由于计算参数取值的偏差，每个污染源作为一个孤立对象考虑，方法的基础是特定的地理和气象条件等原因，计算的结果可能出现偏差，实际排放不一定达到区域环保要求，这是其不足之处。

4.6.4.3 *P* 值法——区域系数法

P 值法能比较全面地考虑到各地区的地理、气象、环境质量状况和要求，综合制定排放系数 *P* 值，能体现区域差异性的原则。

按照我国《制定地方大气污染物排放标准技术原则和方法》规定，SO_2 排放标准的制定根据情况分为甲、乙两类。

（1）甲类适用于平原地区的农村和城市远郊区，以及平原城市城区烟囱高度大于40m或者排放量大于40kg/h的污染源。

$$Q = P \times 10^{-6} H_e^2 \tag{4-80}$$

式中 Q——排放量，t/h；

P——排放指标（我国已制定了一批城市的P值），g/(m^2·h)；

H_e——烟囱有效高度，m。

根据上式烟囱高度为：

$$H_0 = \sqrt{\frac{Q \times 10^6}{P}} - \Delta H \tag{4-81}$$

从上式可看出，Q一定，P值越小，H_0越高；或H_e一定，P值越小，Q值越小。可见P值越小，则控制污染排放越严格。

（2）乙类排放源是指平原地区城市内排放高度低于50m和SO_2排放量小于40kg/h的排放源。

可利用P值控制排放量。对于同一烟囱，其他有害气体及颗粒物均有相应的排放系数P值，可以计算相应需要的烟囱高度。将SO_2和其他各种污染物排放所要求的烟囱高度进行比较，取其中的大值为设计烟囱高度。

P值法主要是通过控制污染物排放量来实现大气环境质量管理。如果把实际排放量代替容许排放量，可以作为设计烟囱高度的一种方法。

4.6.4.4 *K*值法

与我国P值法相类似的是1968年日本实施的K值控制法，它是把浓度控制方式和量的控制方式结合在一起的"根据排放口高度的量控制方式"。计算SO_2容许排放量的公式为：

$$Q = K \times 10^{-3} H_e^2 \tag{4-82}$$

式中 Q——SO_2容许排放量，m^3/h；

K——地区排放系数；

H_e^2——烟囱有效高度，m。

K值制定根据地区的污染程度、环境质量要求而定。对一般标准地区K值为6.42~22.2；东京、大阪、横滨的K值为2.92，相当于$C_{max} = 0.05 \times 10^{-6}(0.014)$mg/m^3。$K$值可根据情况变化调整。

烟囱设计中需要注意下列问题：上部逆温层出现频率较高的地区，应按有上部逆温层的扩散模式校核地面污染物浓度，读者可参阅有关专著。选择烟羽抬升高度公式时，应选用公式的应用条件与设计条件相近的公式，最好以我国推荐的公式为主，其他公式参照比较；为避免烟羽下沉，烟囱高度不应低于其附属建筑物高度的1.5~2.5倍；烟囱出口气速与该高度平均风速$v_g/\bar{u}$的比值应大于或等于1.5；排烟温度应高于100℃，排烟温度高有利于提高抬升高度。气象参数的取值，可取多年的平均值，也可取一定保证率下不超标的气象参数（例如地面风速大于3m/s的频率为80%，取$\bar{u}$=3m/s，就可保证在80%的情况下污染物浓度不超标）。当设计的几个烟囱相距较近时，应尽量采用集合烟囱，以增加烟羽抬升高度。

4.6.5 高烟囱排放的效果及局限性

高烟囱排放有利于污染物的扩散，对降低地面的污染物浓度效果明显，减轻了局部地区的大气污染，因而得到广泛应用。但排放污染物绝对量并未减小，而且烟囱越高，造价越高。烟囱高度增到一定高度后再增高，其造价与高度的平方成正比。用过高的烟囱降低地面浓度的方法与用其他治理方法相比，可能是不经济的，并因排放量过大而造成更大区域的污染。只有采取合理的减少污染物排放的治理措施，实施排放总量控制，在充分考虑了利用大气扩散和自净能力的前提下，高烟囱排放才是合理、安全而经济的。

复习思考题

（1）名词解释

有机硫，无机硫，煤的物理和化学脱硫，重油氢化脱硫法，煤气化，煤液化氢化脱硫，沸腾燃烧，沸腾燃烧脱硫，燃料改质，燃料转换，固定床，流化床，湍流，气温垂直递减率，逆温。

（2）简要回答问题

1）SO_2，SO_3的生成机理。

2）SO_2，SO_3 的危害。

3）烟气脱硫的主要方法。

（3）分析回答问题

1）烟囱的有效排放高度及其影响因素。

2）风速是如何影响污染物着地浓度的？

3）比较湿法、半干法和干法脱硫的优缺点。

参 考 文 献

[1] 赵旭东，高继慧，吴少华等．干法、半干法、（钙基）烟气脱硫技术研究进展及趋势[J]．化学工程，2003.
[2] 谭鑫，钟儒刚，甄岩等．钙法烟气脱硫技术研究发展[J]．化工环保，2003.
[3] 曾汉才．燃烧与污染[M]．武汉：华中理工大学出版社，1992.
[4] 岑可法，姚强，骆仲泱等．燃烧理论与污染控制[M]．北京：机械工业出版社，2004.
[5] 钟秦．燃煤烟气脱硫脱硝技术及工程实例[M]．北京：化学工业出版社，2002.
[6] 赵卷，张少锋等．半干法烟气脱硫技术研究新进展[J]．河北工业大学学报，2003.
[7] 邱鸿恩，吴丹，王睿．烟气同时脱硫脱硝技术进展[J]．化学工业与工程技术，2004.
[8] 王娟，张慧明．中国电力工业烟气脱硫的现状及发展趋势[J]．环境污染治理技术与设备，2004，5(6).
[9] 谢力，刘程，吴丽娟．湿法烟气脱硫机理与工程对策[J]．工业安全与环保，2008，34(2)．
[10] 张广文，翟国强．多种脱硫工艺的特点分析及展望[J]．东北电力大学学报，2008，28(2)．
[11] 汪艳红．我国火电厂烟气脱硫工艺现状及发展综述[J]．硫磷设计与粉体工程，2008，(2)．
[12] 郝继峰，汪莉等．钢铁厂烧结烟气脱硫技术的探讨[J]．太原理工大学学报，2004，5(6).
[13] 杨飏．二氧化硫减排技术与烟气脱硫工程[M]．北京：冶金工业出版社，2004.
[14] 蒋文举，赵君科，尹华强，汤争光．烟气脱硫脱硝技术手册[M]．北京：化学工业出版社，2007.
[15] 朱廷钰．烧结烟气净化技术[M]．北京：冶金工业出版社，2008.
[16] 廖继勇，毕学工，熊玮．关于烧结废气脱硫技术发展现状的分析[J]．南方金属，2006.
[17] 张国鑫．半干法脱硫工艺的影响因素分析[J]．电力环境保护，2001.
[18] 李成益．几种烟气脱硫工艺及技术经济分析[J]．扬子石油化工，2006.
[19] 李君慧．能源与环境[M]．沈阳：东北大学出版社，1995.
[20] Feeny S，Gohara WF，Telesz RW，et al. Beyond 2000：Wet FGD in the Next Century，ASME International Joint Power Generation Conference，US：Minnesota，U. S. A.
[21] Gomez A，Fueyo N，Tomas A. Detailed modeling of a flue-gas desulfurization plant[J]. Computers &

Chemical Engineering, 2007.

[22] Stouffer. M. R, et al. Optimization of advanced coolside desulphurization process[C]. 9th Pittsburgh Coal Conference, Pittsburgh, 2002.

[23] Babcock, Wilcox Com. Coolside and LIMB: Sorbent injection demonstration nearing completion [R]. U. S. DOE Topical Report (2), 2000.

[24] 孙厚良. 喷雾干燥在环保领域中的应用[J]. 林产化工通讯，2005.

[25] 马力，朱利民. NID 半干法烟气脱硫技术及工程应用[J]. 工程建设与设计，2004.

[26] 葛介龙，张佩芳，周钧忠，李文勇，张永. 几种半干法脱硫工艺机理的探讨[J]. 环境工程，2005.

[27] 葛介龙，王新龙. NID 脱硫工艺在国内的应用研究[J]. 电力环境保护，2002.

[28] 樊保国，项光明，祁海鹰，陈昌和，徐旭常. 常温循环流化床烟气脱硫影响脱硫效率的参数及机理[J]. 燃烧科学与技术，2001，7(3)：228～232.

[29] Butalia T S, Wolfe W E, Lee J W. Evaluation of a dry FGD material as a flowable fill[J]. Fuel, 2001.

[30] Suzanne M B, Edward J A, Ediwin E B. Advanced FCB Ash[J]. Treatment Technologies Int. Conf. On FBC, 1995.

[31] Chen L, DickW A, and Elson S N. Flue Gas Desulfurization By-products additions to acid soil: alfalfa productivity and environmental quality[J]. Environmental Pollution, 2001.

[32] Sloan J J, Dowdy R H, Dolan M S. Plant and soil responses to field-app laid flue gas desulfurization residue [J]. Fuel, 1999.

[33] Clark R B, Ritchey K D, Baligar V C. Benefits and constraints for use of FGD products on agricul tural land[J]. Fuel, 2001.

5 氮氧化物的治理

5.1 氮氧化物的危害

氮氧化物是大气污染的主要有害物质之一，人们对氮氧化物的有害性认识比硫氧化物晚得多，近50年来才逐步重视起来。

氮氧化物有 N_2O，NO，NO_2，N_2O_3，N_2O_4，N_2O_5，总称为 NO_x。其中污染大气的主要氮氧化物是NO和 NO_2。

NO为无色无臭气体。动物实验证明，NO很易和血液中的血色素（Hb）结合，造成血液缺氧而引起中枢神经麻痹。NO和血色素的亲和力很强，是CO的数百倍。

NO_2 是黄棕色有刺激性气味的气体，它的毒性比NO大。在阳光照射下，并有 C_mH_n 存在时，NO能迅速被氧化成 NO_2。NO_2 对呼吸器官黏膜有强烈的刺激作用。浓度为 0.12×10^{-6} 时，人就会感到有异味，人若在 16.9×10^{-6} 的浓度下暴露十分钟，就可产生呼吸困难和支气管痉挛现象。高浓度时可致急性肺气肿和支气管喘息，严重者可中毒死亡。现已发现在大约 500×10^{-6} 的浓度下，只要暴露几分钟，几天之内就发生伴有支气管肺炎的肺气肿而死亡的病例。鉴于其危害性大，已经引起全世界的注意。工作场合的卫生标准一般为 5×10^{-6}。NO_2 与空气中的水反应形成硝酸，对金属有腐蚀作用。NO_2 吸收可见光，在 0.25×10^{-6} 浓度时能见度显著减小。NO_2 损害植物，在 $(2\sim3)\times10^{-6}$ 的浓度下，能引起植物的急性受害症状，如长期处于 $(0.2\sim0.5)\times10^{-6}$ 的低浓度下，植物将受损害，如出现叶色变化，叶子变小等发育受阻现象。NO对叶子等不会引起斑害，但能抑制植物的光合作用。

大气中的氮氧化物的另一严重危害在于它是光化学烟雾的引发剂之一，烟雾对人有强烈的刺激性，浓度达 50×10^{-6} 以上时，人可能受害死亡。

人类活动排入大气的 NO_x 中，90%产生于各种燃料燃烧过程，且燃烧排出的主要是NO和 NO_2，其中NO占90%左右。全世界每年通过人类活动所产生氮氧化物约为0.53亿吨，而由于雷电、火山爆发和细菌分解所产生的氮氧化物约为5亿吨。

5.2 燃烧 NO_x 的生成机理和生成量

5.2.1 燃烧氮氧化物的生成特点

燃烧生成的氮氧化物和硫氧化物不同，硫氧化物只来源于燃料中的硫，而且燃料中的硫几乎全部转化为 SO_2。氮氧化物的生成却受到更多因素的影响。

燃烧所生成的 NO_x，根据其氮的来源可分为：

（1）助燃空气中的氮分子在高温状态下氧化生成的；

（2）由燃料中的氮化物在燃烧过程中部分氧化生成的

燃烧过程中，生成的 NO_x 有如下三种类型：

（1）热力型 NO_x（Thermal NO_x）：助燃空气中的氮气，在高温下氧化而生成的氮和氮的氧化物；

（2）燃料型 NO_x（Fuel NO_x）：燃料中的氮的氧化物，在燃烧过程中氧化而生成的氮的氧化物。

（3）快速温度型 NO_x（Prompt NO_x）：碳氢系燃料，在过浓燃烧条件下燃烧时产生的氮的氧化物。

以上三种氮氧化物，分别简称 T-NO_x，F-NO_x，P-NO_x。

5.2.2　热力型 NO_x 的生成机理

5.2.2.1　生成机理

空气中的 N_2 和 O_2 在高温状态下反应生成 NO：

$$N_2 + O_2 = 2NO \tag{5-1}$$

上式只是 NO_x 反应的综合式，实际情况下 NO_x 的排放浓度最多也不过百万分之数百至百万分之一千多。这个浓度比燃烧温度条件下的理论平衡浓度低得多，按理论当量比混合的甲烷-空气可燃气燃烧反应平衡计算，表明在温度 2300K 左右时，NO 的平衡浓度达 4000ppm 以上，比排烟温度下的平衡浓度高得多。根据锅炉排烟温度计算，NO_x 的平衡浓度大多在 1ppm 以下。这说明，在研究燃烧过程中 NO_x 的生成时，不能只考虑化学热力学因素，还必须考虑反应的中间过程，用化学动力学的理论来进行研究。也就是说，综合式不能说明反应机理。

前苏联科学家捷尔道维奇提出氮的氧化生成机理，认为 NO 的生成可用如下一组不分分支链反应来说明，反应基本上服从阿累尼乌斯定律：

$$O + N_2 \underset{K_{-1}}{\overset{K_1}{\rightleftharpoons}} NO + N \tag{5-2}$$

$$N + O_2 \underset{K_{-2}}{\overset{K_2}{\rightleftharpoons}} NO + O \tag{5-3}$$

按化学动力学的观点可以看出：

$$\frac{dc[NO]}{dt} = K_1c[N_2]c[O] - K_{-1}c[NO]c[N] + K_2c[N]c[O_2] - K_{-2}c[NO]c[O] \tag{5-4}$$

式中，$c[NO]$，$c[N_2]$，$c[O_2]$表示 NO，N_2，O_2 的浓度，单位 mol/cm^3。

虽然氧原子能够由氧分子分解产生，应当指出 O_2 分解的平衡常数是非常小的，氧原子浓度非常低。N_2 的分解平衡常数更小。可以认为氧原子就是氮氧化物过程中的产物。作为中间产物，由于 N 原子浓度甚低，可以假定在短时间内氮原子的生成速度和消失速度相等，即浓度不再变化，其变化速度等于零。

按式（5-2）和式（5-3）可写出如下公式：

$$\frac{dc[N]}{dt} = K_1c[N_2]c[O] - K_{-1}c[NO]c[N] - K_2c[N]c[O_2] + K_{-2}c[NO]c[O] = 0 \tag{5-5}$$

整理式（5-5），可得

$$c[N] = \frac{K_1c[N_2]c[O] + K_{-2}c[NO]c[O]}{K_{-1}c[NO] + K_2c[O_2]} \tag{5-6}$$

将式（5-5）代入式（5-4）整理得

$$\frac{dc[NO]}{dt} = 2\frac{K_1K_2c[O]c[O_2]c[N_2] - K_{-1}K_{-2}c[NO]^2c[O]}{K_2c[O_2] + K_{-1}c[NO]} \tag{5-7}$$

由于氧浓度 $c[O_2] \gg c[NO]$，且 K_2 和 K_{-1} 基本上是同一数量级，故可认为 $K_{-1}c[NO] \ll K_2c[O_2]$，式（5-7）便可简化为

$$\frac{dc[NO]}{dt} = 2K_1c[N_2]c[O] \tag{5-8}$$

如果认为氧气的离解反应 $O_2 = O + O$ 处于平衡状态，则可得

$$c[O] = K_0c[O_2]^{1/2}$$

代入式（5-8）可得

$$\frac{dc[NO]}{dt} = 2K_0K_1c[N_2]c[O_2]^{1/2} \tag{5-9}$$

根据阿累尼乌斯表达式，化学反应常数 K 按捷尔道维奇的实验结果为

$$K = 3\times10^{14}e^{-542000/RT} \tag{5-10}$$

$$\frac{dc[NO]}{dt} = 3\times10^{14}c[N_2]c[O_2]^{1/2}\exp(-542000/RT) \tag{5-11}$$

式（5-11）是捷尔道维奇机理的 $c[NO]$ 生成速度表达式。t 为时间，s；R 为摩尔气体常数，其值为 8.28kJ/(mol · K)；T 为绝对温度，K。

式（5-2）的活化能为 286000J/mol，在式 $O_2 = O + O$ 中，形成一个氧离子所需活化能 256000J/mol，两者之和即式 $c[NO]$ 形成速度表达式中的活化能 542000J/mol。说明每产生一个氧原子就会生成两个 NO 分子，其步骤为先生成一个 NO 分子和一个氮原子。这个氮原子立即与氧原子反应生成另一个 NO 分子。故反应速度式表明式（5-2）是 NO 生成这一连锁反应的关键反应。

研究表明，NO 的生成是在燃料燃烧后的高温区进行的。这是因为原子 O 与氮分子 N_2 反应的活化能很大（286×10^3J/mol），而原子氧和燃料中可燃成分反应的活化能很小的缘故。可燃成分反应的活化能如表 5-1。

表 5-1 可燃成分反应的活化能

反应式	活化能/$J\cdot mol^{-1}$	温度范围/℃
$H_2 + O \longrightarrow H + OH$	7.5×10^3	700 ~ 3000
$CO + O \longrightarrow CO_2 + M$	20.93×10^3	298 ~ 4000
$CH_4 + O \longrightarrow CH_3 + OH$	31.94×10^3	300 ~ 2000
$CH_3 + O \longrightarrow CH_2O + H$	1.26×10^3	300 ~ 1980
$CH_2O + O \longrightarrow CHO + OH$	19.88×10^3	1000 ~ 3000
$CHO + 2O \longrightarrow CO + HO_2$	16.62×10^3	1000 ~ 3000

对空燃比大的预混燃烧火焰而言，其式（5-11）计算值与实验结果相当一致。这表明捷尔道维奇的基本模式可以说明 T-NO 的生成与控制机理。

当空燃比小（燃料过浓）时，除考虑式（5-2）和式（5-3）外，尚需考虑下式：

$$N + OH = NO + H \tag{5-12}$$

此三式构成扩大捷尔道维奇氮氧化机理。

5.2.2.2　影响 T-NO 生成的因素

热力型 NO_x 的生成量与反应区的温度、O_2 的浓度及反应物在反应区的停留时间 t 有密切关系，其中尤以温度的影响最为明显。

图 5-1 是 C_nH_{2n} 系燃料预混燃烧、空气过剩系数 λ 为 1.0 的燃烧烟气中 NO_x 生成量与温度及对应时间 t 的关系。由图可见，温度对 NO 生成速度有很大影响。因为温度上升，O 原子浓度和反应速度常数值均增大，式（5-2）的反应速度明显增加。温度在 1700K 以下，NO 的生成速度明显很慢。实验表明，温度在 1800K 以下几乎观察不到 T-NO_x；而在 1800K 附近，温度每升高 100K，反应速度将增大 6 ~7 倍，见图 5-2。

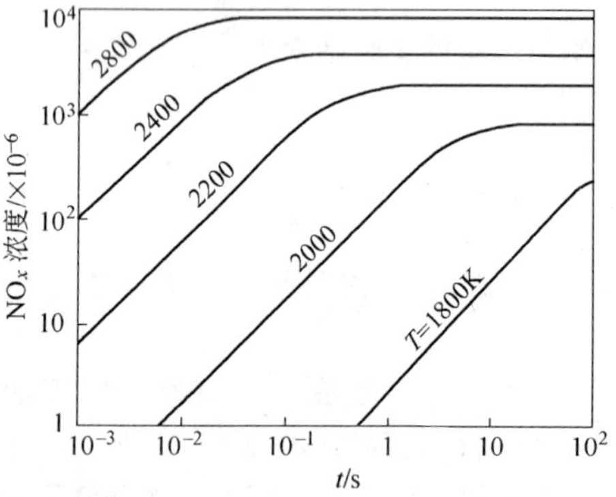

图 5-1　温度对 NO_x 生成速度的影响

（C_nH_{2n}，$\lambda=1.0$）

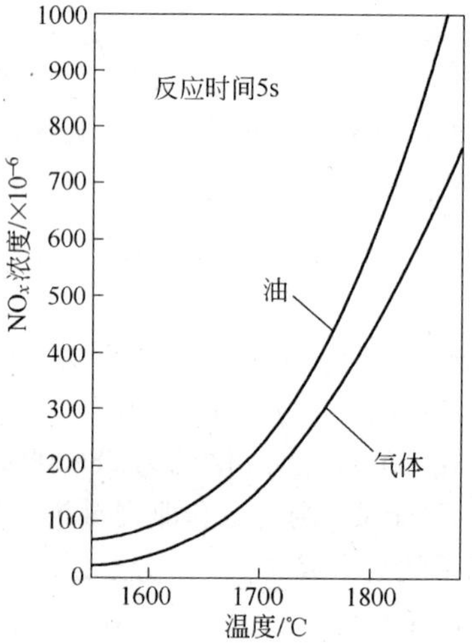

图 5-2　NO_x 生成量与温度的关系

图 5-3 表示当量比 Φ（空气过剩系数 λ 的倒数，$\Phi=1/\lambda$）对 NO 生成量的影响。说明在同一温度下燃料稀薄则 O 原子浓度增大，式（5-2）的正反应方向反应速度增大。甲烷空气混合的结果见图 5-4，表明在当量比为 1 时，出现最大值；随后氧的浓度继续增大，燃烧温度继续

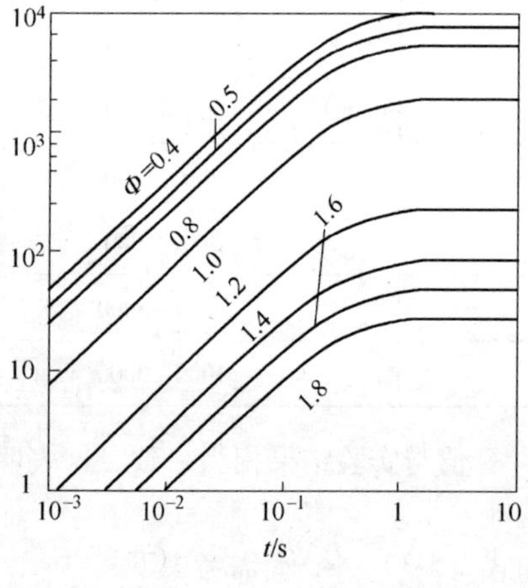

图 5-3　当量比 Φ 和停留时间的影响

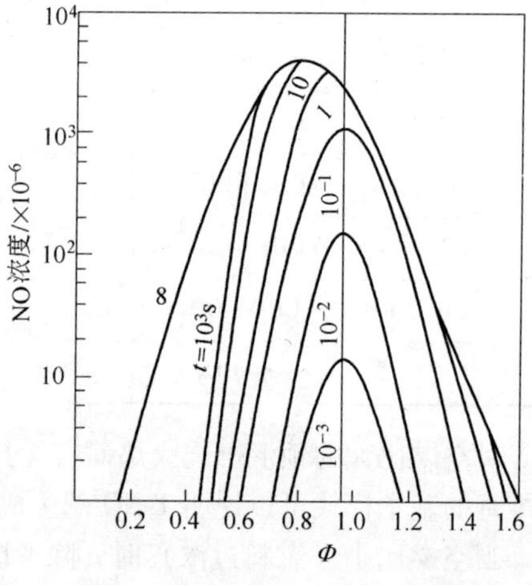

图 5-4　在绝热火焰下的生成量

下降，故氮氧化物生成量下降。

图5-4是在理论燃烧温度NO的浓度与当量比 Φ、停留时间 t 的关系。由图5-4可知，温度相同的情况下，停留时间越长，NO的生成量越大；温度越高，达到平衡浓度所需时间越短。图5-3和图5-4表明，在当量比相同的情况下，NO的浓度在停留时间较短的情况下，随着停留时间的增长，NO的浓度随之增大，到一定时间后不再有影响。

综上所述，燃烧温度、空气过剩系数和停留时间是控制NO生成量的主要因素。

5.2.3 快速型NO的生成机理

碳氢系燃料在空气过剩系数小于1的情况下，在火焰面内急剧生成大量的NO，而CO/空气、H_2/空气乃至（$CO + H_2$）/空气系的预混燃料却没有这种现象。为说明该现象，创造了调整预混气流量、使火焰最高温度不变的条件，则对应 Φ 值下的NO值，如图5-5所示。

由图可见，碳氢系燃料在 $\Phi < 1$ 时，P-NO_x 占的比例很小；而在 $\Phi > 1$ 时，特别是 $\Phi = 1.4 \sim 1.5$范围内，生成的几乎全是P-NO_x。

P-NO_x 的生成机理目前尚有争议。Bowman认为P-NO_x 可用扩大的捷尔道维奇机理来解释，但氧离解反应不是平衡态，在 $\Phi = 1$ 附近是平衡值的10倍左右；而在 $\Phi > 1.4$ 时，比平衡值大一千倍左右。因此Fenimore等人认为不能用扩大的捷尔道维奇机理说明，并提出P-NO_x 的生成机理与F-NO_x 类同，HCN是P-NO_x 生成的重要中间产物这一理论。

温度对P-NO_x 的生成无大影响。Fenimore的实验表明，P-NO_x 生成量与压力的0.5次方成正比，其机理至今尚不清楚。

图5-6表明，非碳氢化合物和碳氢化合物不同。尽管CO/H_2 或重氮基化合物、胺化物等燃料有C也有H，但不是碳氢化合物。当 $\Phi > 1$ 时，NO_x 生成量明显减少，并随 Φ 的增大，NO生成量明显下降。碳氢化合物则不同，在 $\Phi > 1$ 时，P-NO的生成量剧增。

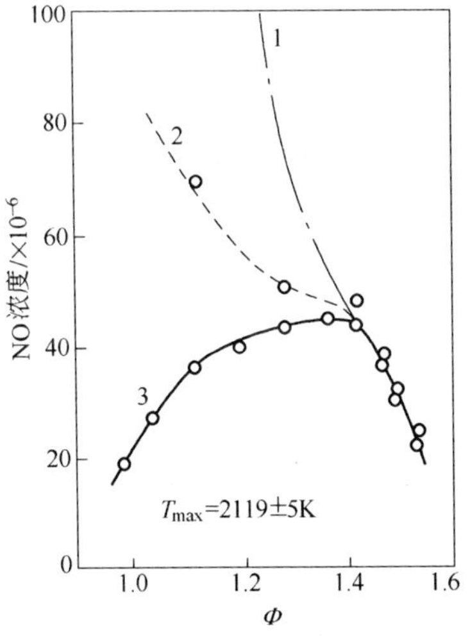

图5-5 当量比的影响（C_3H_8/O_2 + 空气）

1—对应最高火焰温度的NO平均值；

2—火焰后流的NO最大值；3—P-NO浓度

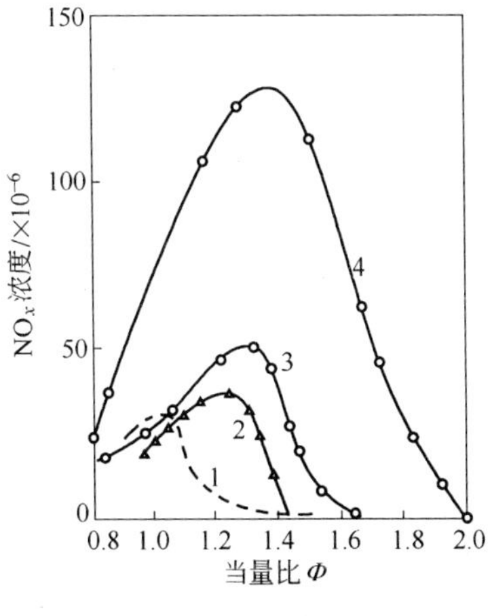

图5-6 CO、H_2 焰等的P-NO

1—CO/H_2；2—丙烷；

3—乙烯；4—乙炔

当 $\Phi < 1$ 时，即使是碳氢化合物燃料，其氮氧化物生成速度也同T-NO_x。

也有人认为，T-NO 和 P-NO 都是由空气中的氮在高温下氧化而成，故把这两者统称为热力型 NO，而把式（5-2）和式（5-3）反应生成的 NO 称为狭义的热力型 NO。

5.2.4 燃料型 NO_x 的生成机理

5.2.4.1 燃料中的氮

燃料中含氮量依燃料种类而异，一般燃料含氮量如表 5-2 所示。城市煤气和液化石油气由于已去除氮气故不含氮。若未除氮气，那么由煤气化的燃料气中含有的氮含量等依氮化物而定。

表 5-2 燃料含氮量（质量分数）

燃 料	煤	C 重油	原 油	A 重油
成分/%	0.2 ~ 3.4	0.1 ~ 0.4	0.09 ~ 0.22	0.05 ~ 0.10

石油系燃料中的氮以原子状态与各种碳氢化合物结合，形成非碱性环状化合物，图 5-7 示出石油氮化物的一些存在形式，煤中氮化物的结构更复杂，尚不十分清楚。这些氮化物中氮原子结合键的结合能一般为$(25.2 \sim 63) \times 10^7$ J/mol，都比氮气（N_2）中氮的结合键的结合能 94.5×10^7 J/mol 小。因此，燃烧过程中易放出 N 和 NH_i（$i = 1, 2$）等化合物，尽管温度较低，但也容易转换成 NO。

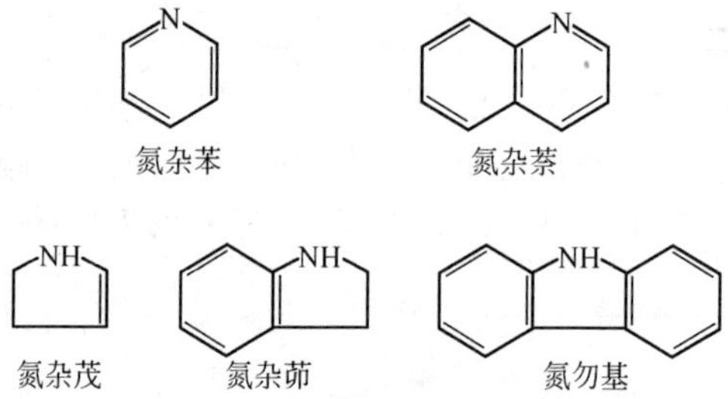

图 5-7 燃料中的氮化合物

燃料中含氮 1%（质量分数），在空气过剩系数等于 1 的情况下，烟气中的 NO 的含量可按如下数值估算：重油燃料为 1550×10^{-6}，煤炭燃料为 2000×10^{-6}，C_nH_{2n} 系燃料为 1500×10^{-6}。但实际上只有部分燃料中的 N 转换为 F-NO。两者之比为燃料中 N 向 F-NO 的转换率，即转换率是表示有多少 N 转换为 F-NO。研究 F-NO 的生成机理，目的在于通过各种影响因素来控制燃料 N 的转换率，以实现低 NO_x 燃烧。

5.2.4.2 F-NO_x 的生成机理

F-NO_x 生成的反应动力学至今仍不十分清楚，对其反应机理主要有以下两种：

（1）氮化物分解为 N，NH_2，NH，CN，HCN 等中间生成物，然后按式(5-13) ~ 式(5-20)的形式进而生成 NO。

$$HCN + O = NCO + H \quad (5\text{-}13)$$

$$HCN + OH = NCO + H_2 \quad (5\text{-}14)$$

$$CN + O_2 = NCO + O \quad (5\text{-}15)$$

$$NCO + O = NO + CO \quad (5\text{-}16)$$

$$CN + O = CO + N \tag{5-17}$$

$$NH + O = N + OH \tag{5-18}$$

$$NH + O = NO + H \tag{5-19}$$

$$NH_2 + O = NH + OH \tag{5-20}$$

（2）N 化合物被分解，N 原子被释出，这些 N 原子以式（5-21）和式（5-22）的方式进行反应。

$$O + N_2 = N + NO \tag{5-21}$$

$$N + O_2 = O + NO \tag{5-22}$$

由于燃料中 N 化合物的形式非常复杂，因此对其反应途径及中间生成物都还不能仔细地说明，其反应机理有待于进一步研究。

5.2.4.3 影响 F-NO_x 生成量的因素

燃料中的 N 不能全部转换为 NO_x，这是硫氧化物与氮氧化物生成机理的又一区别。

F-NO_x 的生成量可用燃料中的 N 向 F-NO 的转换率表示。影响转换率的因素有如下四项。

A 燃料中的含氮量

图 5-8 表示燃料中氮的转换率与含氮量的关系。图中曲线的关系可用式（5-23）表示。通常含氮量越高，转换率越低，一般燃烧粉煤的炉子转换率为 17% ~25%，燃油锅炉高些。

$$a = 100(1 - 4.58n + 9.5n^2 - 6.67n^3)\% \tag{5-23}$$

式中 a——F-NO_x 转换率，%；

n——燃料中含氮量，%。

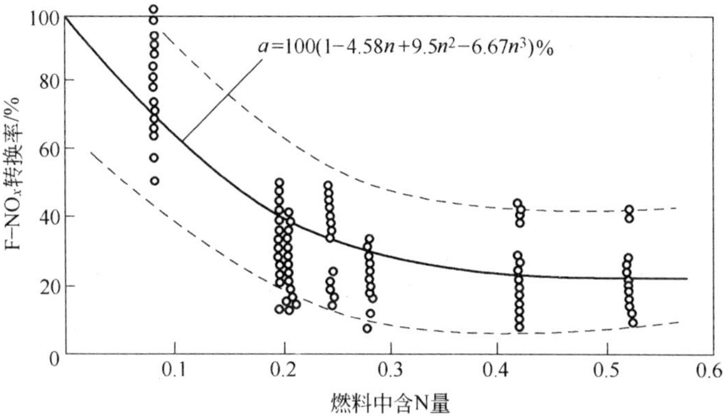

图 5-8 燃料中含氮量和 F-NO_x 转换率的关系

B 空气过剩系数

在预混火焰情况下，在同样的燃烧速度下，在离烧嘴 $L = 10$mm 的中心轴上，火焰温度在 1700 ~ 1800K 范围波动。燃料氮转换率与当量比的关系如图 5-9 所示。

由图可见，随空气过剩系数的降低，转换率一直在降低。用点划线表示燃料中的氮向 NO、HCN、NH_3 的各转换率之和。当空气过剩系数为 0.7 时出现极小值，这时燃料中 N 向 NO 的转换率也很小。

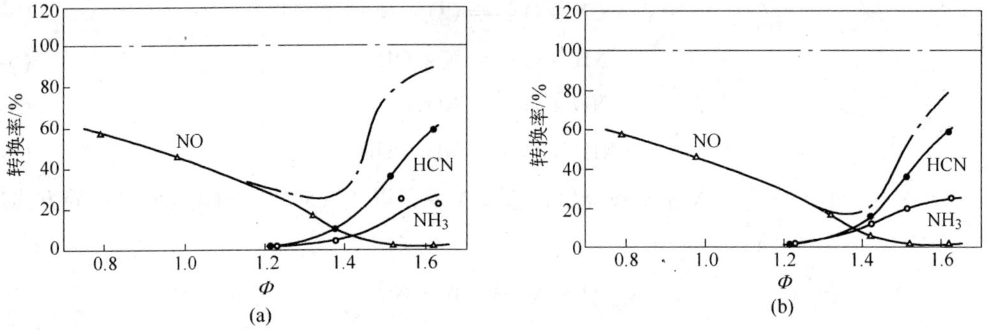

图 5-9　NO、HCN、NH_3 的转换率（C_3H_8）

（a）燃料氮（NH_3）= 1.35%；（b）燃料氮（NH_3）= 4%

C　温度的影响

转换率与温度的关系尚不十分清楚。有人认为燃料型 NO 具有中温生成特性，是在经过 600～800℃的生成带时生成而保持下来的。现有燃烧设备中的燃烧温度都在 1300～1600℃，所以温度的影响不大，在扩散燃烧的情况下尤其明显。也有人认为温度对 F-NO 的生成略有影响。

图 5-10 是 $\Phi = 1.4$ 时添加 NH_3 作为燃料氮和没有添加的比较，依靠调整燃烧速度来控制燃烧温度，排出 NO、NH_3 和 HCN。结果表明，NO 浓度不随温度而变。

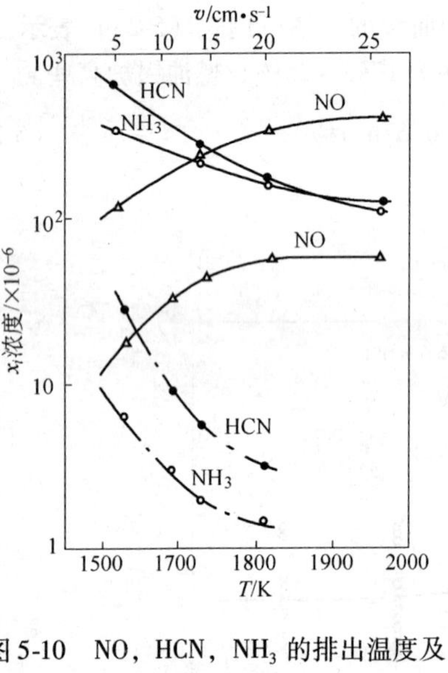

图 5-10　NO，HCN，NH_3 的排出温度及温度对排量的影响（C_3H_8，$\Phi = 1.4$）

—·—燃料氮（NH_3）= 0%；

——燃料氮（NH_3）= 1.35%

D　燃料氮的种类（化学构造）和燃料种类的影响

实验表明，燃料中氮的转换率仅与含氮量有关，而与氮化物的种类无关。不同燃料种类在同一含氮量和同一空气过剩系数的条件下，其转换率不同，如图 5-11 所示。由图可见，当空气过剩系数小于 1 时，CH_4、H_2、CO 的转换率均随 λ 的下降而下降，但 CO 燃料下降甚微。这可能是由于 CO 的氧化反应比燃料氮的分解晚，故区域的氧先与分解的氮反应的缘故。在 λ 值高的情况下，无论哪种燃料的转换率都高，燃料种类的影响不大。

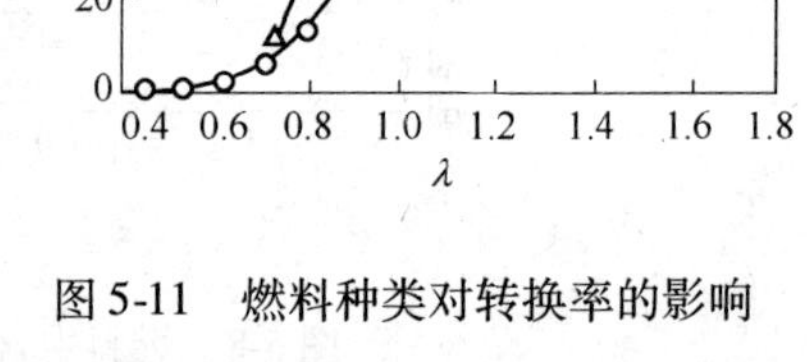

图 5-11　燃料种类对转换率的影响

5.2.5　燃料 NO 的控制途径

5.2.5.1　预混燃烧 NO_x 的控制途径

以上介绍了在预混燃烧情况下，NO 的生成机理。从上述分析可得控制 NO 生成的途径。

（1）T-NO_x 的抑制途径

1）降低燃烧温度；

2）实现低空气比燃烧；

3）缩短烟气在高温区的停留时间。

（2）F-NO 的控制途径

1）采用含氮量低的燃料；

2）利用空气过剩系数小于 1 时，F-NO 生成量极少的特点抑制 F-NO_x 生成。如采用燃料过浓燃烧，或通过控制燃料与空气的混合条件，或增大在还原区内停留时间等（例如扩散燃烧时推迟混合）。

5.2.5.2 扩散燃烧时 NO_x 的控制

实际的燃烧火焰多属于扩散燃烧。扩散燃烧的特点是边混合边燃烧，即便采用的是平均空气过剩系数，实际上也存在燃料过浓区和空气过浓区。往往由于空气和燃料混合状况不同，火焰结构也不同，甚至混合状态相同但火焰内的流速、温度及各种化学物质的分布状况不同。因此，必须研究这些因素对 NO_x 生成的影响。

A 扩散燃烧中 T-NO_x 生成的特性

扩散燃烧中影响 T-NO_x 的因素有温度、空燃比、火焰形状等。

a 温度的影响

实验表明，对于混合缓慢的长火焰，温度的影响不大；而对于混合快的短火焰，NO 的生成基本服从捷尔道维奇机理，温度影响大，如图 5-12 所示。

b 平均空气比的影响

扩散火焰中，由空气和燃料流量求出的平均空气消耗系数不能代表火焰内部的局部空燃比的状况，但是若对同一燃烧设备，在同一燃料流量下，则平均空燃比便是决定燃烧的主要参数了。图 5-13 表示了平均空气过剩系数对 NO 生成的影响。图中 NO 线表示烟气的 NO 浓度，还有因 $\lambda>1$ 而被稀释的因素，而 NO^* 线是修正了稀释作用的 NO 浓度曲线。由图可见，当 $\lambda>1.2$ 时，空燃比与 NO 生成量几乎无关，这点与预混燃烧完全不同。这是因为扩散火焰有着局部的燃料浓度不均的特点，而不像预混火焰中，过剩空气系数能降低局部高温的作用；在扩散

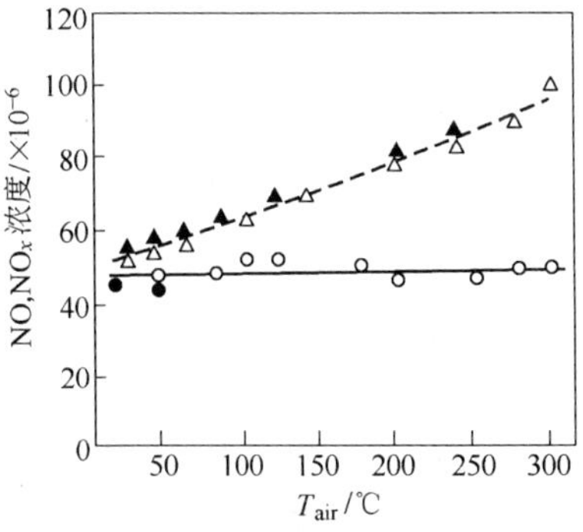

图 5-12 空气预热温度对 NO 排出浓度的影响（C_3H_8 焰，$\lambda=1.2$）

○● 同轴喷流长焰，中空点 NO；

△▲ 直交短焰，中实点 NO_x

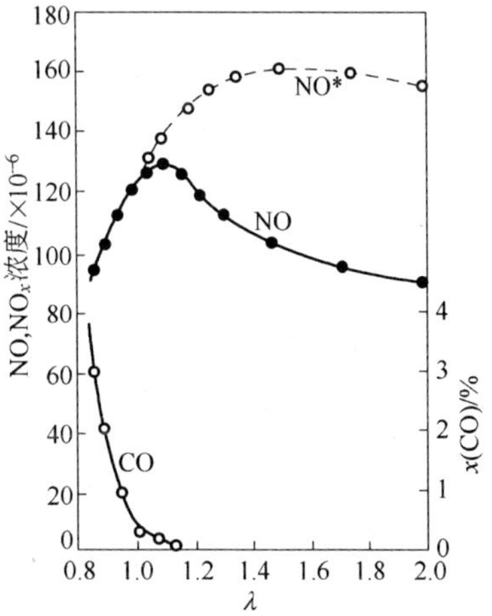

图 5-13 平均空气比 λ 对 NO 排出浓度的影响（C_3H_8 焰）

火焰中，$\lambda>1$ 只起稀释作用。

c　火焰形状的影响

燃料和空气混合形式不同，则火焰的形状也不同。燃料和空气混合主要有同轴、正交、旋流三种形式，通常前者属长焰，后者混合好，属短焰。即便同一形式的燃烧器，由于流速不同，混合状况和火焰形状也不同。

以空气流旋流的燃烧器为例，研究表明，旋流强度越大，NO 生成量越高，越接近预混燃烧。然而，同样旋流强度下，虽然促进了混合，但由于燃料稀薄，故 NO 生成量减少。

图 5-14 所示为扩散燃烧中 NO_x 的生成特点。随混合工况的改善，曲线向左上方移动。当混合变差时，火焰温度水平下降，最高温度移向过剩空气系数较大的方向。因此，改变燃烧设备的混合特性，可以达到控制 NO_x 生成量的目的。

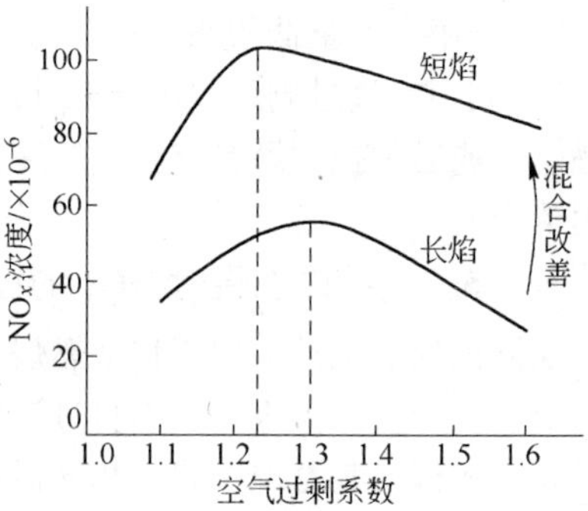

图 5-14　扩散燃烧中 NO_x 的生成特性

B　扩散燃烧中 F-NO_x 的生成特点

a　平均空燃比的影响

实验表明，就基本反应过程而言，扩散火焰和预混火焰是相同的。但由于扩散火焰内的局部当量比不同，在扩散、混合的同时进行反应，故生成特性 F-NO_x 与预混火焰不同。

图 5-15 表明空燃比对扩散火焰和预混火焰的影响。当空气消耗系数大于 0.7 时，在很大范围内，扩散火焰生成的氮氧化物量都比预混火焰要小，这是因为尽管平均空燃比较大，但扩散火焰仍有燃料过浓区的现象。研究表明，即使是扩散火焰，其基本方程和预混火焰也还是一样的，在扩散火焰中，燃料 N 在燃料过浓区大部分分解，反应生成中间产物 HCN，NH_i。这些产物进而转化为 N_2 或 NO，其转换途径如下：

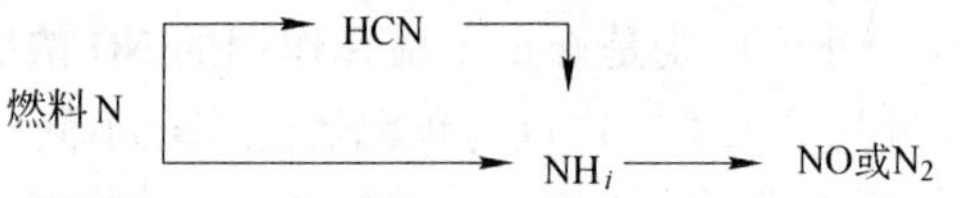

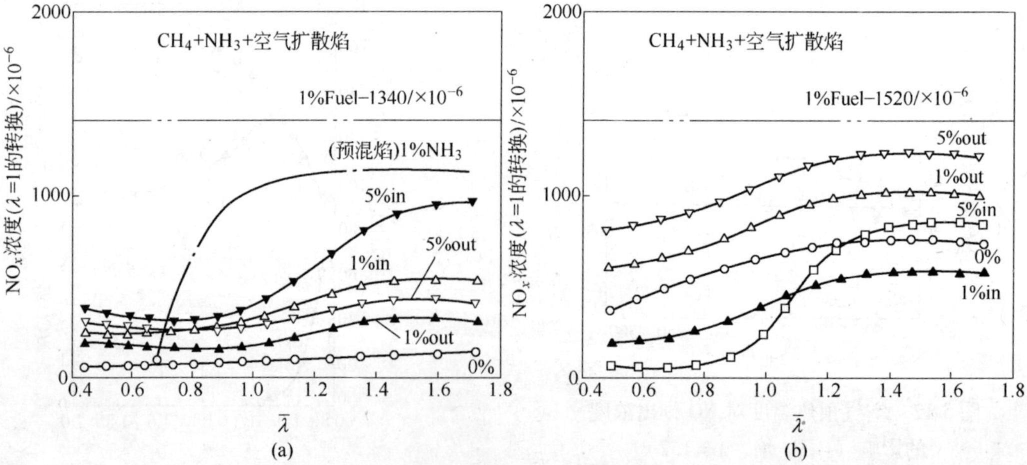

图 5-15　平均空气比对排出浓度影响

（a）CH_4 火焰；（b）H_2 火焰

b 其他因素的影响

和预混燃烧一样，温度对 F-NO_x 的生成影响很小。燃料含氮量的影响和预混火焰相似。在 $w[N]<2\%$ 时，增加燃料氮，F-NO_x 生成量急剧增加；在 $w[N]>2\%$ 时，则增加变得缓慢。当 $w[N]$ 值低时，转换率高；而 $w[N]$ 值大时，转换率则低。

综上所述的生成特点，可以通过组织火焰，达到降低扩散火焰 NO 生成量的目的。

5.2.5.3 液体燃料燃烧的 NO_x 生成机理

液体燃料燃烧多采用喷雾燃烧，即雾化燃烧。这种燃烧方法在火焰内部大部分燃料以扩散燃烧的形式进行燃烧。

为使空气和燃料混合条件好，工程中应用的燃烧器一般都采用旋流措施，并且空气与燃料有较大交角。因此，实际火焰的流场相当复杂，故对 NO_x 生成过程的研究有较大困难。为研究其生成过程，通过比较单纯的、易剖析的同轴套筒火焰进行实验，其结果分析如下：

实验烧嘴垂直向上喷射，且用单孔空气雾化，油的平均粒径约 60μm，如图 5-16 所示。在喷嘴附近的 A 区是油滴存在区，因此温度较低。B 区几乎不存在可燃油滴，由 A 区提供可燃气，是温度最高的区域。在火焰最外侧的 C 区是肉眼可见的稳定区，是 B 区残存的可燃气在此继续燃烧的区域。由于 C 区几乎没有油滴存在，所以和燃气的湍流扩散燃烧没有多大差别。各种测定结果表明，即使 A 区也基本上属于湍流扩散燃烧。因此火焰内部 NO 的分布规律服从湍流扩散燃烧规律，依该处的组分和温度而定。

在预蒸发和预混合的液体燃料燃烧装置中，必须有特制的预蒸发装置。和气体燃料预混燃烧类同，这种燃烧方法的 NO 生成量与空气过剩系数有很大关系，如图 5-17 所示。

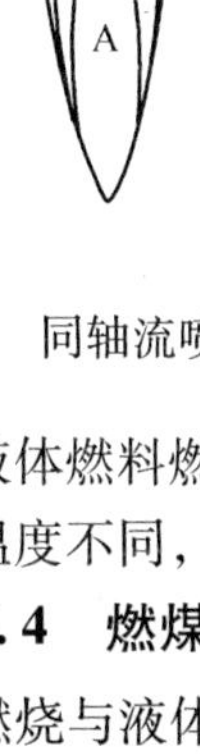

图 5-16 同轴流喷雾火焰

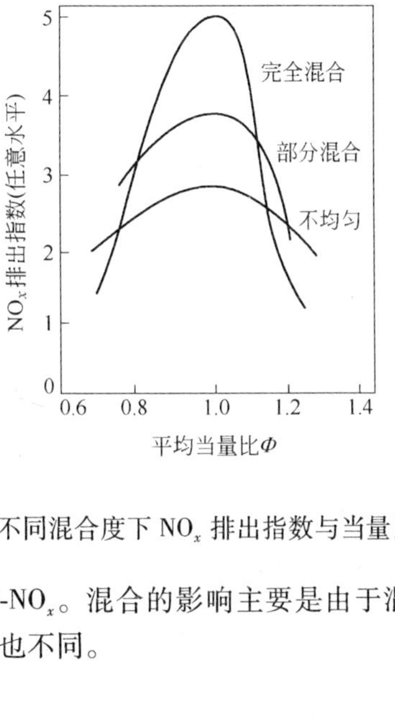

图 5-17 不同混合度下 NO_x 排出指数与当量比的关系

由于液体燃料燃烧温度高，生成的 NO 主要是 T-NO_x。混合的影响主要是由于混合状况不同，燃烧温度不同，过剩氧不同，从而 T-NO 生成量也不同。

5.2.5.4 燃煤 NO_x 的生成特性

煤炭燃烧与液体燃料燃烧、气体燃料燃烧的最大不同之处在于煤燃烧过程中 NO_x 的主要来源是 F-NO_x。特别是燃煤温度低的沸腾床燃烧更是如此。

燃煤时 F-NO 的生成途径。Pohl 等的研究指出，燃煤时燃料氮转换为 F-NO 有两种途径，如图 5-18 所示。图中 α 是燃料氮中挥发分；η_1 是挥发分中的燃料氮转换为 F-NO 的转换率；γ 是炭化了的燃料氮转移到烟气中的百分比，其转换率用 η_2 表示。结果，总转换率可表示为式（5-24）所示：

$$\eta^* = \alpha\eta_1 + (1-\alpha)\eta_2 \tag{5-24}$$

式中，右边第一项是挥发分的贡献，第二项是炭化部分的贡献。

Pohl 的研究还表明，挥发分中燃料氮的转换率与空燃比及混合状况有很大关系，混合好、空气充足时，转换率大约为 60% ~70%。而炭化了的焦炭最大转换率大约为 10%。实际燃烧设备中，煤粉燃烧的燃料氮转换为 F-NO 的转换率，在 17% ~27% 范围内。

燃煤沸腾床由于燃烧温度低，T-NO 生成量少。在 1000℃情况下，F-NO 约占 90%。

粉煤燃烧中 F-NO 的贡献率如图 5-19 所示。Pershing 等分别用 Ar/O_2 和空气作为助燃剂进行实验，实验结果表明，尽管空气过剩系数增大，T-NO 也增大，但 F-NO 仍占总 NO 生成量的 80% ~90%。燃煤温度上升，T-NO 的比例也增大，符合 T-NO 生成规律。

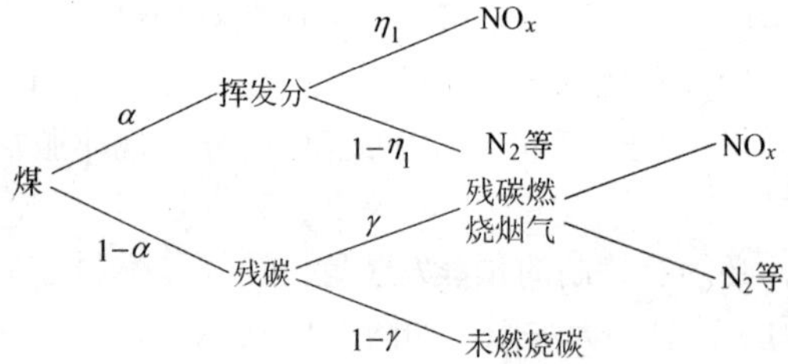

图 5-18　燃煤 F-NO 的生成途径

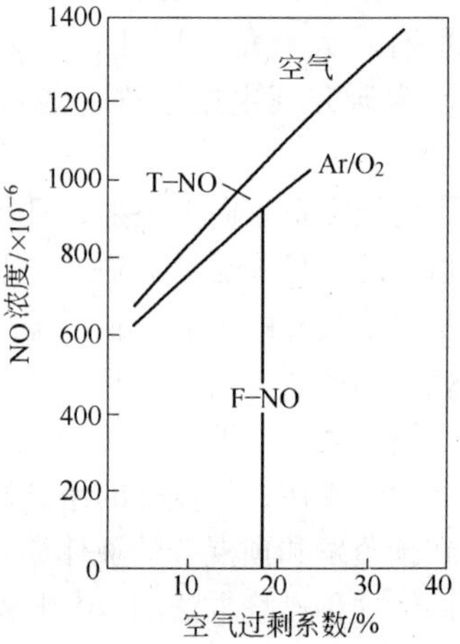

图 5-19　粉煤燃烧的 T-NO 和 F-NO

5.2.6　NO_2 的生成

NO 被氧化为 NO_2 的反应在低温下进行，因此燃烧反应中 NO_2 的生成量不大。NO_2 的生成反应式如下：

$$2NO = (NO)_2 \tag{5-25a}$$

$$(NO)_2 + O_2 = 2NO_2 \tag{5-25b}$$

最近发现在一些燃烧设备（如燃气轮机）的排烟中，NO_2 所占比例很大，已引起人们的重视并加以研究。

5.2.7　NO_x 生成量的估算

通过对 90 多座燃油锅炉的详细测定，归纳出的结果示于式（5-26）

$$C[NO_2]_c = 1550n\frac{a}{100} + (40 \sim 180) \times 10^{-6} \tag{5-26}$$

式中　$1550n\dfrac{a}{100}$——F-NO_x 的生成量，$\times 10^{-6}$；

n——燃料含氮量；

a——燃料氮的转换率；

(40～180)×10^{-6}——燃油锅炉的 T-NO_x 生成量变化范围；

$C[NO_2]_c$——NO_x 的换算浓度，×10^{-6}。

该式可用于估算燃烧 NO_x 生成量。

空燃比越大，则烟气中 O_2 的浓度越高，且烟气生成量也越大。因此，空燃比大相当于烟气被稀释，烟气中的 NO_x 浓度也将随稀释程度而变化。为便于比较，在表示$[NO_x]$时，一定要标明其换算浓度。例如一般图中所示的$[NO_x]$浓度（4% O_2 浓度换算），这表明坐标中的$[NO_x]$浓度指烟气中自由氧为4%时的$[NO_x]$浓度。计算方法如下：

$$C[NO_2]_c = \frac{21 - C[O_2]_n}{21 - C[O_2]_m} C[NO_x]_m \tag{5-27}$$

式中 $C[O_2]_n$——基准 O_2 浓度，（即 O_2 换算浓度，如换算为 O_2 =4%时的浓度），常用的基准 O_2%有如下几种：0%，2%，3%，4%；

$C[O_2]_m$——实测干烟气中含 O_2 量,%；

$C[NO_x]_m$——实测烟气中的含 NO_x 浓度，×10^{-6}。

5.3 燃烧氮氧化物的治理

5.3.1 NO_x 的治理途径

燃烧氮氧化物的治理有两种途径。其一是在燃烧过程中创造条件，抑制 NO_x 的生成，称燃烧治理。这是以防为主的措施，是治理的发展方向；其二是对生成的高浓度 NO_x 烟道气采用净化的方法进行治理，即控制排放，称排烟脱氮。这也是相当重要的治理途径。

作为控制燃烧 NO_x 排放量的途径主要有以下几种：

（1）燃料改质和转化；

（2）改善燃烧操作条件；

（3）采用新的燃烧方法；

（4）排烟脱氮；

（5）高烟囱排放；

（6）降低燃耗。

对大量的工业炉窑而言，多采用（2）、（3）两类方法，这是本章讲述的重点。但目前这两类方法只能减少排放量的60%，满足不了对环境质量日益提高的要求。今后一方面要继续研究提高（2）、（3）两类方法控制 NO_x 生成量的效果；另一方面要努力降低排烟脱氮的成本，提高排烟脱氮的效率。

本节将叙述燃料改质和转化、改善燃烧操作条件、采用新燃烧方法三类燃烧治理的途径。

5.3.2 燃料的转化和改质

5.3.2.1 NO_x 排放系数和燃料种类的关系

排放系数是指单位燃料消耗量（或单位产品）的有害物质排放量。例如 $10m^3$ 重油燃烧时，排放 55kg NO_x，那么排放系数为 5.5kg NO_x/m^3 重油。

对低温炉，如锅炉等，NO_x 的排放系数与燃料种类的关系的规律非常显著。对玻璃熔炉等高温炉窑，由于温度高，T-NO_x 生成量大，故 NO_x 生成量随燃料种类变化的规律不太显著。对数座电厂锅炉和轧钢加热炉氮氧化物排放系数的测定结果示于表5-3，表5-4。

表 5-3 发电锅炉

燃 料	测定座数	排放系数①	燃 料	测定座数	排放系数①
煤	1	3.06	原 油	2	1.35
煤＋重油	1	2.52	天然煤气	1	0.93
重 油	26	1.51			

①排放系数（NO_2 kg/10GJ）。

表 5-4 轧钢加热炉

燃 料	测定座数	排放系数①	燃 料	测定座数	排放系数①
C 重油	13	1.33	轻 油	2	1.02
B 重油	4	1.35	灯 油	7	0.42
A 重油	9	0.89	天然煤气	3	0.35

①排放系数（NO_2 kg/10GJ）。

从前人们认为含硫低的燃料是低污染燃料，现在概念不同了，除含硫低外，还要求含氮量低。因此要通过燃料转化或改质来取得排放系数小的优质燃料。

5.3.2.2 燃料的混烧和 NO_x 生成量

混烧是指两种以上的燃料混合燃烧。如煤和重油混烧，煤气和重油混烧等。混烧的目的各有不同，例如在缺乏重油的情况下利用一部分煤（制成煤粉）和重油混烧，以充分利用煤资源。本节所述的混烧就是一种降低 NO_x 的措施。

举两个例子说明：以发电厂煤和重油混烧为例，火力发电厂燃料混烧比例和 NO_x 的排出量如图 5-20 所示。图中混烧比是单位时间内燃料燃烧所发出的热值之比，由图可见，当混烧率（重油/煤）越高时，NO_x 的发生量越低。该例表明，改变混烧率可以改变燃料含 N 量，降低 F-NO_x 的生成量。

又以天然煤气和高炉煤气为例，天然煤气和高炉煤气混烧时，混烧率和 NO_x 的关系如图 5-21所示。当天然气和发热值小于 3763kJ/m^3 的高炉煤气混合燃烧时，NO_x 的排出量比烧纯天然气时的排出量要低，这可能是由于高炉煤气发热值低，故燃烧区的温度降低，因此 T-NO_x 生成量大幅度减少的缘故。国外资料表明，重油和高炉煤气混烧，NO_x 也显著降低。

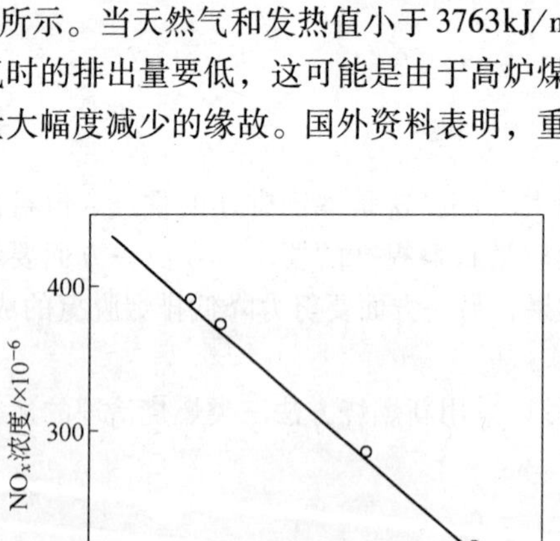

图 5-20 排气中 NO_x 浓度和煤重油混烧率的关系（火力发电站）

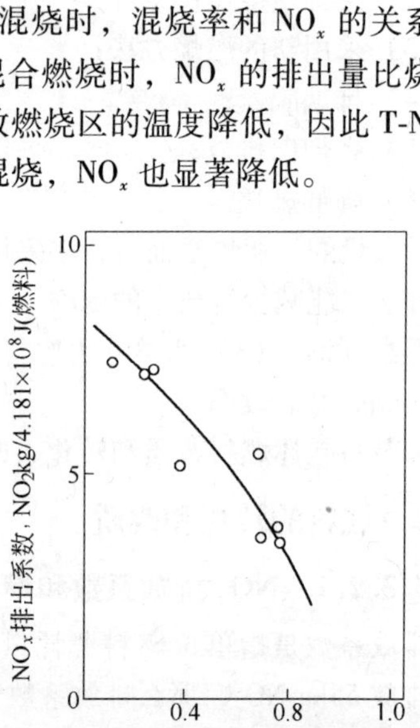

图 5-21 NO_x 排出系数和混烧率的关系

$$混烧率=\frac{高炉煤气}{天然煤气+高炉煤气}$$

5.3.3 改善燃烧操作、加强燃烧管理

5.3.3.1 实现低空燃比燃烧

空燃比即燃烧用的空气量与燃料量之比，与空气过剩系数一样表示助燃空气供给的多少。一般燃烧设备中，过剩系数为1.1～1.4，低空气消耗系数燃烧是在保证完全燃烧的基础上供给最低的空气量。

无论T-NO_x或F-NO_x的生成量都是随氧浓度的不同而变化。降低过剩氧浓度，可降低烟气中的NO_x。

图5-22表明了低空气消耗系数燃烧和NO_x浓度的关系。空气消耗系数降低，则烟气中的氧浓度也降低。可用烟气中的氧浓度来表示低空气消耗系数的程度。当烟气中氧浓度低于1%时，NO_x的浓度则急剧降低，效果明显。

必须指出，通常排烟中的烟尘量与氧的浓度成反比，当烟气中过剩氧量减少时，烟尘发生量会升高，其关系如图5-23所示。当空气过剩系数小于1.10时，烟尘急剧上升。

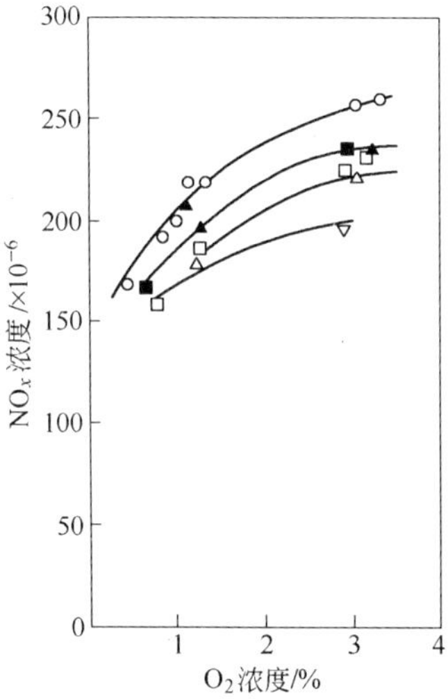

图5-22 排烟中（O_2）浓度和NO_x的浓度关系

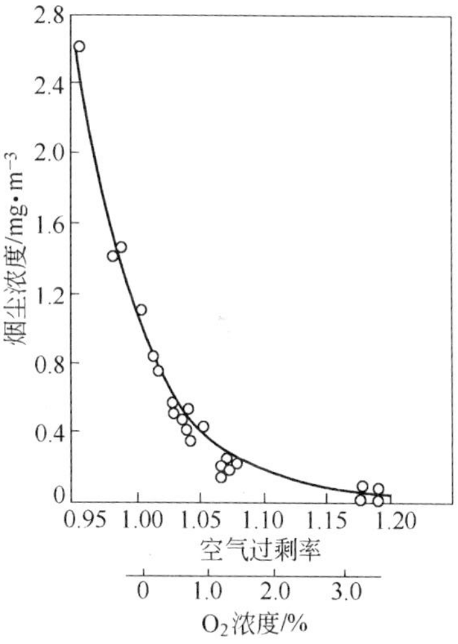

图5-23 排烟中烟尘浓度与氧浓度的关系

低空气消耗系数不仅能降低T-NO_x，也能降低F-NO_x，图5-24是燃料（重油）中的氮转换为NO_x的转换率与排烟中氧浓度的关系。排烟中若O_2的浓度较小，则燃料中的N转化为NO_x的转换率也明显降低。

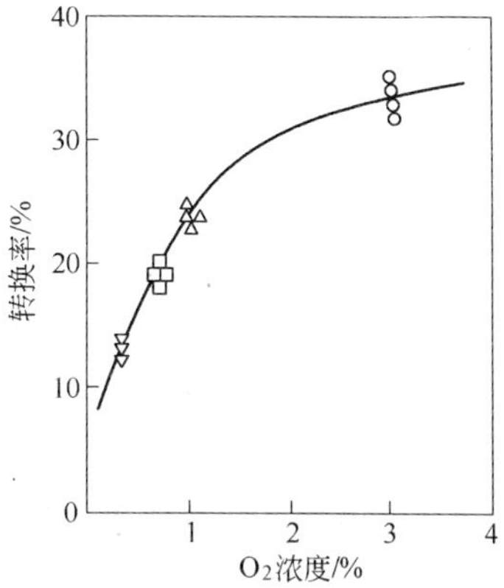

图5-24 重油中N的NO_x转换率和氧浓度的关系

5.3.3.2 降低热负荷

热负荷为单位时间供入炉膛的热量或者燃料量。在其他条件不变的情况下，炉膛火焰温度的高低取决于供入炉膛热负荷的大小。一般情况下，热负荷越大，炉膛火焰温度就越高，火焰温度越高，NO_x生成速度也越快。降低炉膛热负荷，火焰温度也随之下降，故NO_x发生量也减少。

以轧钢加热炉为例，往往由于强化炉子操作，增加炉子热负荷，炉膛温度和炉尾排烟温度都升高（可达

1000～1100℃），造成烟气热损失激增，产品燃料消耗增加，而且会显著增加 NO_x 排放量。对于热负荷过高的轧钢加热炉，适当降低热负荷，对节能和降低 NO_x 生成量两方面都能起到很好的作用。

5.3.3.3 降低助燃空气的预热温度

一般来讲，为了节约能源和提高热工设备的能源利用效率，都会利用热设备的烟气余热对燃料和助燃空气进行预热，增加热设备的热收入，同时会改善燃烧条件，提高燃烧效率，从而达到增产节能的目的。而从环保角度出发，降低空气预热温度可降低火焰燃烧温度，即可以减少 T-NO_x 的排放。对锅炉、加热炉而言，预热空气比不预热空气时 NO_x 生成量要高 10% 左右。所以，降低空气预热温度会导致产品产量的降低和产品能耗的升高，采用此类措施时，必须具体问题具体分析。

综上所述，改善燃烧操作，加强燃烧管理，必须注意以下几点：

（1）采用低空气系数的手段时，必须兼顾烟尘发生量的问题；

（2）低空气消耗系数燃烧可防止 SO_2 氧化为 SO_3，并防止重油中钒变成低熔点的 V_2O_5，将其控制在高熔点的 V_2O_3 和 V_2O_4，从而可防止腐蚀；

（3）尽管有些措施可以降低 NO_x（如空气不预热，降低热负荷等），但采取措施时，必须从热效率、产量等各方面全面地考虑。

5.3.4 新燃烧方法

通过燃烧操作进行氮氧化物排放的控制，也就是通常所说的用燃烧工况的改变来控制 NO_x，这些方法一般比较适用于正在生产的不打算花太多经费进行改造的设备。当然，只采取这些措施效果有限。新的燃烧方法则不同，它需要投入一定的资金，以对燃烧设备进行必要的改造。

新燃烧方法分为：低 NO_x 烧嘴；阶段燃烧；水或蒸汽的喷入；烟气再循环燃烧等。

5.3.4.1 低 NO_x 烧嘴

低 NO_x 烧嘴是利用降低 NO_x 的原理，通过多样化的构造来实现的。目前有许多形式的低 NO_x 烧嘴已经进入工程应用阶段。

从原理和构造进行分类，有如下四种烧嘴：促进混合型；分割火焰型；烟气自身再循环型；阶段燃烧组合型。

A 促进混合型

该烧嘴能促使燃料和空气很好混合，实现低空气消耗系数燃烧，从而降低 NO_x 的生成，故得名促进混合型，如图 5-25 所示。其特点是燃料和空气以直角碰撞并急速地混合，形成了沿燃烧室壁的圆锥形（钟形）的中空火焰，由于火焰薄，火焰比表面积大，故火焰的散热条件较好，加快加大了散热量；火焰最高温度得以降低，同时烟气在高温区停留的时间也大大缩短，使得 T-NO_x 生成量减少。

为了改善空气和燃料的混合条件，空气流速要大，都以一次风供入，不供二次风。可以靠改变燃料喷出流速和空气流速的比值来改变火焰的形状。

这种燃烧方法对 F-NO_x 的减排效果不大。这可能是由于混合得到改善，空气又是一次送入，故燃烧初期火焰中 O_2 的浓度较高的缘故。

这种促进混合型的低氮氧化物烧嘴有如下特征：

（1）燃烧火焰是圆筒形中空火焰，火焰较短。火焰直径和形状与烧嘴结构参数有关，与空气消耗系数和热负荷的大小无关；

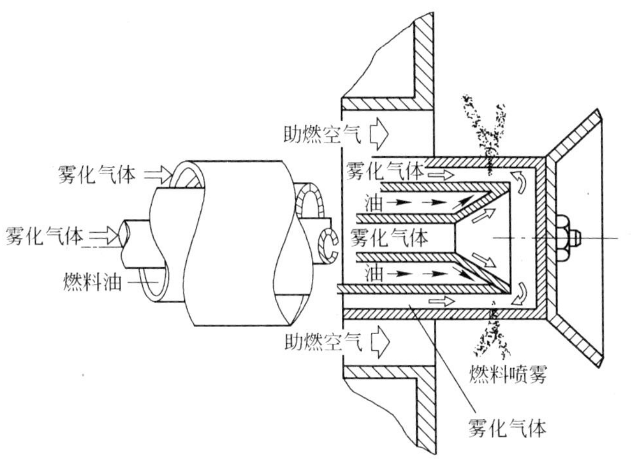

图 5-25 混合促进型 NO_x 烧嘴

（2）在低过剩空气消耗系数条件下燃烧稳定，烟尘、碳氢化合物等可燃物的排放量少；

（3）调节比大，一般为 1∶3；

（4）由于空气流速高，故需有较高的风压。

对含氮 0.03% 的 A 重油，不预热空气，在满负荷（380L/h）的条件下，NO_x 的浓度为 50×10^{-6}（$O_2$4% 换算）。该烧嘴是制造阿波罗登月宇宙飞船发动机的工厂设计并制造的。

B 分割火焰型

如图 5-26 所示，在烧嘴前端设有小槽，把火焰分割为数个独立的小火焰，从而降低了火焰温度，缩短了停留时间，对降低 T-NO_x 有明显效果，对减排 F-NO_x 也有一定作用。一般烧嘴头部分为 4 ~ 6 个槽。使用结果表明，这种方法可降低 20% ~40% NO_x 的排放量。

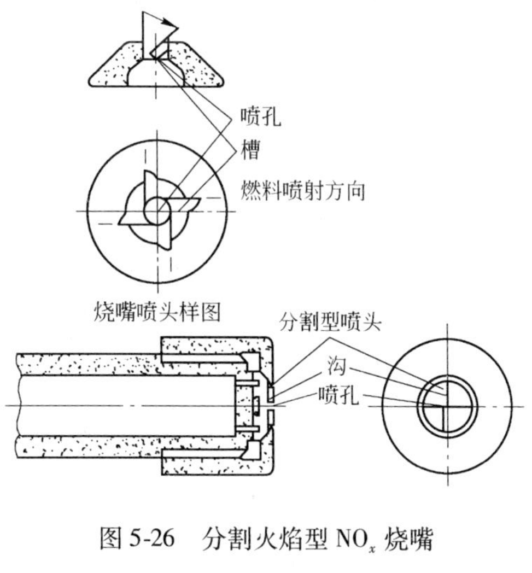

图 5-26 分割火焰型 NO_x 烧嘴

C 烟气自身再循环型

其原理是在烧嘴结构上创造了燃烧烟气再循环的条件，或者说靠喷射空气（或喷射燃料）形成的负压，促使烟气再循环。即把烟气吸回，进入燃烧器与空气混合后再与燃料进行燃烧。

在循环区内，利用循环回来的烟气吸热，并降低氧气浓度，实现低氧燃烧，降低火焰区温度，有利于降低 T-NO_x。由于高温再循环烟气的作用，促进了燃烧之前的燃料气化和蒸发，这样一来起到燃料改质的作用。对 N 含量较高的燃料，往往和两段燃烧一起使用。自身再循环型烧嘴可分为两大类，见图 5-27。

图 5-27a 是靠高速空气和燃料流的附壁作用，使烟气进行再循环。并且在第一燃烧区控制空气量，实际是烟气再循环烧嘴和两段燃烧并用的结构。图 5-27b 是单独设有烟气循环通道，使循环烟气逆流到一次燃烧区与空气、燃料的射流股进行混合的结构。

自身再循环型烧嘴有如下特点：

（1）由于烟气的再循环，在一次燃烧区（相当于后面介绍的阶段燃烧法）内氧的浓度降

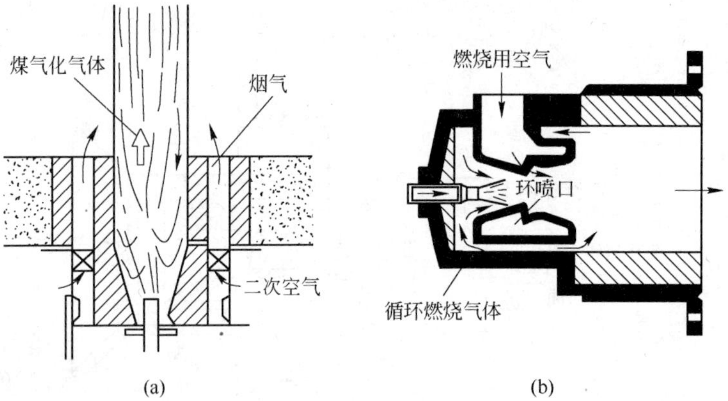

图 5-27 自身再循环型低 NO_x 烧嘴

低，因此起到阶段燃烧的效应。

（2）由于烟气的再循环，热容量变大，从而降低了燃烧高温区的温度，有利于控制 T-NO_x 的生成。

（3）由于循环气中含有 H_2O 和 CO_2，在高温区 H_2O、CO_2 和游离的炭粒生成水煤气反应，一者该反应为吸热反应，可以降低火焰高温区的温度；两者有利于炭粒燃尽，可见既有利于抑制 T-NO_x 的生成，又能降低烟尘排放量。

（4）因循环烟气温度高，燃料在与空气混合之前首先与再循环烟气混合，进行燃烧前反应，故在燃烧区起到相当于燃料改质的作用，燃烧性能得到改善，可以实现低烟尘和高负荷的燃烧。

5.3.4.2 阶段燃烧组合型

A 非化学当量法

阶段燃烧也称浓淡燃烧法或非化学当量法，化学当量法指的是按化学反应式的摩尔需要量供给参加反应的反应物：

$$CH_4 + 2O_2 \longrightarrow CO_2 + 2H_2O \tag{5-28}$$

组织该反应需供给 1mol 的 CH_4 和 2mol 的 O_2，这是化学当量法。非化学当量法是指供给的 CH_4 和 O_2 不是按反应式的配平供给，反应的组织没有按化学当量进行，故称非化学当量法。

非化学当量法的特点是利用燃料过浓燃烧时，其燃烧温度低，特别是由于氧浓度过低这一特点，可有效地降低 NO_x 的生成量。燃料过浓区的烟气中有未燃成分，这些成分可通过不同方式补充供氧，使之逐步燃尽。依补充供氧的方式不同，可分为两段燃烧法、阶段燃烧法和浓淡燃烧法。

上述方法可在燃烧器上实现，称为低 NO_x 烧嘴，也可在整个燃烧设备上组合实现。

B 两段燃烧法

两段燃烧法：使第一阶段在供给的助燃空气处于空气过剩系数小于 1 的状态下进行燃烧。在第二燃烧阶段把不足的氧送入，使燃料完全燃烧。在第一燃烧阶段的范围内，由于氧的浓度低，生成的产物中有相当数量的 CO 和 H_2，且火焰温度低，有效地抑制了 NO_x 的生成。在第二燃烧区送入二次空气后比较快速地燃烧（已经把油气转化成 CO 和 H_2），故烟气在高温区停留时间缩短，从而抑制了 NO_x 的生成。

两段燃烧效果的好坏很大程度上取决于第一燃烧区的空气消耗系数。如图 5-28，图 5-29 所示。

图5-28表示两段燃烧对降低T-NO_x所产生的效果(实验采用N = 0.03%的A重油,含量N很低),在$\lambda = 1.21$的条件下进行燃烧。当循环比$RR = 0$时,若不采用两段燃烧,NO_x生成量达280×10^{-6};若采用两段燃烧,NO_x生成量明显下降,当第一阶段空气消耗系数为0.6时,NO_x生成量可降至150×10^{-6}。图5-29表示两段燃烧对F-NO_x的抑制效果,本实验对不同含氮量(在燃料中加入N_2去取得不同含氮量的燃料)的燃料的燃烧进行测定,取得降低NO_x效果的数据。实验表明一段空气消耗系数越小,燃料N的转换率越低,抑制F-NO_x生成效果越好。一段空气消耗系数以0.5~0.8为宜,太小了冒黑烟,若小于0.4黑烟激增,小于0.3就连气体燃料也离开了可燃范围。

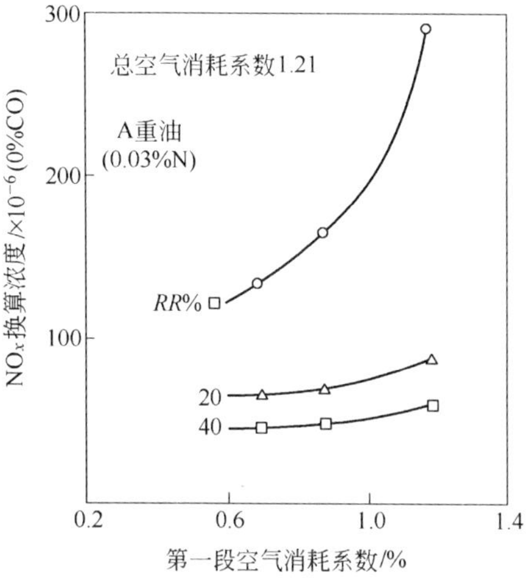

图5-28 两段燃烧的NO_x抑制效果

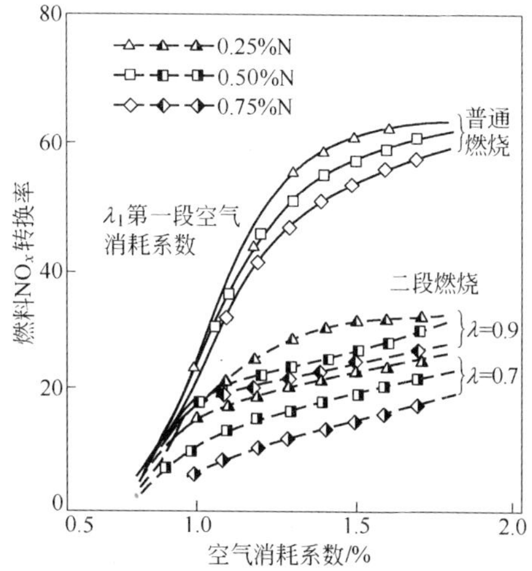

图5-29 两段燃烧和普通燃烧下F-NO_x转换率的比较(实验炉)

两段燃烧法可以通过燃烧器实现,也可以通过整个炉膛组织燃烧实现,图5-30是基于这种理论设计的锅炉,由图可见两段燃烧使炉膛温度降低,并达到降低NO_x的好效果。

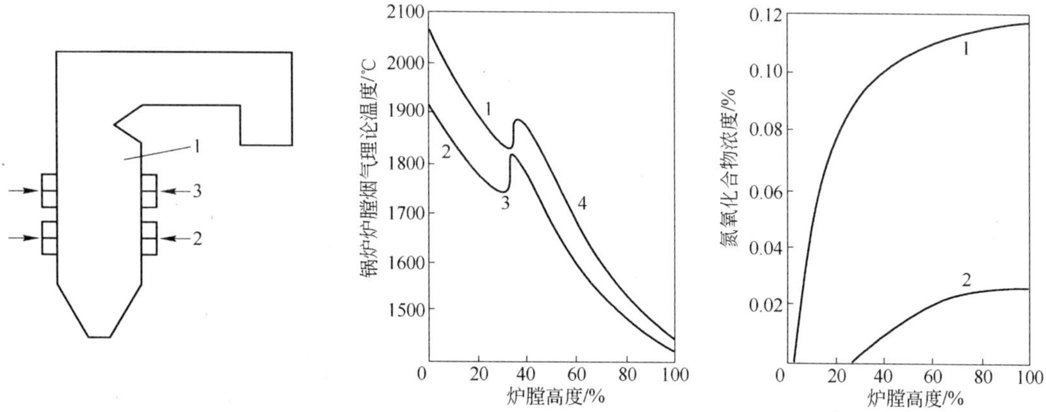

1—炉膛;2—一次空气和燃料入口;3—二次空气入口
(a)

1—普通燃烧系统;2—两段燃烧的燃料气化段;3—二次空气入口;4—燃料的燃尽段
(b)

1—普通燃烧系统;2—两段燃烧系统
(c)

图5-30 降低氮氧化物生成量的两段燃烧

(a)炉膛简图;(b)烟气理论温度随炉膛高度的变化;(c)氮氧化物浓度随炉膛高度的变化

C 浓淡燃烧（off-Stoishimetric Combustion）

浓淡燃烧指有“浓”燃烧区和“淡”燃烧区，浓燃烧区的空气过剩系数远小于1，淡燃烧区的空气过剩系数远大于1。

图5-31是浓淡燃烧法的一种形式。图中A是空气过剩烧嘴，F是燃料过剩烧嘴。也可以通过燃料过浓的预混火焰和燃料过淡的预混火焰组合在一起燃烧来实现浓淡燃烧。其原理和两段燃烧一样，只是把两段燃烧改成许多浓淡区域。所不同的是可以降低燃烧室的热负荷，用几个小烧嘴代替一个大烧嘴，相当于火焰表面积增大，起到了薄焰的作用，薄焰和燃烧室热负荷降低均有利于减少T-NO_x的生成量。由于浓区和淡区距离近，因此燃料和空气的混合条件比两段燃烧好，温度分布也比较均匀，同时也有利于调整热负荷。

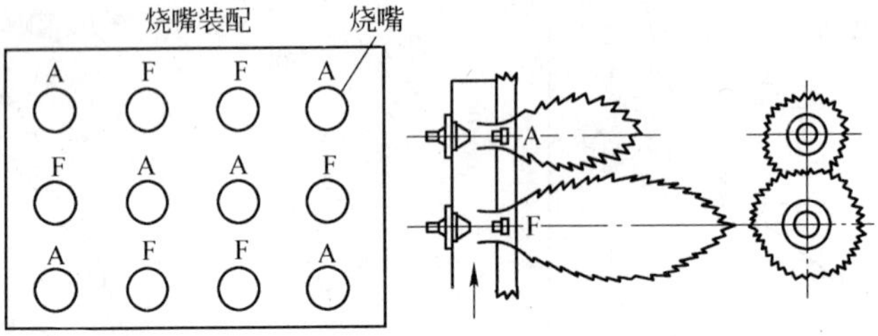

图5-31 浓淡燃烧

A—空气过剩烧嘴；F—燃料过剩烧嘴

实验结果表明，这种烧嘴可以使T-NO_x从$(500 \sim 1000) \times 10^{-6}$降低到$200 \times 10^{-6}$，效果较好。效果的好坏取决于烧嘴容量和个数的调整及A烧嘴、F烧嘴空气消耗系数的大小情况。

这种烧嘴不仅可以降低NO_x，而且可以降低一氧化碳和碳氢化合物，有助于提高燃烧效率。

D 阶段燃烧

阶段燃烧法的原理同上，所不同的是助燃空气分段送入，称多段或阶段燃烧法。图5-32是分段配风的低NO_x烧嘴示意图，这种燃烧器的燃料淡区是多段供风，故称阶段燃烧法。在燃尽区，空气以多段射流的方式送入，有足够的动量，促使尽快燃尽，并可防止火焰明显拖长，效果较好。

某电厂实践表明，NO_x生成量取决于一段燃烧区的空气过剩系数λ，如图5-33所

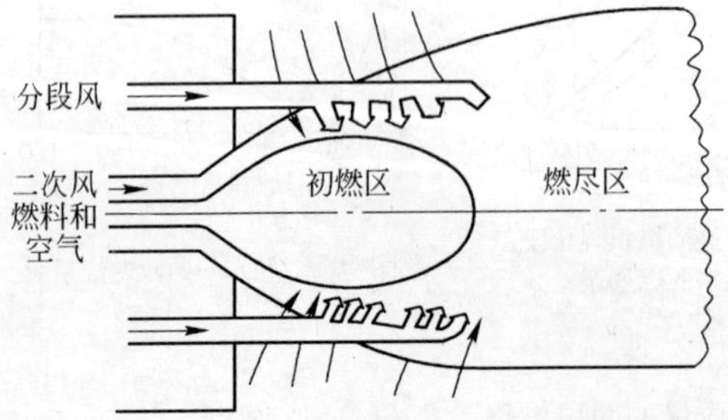

图5-32 多段配风的粉煤低NO_x烧嘴

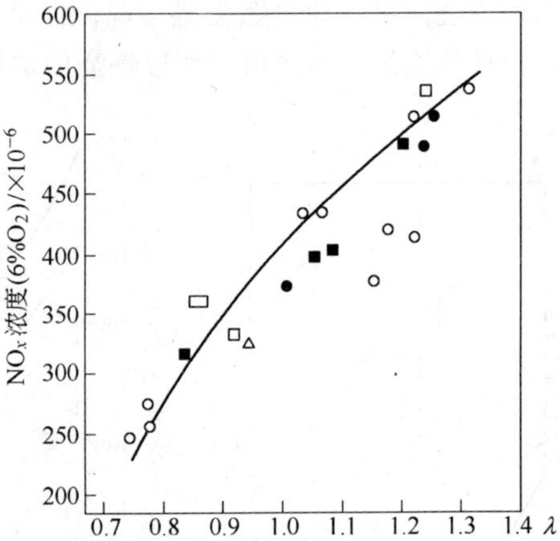

烟气含氧/%	4～4.5	4.5～5	5～5.5	5.5～6	6～7	7～8
图例	○	▭	■	●	□	△

图5-33 初燃区空气理想配比量对NO_x排放的影响

黑色块—试验范围；白色块—全负荷通用运行范围

$$\lambda = \frac{粉煤机风量 + 二次风量}{理想配比风量}$$

示。改装前 NO_x 的生成量为 550×10^{-6}，改装后当满负荷运行时，一段燃烧区内的 λ 为 0.75，NO_x 可降至 250×10^{-6}，降低 55%。低负荷运行时，NO_x 浓度更低。

5.3.4.3 水或蒸汽的喷入

水或蒸汽的喷入方法有以下三种：(1) 在助燃用的空气中喷入水或蒸汽；(2) 在燃烧室的某位置喷入水或蒸汽；(3) 用燃料和水混合形成乳化燃料。

这三种方法中以第三种方法效果最好，采用第二种方法时，一定要注意喷入位置，达到降低火焰局部高温区的温度的效果，否则将徒劳。

A 乳化油及其燃烧特点

乳化油是指油和水组成的两相体系，可分为油包水型（W/O）和水包油型（O/W）两种，如图 5-34 所示。该体系中水以水珠的形式均匀地分散于油中者称油包水型，水珠直径一般小于 10μm，为非连续相，油为连续相。燃用的乳化油通常是油包水型。乳化油通常有以下几种制作方法：(1) 流体的机械搅拌法；(2) 机械搅拌 + 乳化剂法；(3) 超声波法；(4) 机械搅拌 + 超声波法 + 乳化剂法。

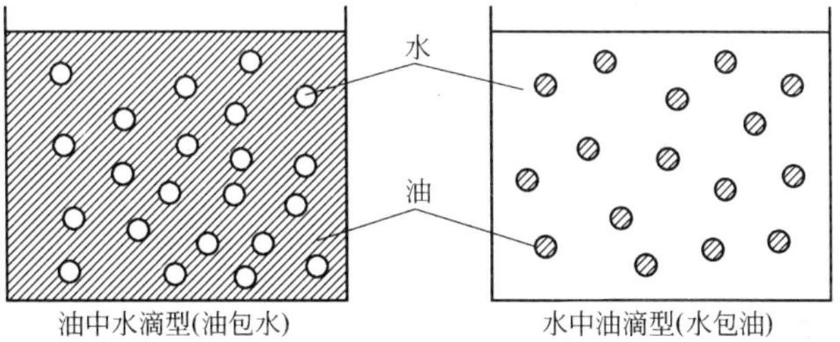

图 5-34 乳化液的类型

燃料油燃烧要经过烧嘴进行雾化，通常雾化后油滴的直径在 30 ~ 100μm，雾化效果越好，油滴就越细，越有利于燃烧。由于喷雾的油滴直径远大于水珠直径，因此一滴油中将包含有许多粒径为数微米的水珠（如图 5-35a）。当喷雾油滴为乳化油时，由于油滴中有水珠，因此当外表面的油一燃烧，油滴内的水珠同时被加热（如图 5-35b），达到水的沸点后由于体积急剧膨胀（多达 6000 倍），而引起爆炸现象（如图 5-35c）。这样一来，雾化了的油滴经爆炸得到再次雾化，生成极小的微粒油滴，这一过程称二次雾化。二次雾化使得油滴的比表面积大大增加，加速了油的汽化，改善了油和空气的混合条件。因此，乳化油比没有乳化的燃油燃烧完全，燃尽时间明显缩短，同时可实现低过剩氧燃烧。低过剩氧燃烧可带来如下效果：

(1) 烟气量减少，排烟热损失减少，从而可节约燃料；

(2) 减少空气量、排气量，故减少了风机的动力损耗；

(3) 减少 SO_3 的生成量，从而可以减少设备腐蚀；

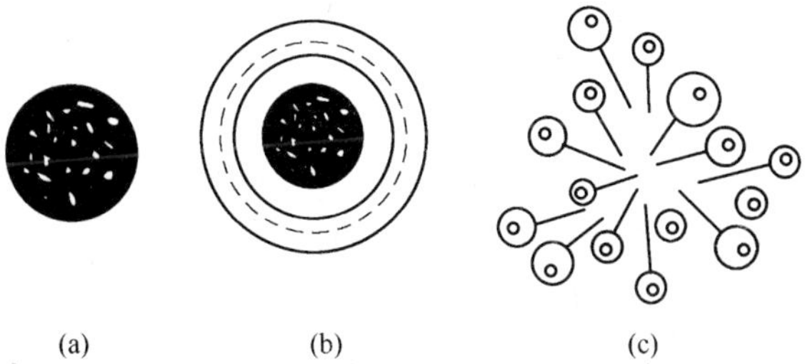

图 5-35 乳化油滴的燃烧过程

（4）有效地控制 NO_x 的生成量，同时降低烟尘的生成量。

乳化油燃烧的另一特点是由于水的蒸发，吸收一些热量，使火焰高温区的温度得到控制，限制了火焰高温区的形成，火焰温度比较均匀，有利于控制 NO_x 的生成。

有人认为除上述特点外，由于水的存在，使火焰中的碳粒生成

$$C + H_2O \xlongequal{} CO + H_2 \quad \Delta_r H_m^{\ominus} = -118.4 \times 10^8 \text{J/mol} \tag{5-29}$$

该反应为吸热反应，能抑制 NO_x 的生成。同时，C ⟶CO，CO 进一步燃烧，故也可控制烟尘生成。

以上为乳化燃烧的特点，利用这些特点可以达到节能和减少污染物排放的目的。

B 乳化燃烧的效果

采用乳化油降低 NO_x 的效果很好，如图 5-36 所示，大约可降低 50%。如果与烟气再循环组合使用，效果可达 70%。CO 浓度降低了 60%，烟尘浓度降低了 50%。由图可见，其效果与掺水率有关：

$$掺水率 = \frac{水质量}{水质量 + 油质量} \times 100\% \tag{5-30}$$

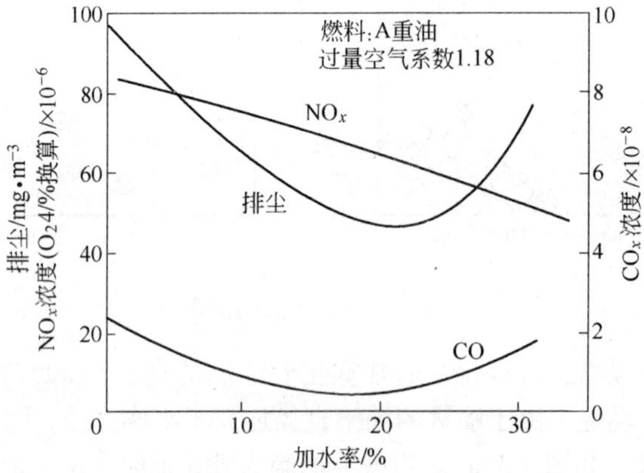

图 5-36 掺水率与烟尘浓度，CO，NO_x 的关系

当掺水率超过 25% 时，烟尘浓度和 CO 浓度反而增大，燃烧质量变差。可见，虽然再继续增大加水率可使 NO_x 浓度继续降低，但由于燃烧温度下降，燃烧将恶化，以致燃烧不稳定。从 NO_x 浓度和烟尘浓度、CO 浓度这几方面综合来看，最佳掺水率为 15% ~ 25%。具体设备的最佳掺水率，还应根据具体情况确定。

乳化油燃烧要发挥作用就必须控制空气过剩系数，实现低过剩氧燃烧，才能达到节能并降低污染的目的。乳化油被认为是节能型、低污染型的新型燃料。

5.3.4.4 烟气再循环燃烧

烟气再循环燃烧法控制 NO_x 生成的原理与自身预热烧嘴原理一样，所不同的是前者在炉体内组织循环，后者在烧嘴上组织循环。循环比一般取 10% ~40%，如图 5-37 所示。

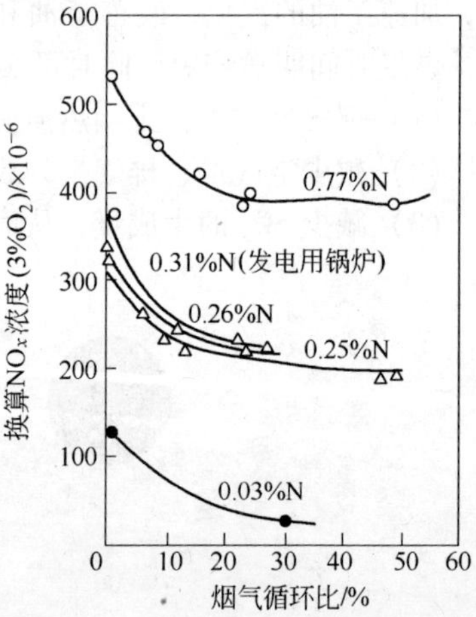

图 5-37 含 N_2 量不同的效果比较

循环比：指参加循环的烟气体积与燃烧用的空气量

之比。在不灭火，又不使火焰显著增长的范围内，循环比越大，降低 NO_x 效果越好。

循环气体必须投在火焰高温区，否则将得不到应有的效果。

烟气循环法对 F-NO_x 的减排效果不大。

该方法往往和其他方法组织在一起使用，构成组合法，如图 5-28 所示，烟气再循环和两段燃烧组合，效果更佳。

5.3.4.5 各种方法的组合

上述各种单一方法，最多只能达到30% ~50%的氮氧化物减排效果。随着工业的发展，降低30%是达不到环境质量要求的。因此必须采用组合的方法才能实现更高的减排效果，达到环境的要求。怎么组合好呢？一般说来把两种不同原理的措施进行组合，效果较好。同一原理的措施组合到一起往往效果不明显。

A 常用的组合方法

常用的组合方法有如下五种：

（1）燃料改质 + 烟气再循环；

（2）燃料改质（或转化） + 低 NO_x 喷嘴；

（3）乳化油（或喷水） + 烟气再循环；

（4）乳化油（或喷水） + 阶段燃烧型烧嘴；

（5）两段燃烧 + 烟气再循环。

其中乳化油 + 烟气再循环、两段燃烧 + 排烟再循环这两种组合法，已在生产实践中分别取得降低 NO_x70% 和 68% 的效果。

B 组合方法效果的估算法

若由 A、B 两种方法组合，A 的氮氧化物减排效果为30%，B 的效果为50%，组合效果不是30% +50% =80%，且往往比两者之和小。通常采用下式估算：

$$1-(1-30/100)\times(1-50/100)=1-0.35=65\% \tag{5-31}$$

即两项措施组合实施后的减排效果为65%。

5.3.4.6 沸腾燃烧脱氮

沸腾燃烧脱氮的基本原理和方法同沸腾燃烧脱硫。沸腾燃烧脱硫同时脱氮的燃烧技术也日益得到重视。

在沸腾燃烧的炉内，NO_x 沿炉子高度上的分布如图 5-38 所示，在布风板附近产生大量 NO_x。实践证明，即使布风装置的性能很好，布风很均匀，在总的过量空气系数低于 1.0 时，沸腾层内仍会有局部区域过量空气过剩系数高于 1.0，使 NO_x 的最大值出现在布风板附近。分解剩余下来的焦炭一部分在床内燃烧，一部分被带出床层在自由空间内燃烧。焦炭粒子在床层表面上的浓度最高，然后沿自由空间高度按指数规律减少。由于高温的焦炭粒子对 NO_x 具有很强的还原作用，所以，NO_x 浓度沿自由空间高度方向降低，最后趋于稳定。实验表明，排放浓度约为床层表面处 NO_x 浓度的一半，即有 50% 的 NO_x 被焦炭粒子所还原。

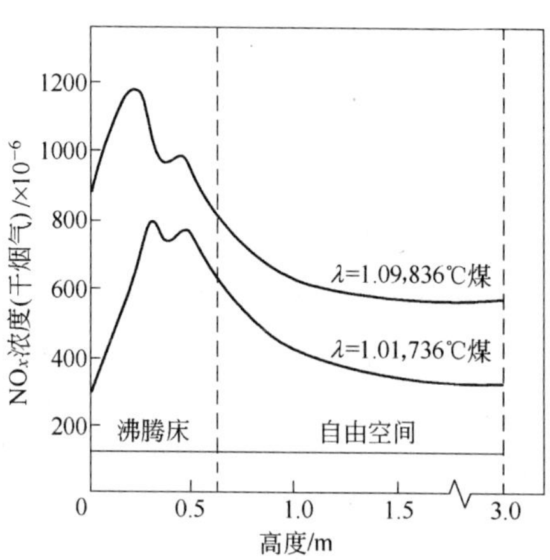

图 5-38 NO_x 沿炉子高度方向上的分布

图 5-39 给出了 NO_x 浓度与过量空气系数的关系。当过量空气消耗系数接近 1.0 时，NO_x 的浓度急剧降低。图中三条曲线也表明了 NO_x 浓度沿自由空间高度的分布情况。

温度的影响是显著的，当床温在 650℃左右，NO_x 排放浓度很低，高于 750℃时，浓度急剧增大，超过 850℃时，NO_x 排放浓度趋于稳定。

实验表明，NO_x 排放浓度还与燃料含 N 量、煤的粒度和炭化程度有关。

炉内过剩空气系数对 NO_x 生成量有显著的影响，因此可采用两段燃烧法控制 NO_x 的生成。第一段燃烧在沸腾层内进行，让其 $\lambda<1$（通常取 0.8 ~ 0.9），二段空气应在离沸腾床层表面上一定距离送入，以保证足够的时间使其还原为 N_2，二段空气送入位置是组织二段燃烧的重要结构参数。这种方法结构简单，NO 降低率约为 50% ~65%。

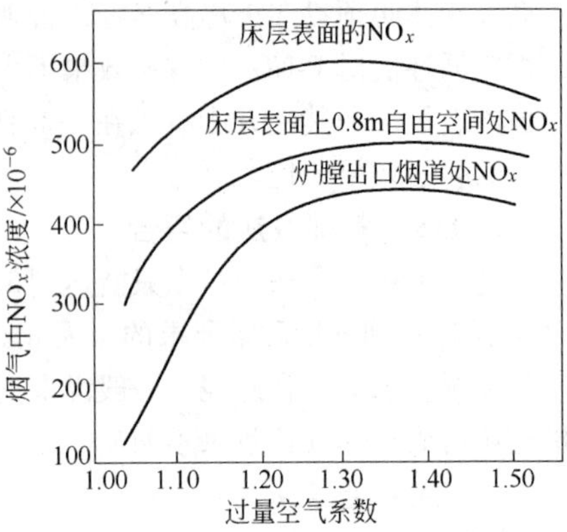

图 5-39 NO_x 生成量与空气过剩系数的关系

由于普通沸腾炉的横向混合能力差，必然产生空气过剩系数不均的现象，从而限制了二段燃烧的效果。循环沸腾炉由于横向混合也很强，所以空气过剩系数分布非常均匀。可以进一步降低第一段的 λ（取 0.65 ~0.75），为充分发挥两段燃烧的效果创造了条件。除高挥发分煤种外，燃料 N 的转换率一般在 10% 以下，同时由于循环沸腾炉内装有高温分离器，大量细小粒子（高温焦炭粒子和石灰石粒子）被送回炉内，这些粒子具有催化作用，使 CO、H_2 还原 NO_x 的能力加大，故 NO_x 的排放浓度较低。

5.4 排烟脱氮

5.4.1 排烟脱氮的分类

现阶段的低氮燃烧技术只能降低 NO_x 50% ~60%，因此往往达不到环境排放标准的要求，为控制烟气中的 NO_x，使其达到排放标准的要求，仍必须采用排烟脱氮的方法。

排烟脱氮主要分为湿式吸收法、吸附法、催化还原法、电子束照射法四种。其中湿式吸收法又分为：直接吸收法、氧化吸收法、氧化还原吸收法；吸附法又分为：活性炭吸附法、分子筛吸附法、硅胶吸附法；催化还原法又分为：选择性催化吸附法和非选择性催化吸附法。

5.4.2 湿法吸收法

湿法吸收法是采用水或某种碱液来吸收废气中的 NO_x。有关 NO_x 吸收过程的机理有多种解释，其中以双膜理论最简明、应用最广泛。双膜理论模型如图 5-40 所示。主要理论为：

(1) 汽液两相接触时存在一个相界面，界面两侧为呈层流流动的气膜与液膜。吸收质以分子扩散方式从气相主体通过两层膜进入液相主体。

图 5-40 双模模型汽液相界面的浓度分布

任何情况下，两相流动状况的改变仅改变膜的厚度，而不改变气膜与液膜的层流状态。

（2）假定相界面上不存在吸收阻力，汽液两相的浓度总是互相平衡。

（3）认为浓度梯度全部集中于两个膜层内，气相与液相主体中不存在浓度梯度，即通过气膜的浓度降为 $P-P_i$，通过液膜的浓度降为 $C-C_i$，因此吸收过程的阻力仅存在于两层膜中。

5.4.2.1 直接吸收法

直接吸收法可分为水吸收法和碱液吸收法。水吸收法是水和 NO_2 反应形成硝酸和亚硝酸，不能用于主要含 NO 的燃烧烟气的净化。碱液吸收法可用纯碱（Na_2CO_3），烧碱（NaOH），氨水（NH_4OH）等溶液吸收废气中 NO_x 的。但这类反应只有当 NO_x 中的 NO_2 大于 NO 的含量，即氧化度大于50 时吸收才比较安全，故不适用于燃烧烟气。

这种方法工艺简单、投资少，以硝酸盐形式回收 NO_x，但对含 NO 较多的废气净化效果较差，吸收率不高，不适于很大气量的废气处理，且易造成水的二次污染。

5.4.2.2 氧化吸收法

在氧化剂和催化剂作用下，将废气中部分 NO 氧化成溶解度高的 NO_2 和 N_2O_3，然后用水或碱液吸收脱氮的处理过程。氧化剂可采用臭氧、二氧化氯、亚氯酸钠、次氯酸钠、高锰酸钾、过氧化氢、氯和硝酸等。按氧化方式的不同可分为催化氧化吸收法、气相氧化吸收法和液相氧化吸收法。催化氧化吸收法是在催化剂作用下将 NO 氧化成 NO_2，然后用碱液吸收。氧化剂是气体中的过剩氧。催化剂是以活性炭、氧化铝、二氧化硅为载体的钒、钨、钛和稀土金属氧化物等。此法优点是可采用闭路循环，可把 SO_2 和尘粒等危害物同时除去，不外加氧化剂，在气体中喷入5%水蒸气可提高催化剂的效率和寿命，设备投资运转费用低。气相氧化吸收法是采用 O_3 和 ClO_2 强氧化剂在气相中将 NO 氧化成容易被水、酸和碱溶液吸收的 NO_2 和 N_2O_3。用水吸收可回收稀硝酸，但 O_3 用量较多，NO 氧化成 N_2O_3 需要时间较长，氧化塔相应庞大。液相氧化吸收法是用液相氧化剂将 NO 氧化，然后用碱吸收。液相氧化剂用高锰酸钾、次氯酸钠等。如

$$KMnO_4 + 2KOH + 3NO_2 \longrightarrow 3KNO_3 + H_2O + MnO_2 \tag{5-32}$$

5.4.2.3 氧化还原吸收法

该法比上述方法吸收效率高，是利用氧化还原剂把 NO 氧化成 NO_2 后，再还原为 N_2。常用氧化还原剂有亚硫酸盐、亚氯酸盐、高锰酸钾等。例如用 ClO_2 将烟气中 NO 氧化为 NO_2，后用 Na_2SO_3 水溶液吸收，

$$2NO + ClO_2 + H_2O \longrightarrow NO_2 + HNO_3 + HCl \tag{5-33}$$

$$NO_2 + Na_2SO_3 \longrightarrow \frac{1}{2}N_2 + Na_2SO_4 \tag{5-34}$$

NO_x 被还原为 N_2。此法可同时脱硫，只要在反应塔内加入 NaOH，则有如下反应

$$SO_2 + NaOH \longrightarrow Na_2SO_3 + H_2O \tag{5-35}$$

反应生成的 Na_2SO_3 正好供脱硝反应用。此法可用于燃烧烟气脱硝。

5.4.3 催化还原法

5.4.3.1 选择性催化还原法

氨在催化剂铂或铑的作用下，能有选择地和烟气中的 NO_x 进行反应，而不和烟气中的氧起作用，故称选择性催化还原法。反应如下

$$2NH_3 + 5NO_2 \longrightarrow 7NO + 3H_2O \tag{5-36}$$

$$4NH_3 + 6NO \longrightarrow 5N_2 + 6H_2O \tag{5-37}$$

由于烟气中往往含有 SO_2 和烟尘，故催化剂易“中毒”。因此必须在脱除 NO_x 前有效地脱除 SO_2 和烟尘。当采用脱硫效率高的湿法脱硫时，由于排烟温度约为50～60℃，这对脱除 NO_x 很不利，因此该法要进一步用于燃烧烟气治理的话，必须进一步研究不易中毒的高效的催化剂。

5.4.3.2 非选择性催化还原法

由于还原剂除与 NO_x 反应外，还与 O_2 起反应，因此还原剂消耗量大。常用的还原剂为燃料气，如天然气、焦炉煤气、炼油尾气等。还原分两步进行，以 CH_4 为例：

第一步：
$$CH_4 + 4NO_2 \longrightarrow CO_2 + 4NO + 2H_2O \tag{5-38}$$

第二步：
$$CH_4 + 4NO \longrightarrow CO_2 + 2N_2 + 2H_2O \tag{5-39}$$

同时
$$CH_4 + 2O_2 \longrightarrow CO_2 + 2H_2O \tag{5-40}$$

反应放出大量热量。由于催化剂消耗量大，且贵重，需增设回收废热装置，因此成本高、投资大，有被淘汰的趋势。该法用得较多的是以氨作为催化剂。

5.4.4 吸附法

5.4.4.1 活性炭吸附法

活性炭对低浓度 NO_x 的吸附能力很强，解析后可回收 NO_x。国外用该法净化玻璃熔炉烟气，净化前 NO_x 和 SO_2 均为 $(180 \sim 240) \times 10^{-6}$，吸附净化后分别降至 20×10^{-6} 和 25×10^{-6} 以下。但由于在300℃以上活性炭有自燃的可能性，这给吸附和再生造成很大困难，故限制了它的应用。

5.4.4.2 分子筛吸附法

该法用于吸附硝酸尾气，在国外已是工业应用阶段，国内也做了不少研究工作，有半工业试验。常用的分子筛有氢型丝光沸石、氢型皂沸石、脱铝丝光沸石等。该法净化效率高，但装置占地面积大，能耗高，操作麻烦。

5.4.4.3 硅胶吸附法

硅胶的催化作用，可使 NO 氧化为 NO_2，并将其吸附，通过脱吸可回收 NO_x。但烟气中有烟尘时，烟尘充塞硅胶，空隙和孔隙会很快失去活性，故烟气在吸附前必须先除尘。硅胶在超过200℃时会干裂，这限制了硅胶的使用。

5.4.5 电子束照射法

用电子束照射烟气，射线的能量被吸收，诱发起放射性反应，产生富有 OH 和 O 原子游离基等。这些游离基和原子通过下列反应将 SO_2、NO_x 氧化成硫酸、硝酸。

$$SO_2 \xrightarrow{OH,O,HO_2} H_2SO_3, SO_3 \tag{5-41}$$

$$HSO_4 \xrightarrow[H_2O]{OH} H_2SO_4 \tag{5-42}$$

$$NO \xrightarrow{OH,O,HO_2} HNO_2, NO_2 \tag{5-43}$$

$$NO_2 \xrightarrow[H_2O]{OH,O} HNO_3 \tag{5-44}$$

若在照射前向烟气中加入与 SO_2，NO_x 同当量的氨，使上述反应的酸变成硫酸铵和硝酸铵，然后用电除尘捕集除去。

该法用于钢铁厂烧结机烟气处理，同时可去除 NO_x 和 SO_2，其去除率随电子射线照射量的增加而增加。用2.0兆德拉的照射量，可达90%以上的脱氮率和80%以上的脱硫率。

该法用于处理煤烟是可行的。实验装置如图5-41所示，实验结果表明（美国能源部提供资金，对印第安纳州的燃煤发电厂做了排烟实验，烟气中含 SO_2 为 $(1000\sim2000)\times10^{-6}$，含 NO_x $(300\sim400)\times10^{-6}$）脱硫和脱氮率均在90%以上，且生成物可用作肥料。当时使用的电子加速器为800keV，100mA，最大处理能力为2400m³/h。

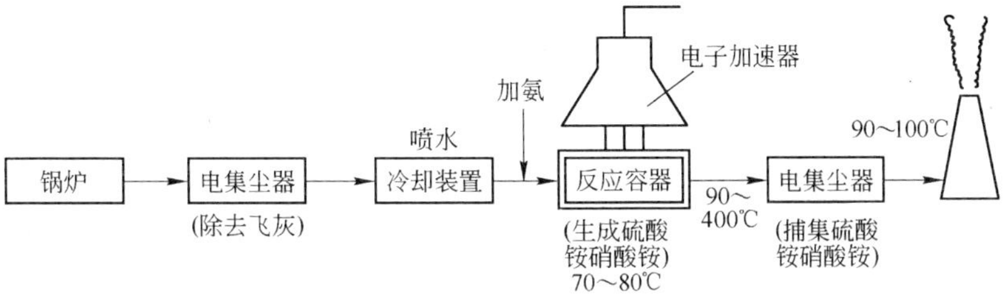

图5-41 电子束照射法处理烟煤的实验装置

5.5 高温空气燃烧技术

5.5.1 高温空气燃烧概述

高温空气燃烧技术（High Temperature Air Combustion——HTAC），亦称为无焰燃烧技术（Flameless Combustion），是20世纪90年代以来发达国家开始普遍推广应用的一种全新燃烧技术。它是将高温空气喷入炉膛，维持低氧状态，同时将燃料输送到气流中燃烧。空气温度预热到800～1000℃以上，燃烧区混合气体含氧量在21%～2%之间，与传统燃烧过程相比，高温空气燃烧的最大特点是节省燃料，减少 CO_2 和 NO_x 的排放，降低燃烧噪声，被誉为21世纪的关键技术之一。

高温空气燃烧技术的主要特征表现在以下三个方面：

（1）采用蓄热式烟气余热回收装置，交替切换空气与烟气，使之流经蓄热体，能够在最大程度上回收高温烟气的显热，排烟温度可降低到150℃以下；

（2）将燃烧空气预热到800～1000℃以上的温度水平，形成与传统火焰迥然不同的新型火焰——空间燃烧火焰，创造出炉内优良的均匀温度分布；

（3）通过组织贫氧状态下的燃烧，不仅避免了通常情况下高温热力氮氧化物 NO_x 的大量生成，而且在此基础上进一步降低了 NO_x 的排放。

5.5.2 高温空气燃烧技术的原理

高温空气燃烧技术是利用燃烧后产生的烟气显热来预热燃烧所需要的空气，使燃烧所需要的气体达到800℃以上，排烟温度极低，接近极限余热回收水平。HTAC技术的关键是采用高效蓄热式燃烧系统。其中降低助燃气体中的氧气浓度是实现高温空气燃烧的一个重要前提，采用烟气再循环同空气混合来降低氧浓度是较为基础的方式，图5-42为目前应用于工业加热的对称布置低氧高温空气燃烧系统原理图。

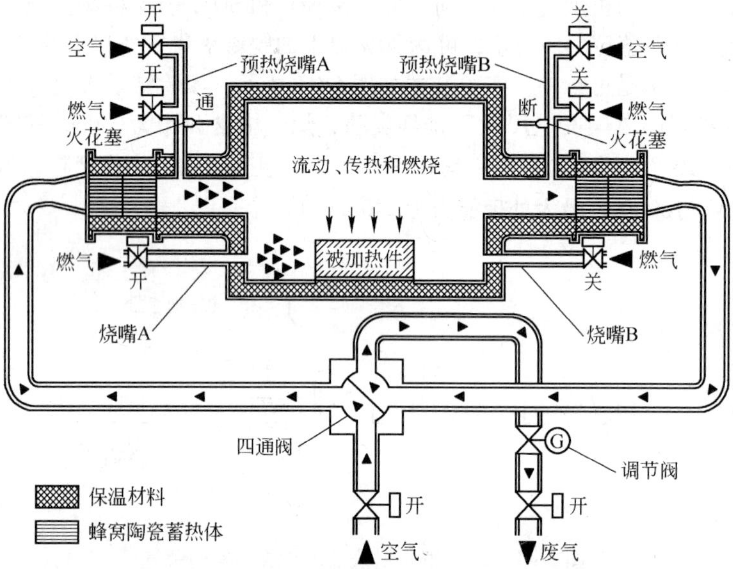

图5-42　高温空气燃烧原理图

从鼓风机出来的常温空气由换向阀切换进入左侧蓄热式燃烧器，在经过蜂窝陶瓷蓄热体时被加热，在极短时间内常温空气被加热到接近炉内温度（一般比炉温低50～100℃），被加热的高温热空气进入炉膛后，连同卷吸炉内周围的烟气形成一股含氧量大大低于21%的稀薄贫氧高温气流，同时往稀薄高温混合气体附近注入燃料，燃料在贫氧（2%～20%）状态下实现燃烧，与此同时，炉膛内燃烧后的热烟气经过右侧另一个蜂窝陶瓷蓄热体，炉膛内高温热烟气通过蜂窝陶瓷蓄热体时，将显热储存在右侧蜂窝陶瓷蓄热体内，然后以低于150℃的低温烟气经过四通换向阀排出。工作温度不高的换向阀以一定的频率进行切换，使两个蓄热式燃烧器处于蓄热与放热交替工作状态，从而达到节能和降低NO_x排放量的目的。

由上述分析可知，实现高温空气燃烧技术的关键在于：

（1）强化炉内气流搅混作用，稀释空气含氧浓度，燃烧反应速率降低，燃烧释热均匀，慢速链式燃烧反应在很大的炉内区域和更长时间里完成；

（2）炉内温度高于燃气自燃点，以燃气自燃替代传统燃烧中的稳焰设计；

（3）两蜂窝蓄热体回收离炉烟气显热，同时预热空气，以保证运行的经济性。

5.5.3　空气预热温度对NO_x排放量的影响

NO_x排放浓度与温度有关，特别是当炉膛内温度高于1350℃时，热力型NO_x排放量迅速增加，其浓度与温度呈指数关系。当空气没有被稀释，而预热温度升高时，会使炉膛中最大火焰温度升高，导致NO_x排放量剧增；当空气被稀释以后，空气预热温度对NO_x排放浓度的影响减弱，如图5-43所示。

5.5.4 燃料预热温度对 NO_x 排放量的影响

在空气预热温度和氧气浓度不变的情况下，提高燃料预热温度，会使最大火焰温度升高，这会增大 NO_x 排放量；但是在增大燃料预热温度时，会使平均停留时间降低，热力型 NO_x 排放量会得到抑制。当后者占主导地位时，会使 NO_x 排放量随着燃料预热温度的升高而降低，如图 5-44 所示。

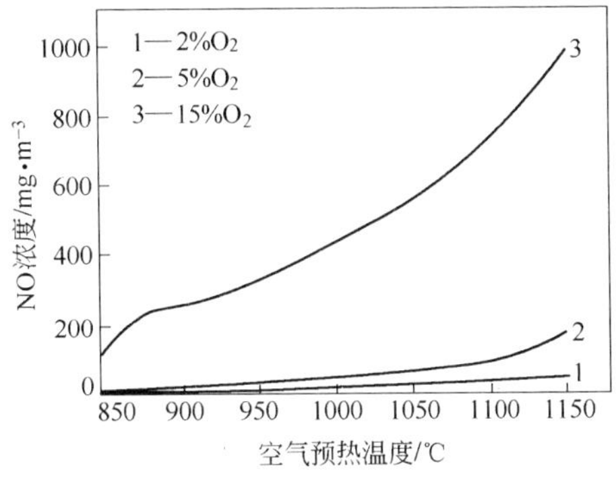

图 5-43 空气预热温度对 NO_x 的影响

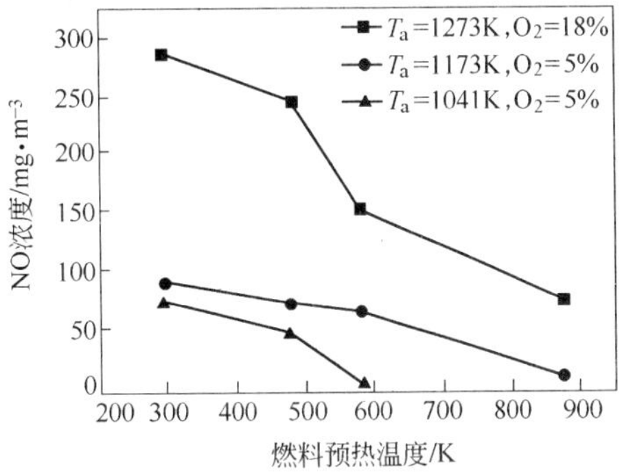

图 5-44 燃料预热温度对 NO_x 排放的影响

5.6 富氧燃烧技术

5.6.1 富氧燃烧概述

富氧燃烧（Oxygen-Enhanced Combustion，简称 OEC）是通过提高助燃空气中的氧气比例强化燃烧，达到高效节能低排放的目的。过去一段时间，许多人认为富氧燃烧获得的效益无法抵消使用氧气的附加成本，但随着变压吸附等制氧新技术大大降低制氧成本后，技术的不断进步使富氧燃烧的应用范围越来越广。许多新兴行业上的应用项目实践证明，将传统的空气助燃系统改造为富氧燃烧后，不仅提高了热效率和产量，减少了烟气量和污染物的排放，同时经济性上也是可行的。

5.6.2 富氧燃烧的方法

富氧燃烧有空气增氧燃烧、吹氧燃烧、全氧燃烧以及空气-氧气双助燃剂等多种强化燃烧方法。

5.6.2.1 空气增氧燃烧

空气增氧燃烧方法就是向助燃空气中掺入氧气，这是一种低浓度富氧的方法，一般常规空气助燃燃烧器都能适用，如图 5-45 所示。为确保充分混合，O_2 经散流器注入助燃空气中，这种低成本的改造方法可以缩短火焰长度并强化燃烧。但如果增氧过多，火焰长度会变得过短，温度升高后的火焰可能会损坏燃烧器或烧嘴砖。另外，如果氧气掺入量大，为保证安全，空气管道也可能需要改造。

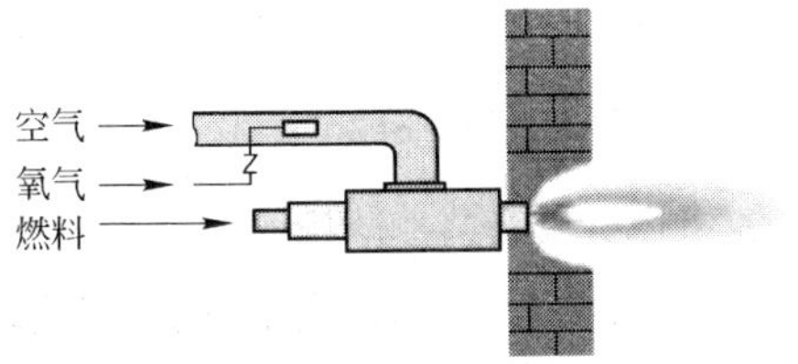

图 5-45 空气增氧燃烧系统示意图

一般用于劣质燃料的燃烧，当燃烧温度很难达到生产工艺的要求时，通过助燃空气的富氧，强化燃烧，提高燃烧温度。当然，必须注意燃烧温度的升高可能造成氮氧化物排放的增加。能源利用效率增加，可以节约燃料，减排氮氧化物。

5.6.2.2 吹氧燃烧

吹氧燃烧，即向空气助燃火焰中射入氧气，如图5-46所示。这也是一种低浓度的富氧燃烧方法，特点是不必改造现有空气助燃系统。它属于分段燃烧的一种形式，能降低氮氧化物排放。向火焰和物料之间吹氧能使火焰向物料方向靠近，有提高传热效率，减少燃烧器、烧嘴砖以及燃烧室耐火材料过热的可能性。应用时通常采用从火焰下方吹入氧气，吹入点位于燃烧器和加热物料之间，热量集中于下游的加热物料上，可减少炉顶耐火材料受热，延长炉顶的寿命。

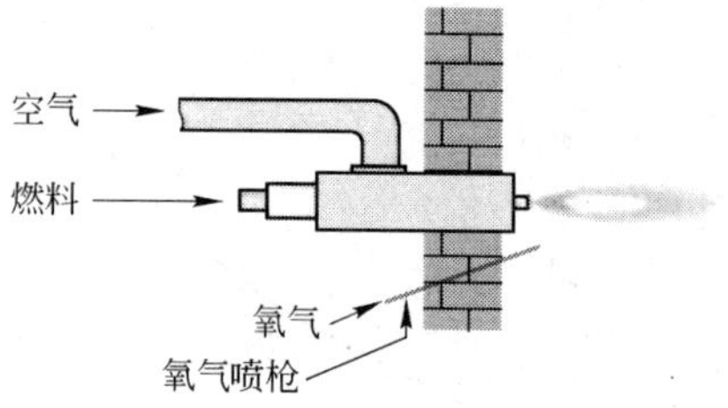

图5-46 吹氧燃烧系统示意图

5.6.2.3 全氧燃烧

全氧燃烧，即用高纯氧气（O_2体积分数大于90%）替代助燃空气。全氧燃烧器内部氧气和燃料不进行混合，而是采用喷嘴混合燃烧器形式产生扩散火焰，如图5-47所示。因为纯氧具有极高的反应性，氧气/燃气预混会有爆炸的可能性，不预混完全是出于安全的考虑。高纯氧的实际纯度取决于制氧方法，全氧燃烧火焰加热能力提高，但运行成本也会增加。

全氧助燃如果不采用特殊燃烧技术或者燃烧器，火焰温度会大幅度提高，虽然辐射传热能力提高了，但是，显然会造成氮氧化物排放量的增加。为此，必须利用特殊的全氧烧嘴和新的燃烧方法。总体思路类似于高温空气燃烧，即让氧气首先与烟气混合形成低含氧量的混合气体，然后该混合气体再与燃料混合燃烧，必须用到烟气再循环的技术。

5.6.2.4 空气-氧气双助燃剂燃烧

空气-氧气双助燃剂燃烧，分别由两个不同的管道通过燃烧器喷入空气和氧气，如图5-48所示。实际上它是空气增氧法的一种变化形式，相当于在常规燃烧器上增加一个全氧喷出口。该方法的优点是比空气增氧燃烧和吹氧燃烧使用更高浓度的氧气，得到更高的效益，运行费用低于全氧燃烧，火焰形状和热释放可以通过控制氧气量调节，改造费用也不高。

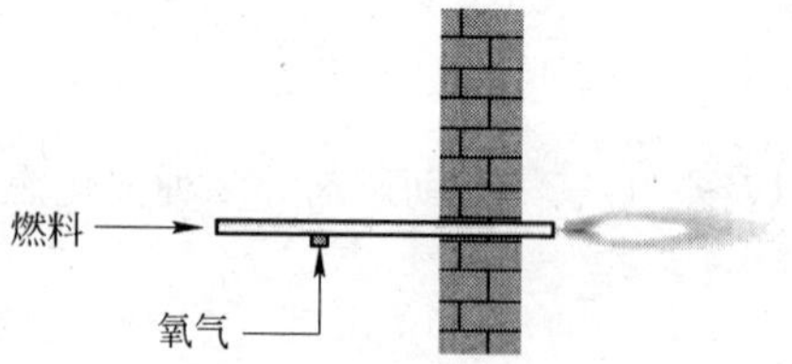

图5-47 全氧燃烧系统示意图

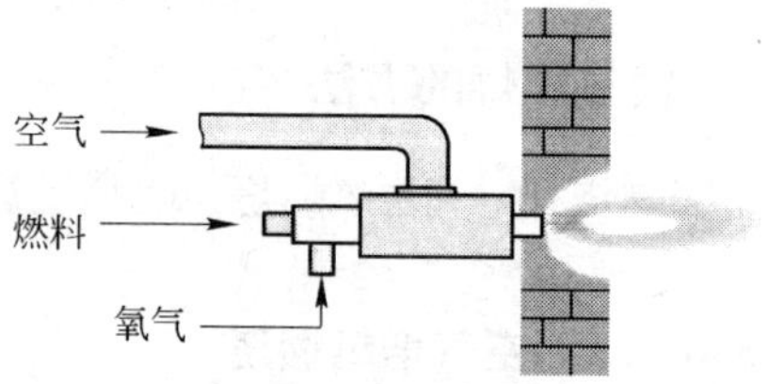

图5-48 空气-氧气双助燃剂燃烧系统示意图

5.6.3 富氧燃烧的特点

富氧燃烧具有节能减排的效果主要是由其燃烧特点决定的，其主要特点如下：

（1）燃烧火焰温度大幅度提高，以甲烷燃烧为例如图5-49所示：30%富氧空气时的绝热火焰温度为2500K，比通常空气燃烧提高近300K；氧浓度大于80%时的火焰温度接近3000K，层流燃烧速度增大到近3m/s，而普通空气的层流燃烧速度仅为0.45m/s。这可以扩大劣质能源资源的应用范围。通过富氧助燃可以提高燃烧强度，加快燃烧速度，获得较好的传热效果，同时温度提高有利于燃烧反应。提高火焰根部温度。燃料在富氧状态下能降低燃点温度，燃烧速度加快，燃烧完全，从而提高了火焰强度。燃烧产物的辐射能力比普通燃烧高，大大强化炉内传热，提高生产率，降低成本。

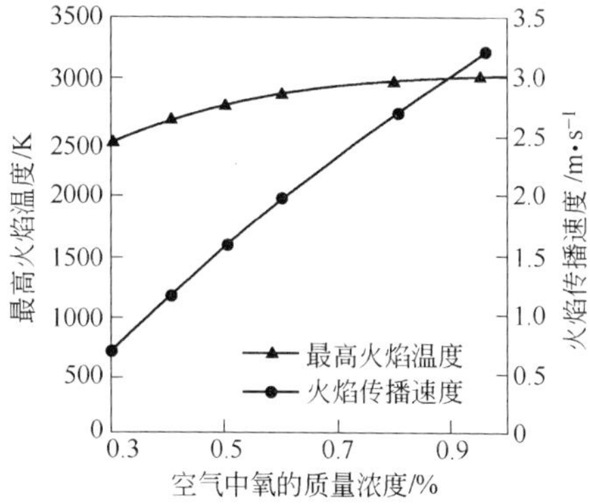

图5-49 氧气质量浓度对最高温度、火焰传播速度的影响

（2）由于惰性成分的氮气浓度大大降低，使无谓的能源消耗大幅度降低，30%～40%的富氧空气燃烧就可以降低燃料消耗20%～30%。降低了空气过剩系数，节约能源。采用富氧空气后可以适当减少二次助燃风量，从而减少了废气排放量，也就减少了废气带走的热量，提高了热效率；

（3）烟气量大幅度减低，纯氧燃烧时的烟气体积只有普通空气燃烧的1/5，烟气中的CO_2浓度增加，有利于CO_2回收、综合利用和封存，实现清洁生产；烟气中高辐射率的CO_2和水蒸气浓度增加，可促进炉内的辐射传热；同时降低了炉顶温度，延长炉窑寿命。采用富氧燃烧，使火焰底部温度提高，上部温度降低，火焰长度相对缩短，减轻了炉顶、小炉、蓄热室的热负荷。

（4）富氧燃烧可灵活机动地回收废弃的氧气能源，在有充足的放散氧气时，可实现富氧燃烧，在无充足放散氧气时即可恢复空气助燃。

（5）设备尺寸缩小，燃烧系统的设备投资成本和维护费用降低（在不需要另外建制氧系统和供氧系统的情况下）。在有色冶金中，采用富氧燃烧可以增加烟气中的SO_2的含量，增加硫酸的产量，从而提高经济效益。

5.6.4 富氧燃烧对环境的影响

与普通的空气燃烧相比，富氧燃烧除了可以节约能源外，对环境的影响方面也具有不同特点。

5.6.4.1 SO_2的排放

工业领域产生大量难以经济回收的低浓度SO_2烟气，直接排到大气中，加剧了环境的酸雨污染。采用富氧燃烧，由于有效减少了烟气量，可以提高烟气中SO_2浓度，有利于SO_2的经济回收。因此，从减少烟气量和提高SO_2浓度的角度来说，采用富氧燃烧是有益于环境的。图5-50给出了不同空气氧含量燃烧产物中SO_2的浓度变化。从富氧空气燃烧和普通空气燃烧的对比可以看出，富氧空气氧含量为25%时，烟气中的SO_2浓度是普通空气燃烧的1.18倍；富氧空气氧含量为29%时，烟气中的SO_2浓度是普通空气燃烧的1.36倍。对于燃用含硫燃料的普通工业炉窑来说，一方面采用富氧燃烧可节能15%以上，由于减少燃料消耗带来的SO_2减排是很可观的。另一方面，由于烟气量的减少相应提高了烟气中SO_2的浓度，一定程度上也有利于烟气中硫的脱除或回收。对于燃煤脱硫，

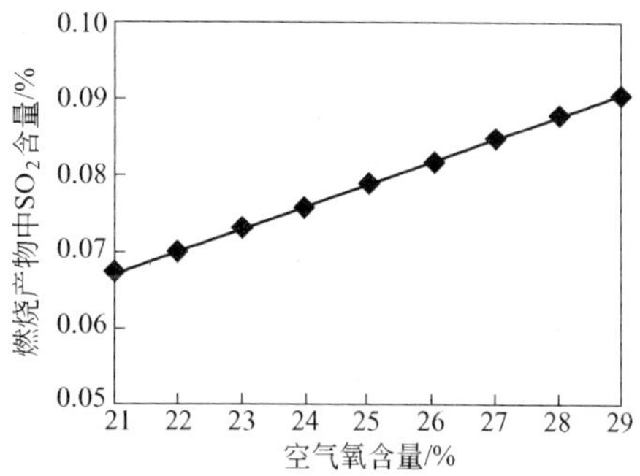

图5-50 不同空气氧含量燃烧产物中SO_2的含量

目前已有较为成熟的方法。

5.6.4.2 NO_x 的排放

燃烧过程中产生的 NO_x 主要是 NO，部分 NO 被氧化为 NO_2。NO_2 可以和空气中的水蒸气反应形成酸雨，污染环境。日本、欧美等国在 20 世纪 70 年代开始对 NO_x 排放进行限制，之后又陆续颁布了更为严格的排放标准。我国于 1999 年颁布的《锅炉大气污染物排放标准 GBPB 3—1999》也首次对锅炉的 NO_x 排放进行了限制。图 5-51 给出了不同空气氧含量燃烧产物中 N_2 的浓度变化。从富氧空气燃烧和普通空气燃烧对比可以看出，富氧空气氧含量为 25% 时，烟气中的 N_2 浓度降低 5.8%；富氧空气氧含量为 29% 时，烟气中的 N_2 浓度降低 11.5%。富氧燃烧的火焰温度高，导致火焰中热力型氮氧化物产生量大量增加。对于甲烷燃料来说，氧气浓度为 30% 时燃烧产生的氮氧化物浓度是普通空气燃烧的 3 倍，如不考虑过量空气，烟气量降低为普通空气燃烧的 1/4 左右。在工业窑炉上采用富氧燃烧技术，必须采取烟气再循环技术，实现低氧燃烧，在节能降耗减排二氧化碳的同时，会显著降低氮氧化物的排放。另外还可采用分级燃烧、浓淡燃烧等新的燃烧技术。

5.6.4.3 CO_2 的排放

CO_2 是一种温室气体，它对大气环境和全球变暖有相当大的影响。图 5-52 给出了不同空气氧含量燃烧产物中 CO_2 的浓度变化。从富氧空气燃烧和普通空气燃烧对比可以看出，富氧空气氧含量为 25% 时，烟气中的 CO_2 浓度是普通空气燃烧的 1.18 倍；富氧空气氧含量为 29% 时，烟气中的 CO_2 浓度是普通空气燃烧的 1.36 倍。对于工业炉窑来说，与 SO_2 一样，采用富氧燃烧由于减少燃料消耗带来的 CO_2 减排也是很可观的。另一方面，对于燃用的单位燃料，由于烟气量的减少相应提高了烟气中的 CO_2 浓度，一定程度上也有利于烟气中 CO_2 的分离和回收。尽管目前已有许多成熟的烟气脱硫脱硝技术，但还没有有效控制 CO_2 的方法。目前提出的从烟气中分离 CO_2 的方法主要有湿式吸收法、干式吸附法、薄膜分离法等。

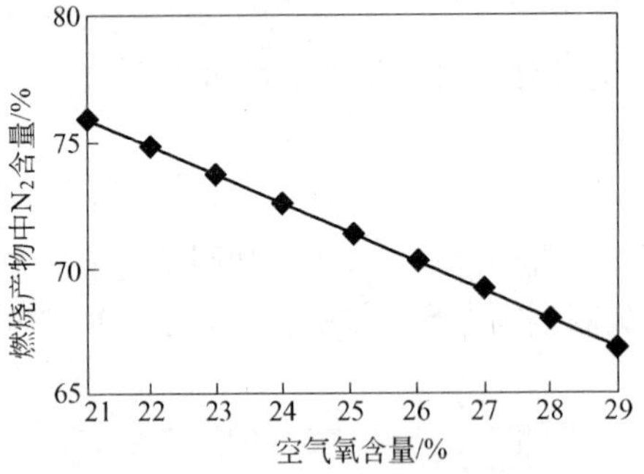

图 5-51 不同空气氧含量燃烧产物中 N_2 的含量

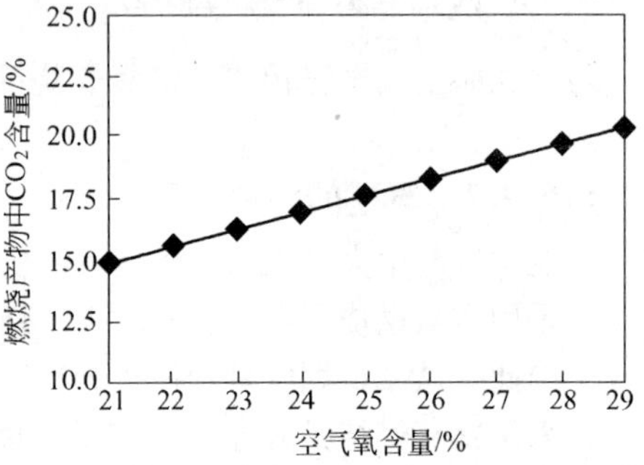

图 5-52 不同空气氧含量燃烧产物中 CO_2 的含量

综上所述，采用富氧燃烧可提高生产率和节约能源，同时还有利于减少和控制 SO_2、CO_2、NO_x 的排放。

复习思考题

（1）名词解释

T-NO_x，F-NO_x，P-NO_x，低氮烧嘴，浓淡燃烧，阶段燃烧，全氧燃烧，富氧燃烧，吸收法，吸附法，催化还原法，电子束照射法。

（2）简要回答问题

1）燃烧 NO_x 的来源即 NO_x 的类型和生成机理有哪些？

2）影响 NO_x 生成的因素有哪些？

3）NO_x 的治理主要有哪些途径？

（3）分析回答问题

1）如何从燃烧操作着手控制 NO_x 生成？

2）比较各种排烟脱氮方法的优缺点。

3）我国电业、钢铁工业和有色金属工业脱氮的现状。

参考文献

[1] 任晓莉，张卫江，杨宝强．工业废气中氮氧化物的治理研究[J]．环境工程学报，2007.

[2] 高冠帅．我国氮氧化物综合治理概述[J]．科协论坛（下半月），2009.

[3] 何志桥，王家德，陈建孟．生物法处理 NO_x 的研究进展[J]．环境污染治理技术与设备，2002.

[4] 梁开玉，周应林，秦大超．硝酸尾气中氮氧化物净化技术研究[J]．渝州大学学报（自然科学版），2002.

[5] 郭斌，马一太，任爱玲，王晓辉．生物净化含 NO_x 尾气的研究[J]．环境工程，2003.

[6] 龚云锋．化学工业氮氧化物的污染与控制[J]．广西轻工业，2009.

[7] 孙德荣，吴星五．我国氮氧化物烟气治理技术现状及展望[J]．云南环境科学，2003.

[8] 贾毅峰，兰雯．浅谈氮氧化物的污染与治理[J]．广西轻工业，2007.

[9] 袁静．大气中氮氧化物的污染现状、成因及其控制对策研究[J]．东华大学：环境工程，2001.

[10] 王文健．采用湿法治理工业氮氧化物废气的研究[J]．天津大学：化学工程，2007.

[11] 胡和兵，王牧野，吴勇民，郑建华，郁海东．氮氧化物的治理与方法[J]．环境保护科学，2006.

[12] 王艳芳．烟气氮氧化物的治理技术现状研究[J]．中国科技信息，2007.

[13] 何志桥，王家德，陈建孟．生物法处理 NO_x 废气的研究进展[J]．环境污染治理技术与设备，2002.

[14] 阮亿明．氮氧化物与环境[J]．凉山大学学报，2004.

[15] 徐静，柳知非．氮氧化物的生物治理技术[J]．污染防治技术，2008.

[16] 黄亚梅，张颂平，高霞，王文领，陈学年．氮氧化物来源及其治理[J]．河南教育学院学报（自然科学版），2004.

[17] 李玉云，金祥福，高全喜，况武，陈昆柏．含氮氧化物废气的治理技术与发展[J]．能源工程，2008.

[18] 张宇，陈金思．NO_x 尾气治理的进展[J]．安徽化工，2006.

[19] 孙锦余．利用氮氧化物控制技术治理大气污染[J]．节能，2004.

[20] 刘海霞，王天贵．氮氧化物减排技术[J]．四川化工，2006.

[21] 刘庆才，陈淑荣．富氧燃烧的主要环境影响因素概述[J]．节能环保技术，2004.

[22] 杨浩林，赵黛青，鲁冠军．CO_2 稀释燃料对富氧扩散燃烧中 NO_x 生成的抑制作用[J]．热能动力工程，2006.

[23] Beltramea, Porshnev P. Soot and NO formation in methme-oxygen enriched difussion flames[J]. Combustion and Flame, 2001, 124: 295-310.

[24] 赵黛青，冯耀勋．燃料稀释对富氧空气/甲烷扩散火焰中氮氧化物生成的影响[J]．热能动力工程，2004.

[25] 李灿，唐文武，梁卫民，王一朴．高温空气燃烧技术在我国的应用现状与发展前景[J]．冶金能源，2003.

[26] 张建军，邹得球，肖睿，黄冲，冯自平．蓄热燃烧蓄热体的应用现状与发展趋势[J]．冶金能源，2009.
[27] 沈君权，沈弘涛．蓄热燃烧技术及其在工业窑炉上的应用[J]．硅酸盐通报，2001.
[28] 吕情恒，程素森，杨天钧．球体蓄热体的热饱和时间[J]．北京科技大学学报，2004.
[29] 苍大强，关运泽，毛一心，张先棹，白皓，聂雄芳，宗燕兵．高温空气燃烧技术的超低 NO_x 研究[J]．燃烧科学与技术，2003.
[30] 祁海鹰，李宇红，由长福，徐旭常．高温空气燃烧技术的国际发展动态[J]．工业加热，2003.

6 二噁英的治理

6.1 二噁英简介

二噁英（Dioxin）全称分别是多氯二苯并二噁英（polychlorinated dibenzo-p-dioxin，简称 PCDDs）和多氯二苯并呋喃（polychlorinated dibenzofuran，简称 PCDFs）。

6.1.1 二噁英的结构

多氯二苯并二噁英是由 2 个氧原子联结 2 个被氯原子取代的苯环；多氯二苯并呋喃是由 1 个氧原子联结 2 个被氯原子取代的苯环。每个苯环上都可以取代 1 ~4 个氯原子，从而形成众多的异构体，其中 PCDDs 有 75 种异构体，PCDFs 有 135 种异构体。图 6-1 所示 PCDDs 和 PC-DFs 的结构示意图。自然界的微生物和水解作用对二噁英的分子结构影响较小，因此，环境中的二噁英很难自然降解消除。它包括 210 种化合物，毒性很大，是氰化物的 130 倍，砒霜的 900 倍，有“世纪之毒”之称。国际癌症研究中心已将其列为人类一级致癌物。环保专家称“二噁英”常以微小的颗粒存在于大气、土壤和水中，主要的污染源是化工、冶金、垃圾焚烧、造纸以及生产杀虫剂等产业。日常生活所用的胶袋、PVC（聚氯乙烯）软胶等物都是含氯物质，这些物品燃烧时便会释放出二噁英，悬浮于空气中。二噁英类化合物的三种基本结构式如图 6-2 所示。

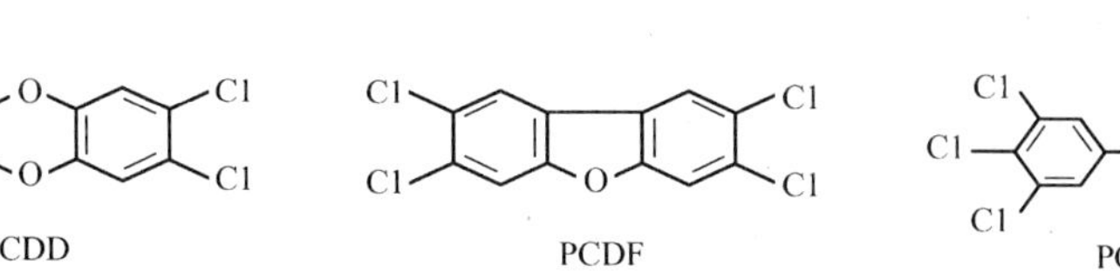

图 6-1　PCDDs 和 PCDFs 的结构图

PCDD　　PCDF　　PCB

图 6-2　二噁英化合物的三种基本结构式

6.1.2 二噁英的性质

二噁英在标准状态下均为固态，极难溶于水，在水中的溶解度仅为 $7\times10^{-10}\%$ ~ $20\times10^{-10}\%$；而在相同条件下，它在苯、二甲苯和甲苯等有机溶剂中的溶解度可达到 $500\times10^{-4}\%$ ~ $1800\times10^{-4}\%$。因此，二噁英易溶入脂肪，可以通过食物链中的脂质发生转移并在生物体内富集，难以排出。二噁英具有很强的热稳定性，加热到 800℃才分解；要大量破坏时，温度须超过1000℃。而且，二噁英的蒸气压非常低，化学稳定性非常高。在一般环境下，二噁英耐酸碱，耐高温，具有超长的物理、化学和生物降解期，进入人体后几乎不排泄而积存于脂肪和肝脏，是超微量级的致癌物质。

6.2 二噁英的危害和主要来源

6.2.1 二噁英的危害

TCDD的低溶解度、低气压和高的辛醇/水分配系数（logkow）导致它主要分配在土壤（85%）和沉积物（14%）中，只有1%进入空气、水、悬浮沉降物和生物体。研究表明，二噁英在环境中有很强的“持久性”，难以被生物降解，长时间存在于环境中，因此存在各种机会被人体所吸收。二噁英可以通过皮肤、呼吸系统、消化系统等途径进入人体。有资料显示，除意外事故及特殊职业以外，以上的二噁英来源于日常饮食中的食物。二噁英可以通过以下三条途径进入人体：

（1）含二噁英的杀虫剂、除草剂经由农作物吸收，再经食物链进入人体；

（2）由空气传输到蔬菜、粮食作物、牧草后，再经食物链进入人体；

（3）水中二噁英经由水产品的生物浓缩，同样经食物链进入人体。

二噁英的生物半衰期为7.1～11.3年，人和其他动植物都没有分解或氧化二噁英的机能或条件，因而其毒性很难在环境中消除。一旦产生或污染，则只能转移和积累，而难以转化。二噁英通过食物链逐级传递，在人体内富集，通常蓄积于脂肪与肝脏中。1998年，世界卫生组织和欧洲环境与健康中心建议人体每日每千克体重容许摄入量不应超过1～4Pg（$1Pg = 10^{-12}$ g）。当人体一次摄入量过多或其在人体内富集量达到一定程度后，便会给人体带来许多灾难性的后果。二噁英具有急性毒性作用，可致人和动物死亡，如日本在1968年发生米糠油事件，造成几十万只鸡和16人死亡。它能改变皮脂分泌，使皮肤增生过度角化，发生氯痤疮，并使皮肤、黏膜、牙眼等处色素沉着。它还是一种极强的促癌剂，可以引起多系统多部位的恶性肿瘤；引起生殖系统功能障碍，导致新生儿先天性缺损或畸形，降低人类生育能力；抑制体液免疫和细胞免疫，从而降低人体免疫力。作为一种环境激素，它可以引起人体内分泌系统和神经系统紊乱等。

大量动物实验表明，很低浓度的二噁英就对动物表现出致死效应。从职业暴露和工业事故受害者身上已得到一些二噁英对人体的毒性数据及临床表现，暴露在含有PCDD/Fs的环境中，可引起肝、免疫、生殖及发育等毒性，胸腺萎缩、氯痤疮等症状，并可能导致染色体损伤和心力衰竭，其最大危险是具有不可逆的致畸、致癌、致突变毒性。二噁英的毒性与所含氯原子的数量及氯原子在苯环上取代位置有很大关系。研究认为毒性限于2,3,7,8位均有氯原子的含4～8个氯原子的同类物，毒性最强的是2,3,7,8—TeCDD。动物实验表明2,3,7,8—TeCDD对天竺鼠的半致死剂量（LD50）为1μg/kg，是氰化钾毒性的1000倍以上，是迄今为止发现的最具致癌潜力的物质。

由于环境中的二噁英主要以混合物形式存在，在对二噁英的毒性进行评价时，国际上常把不同组分折算成相当于2,3,7,8—TeCDD当量来表示，称为毒性当量（I—TEQ），气体样品单位为ng/m^3，固体样品单位为ng/g。为此引入毒性当量因子（I—TEF）的概念，即将某PCDD/Fs的毒性与2,3,7,8—TeCDD的毒性相比得到的系数。样品中某PCDDs或PCDFs的浓度与其毒性当量因子I—TEF的乘积，即为其毒性当量I—TEQ。而样品毒性大小等于样品中所有I—TEQ的总和。表6-1列出了17种二噁英活性同类物的毒性当量因子I—TEF。近年来PCBs也被考虑其毒性，因为其产生与PCDD/Fs相似的效应。它们的I—TEFs非常低，除了33′44′5五氯联苯，其I—TEF=0.1。在生活垃圾（municipal solid waste，MSW）焚烧排气中，呋喃较二噁英占优势，PCDD/Fs浓度随氯化程度增加而增加，OCDF和OCDD是最普遍的同族物。

表6-1 二噁英毒性当量因子（I—TEF）

名称	符号	TEF	名称	符号	TEF
2,3,7,8—四氯二噁英	2,3,7,8—TeCDD	1	2,3,7,8—四氯呋喃	2,3,7,8—TeCDF	0.1
1,2,3,7,8—五氯二噁英	1,2,3,7,8—PeCDD	0.5—1	1,2,3,7,8—五氯呋喃	1,2,3,7,8—PeCDF	0.05
1,2,3,4,7,8—六氯二噁英	1,2,3,4,7,8—HxCDD	0.1	2,3,4,7,8—五氯呋喃	2,3,4,7,8—PeCDF	0.5
1,2,3,6,7,8—六氯二噁英	1,2,3,6,7,8—HxCDD	0.1	1,2,3,4,7,8—六氯呋喃	1,2,3,4,7,8—HxCDF	0.1
1,2,3,7,8,9—六氯二噁英	1,2,3,7,8,9—HxCDD	0.1	1,2,3,6,7,8—六氯呋喃	1,2,3,6,7,8—HxCDF	0.1
1,2,3,4,6,7,8—七氯二噁英	1,2,3,4,6,7,8—HCDD	0.01	2,3,4,6,7,8—六氯呋喃	2,3,4,6,7,8—HxCDF	0.1
八氯二噁英	OCDD	0.001	1,2,3,7,8,9—六氯呋喃	1,2,3,7,8,9—HxCDF	0.1
八氯呋喃	OCDF	0.001	1,2,3,4,6,7,8—七氯呋喃	1,2,3,4,6,7,8—HCDF	0.01
			1,2,3,4,7,8,9—七氯呋喃	1,2,3,4,7,8,9—HCDF	0.01

6.2.2 二噁英的来源

大气环境中的二噁英90%来源于城市和工业垃圾焚烧。含铅汽油、煤、防腐处理过的木材以及石油产品，各种废弃物特别是医疗废弃物，在燃烧温度低于300～400℃时，容易产生二噁英。聚氯乙烯塑料、纸张、氯气以及某些农药的生产环节、金属冶炼、催化剂高温氯气活化等过程都可能向环境中释放二噁英。二噁英还作为杂质存在于一些农药产品中，如五氯酚。城市工业垃圾焚烧过程中二噁英的形成机制仍在研究之中，目前认为主要有三种途径：

（1）在对氯乙烯等含氯塑料的焚烧过程中，焚烧温度低于800℃，含氯垃圾不完全燃烧，极易生成二噁英；燃烧后形成氯苯，后者成为二噁英合成的前体；

（2）其他含氯、含碳物质如纸张、木制品、食物残渣等经过铜、钴等金属离子的催化作用，不经氯苯生成二噁英；

（3）在制造包括农药在内的化学物质，尤其是氯系化学物质，如杀虫剂、除草剂、木材防腐剂、落叶剂（美军曾用于越战）、多氯联苯等产品的过程中派生。

大气中的二噁英浓度一般很低。与农村相比，城市、工业区或离污染源较近区域的大气中含有较高浓度的二噁英。表6-2是对世界范围内大气中二噁英的主要来源及其排放量的统计。

表6-2 世界范围内大气中二噁英的来源及其排放量（kg TEQ/a）

来源	排放量	波动范围
城市废弃物焚烧	1130	680～1580
黏合剂及危险废弃物焚烧	680	400～900
金属生产	350	210～490
黏合剂（非燃危险品）	320	190～450
医院废弃物焚烧	84	49～119
铜再生利用	78	47～109
含铅汽油燃烧	11	6～16
不含铅燃料燃烧	1	0.6～1.4
总计	3000	2400～3600

注：TEQ为毒性当量；

6.2.2.1 工业来源

（1）固体废物焚烧。固体废物焚烧，包括生活垃圾、医疗废物及危险废物等的焚烧。20世纪70年代后期，荷兰科学家对生活垃圾焚烧厂的二噁英排放进行研究，发现大量的二噁英存在于焚烧厂的烟气飞灰内。医疗废物中含有氯代化合物，焚烧时PCDD/Fs含量比生活垃圾焚烧更高。固体废物的焚烧过程是环境二噁英的主要来源，因其形成过程的复杂性，其产生机理尚不清楚。除固体废物本身含有二噁英外，一般认为它是由于含氯有机物不完全燃烧通过复杂热反应形成的。固体废物中含有氯源、有机质及重金属是很常见的，因此固体废物焚烧产物中常含PCDD/Fs。固体废物本身也含有痕量的二噁英，范围为6～50ng I-TEQ/kg废物，垃圾制成的衍生燃料中二噁英质量浓度一般为每1kg废物3.8～4.8ng I-TEQ。由于二噁英具有一定的热稳定性，当固体废物燃烧时，如果没有达到分解破坏二噁英分子的温度等条件，这些二噁英就会随飞灰被释放出来。

（2）工业锅炉燃烧。煤等化石燃料和木材在锅炉中的燃烧。

（3）金属生产。Ulrich Qua β等关于欧洲二噁英排放的清单表明，铁矿粉烧结是目前欧洲二噁英排放仅次于生活垃圾焚烧的第二大主要来源，一般为7.5μg I—TEQ/t，或3ng I—TEQ/m^3。

（4）金属回收。如从旧电缆回收金属，二次熔铝、熔铜以及锌的回收等，也是环境PC-DD/Fs的来源。由于一般没有安装二噁英减排设施，电弧炉是唯一的具有排放上升趋势的工业来源。

（5）含氯化合物的合成与使用。许多有机氯化学品，如PCBs、氯代苯醚类农药、苯氧乙酸类除草剂、五氯酚木材防腐剂、六氯苯和菌螨酚等，在生产过程中有可能形成二噁英。目前，大多数发达国家已经开始削减此类化学品的生产和使用，如美国已全面禁止2,4,5三氯苯氧乙酸的使用，限制木材防腐剂及六氯苯的生成和使用。

（6）纸浆漂白过程通入氯气可以产生PCDD/Fs，含PCDD/Fs的造纸废液会排入水体。

6.2.2.2 非工业来源

（1）汽油的不完全燃烧。汽车尾气可以释放PCDD/Fs。减少含铅汽油的使用可以减少此类来源。

（2）家庭燃料。家庭固体燃料（木材和煤）的燃烧排放占非工业源PCDD/Fs排放的60%，其排放量与燃料和炉型有关。

（3）偶然燃烧。如五氯酚处理过的木制品和家庭废物的非法燃烧。

（4）光化学反应。氯代2—苯氧酚可以通过光化学环化反应生成PCDD/Fs，氯酚可以通过光化学二聚反应生成PCDD/Fs。PCDD脱氯可以产生2,3,7,8—TeCDD，而PCDF脱氯产生2,3,4,7,8—PeCDF，不产生2,3,7,8—TeCDF。

（5）生化反应。氯酚类可以通过过氧化酶催化氧化产生PCDD/Fs。如^{13}C标记的多氯酚（PCP）加入废水底泥中可以产生HCDDs和OCDDs。人类排入环境的二噁英在1935～1970年35年间估计增加了35倍，但Ulrich Qua β等关于欧洲二噁英排放的清单表明，这些排放正在降低，并预测在不久的将来，非工业排放将超过工业排放。

工业排放的降低是由于认识到二噁英的毒性及危害后，世界各国对其生成和破坏机理进行了深入的研究，采取了各种有效的控制措施，制定了严格的排放控制标准。如西欧国家的二噁英排放标准为0.1ng TEQ/m^3，我国的排放标准为1.0ng TEQ/m^3（生活垃圾焚烧污染控制标准，GB 18485—2001）。为了保障人体健康，世界卫生组织（WHO）规定的人均日容许摄入量（Tolerable Daily Intake，TDI）为14pg/(kg·d)。关于PCDD/Fs的全球质量平衡显示，在估计的排放和可测的沉降流量之间，不平衡因子为3，表明还有一些来源没有计入。

6.3　二噁英的生成

6.3.1　生成机理

二噁英的生成机理相当复杂，迄今为止，人们也只是有了一些初步的认识，可以归结为下属三种主要途径：

（1）由前驱体化合物（如氯酚、氯苯、多氯联苯等）通过氯化、缩合、氧化等反应生成，不完全燃烧及飞灰表面的不均匀催化反应可生成多种有机气相前驱体；

（2）从头合成，即大分子碳（残碳）与飞灰基质中的有机或无机氯在250～450℃低温条件下经金属离子催化作用而反应生成，高温燃烧已经分解的PCDD/Fs会重新合成（250～450℃"从头合成"占主导地位）；

（3）由热分解反应合成（即"高温合成"），含有苯环结构的高分子化合物经加热分解可生成大量的PCDD/Fs。不管PCDD/Fs以何种方式生成，都必须具备如下四个基本条件：

1）首先必须有含苯环结构化合物（PCDD/Fs母体）的存在，可以由热分解产生、也可以由碳氢化合物合成或其他途径（如不完全燃烧）生成；

2）必须有氯源的存在，可以是无机氯（如氯盐）或有机氯（如PVC、氯苯、多氯联苯）等；

3）必须有合适的生成温度，300～400℃为最佳生成温度范围；

4）必须有催化剂的存在，如铁、铜等金属（镍、锌等亦具有催化作用），铜离子的催化作用较铁离子强25倍，而$CuCl_2$的催化作用又较其他金属氧化物强数百倍。催化剂的存在大大加强了二噁英的生成。

6.3.2　垃圾焚烧炉中二噁英的生成和计算方法

6.3.2.1　二噁英在焚烧炉内各区域的反应

通过各国研究者近30年来对二噁英生成机理的研究，大家普遍认为在垃圾焚烧过程中，与二噁英生成有关的反应主要有5种，对应焚烧炉内的5个反应区域，如图6-3所示。

区域1是预热区，主要是垃圾中原本含有的二噁英在20～500℃的温度区域内会释放出来，

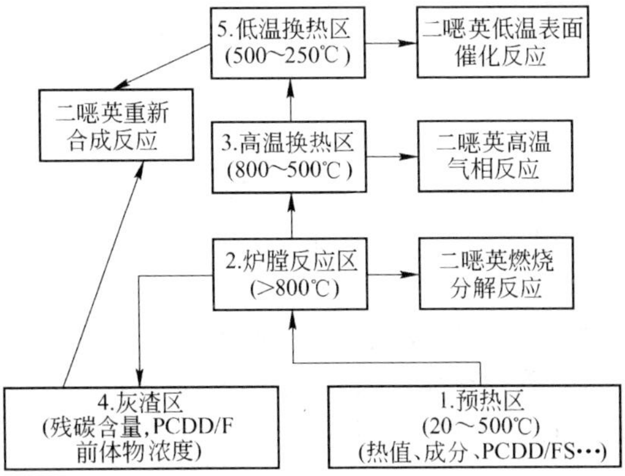

图6-3　垃圾焚烧中二噁英生成区域图

含有的前驱物会通过低温反应生成二噁英。这里释放和生成的二噁英会在炉膛内高温区得到分解，对尾部排放影响不大。区域2是炉膛反应区，在这个区域里，二噁英以及垃圾中的各种前驱物以高温分解为主，燃烧状况的好坏直接影响到了尾部二噁英的再生成。区域3主要为高温换热区，已有研究表明，在这个区域中的二噁英反应以高温气相生成为主，生成的时间很短，并且生成量与区域4、5相比几乎可以忽略不计。区域4是灰渣区，主要以重新合成反应为主。区域5为低温换热区，反应以低温表面催化反应和重新合成反应为主。区域4、5是二噁英生成的主要区域，尤其是温度区间为250~450℃的生成量占到了二噁英总生成量的70%以上。由于预热区的二噁英生成对尾部二噁英排放影响不大，下面仅阐述后四个区域中二噁英生成的相关反应。

（1）炉膛内与二噁英相关的反应。炉膛是高温（1000~800℃）反应集中的地方，垃圾中原有的二噁英或者其前体物在炉膛内高温焚烧时，发生与二噁英相关的反应有氯酚聚合生成二噁英，二噁英、氯酚等有机物的高温分解和燃烧。其中P为氯酚等二噁英前体物。

$$\text{PCDD/Fs} + n\text{O}_2 \longrightarrow m\text{CO}_2 + \beta\text{HCl} \tag{6-1}$$

$$\text{P} + n'\text{O}_2 \longrightarrow m'\text{CO}_2 + \beta'\text{HCl} \tag{6-2}$$

（2）高温换热区与二噁英相关的反应。在高温换热区（800~500℃），二噁英的生成主要以高温气相反应为主，二噁英在高温气相中主要有以下反应：

$$\text{P} \longrightarrow \text{Pg} + \text{H} \tag{6-3}$$

$$\text{P} + \text{OH} \longrightarrow \text{Pg} + \text{H}_2\text{O} \tag{6-4}$$

$$\text{Pg} \longrightarrow \text{Pr} \tag{6-5}$$

$$\text{P} + \text{Pg} \longrightarrow \text{PD} + \text{Cl} \tag{6-6}$$

$$\text{PD} \longrightarrow \text{D} + \text{HCl} \tag{6-7}$$

$$\text{PD} + \text{OH} \longrightarrow \text{D} + \text{H}_2\text{O} \tag{6-8}$$

$$\text{Pg} + \text{R} \longrightarrow \text{P} + \text{Rg} \tag{6-9}$$

$$\text{Pg} + \text{OH} \longrightarrow \text{Pr} \tag{6-10}$$

$$\text{D} \longrightarrow \text{Pr} \tag{6-11}$$

$$\text{D} + \text{OH} \longrightarrow \text{Pr} \tag{6-12}$$

$$\text{Pg} + \text{O}_2 \longrightarrow \text{Pr} \tag{6-13}$$

$$\text{R} + \text{OH} \longrightarrow \text{Rg} + \text{H}_2\text{O} \tag{6-14}$$

$$\text{R} \longrightarrow \text{Pr} \tag{6-15}$$

式中，P为氯酚；Pg为氯酚基团；Pr为含酚基团化合物；D为二噁英；Rg为一般有机物；R为一般有机物基团；PD为多氯二联苯醚。这些反应满足一阶动力学反应模型。如已知炉膛出口处前驱物浓度，可以计算出氯酚、氯酚基团、二噁英等浓度。

（3）低温换热区与二噁英相关的反应。在低温换热区（500~250℃，省煤器与空气预热器区），二噁英的反应主要以前体物的低温表面催化生成反应和重新合成反应为主。

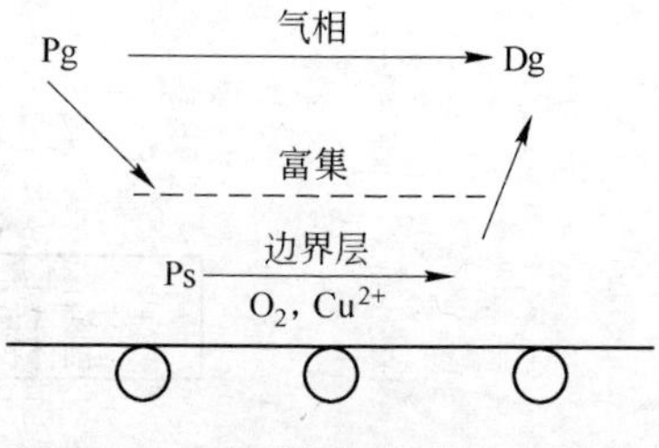

图6-4　二噁英低温催化生成模型

低温表面催化反应过程示于图6-4，主要包括二噁英的生成、解吸附、脱氯和分解4步反应：

生成 $$Ps + Pg \longrightarrow Ds \tag{6-16}$$

解吸附 $$Ds \longrightarrow Dg \tag{6-17}$$

脱氯 $$Ds \longrightarrow Pro \tag{6-18}$$

分解 $$Ds \longrightarrow DPro \tag{6-19}$$

式中：Ps为单位质量飞灰吸附的前体物；Pg为烟气中前体物；Ds为颗粒表面二噁英；Dg为气相二噁英；Pro为二噁英脱氯反应产物；DPro为二噁英分解反应产物。

重新合成反应主要受碳形态、催化剂、氧以及温度的影响，二噁英的生成主要可以分为以下几步：

1）气态氧被金属化学吸收

$$O_2 + 2Cu \longrightarrow 2CuO \tag{6-20}$$

2）碳被氧化

$$C_f + CuO \longrightarrow C_fO + Cu \tag{6-21}$$

3）碳结构的分解

造成一些芳香烃，包括多氯联苯、五氯酚等，通过氧的配位，产生一部分二噁英。

$$C_{gl} + aO_2 \longrightarrow bCO_2 + cCO + dAr + ePCDDPF \tag{6-22}$$

4）在碳结构上的卤化和脱卤反应，会产生一些芳香烃和二噁英。

5）二噁英的分解转化。

（4）灰渣里二噁英的生成。灰渣中二噁英的生成也主要以"denovo"合成反应为主。

6.3.2.2 垃圾焚烧炉中二噁英的生成计算

A 炉内反应计算方程

炉内反应机理主要是高温分解为主，设二噁英分解率为α，反应级数$n=1$，则得到式6-23。

$$-\frac{d\alpha}{dt} = k(1+\alpha) \tag{6-23}$$

在800℃以上高温下，$k=431\times\exp(-46600/RT)$。因此，计算结果如图6-5所示。如图所示，在炉内时间为2s，温度达到800℃时，转化率为99%，而850℃则已达到99.5%以上；1000℃则在1.5s时已几乎达到100%，也就是说接近全部分解。

B 高温气相反应计算方程

高温气相反应机理计算的困难点主要在于前体物浓度的确定，前体物浓度$c[P]$主要来源于未完全分解的和原有的。

高温气相反应由式(6-3)～式(6-15)组成。设K_i为反应R_i的反应速率常数，C_{ij}为基元反应反应物的浓度。根据高温气相反应动力学得到式(6-24)～式(6-30)，式中$r_i = k_i \prod C_{ij}$。

$$dc[P]/dt = -r_4 - r_5 - r_7 + r_{10} \tag{6-24}$$

$$dc[P\cdot]/dt = r_4 + r_5 - r_6 - r_7 - r_{10} - r_{11} - r_{14} \tag{6-25}$$

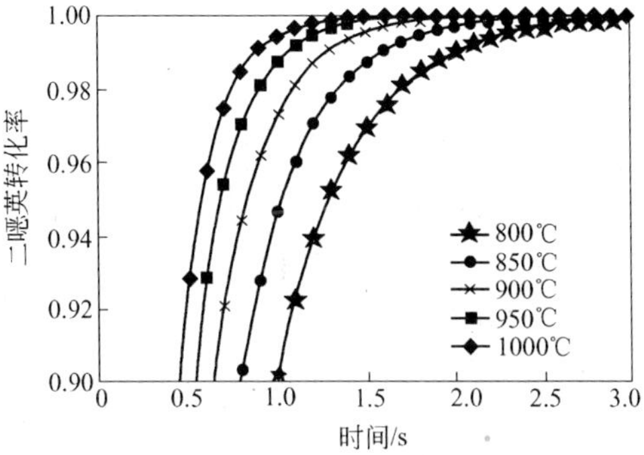

图6-5 炉内二噁英转化率随时间温度变化图

$$dc[PD]/dt = r_7 - r_8 - r_9 \tag{6-26}$$

$$dc[D]/dt = r_8 + r_9 - r_{12} - r_{13} \tag{6-27}$$

$$dc[R]/dt = -r_{10} - r_{15} - r_{16} \tag{6-28}$$

$$dc[O_2]/dt = -r_{14} \tag{6-29}$$

在高温气相反应中，烟气中$c[OH]$浓度与温度有关，$c[OH]=10^{-1.7}\exp(-35000/RT)$。根据式(6-24)～式(6-29)采用欧拉差分法可以计算求出二噁英以及各种前体物生成结果。高温气相生成二噁英的计算方程如下式所示：

$$dc[D]/dt = 5.0\times10^4\exp(-12150/Tc[P]) \quad ng/(m^3\cdot s) \tag{6-30}$$

假设高温反应中前驱物浓度为10μg/m³时，得到的计算结果如图6-6所示。由图可知，高温反应中二噁英的生成随温度降低而减少，同时二噁英生成速率与二噁英前体物浓度成正比。

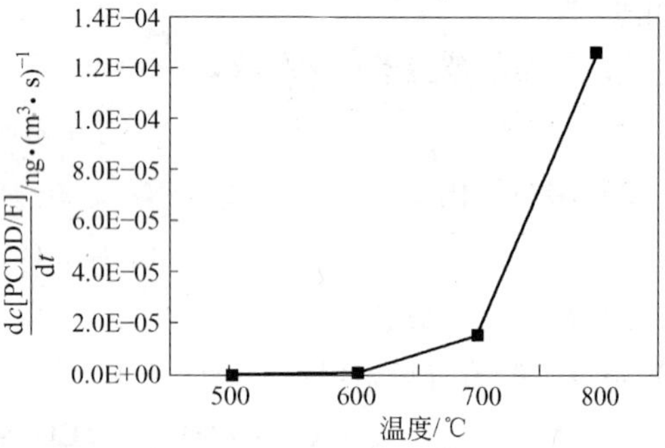

图6-6 高温条件下二噁英生成计算结果

C 低温表面催化反应计算方程

低温表面催化反应主要由式(6-16)～式(6-19)组成，它们分别表示二噁英的生成、解吸附、脱氯以及分解反应，分别以K_{er}、K_{des}、K_{dechl}和K_{deco}表示这4个反应的反应速度常数

$$K_{er} = 5\times10^9\sqrt{T}\exp(-20800/RT) \tag{6-31}$$

$$K_{des} = 5\times10^{13}\exp(-53400/RT) \tag{6-32}$$

$$K_{dechl} = 5\times10^5\exp(-15000/RT) \tag{6-33}$$

$$K_{deco} = 5\times10^{13}\exp(-37500/RT) \tag{6-34}$$

式中，K_i为反应R_i的速率反应常数，C_{ij}为基元反应反应物的浓度。则得到

$$dc[Ds]/dt = r_{er} + r_{des} - r_{dechl} - r_{deco} \tag{6-35}$$

$$dc[Dg]/dt = r_{des} \tag{6-36}$$

$$r_{er} = k_{er}P_sP_g \tag{6-37}$$

式中，P_s指单位质量飞灰吸附的前体物分子数；P_g指烟气中的前体物分子数；定义飞灰的表面覆盖率为θ_s，θ_s一般为0.01～0.0001；$\theta_s=P_s/N_m$，N_m为单位质量飞灰吸附空间的总数。

根据计算过程发现，低温催化生成二噁英主要和温降速率与飞灰覆盖率有关。由计算结果得到固相二噁英生成最多的温度段为300～350℃，气相随温度降低生成量逐渐减少。增加烟气的温降速率和降低飞灰的前体物覆盖率，可有效抑制二噁英的生成。

D “Denovo”反应计算方程

“Denovo”反应的机理如式(6-16)～式(6-19)所述，碳结构的分解会造成芳香烃物质的产生，从而产生二噁英。

主要的反应方程如式(6-38)～式(6-40)下：

$$C_{gl} + aO_2 \longrightarrow bCO_2 + cCO + dAr + ePCDD/F \tag{6-38}$$

$$Ds \longrightarrow Dg \tag{6-39}$$

$$\mathrm{Ds} \longrightarrow \text{其他产物} \tag{6-40}$$

式中，K_1，K_2，K_3 为以上三式的反应速率常数，f 为碳气化反应生成二噁英的产率，碳气化的反应级数为0.5，计算方程如式(6-40)～式(6-45)所示：

$$c[\mathrm{Ds}] = \frac{f[\mathrm{C}]_0 K_1 [\mathrm{O}_2]^{0.5}}{K_2 + K_3 - K_1[\mathrm{O}_2]^{0.5}} \times [\mathrm{e}^{-K_1[\mathrm{O}_2]^{0.5}t} - \mathrm{e}^{-(K_2+K_3)t}] \tag{6-41}$$

$$c[\mathrm{Dg}] = \frac{f[\mathrm{C}]_0 K_2}{K_2 + K_3 - K_1[\mathrm{O}_2]^{0.5}} \times \frac{K_1[\mathrm{O}_2]^{0.5}}{K_2 + K_3}[1 - \mathrm{e}^{-(K_2+K_3)t}] \tag{6-42}$$

$$f = 16\exp(3500/RT) \tag{6-43}$$

$$K_1 = 5.1 \times 10^4 \exp(-17000/RT) \tag{6-44}$$

$$K_2 = 1.05 \times 10^{11} \exp(-35000/RT) \tag{6-45}$$

$$K_3 = 8.5 \times 10^{14} \exp(-44250/RT) \tag{6-46}$$

根据计算结果可知，烟气中残碳含量 $c[\mathrm{C}]$ 和氧含量 $c[\mathrm{O}_2]$ 越高，最后生成的二噁英就越多。因此，控制飞灰中残碳含量和烟气中氧含量是控制重新合成二噁英的主要途径。

6.4　二噁英的检测

二噁英的毒性高，种类多，含量低，其检测是现代有机分析的难点；其分析过程十分严格，要求采样具有代表性，化学处理要有较好的选择性及较高的回收率，测定的分离度、灵敏度、准确度和可重复性要高。目前二噁英类化学物质的检测方法比较多，但应用比较广泛的主要是色谱法、免疫法以及生物法，其他方法由于检测手段有限或特异性等原因，在实际中没有得到广泛地应用。

（1）色谱法。色谱法是目前国际上公认的检测二噁英类物质的标准方法，尤其是高分辨气相色谱与高分辨质谱联用技术（HRGC-HRMS）。其检测步骤为样品采集、提取、净化、分离及定量测定。该方法的优点在于可以分离检测样品中的二噁英的每种成分，并进行准确的定量。但所使用仪器价格昂贵，试样需多步分离、净化，步骤十分繁琐，耗费时间长，而且检测费用昂贵，平均检测一个样品约1000美金。

（2）免疫法。早期基于多克隆抗体和单克隆抗体的放射免疫技术（RIA）和酶联免疫技术（ELISA），但因其缺乏足够的选择性和灵敏度，应用受到一定限制。现在的酶联免疫吸附技术（ELISA），选择2,3,7三氯-8-甲基-二苯并二噁英（TMDD）作为TCDD的替代物，取得了较为满意的结果。免疫法同色谱法相比，具有检测时间短，操作简单，样品检测的费用比较便宜等优点。但免疫法抗体不易获得，制备复杂，而且受抗体所限，不能检测所有的同系物。虽然免疫法有不少缺陷，但由于其操作简便、快捷，是大量样本筛选的较好方法。

（3）生物法。生物法的检测依据是二噁英类化学物质的毒性作用机理。二噁英类化学物质的毒性作用主要是通过与机体细胞内芳香烃受体之间的作用，诱导特异基因的表达，导致毒性作用。由于二噁英与芳香烃受体接触的量与其诱导特异基因表达能力在一定范围内成正比，故可通过检测特异基因的表达产物来反映二噁英类化学物质的量。生物法同色谱法相比，同样具有简便、快捷以及费用低的优点，而且更能准确地反映二噁英类化学物质对机体的影响。与免疫法相比，生物法能同时检测多个样本。

纵观以上三种方法，它们相互补充，各有优缺点。免疫法和生物法适合对大量样本进行筛选和快速半定量测定，而色谱法则适用于需准确定量以及需检测二噁英类化学物质的各个同系异构体的场合。选用何种检测方法，视检测目的及场合而定。

除了以上三种广泛应用的方法外，近年来产生了几种更为便捷的方法。

日本日立公司研究人员根据有机化合物氯苯酚含量与气体中二噁英含量密切相关，研制出一种新型分析装置，可在短时间内测定出气体中二噁英的浓度。

我国中科院武汉水生所发明的一种名为“快速生物筛选法”的检测方法，找到了一条检测二噁英的捷径。研究人员在研究中发现，二噁英不仅可以激发一种酶的活性，而且其含量的多少与这种酶的活性大小成比例关系。据此，将两者的关系制成对测表，通过将样品加注酶，再根据酶的活性大小“捕捉”二噁英，然后对其进行质谱分析，同时通过加注同位素进行全程跟踪，避免因操作不当导致二噁英的损耗。据悉，用这种方法检测一个二噁英样品，只需300 元人民币左右，检测费用同色谱法相比大大降低。

6.5 二噁英的防治

6.5.1 垃圾焚烧过程中的二噁英的治理

二噁英类的物质是在垃圾焚烧过程中产生的，不可能仅用单一的洗气、除尘、净化装置就可以滤掉，必须采取综合的方法，全面治理。其中，最有效的办法就是所谓的“3T + E”控制：

（1）焚烧温度850℃以上（最好是900℃以上），使二噁英完全分解；

（2）保证烟气在炉中的停留时间，使气态可燃物完全燃烧；

（3）加入空气供给量，优化炉型设计，提高湍流度，改善传热、传质效果，有利于焚烧；

（4）保证足够的炉膛空气供给量。

根据二噁英在焚烧处理过程中的生成途径，目前主要有以下几种治理方法。

6.5.1.1 低 CO 燃烧技术

低 CO 燃烧技术方法可以分为两类：

（1）一次燃烧，即在燃烧过程中改进燃烧方法，调整好一、二次风的分配，采用精度更高的如 ICC 燃烧控制系统，以保持燃烧的高效、稳定，使燃烧物在富氧条件下燃尽，减少前驱物的生成。

（2）二次燃烧，即在一次燃烧的基础上，再加一次燃烧，当产生的二噁英类物质通过二次燃烧室时，在高温下（1000℃以上）分解并燃烧。如近年美国开发的流动焚烧炉，烟气经过二次燃烧室借助辅助燃油燃烧，温度控制在1200℃左右，经过冷却后进入高效的气体净化器，对二噁英的去除率可达99.9999%。

6.5.1.2 废气处理技术

除尘器入口温度在300℃左右，在此环境下，前驱物会合成二噁英物质，因此，在实现完全燃烧、减少前驱物质后，接下来要解决的是避免前驱物质的重新合成和捕集新生成的二噁英。目前，有两种效果较好的方法：

（1）袋式除尘器。实验证明，降低除尘器运行温度可明显抑制二噁英类物质的重新生成并能提高捕集效率。袋式除尘器的入口温度一般为150℃以下，而合成二噁英类物质的催化反应温度要求300℃，因此可以有效抑制前驱物经催化反应生成二噁英。而且袋式除尘器的滤布表面会形成烟尘和消石灰层，通过吸附作用，脱除二噁英类物质，排入灰渣中。

（2）活性焦炭吸附。活性焦炭是一种具有活性炭和焦炭两者中间性质的吸附剂，具有较大的比表面积，所以吸附功能很强，不仅能吸附脱除汞和二噁英类物质，还能作为催化剂进行还原脱氮，工作温度的范围在120～180℃，总的脱除效率可达97%以上。

6.5.1.3 灰渣熔融处理技术

灰渣熔融处理技术即通过改进燃烧和废气处理技术，使排入大气中的二噁英类物质的量达到最小，但是焚烧灰渣中仍残存相当数量的二噁英，比排放到大气中的量高一个数量级，因此必须对灰渣进行处理。

在温度1200～1400℃的熔化炉内，将灰渣熔化，二噁英物质在高温下迅速分解并燃烧。实验证明，PCDD/PCDF的分解率可达99.77%，TEQ为99.97%。

城市生活垃圾焚烧过程中释放的二噁英是二噁英污染的主要途径。要减少这种污染，就必须加大垃圾处理过程中对二噁英的控制力度。可采取如下对策：

（1）控制二噁英污染源头。有（无）机氯化物是产生二噁英的基本条件。我国目前城市生活垃圾的袋装化收集进一步增加了垃圾中氯化物的含量。因此，今后应逐步淘汰垃圾袋装化，采取垃圾分装分倒的办法，控制排放量。这是从源头控制二噁英产生的有效途径。

（2）根据我国国情，制定法律条文，严格限制垃圾焚烧尾气的排放。虽然我国在2000年制定了《生活垃圾焚烧污染控制标准》（GWKB3—2000）并规定二噁英限值为10ng/m^3 TEQ，但国内对二噁英的检测手段较落后，实测数据并不可靠，只能参照国外同类标准来制定我国二噁英排放标准。因此，对于这一问题应下大力气研究，以便早日制定并实施符合我国国情的二噁英排放标准。

（3）强化垃圾焚烧过程中的二噁英防治。垃圾焚烧是产生二噁英的主要途径，但是，该技术是适合我国国情的垃圾处理的重要发展方向。因此，在目前还未能实行垃圾分类收集的情况下，对混合垃圾焚烧过程中的二噁英控制就成为一个相当重要的课题。该项工作主要集中在燃烧过程和烟气处理两个方面。目前研究的重点将放在能够有效控制二噁英生成，同时成本低且具有较高推广价值的新技术，以加快国内各垃圾焚烧厂技术设备的更新换代。

6.5.2 钢铁工业二噁英的控制

面对二噁英污染造成的严重危害，世界上主要工业化国家在对本国二噁英产生源头、污染现状等进行调查研究的基础上，制定了防治二噁英污染的具体措施。如何控制二噁英的形成源，切断二噁英的形成途径，以及采取有效的二噁英净化技术，是最为关键的三个核心问题。我国是钢铁生产大国，必须重视其二噁英的生成。钢铁工业二噁英的防治措施有如下四个方面。

6.5.2.1 改进工艺、减少二噁英类物质的产生

钢铁生产过程也是二噁英的主要来源之一。烧结原料中的碳氢化合物、高炉喷吹的废塑料以及含有有机物涂层和机加工油类的废钢，都可以在相应的生产环节产生二噁英。通过改进和优化烧结、焦化、炼铁、炼钢等生产环节的工艺过程，可以大幅度减少二噁英的产生，降低其排放量。具体来讲，就是在烧结过程中向烧结料中加入适合的抑制剂，以及采用废气循环，可明显减少废气排放的二噁英量（大约为60%）；严格控制喷入高炉的废塑料，喷吹废塑料时，应选择设备和原料条件都比较好，容积相对较大的高炉。对炼钢废钢进行分选，在熔化时采取过氧燃烧技术，保持炉内的高氧化度，在废气除尘系统中采用快速降温和多级布袋式除尘方法或除尘器后加活性炭吸附塔等措施，以及在250～400℃温度段向废气系统中喷入氨，降低铜等金属离子的催化作用。

6.5.2.2 加强对燃烧工艺、燃烧设备的改进提高，减少二噁英的排放量

A 燃烧前控制物料分选

在物料送入燃烧炉之前，对原料进行分选，选出铜、铁等过渡金属，减少入炉含氯有机物的量，从源头上控制二噁英的生成。

B 燃烧过程及燃烧条件控制

采用“3T + E”技术——良好的炉膛温度，烟气在高温区充足的滞留时间，在高温区适当的空气量，炉内充分的紊流强度。有研究资料表明，当燃烧温度控制在850℃以上，烟气在炉内停留时间维持2s的时候，99.5%的二噁英会被高温分解，要求炉内氧气浓度不低于6%。向燃烧炉内添加碱性氧化物，可以控制二噁英形成。添加石灰石或氧化钙可以吸收HCl，以此来阻止HCl的进一步分解，从而有效地降低氯源。有关文献报道，在600～800℃温度范围内，可以将60%～80%的HCl固定成为$CaCl_2$。炉内喷氨也可以起到类似作用。炉内喷钙净化工艺也有利于脱除HCl，而且对二噁英的生成同样具有重要的抑制作用。

C 燃烧后控制

燃烧后控制即烟气净化处理。采用急冷的方法快速降低烟气温度，切断二噁英再合成生成的途径。有文献资料表明，当将烟气温度迅速控制到180℃以下时，可减少二噁英的生成量达60%～95%。安装布袋除尘器，去除吸附在亚细灰尘粒子上的二噁英。同时向烟气中喷吹活性炭或焦炭等多孔物质，可以提高除尘装置对二噁英的去除效率。

6.5.2.3 研究开发新的二噁英处理技术

对二噁英污染的控制措施，另一核心问题就是对产生的二噁英进行降解或分解处理使其变为无害物质。人类在其生产、生活的行为过程中不断产生二噁英，二噁英本身的物理化学特性决定了它非常稳定，难以氧化或分解。对这部分二噁英，人类只能通过以下一些特殊的处理技术将其转化为无害物质。

A 催化分解

二噁英容易吸收自然光中的紫外线，所以，在一定环境条件下可进行光解。近年来有人用高级氧化法处理工业废水，即在含二噁英的溶液中加入0.3%的双氧水，其光解速度可提高4倍。如果在紫外线照射下，并用臭氧处理工业废水、废气，其中的二噁英将得到快速降解。日本名古屋国家工业研究院开发出一种利用二氧化钛加紫外光催化分解二噁英的技术，研究结果表明，该技术用于烟气除尘系统上，运转时无须将烟道气冷却。当400～500℃的烟道气以50L/h的流速通过由该技术设计的装置时，烟道气中的二噁英可从78ng TEQ/m^3降至1.1ng TEQ/m^3，去除效率高达98.6%。

B 微生物降解

国外有人研究利用微生物降解土壤中的二噁英也取得了巨大进展。如日本高知大学成功开发出用锯屑高效净化被二噁英等有害物质污染土壤的技术，使用栽培香菇的锯屑与污染土壤混合，用高压处理，1日内可使90%的污染物质分解。

C 电子束、射线分解

将电子束作用于废气中的空气和水，使之生成活性氧等易反应的物质，进而破坏二噁英的化学结构。如日本原子能研究所研究出利用电子束来分解、清除废气中的二噁英，效果显著。另外，还有人用α-辐射降解二噁英，运行成本低，效果明显。

6.5.2.4 加强环境保护宣传力度

目前，世界上工业发达国家，在生态环境二噁英污染调查、监测、预防、减排技术等方面

做了大量的研究工作，制定了空气、水体以及土壤中二噁英的相应控制标准，以及垃圾焚烧烟气的排放标准。我国在这方面的工作起步较晚，总体上远远落后于发达国家，需要做大量的调查和研究工作，以此把握我国的污染现状，制订二噁英污染防治规划以及具体实施方案，建立健全相应的法律法规，切实把环境保护落到实处。

6.5.3 烧结工序 PCDD/Fs 的减排

根据 PCDD/Fs 的性质及生成机理，其减排途径首先应从减少 PCDD/Fs 生成量入手，即从减少含有苯环结构的化合物、减少氯源及催化物质入手，同时对温度进行控制，缩短有机废气在 PCDD/Fs 易生成温度区间的停留时间。其次，对于已生成的 PCDD/Fs，可采取高效过滤、物理吸附、高温焚烧、催化降解等措施；管理方面也应采取一些积极措施，如制订严格的 PCDD/Fs 排放标准。

6.5.3.1 减少 PCDD/Fs 的生成量

（1）烧结 PCDD/Fs 是在料层生成。采用生石灰、轧钢氧化铁皮含油量控制在1%以下，避免使用无烟煤用作燃料，对烧结工艺进行优化（更好地控制烧结终点、改进烧结料层条件和渗透性等可使 PCDD/Fs 产生量降低 85% 左右），减少烧结原料带入的氯及其前体化合物，都可以降低 PCDD/Fs 的生成量。

（2）为了减少带入烧结的氯源，经处理后的碳钢冷轧酸性废水不宜作为浊循环的补充水回用于轧钢冲氧化铁皮（用作烧结混合料的氧化铁皮中通常含氯量相对较高），同时也不宜用作矿石料场洒水。国内有的烧结厂为降低烧结矿低温还原粉化率（RDI），采用了矿石料场喷洒 $CaCl_2$ 技术，增加了烧结过程可生成 PCDD/Fs 的“氯源”，宜尽可能改在烧结矿成品段喷洒；有的厂为了减少废水处理投资而将自备电厂脱硫废水（含氯离子很高）回用作原料场洒水，这种为 PCDD/Fs 生成提供大量氯源的“废水零排放”技术应当摒弃。

（3）铜对 PCDD/Fs 的生成具有强催化作用，应优先使用含铜量更低的铁矿石原料。

（4）有研究报道，向烧结料层喷入 $NaHCO_3$ 明显降低了 PCDD/Fs 的产生量，可能是 $NaHCO_3$ 与烧结过程产生的气态氯化物（如 HCl、Cl_2）反应生成了 NaCl，从而减少了可生成 PCDD/Fs 的有效氯源。

（5）只要温度适宜，烧结 PCDD/Fs 在接近卸料端（80% ~90% 处）的几个风箱内同样可能形成，甚至达到最大值。研究发现，烧结料中加入合适的抑制剂（如氨水、尿素），可使烧结 PCDD/Fs 的生成量明显降低，其机理仍有待于进一步探明。氨水可来自炼焦系统，成本低廉，可以在接近卸料端几个风箱喷入，但喷入的位置宜接近烧结料层的底部，而不是喷入风管或其附近；若为尿素颗粒，也可以加入烧结混合料中。此外，还可以向风箱内喷入水雾（若为 NaOH、$Mg(OH)_2$ 或 $Ca(OH)_2$ 水溶液，还具有脱硫效果），使烟气快速冷却至200℃以下，缩短烟气在 PCDD/Fs 易生成温度区间停留的时间，可以明显降低 PCDD/Fs 的生成量，其喷入的部位是越接近烧结料层越好。将 PCDD/Fs 生成量较大部位几个风箱的排气回用作烧结助燃空气（含 PCDD/Fs 废气循环），不仅可以节约能源，同时还可以明显降低 PCDD/Fs 的生成量。这种减排技术国外已有应用，如欧洲克鲁斯钢厂 3 台烧结机就全部采用了这一技术，50% 的废气被循环利用，PCDD/Fs 减排量达到了 70%，颗粒物和 NO_x 减少排放量近 45%。

（6）采用较高含硫量的燃料和铁矿石也可以使 PCDD/Fs 生成量明显减少。其原理一是燃烧生成的 SO_2 和少量 SO_3 可与烟气中的 Cu^{2+} 反应生成 $CuSO_4$，降低了 Cu 的催化活性；二是 SO_2 与 Cl_2 和 H_2O 反应可以生成 HCl 和 SO_3，消耗了有效氯源，削弱了芳香族化合物的氯代作用，从而减少了 PCDD/Fs 的生成量。这种减排在垃圾焚烧行业已有报道，在烧结工序 PCDD/Fs 减排方面尚无报道。但从国内两个大型长流程钢铁企业的实测数据来看，华北某厂采用国内铁矿石原料（含硫量高），烟气中的 PCDD/Fs 要比华东某厂采用进口低硫铁矿石原料低一个数量级，可能就与前者烟气中 SO_2 浓度比较高有关。

6.5.3.2 已生成 PCDD/Fs 的减排

A 高效过滤

低温条件下（200℃以下），PCDD/Fs 绝大部分都以固态形式吸附在烟尘表面，而且主要吸附在灰尘微细的颗粒上。湿法除尘对 PCDD/Fs 的净化效率较低，一般为 65% ~85%，静电除尘器则更要低一些（国内某钢铁企业烧结机静电除尘器实测平均净化效率为 50.7%），而袋式除尘器一般都可以达到 85% ~90% 或更高。除尘器入口烟气温度的高低决定了 PCDD/Fs 的减排效率，温度越低效果越佳。有关研究资料表明，若采用合适的滤料，布袋除尘器后 PCDD/Fs 排放浓度不到电除尘器的 10%。因此，烧结机的 PCDD/Fs 减排应尽可能选用袋式除尘；国外已有不少成功业绩（美国 9 个有烧结的钢厂如美国钢铁公司、内陆钢铁公司、杰尼瓦公司、WCI 公司等均为袋式除尘），但国内已有“电布袋除尘器”（是静电除尘与袋式除尘的复合）应用于烧结机头烟气的实例。PCDD/Fs 最终的排放浓度与排放废气中的含尘浓度成正比关系，因此必须尽最大可能降低烟尘的排放浓度，除尘效率应尽可能提高。

B 物理吸附

利用 PCDD/Fs 可被多孔物质（如活性炭、焦炭、褐煤等）吸附的特性，对其进行物理吸附（国外已广泛采用），一般有携流式、移动床和固定床 3 种处理形式：

（1）携流式是指在除尘器前烟道（或设专门装置）喷入吸附剂，吸附 PCDD/Fs 后的吸附剂被除尘器脱除从而达到减排目的，该方式投资及运行成本最省；

（2）移动床是指吸附剂从吸附塔上部（或下部）进入从下部（或上部）排出，一般设在除尘器后（设在除尘器前会降低脱除效果并增加运行成本），但一次性投资比较大，对失去活性的吸附剂可作为燃料利用或再生后循环使用；

（3）固定床中的吸附剂是不动的，烟气流过其表面时 PCDD/Fs 被脱除。

用褐煤作吸附剂可使烧结废气中 PCDD/Fs 最终排放量降低 80% 左右，欧洲多家钢厂实测减排效果为 70%。使用焦炉褐煤粉末作吸附剂和袋式除尘，PCDD/Fs 排放量可减少 98%，排放浓度可低至 0.1ng-TEQ/m^3。该技术要求吸附剂具有高比表面积，喷入时要求分散均匀性好，但在喷入某些型号煤粉时需消耗石灰，与煤粉混合进行惰性化处理，或喷煤的同时喷入石灰，以防引起火灾和爆炸；由于煤粉吸附剂和石灰粉的喷入，增加了后序除尘器的负荷，设计时应考虑对除尘系统进行优化。喷入活性炭可能会比喷褐煤具有更好的减排效果，因为活性炭的比表面积更大，但价格也高。

C 催化分解

日本名古屋国家工业研究所开发的 TiO_2 加紫外光催化分解技术，PCDD/Fs 去除率可达 98.6%，同时还能分解烟气中 55% 的 NO_x。其基本原理是：TiO_2 在紫外光照射下能产生氧化性极强的羧基自由基，对所有的有机物几乎无一例外都能氧化成 CO_2 和 H_2O，且分解率高、降解速度快，其最终生成物是 CO_2 和 H_2O 等无害物，处理彻底、不存在二次污染。我国西北化工研究院开发的 TiO_2-V_2O_5-WO_3 催化剂氧化分解技术，在 240 ~320℃试验条件下，PCDD/Fs 去除率达 95% ~99%；连续运行 400 多小时，催化剂仍表现出优良的活性；在 240℃左右较低温度下，催化活性最佳。近几年国内外对 TiO_2 光催化剂进行了广泛的研究，该项技术正在不断完善，从普通颗粒状 TiO_2 到纳米级 TiO_2，从固定床反应器到浮动床反应器，从单一 TiO_2 催化剂到复合型催化剂等；其研究方向一是提高 TiO_2 催化活性，二是发展可见光的利用，三是研制高效能反应器。考虑到催化剂的中毒问题，催化反应装置一般宜设在除尘器后，但此时烟气温度已低于150℃或更低，尚需对烟气进行加热。该技术设备投资比较大，运行成本也比较高，尚未见应用于烧结烟气 PCDD/Fs 减排方面的报道。

D　戈尔 Remedia 催化过滤技术

此技术由美国戈尔公司于 1998 年发明，是一种“表面过滤”与“催化分解”相结合的“覆膜催化滤袋”技术，在垃圾焚烧、危险废物、医疗废物焚烧及再生铝等行业已有大量应用（日本、美国、德国、英国、捷克、比利时、奥地利、新加坡、泰国、巴西、中国台湾等），技术成熟。滤袋由 ePTFE 薄膜（Gore-Tex 薄膜）与催化底布组成，底布为针刺结构，纤维由膨体聚四氟乙烯复合催化剂组成，集高效除尘与催化氧化于一身，与传统技术相比具有如下特点：（1）颗粒物去除效率高，排放浓度可达1mg/m^3；（2）固气态 PCDD/Fs 去除率高（固态99.9%、气态97.8%，总去除率达98.4%），排放浓度可低于0.1ng-TEQ/m^3，气态 PCDD/Fs 在低温状态（180～260℃）被彻底分解而不是吸附转移，不存在 PCDD/Fs 的二次合成和二次污染；（3）不需要喷吸附剂或碱性物质，不需要改造现有设备，只需要更换除尘器滤袋，施工简单方便；（4）阻力小，28 次/d 清灰时为1500Pa；（5）ePTFE 薄膜滤袋抗腐蚀性强，适用于酸性烟气；（6）滤袋寿命长，一般可达 6 年以上。该方法移植到烧结烟气 PCDD/Fs 减排，技术上应是可行的，而且运行成本也会比较低。

E　烟气循环技术

将烧结烟气回用作助燃空气，经过烧结高温区焚烧以后，PCDD/Fs 排放总量可以明显降低（降低60%～70%），不仅利用了烟气余热、节约了能源，同时还可以减少 NO_x 及烟尘的排放量（减排近45%）。

F　烧结烟气脱硫

烧结烟气脱硫对 PCDD/Fs 具有明显的减排效果，主要是脱硫以后细颗粒烟尘排放浓度可以大幅度降低。此外，烧结烟气脱硫对 PCDD/Fs 也具有明显的减排效果，可能是催化氧化对 PCDD/Fs 的降解作用。

G　MEROS 技术

德国西门子集团开发的 MEROS 烧结烟气高效干法净化技术，不需要对烟气加热，在烟道上逆流喷射添加剂、气体调节反应器、粉尘循环系统、脉冲织物过滤器及清洁气体监控系统组成，集脱硫、脱 HCl 和 HF 于一身，并可以使 VOC 可冷凝部分几乎全部去除。一系列测试结果表明：排放烟气中的烟尘浓度低于5mg/m^3，重金属去除率达95%以上，PCDD/Fs 去除率达98%（喷焦炭或活性炭）以上，HCl 和 HF 去除率在90%以上；喷消石灰脱硫效率为80%，喷 $NaHCO_3$ 脱硫效率大于90%。其技术关键点在于添加剂的作用和粉尘循环再燃烧。

H　其他减排技术

（1）日本原子能研究所发明的电子束分解技术，据报道减排效果也很显著；其基本原理是，用电子束照射废气，使废气中的 O_2 和 H_2O 生成活性氧等易反应的物质，从而达到破坏 PCDD/Fs 化学结构的目的。

（2）日本 Miyoshi 油脂公司发明了 Dioeut G-20 还原剂与空气混合喷入烟道的方法，PCDD/Fs 排放浓度可降至1ng/m^3以下，该还原剂为粉末状、含无机磷的化合物和钙，在300～400℃温度区间可产生原子氢，与 PCDD/Fs 氯基反应生成 $CaCl_2$ 从而使 PCDD/Fs 得到还原。该技术的投资与活性炭吸附法相当，约为高温焚烧法的50%，其运行费用不到两者的一半。

（3）有关研究表明，在240～320℃温度区间向烟气中喷入 H_2O_2，也可以有效降低 PCDD/Fs 排放量。

（4）还有人尝试用α-辐射降解 PCDD/Fs，运行成本较低，而且减排效果也比较明显。

以上高效过滤、物理吸附、戈尔 Remedia 催化过滤、烟气烟尘再循环、烧结烟气脱硫等减排技术可能比较适合烧结已生成 PCDD/Fs 的减排。

6.5.4 电炉工序 PCDD/Fs 的减排

6.5.4.1 减少 PCDD/Fs 的生成量

（1）废钢是电炉的主要原料，由于来源混杂，应对废钢进行预处理。对废钢进行分选，最大限度地减少其中油脂、油漆、涂料、塑料等有机物的入炉量，并对这类含有机物的废钢另行加工处理，同时要严格限制进入电炉的氯源总量。

（2）分选出的含有机物废钢则不宜采取预热处理。这类废钢在电炉加料时应缓慢连续加入，有研究资料显示：这类废钢缓慢地连续加入可使废气达到较高的氧化程度（提高氧化程度可降低未燃有机化合物成分）和较低的氯苯产生量，PCDD/Fs 的生成量要比快速加入少得多。

（3）电炉一次烟气温度在 1000℃以上，此时 PCDD/Fs 及其他有机物已经全部分解；对燃烧后的烟气应进行急冷，使其快速冷却至 200℃以下，最大限度减少烟气在 PCDD/Fs 最适宜生成温度区间的停留时间，可以减少“从头合成”。目前，蒸发冷却塔已大量用于高温烟气的冷却降温，喷入塔内的水雾可使高温烟气快速冷却，而且还能使部分微细烟尘颗粒凝聚成大颗粒，更易于去除；与传统的掺冷风等降温措施相比，具有烟气总量少，运行设备总阻力小，噪声低等特点；与空气换热强制冷却相比，可以缩短管路，缩短冷却时间，降低运行阻力，尤其适合电炉这类高温烟气的快速冷却降温，PCDD/Fs 减排效果明显，预计可减排 80%～95%。

（4）有文献报道，对于未采取急冷降温的电炉烟气，在 600～800℃温度区间向烟道或设置的专用装置内喷入碱性物质粉料（如石灰石或生石灰），通过生成 $CaCl_2$ 减少可生成 PCDD/Fs 的有效氯源，也可使 PCDD/Fs 的生成量明显降低。在 250～400℃区间喷入氨，也可以抑制 PCDD/Fs 的生成。

（5）新型电弧炉炼钢工艺。日本开发的环保型高效 ECOARC（Ecological and Economical ArcFurnace）电弧炉已通过 5t 试验炉试验并成功地进行了小规模商业化生产，该电炉本体由废钢熔化室和与熔化室直接连接的预热竖炉组成（可一起倾动），后段设有热分解燃烧室、直接喷雾冷却室和除尘装置。热分解燃烧室可将含有 PCDD/Fs 在内的所有有机废气全部分解，并能够缩短高温区间烟气的滞留时间，喷雾冷却室可将高温烟气快速降温避免 PCDD/Fs 的二次合成。研究结果表明：废气中的 PCDD/Fs 低于 0.5ng-TEQ/m^3，烟尘颗粒物中的 PCDD/Fs 低于 3.0ng-TEQ/g。不仅如此，该电炉与常规传统电弧炉相比，每生产 1t 钢的电耗、烟气量、烟尘产生量可相应降低 40%、40% 和 50% 以上，炉子的生产率也可提高 50% 以上。ECOARC 电炉属平缓负荷脉冲操作，闪烁和高次谐波可减少 50% 以上，噪声也要比常规电弧炉低得多。

6.5.4.2 已生成 PCDD/Fs 的减排

（1）高效过滤技术。电炉生产过程中产生的 PCDD/Fs，在低温条件下大部分也都是呈固态形式，常常吸附在烟尘的表面，主要在细颗粒表面，采用高效除尘器可以明显减少 PCDD/Fs 的排放量；但是，当烟尘排放浓度降低至一定水平（如 5mg/m^3 以下），则 PCDD/Fs 已不会再明显降低。

（2）物理吸附。物理吸附技术是喷入吸附剂与高效过滤技术相结合的二噁英净化技术，其净化效率可由 50%～85% 提高到 90%～99%。

HOK 褐煤吸附技术在欧洲 Schifflingen（1997 年）、Esch-Belval（2001 年）、Differdingen（2001 年）、Stalhl Gerlafingen（瑞士，1998 年）、ALZ Genk（比利时，2003 年）五家钢厂的电

炉生产中得到了应用，达到了确保 PCDD/Fs 排放低于 0.1ng-EQ/m^3 的目标。HOK 褐煤是经过“转底炉工艺”活化的褐煤（HOK 是德语转底炉的简称），具有良好的孔隙结构（1～50nm）、孔隙率高达 50%，超研磨级 HOK（24μm）喷入量 25～35mg/m^3 即可使 PCDD/Fs 远远低于 0.1ng-TEQ/m^3。为了确保安全，应在除尘器入口安装火花捕集器。该技术的特点是：褐煤价格低廉、惰性好，喷入量小，不会影响除尘系统的负荷和除尘灰的综合利用，PCDD/Fs 去除率高，适用于废钢预热烟气，运行成本比较低。实践证明，PCDD/Fs 的去除效果很大程度上取决于吸附剂的均匀分布及其与 PCDD/Fs 分子的接触概率。成本较高的活性炭具有微观和次微观孔隙（<1nm），但对 PCDD/Fs 的吸附作用则非常有限。

（3）高温氧化，即“3T+E”技术。该技术适用于废钢预热后烟气 PCDD/Fs（与无废钢预热相比可增加 10 倍）的减排，要求：焚烧炉膛温度控制在 850℃以上，烟气在高温区停留时间在 2s 以上，高温区应有适量的空气（含氧量保持在 6% 以上）和充分的紊流强度。这样，99% 以上的 PCDD/Fs 及其他有机物都会被高温分解。为了避免“从头合成”，可向焚烧炉内或烟道中喷入碱性物质，如石灰石或生石灰，可有效减少生成 PCDD/Fs 的氯源 60%～80%。向炉内喷氨也可以达到类似效果，因为氨对 Cu 等金属的催化活性有抑制作用。其原理是通过吸收烟气中的 HCl 和 Cl_2 生成 $CaCl_2$ 等并进而抑制 HCl 分解生成 Cl_2，从而达到减少有效氯源的目的。同时对烟气进行急冷（如喷雾冷却），使烟气温度快速降至 200℃以下，以最大限度减少烟气在 PCDD/Fs 易生成温度区间的停留时间。喷入碱性物质可与“急冷”合并成一套装置，如喷入石灰水溶液、$NaHCO_3$ 溶液或氨水，既可以减少生成 PCDD/Fs 的氯源又可以缩短烟气在 PCDD/Fs 易生成温度区间的停留时间，预计减排效率可达 97%～99%。但该技术设备投资较大，运行成本也比较高。

（4）催化分解。目前主要适用于洁净烟气，可用于废钢预热烟气 PCDD/Fs 的减排，宜设在除尘器之后。

（5）戈尔 Remedia 催化过滤。该技术应更适合电炉烟气（用于烧结烟气仍存在一些技术问题），PCDD/Fs 去除率可达 97%～99%。与掺风冷却相比，该技术不仅可以减少总废气量，降低运行成本，而且 PCDD/Fs 去除率高，不存在二次污染；适合现有布袋除尘器的技术改造，即只需更换滤袋，施工简单方便，不需要喷吸附剂或碱性物质，也不需要改造现有设备。

（6）其他减排技术：同烧结工序。

上述高效过滤、物理吸附、戈尔 Remedia 催化过滤等减排技术，比较适合电炉炼钢已生成 PCDD/Fs 的减排。

6.5.5 造纸工业中二噁英的防治

6.5.5.1 造纸行业二噁英的来源

造纸行业由于所采用的原料及工艺不同，其产生的污染物种类也千差万别。造纸生产中所用的原料包括各种木材、稻草、麦草、芦苇、大麻、蔗渣等，制浆工艺有碱法制浆、酸法制浆等。制浆造纸行业排放的废水的特点是污染物种类多、浓度高且含有有毒化合物，而且废水量很大，造成的污染十分严重。目前造纸废水中已知的有毒化合物包括脂肪酸和树脂型酸，通常表示造纸污水特性的参数有：COD，BOD，SS，pH，N，P，AOX，色度和毒性等。

无论采用何种原料及工艺，为了使生产出的纸张达到一定的白度，都要对纸浆进行不同程度的漂白。漂白工艺是一个非常复杂的过程，漂白剂也有很多种，资料表明，迄今为止漂白废水中只有 10%～30% 的组分为人们所了解，其余组分目前尚不得而知。传统的漂白工艺是以氯气为主要原料，就世界范围来说，造纸所用原料有 92% 的是木材，而以木材为原料的制浆造纸工艺多为硫酸盐法。木浆本色呈深棕色，要将本色木浆漂至人们日常所用纸张的白度，即白度约为80% ISO 左右，采用有氯漂白工艺需要4～7个工序，采用无氯漂工序可能更为复杂，甚至不可能。

制浆造纸行业的漂白工序是产生二噁英的主要来源，因此也越来越受到人们的重视。国际上对此已有严格要求，国内对制浆漂白产生的二噁英问题尚未引起重视，也未对AOX采取有针对性的治理措施，通常只是在与中段水一道处理中予以削减。目前的发展趋势仍是改进工艺，减少含氯化合物的使用。

6.5.5.2 造纸行业二噁英的防治

造纸行业纸浆的漂白是产生二噁英的主要工序。国际上为了减少含氯污染物的排放，要求造纸厂采用无元素氯 ECF（Elemental Chlotine Free）或全无氯 TCF（Total Chlorine Free）工艺；未来发展仍以减少直至消除在漂白过程中使用含氯化合物为主要途径，如采用过氧化氢替代氯气进行漂白，并对排放的废水中的AOX（可吸附有机卤化物，表示二噁英含量的指标）规定限值。

对硫酸盐纸浆而言，元素氯漂白产生的AOX在2～5kg/t浆之间，而采用无元素氯漂白方法产生的AOX仅为0.4～1.0kg/t浆，全无氯漂白产生的AOX则更低。

由于漂白纸浆废水成分复杂，致使造纸废水处理难度大，特别是漂白废水，因此，最重要的是从选择漂白工艺、漂白剂种类入手，从源头削减AOX产生的可能性。在漂白废水中，AOX几乎全部为有机氯化物。我国对1992年以前建成的造纸厂未要求AOX排放限值，在1999年第二次修订发布的《造纸工业水污染物排放标准 GWPB2—1999》中，对1992年7月1日以后建成投产的造纸厂规定了AOX的排放标准，漂白与非漂白木浆的AOX排放量见表6-3，漂白工艺对白度和有机氯化物AOX排放量的影响程度见表6-4。

表6-3 漂白与非漂白木浆的AOX排放量

浆的种类	AOX 限制	浆的种类	AOX 限制
漂白木浆	2.64kg/t(浆)(12mg/L)	漂白非木浆	2.7kg/t(浆)(9mg/L)

表6-4 漂白工艺对白度和有机氯化物AOX排放量的影响

漂 白 剂	白度/100% ISO	有机氯化物 AOX/kg · t^{-1}(纸浆)
Cl_2	80～85	2～5
O_2、$ClO_2+H_2O_2$	80～82	0.4～1.0
H_2O_2	75～78	<0.4
$H_2O_2+O_3$	78～80	<0.4

无论是采取前期还是后期对含AOX废水进行处理，其方法随着技术进步都将有进一步的改进，发展趋势就是改进漂白剂的特性或减少含氯漂白剂的用量。前期处理主要是减少用量，应首先考虑借助于工艺改造和清洁生产方式；后期的末端处理指的是对排放的污水进行治理。实际上，两种方式的有效结合才能以最小的成本达到理想的效果。对含氯漂白废水，可考虑在车间进行预处理，达到标准然后再汇于中段水一道处理，削减有机污染物负荷。对于生化处理产生的污泥，应监测含氯污染物的浓度，必要时，须按照危险固体废物的处置要求进行填埋处理。

同时，应改进漂白工艺，采取清洁生产方式进行源头控制，削减用量。对造纸行业而言，前期处理及清洁生产在节水和削减污水处理负荷方面更具吸引力。还应加大工艺过程的监测力度和技术改进进程。

复习思考题

（1）名词解释

二噁英，PCDDs，PCDFs，PCB。

（2）简要回答问题

1）二噁英的主要来源有哪些？

2）二噁英对人类主要有哪些危害？

3）二噁英在环境中的产生、转移、富集规律有哪些？

4）成熟的减排二噁英的技术措施有哪些？

（3）分析回答问题

1）我国关于二噁英排放的有关法律法规。

2）针对我国二噁英污染现状，提出你的见解。

参 考 文 献

[1] 李超，皇甫艺．垃圾焚烧与二噁英的污染和防治[J]．重庆环境科学，2003，11.

[2] 国家环境保护总局污染控制司．城市固体废弃物管理与处置技术．2000.

[3] 陈雪英，李战隆．国外城市垃圾焚烧尾气污染防治对策[J]．环境科学研究，1995，3.

[4] 冯斌．城市垃圾焚烧与二噁英[J]．能源研究与利用，2000，4.

[5] 彭恩泽，李晶晶．二噁英类物质污染及综合防治措施[J]．工业安全与环保，2005.

[6] 赵毅，张秉建，贺鹏．二噁英类化合物检测方法的研究现状及展望[J]．电力环境保护，2008，6.

[7] 黄汝广，李莎，李毓阳，刘淑珍，于萍萍．二噁英污染及其防治措施的研究进展[J]．安徽农业科学，2007.

[8] 赵毅，张玉海，闫蓓．二噁英的生成及污染控制[J]．环境污染治理技术与设备，2006.

[9] 董武，胡玉晖．我国环境污染物二噁英的污染与防治[J]．内蒙古环境保护，2005，3.

[10] Conference of plenipotentiaries on the stockholm convention on presistent organic pollutants stockholm. 2001.

[11] Dong W. Teraoka H. Kondo S. Hiraga T 2,3,7,8-tetrachlorodibenzo – p – dioxin induces apoptosis in the dorsal midbrain of zebrafish embryos by activation of arylhydrocarbon receptor. 2001.

[12] Peterson R E. Theobald H M. Kimmel G L Developmental and reproductive toxicity of dioxins and related compounds：cross – species comparisons 1993.

[13] 王敬贤，吴文忠．二噁英的主要来源、排放量及相关环境和健康标准[J]．水生生物学报，2002.

[14] 罗少初．二噁英污染——发展造纸业必须解决的战略性问题[J]．中华纸业，2000，12.

[15] 杨玲，曾觉群，王梦溪．制浆造纸行业二噁英问题的探讨[J]．环境保护科学，2006.

[16] 周莉菊，赵由才．二噁英从头合成机理研究进展[J]．Industrial Furnace，2006，4.

[17] 赵由才．实用环境工程手册——固体废物污染控制与资源化[M]．北京：化学工业出版社，2002：300，314～315.

[18] 周宏仓，仲兆平，金保升．城市固体废物焚烧过程中二噁英的生成和控制[J]．能源研究与利用，2002.

[19] 钱原吉，吴占松．生活垃圾焚烧炉中二噁英的生成和计算方法[J]．动力工程，2007，8.

[20] 王华．二噁英零排放化城市生活垃圾焚烧技术[M]．北京：冶金工业出版社，2001.

[21] 吴铿，窦立威，刘万山，王欣．钢铁工业中的二噁英和预防措施[J]．钢铁，2000，8.

[22] 任玉森．二噁英污染防治技术研究[J]．宝钢技术，2003 年增刊．

[23] 包向军，蔡九菊，罗光前．垃圾焚烧二噁英产生机理及控制对策[J]．黄金学报，2001，12.

[24] 蒋斌，严桂英．垃圾焚烧中的二噁英生成及抑制机理[J]．污染防治技术，2005，6.

7 烟尘的污染及防治

7.1 粉尘的危害

7.1.1 粉尘的分类

7.1.1.1 粉尘和烟尘

固体物质在破碎、研磨、切削、筛分、输送、混合等机械加工过程中所产生的颗粒物，以及岩石和土壤风化后悬浮于大气中的颗粒物，称为粉尘。在燃烧、高温熔化化学反应、升华、蒸发和冷凝等过程中所产生的悬浮于排出气体当中的颗粒物，统称为烟尘。煤粉尘、飞灰、棉絮、铁粉等金属、非金属、有机物等粉尘和原固体物质具有相同的化学性质，具有不规则的形状，粒径范围一般为1～200μm；而氧化铁烟尘、燃料不完全燃烧的气相析出黑烟、燃烬的灰分、汽车的铅化合物烟气以及蒸汽凝结所形成的烟雾中的颗粒物等烟尘，与生成它的物质在化学性质上是不同的，其粒径大的可达1000μm，小的则在0.001μm以下。

7.1.1.2 降尘和飘尘

根据颗粒的大小以及在大气中的表现行为，可将烟尘和粉尘颗粒物分为飘尘和降尘两大类。大气中的粉尘和烟尘当其颗粒小于10μm时，它们可以在大气中飘浮较长时间，称其为飘尘。粒径大于10μm的在大气中飘浮时，由于自身的重力作用很快就会沉降下来，到达地面，这类尘称为降尘。大气中粒径小于100μm的微粒，统称为总悬浮微粒(TSP)。

城市中的烟尘和粉尘大约由60%的无机物（Hg，Cd，Pb，Mn，Cr等有毒有害微量元素及石英、石棉粉尘等矿物质）和40%的有机物（主要是碳氢化合物）组成。而工业区上空的烟尘和粉尘由于生产工艺、产品结构、设备状态和操作水平的不同，表现出巨大的差异。

7.1.1.3 一次微粒和二次微粒

存在于大气环境中的悬浮微粒按照其生成途径可分为一次微粒和二次微粒。由污染源直接排放出来的，其物理和化学性状未发生变化的微粒，称为一次微粒。悬浮颗粒在大气中作扩散、布朗运动及沉降的过程中，一些微粒相互碰撞。在催化剂使用越来越多的情况下，一些微粒载有催化剂，促使微粒之间、微粒与大气成分之间产生复杂的化学反应，生成与原物质化学性能完全不同的新的微粒，相对于一次微粒来说，二次微粒的生物危害性更大。

7.1.2 粉尘的危害性

大气中的悬浮微粒对生物会产生严重危害，对人体健康造成较大危害作用的是其中的飘尘。飘尘对人体的危害作用取决于飘尘的粒径、硬度、溶解度和化学成分，以及吸附在尘粒表面的各种有害气体和微生物等。一般情况，飘尘的粒径越细，就容易被吸得越深，停留时间愈长，吸入量也愈大。例如，2μm 以下的微粒会沉积于支气管和肺部，小于 0.1μm 的微粒有 50% 以上会沉积于肺的深处。这种粉尘会在人体中停留达数年之久，甚至会造成永久性沉积。人体长期吸入这种粉尘，就会引起各种呼吸道疾病，甚至导致“矽肺”、“煤肺”等职业病。吸入深度取决于粉尘的粒度，毒性取决于尘的化学性质。

由尘粒组成的气溶胶会通过化学作用（例如硫酸气溶胶），腐蚀作用，沾污和吸附作用，光的散射作用等，和其他污染物协同作用而加剧环境污染的程度和对人的危害。

粉尘能散射和吸收阳光，使能见度降低。

降尘对人体的危害不大。但当降尘中含有 Cd、Be、Tb、Pb、Ni、Cr、Mn、Hg、As、氟化物、石棉、有机氯杀虫剂等时，尽管它们的浓度很低，却可以在人体内逐渐蓄积。当降尘落在农作物上、水体中和土壤内时，被水生生物、农作物吸收并富集于蔬菜、瓜果和粮食中，通过食物和饮水也能在人体内蓄积，造成慢性中毒，引起远期效应。此外，当降尘量大又未能及时清除时，会造成建筑物倒塌、土壤变质、破坏绿化等危害。

7.2 燃烧烟尘的生成机理和生成量

燃料的燃烧所产生的烟尘在大气粉尘污染中占有很大的比例，研究它的生成机理，生成量及控制原则，对防止大气粉尘污染具有很重要的意义。

7.2.1 烟尘的种类

在燃烧装置中产生的烟尘可分类如下：

A 气相析出型烟尘

碳氢化合物气体燃料，在燃烧时如果供氧不良，在燃烧之前本身已经被加热到较高温度，会产生脱氢、分解、重合、不饱和结合以及生成环状芳香族的现象，从而产生炭黑粒子。这种烟尘的粒径很小，约在 0.02～0.05μm，形状大体为球形。因为它很细，这些粒子往往连成一片会形成海绵状的烟尘。

固体燃料在燃烧初期会有大量的挥发分逸出，具体取决于燃料本身的性质，当供氧不及时时，挥发出来的挥发分可燃物也会像气体燃料燃烧一样产生炭黑粒子；同样，为了提高液体燃料的燃烧效率一般都要进行雾化，形成大量 20～100μm 粒径的液滴，这些液滴在与氧气接触之前就被快速加热升温，产生液滴的快速气化。大量的油蒸汽在燃烧过程中如果供氧不足或工况不良时，也和气体燃料燃烧类似将产生气相析出型烟尘。

B 残碳型烟尘

残碳型烟尘是煤或者重质油燃烧时未燃尽而生成的颗粒物。它是煤被加热到高温时产生挥发性气体后剩下的固定碳和燃料油滴，在蒸发温度以下经热分解生成的残碳没有完全燃烧而排放出来的碳分，其颗粒直径随煤粉的粒径和初期喷雾粒径不同而不同，一般为 10～300μm。残碳型炭黑近似呈球形，系孔隙率较高的多孔粒子。例如，假定重油中的残碳为10%，在不膨胀情况下形成保持油滴原来体积的残碳型炭黑，则其孔隙率可达 96%。所以，这种炭黑的比表面积是非常大的。

C 黑烟灰片

黑烟灰片，也称雪片状炭黑或酸性炭黑。它以烟气中的炭黑为核心，吸附硫酸，在接近烟气露点温度的时候，互相凝聚为大块，形成似雪片状的黑烟灰片。一般认为，烟气中 SO_3 的含量的高低，对形成黑烟灰片的影响比炭黑产生量的多少更重要。根据实际测定，在过剩氧量低于1%的情况下进行燃烧时，烟气中 SO_3 含量较低，雪片状炭黑的产生量便大大减少。

D 飞灰

煤中含有无机物矿物质的灰约占煤质量的5% ~30%，有的甚至更高。燃烧后大部分无机矿物质成了飞灰颗粒。飞灰的粒度大小及其分布与原始煤粉的粒度分布有关。飞灰中往往含有许多重金属颗粒（如Cd，As，Pb等）。

7.2.2 烟尘的生成机理

7.2.2.1 气态燃烧烟尘

液体燃料蒸发时产生的油蒸气、挥发分和固体燃料受热时析出的挥发分，都是以气态形式存在的可燃气体，其主要成分是碳氢化合物。它们在燃烧时所生成的烟尘是气相析出型烟尘，或称为气相析出型炭黑。

对于气体燃料，按其与空气的混合情况可分为两种燃烧方式：一种是预混燃烧，另一种是扩散燃烧。前者是燃料在燃烧之前已经与助燃空气进行了充分混合，这样在燃烧过程中就可以保证不产生烟尘；而后者则是燃料和助燃空气从不同的出口流出后，边流动、边混合、边燃烧，特别容易产生烟尘。

一般说来，气态燃烧烟尘是先脱氢，后分解，然后重合和生成多环芳香族产物，最后聚合成固体烟尘。燃料在脱氢的同时，可能发生热分解；而脱氢和热分解生成的不稳定化合物又可结合为较稳定的化合物，这就是重合；脱氢后的碳双键结合，比单键结合或比碳和氢的结合较稳定，并且碳双键结合增多，使分子质量变大。

气相析出型烟尘的生成系由气相变成固相，伴随着相变过程。燃料分子在缺氧情况下，在高温区域里通过热分解变成乙炔和多环芳香族碳氢化合物，经过聚合核生成新相，而后新相长大，最后新相粒子碰撞凝聚结合成了炭黑。

7.2.2.2 液态燃烧烟尘

燃料油是多种烃的化合物。这些烃的相对分子质量都很大。雾化后的油滴燃烧时，轻质组分先蒸发和燃烧，其残渣在低于饱和温度下裂解析炭而焦化。残余油滴被半固态的黏性外壳包围，受周围火焰面加热，使油滴继续蒸发到一定程度，其蒸气冲破外壳逸出燃烧。而油滴内则发生聚缩反应，一面激烈地发泡，一面固化，从而形成了比油雾滴还大且气孔率还较高的笼状炭黑。这就是残炭型炭黑。而蒸发气化了的油气，在扩散到火焰锋面前是遇不到氧的，这就必然要产生气相析出型炭黑。

此外，如果油滴粗大，又没有良好地与空气混合，有可能在完全燃烧前碰到温度较低的炉壁，油就可能附着在壁上继续燃烧。此后继续有油滴飞来撞击，炉壁上就积存有许多油并焦化而成焦炭，甚至堆集积累形成严重结焦。在一定条件下，炉壁下的结焦有可能会剥离，随烟气一起排出。

7.2.2.3 固体燃料燃烧烟尘

煤受热时先是水分蒸发。当受热到一定程度时，煤可燃质晶格边缘所联结的链状烃及环烃逐渐挥发出来。起初80% ~90%的挥发分迅速析出，而最后的10% ~20%要经过较长时间才能完全析出。所析出的挥发分在从煤的颗粒中心向外迁移过程中，由于未与氧接触，可能会裂解、凝聚或聚合而产生气相析出型炭黑。Foster 阐述了如下的经验法则：无论什么时候，只要当局部碳与氧原子当量比超过1时，将有气相析出型炭黑微粒形成。

当温度继续升高而使煤中较难分解的烃也析出挥发分后，剩下来的就是具有石墨晶格结构的由固定炭和矿物杂质组成的焦炭。它比挥发分难着火，难燃烧。其燃尽时间大约占煤的总燃尽时间的9/10。此外，挥发分燃烧时给予的热量会把焦炭加热到炽热状态，但却暂时没有获得其燃烧需要的氧气，结果既推迟了焦炭开始燃烧的时间，又可能使炽热焦炭缺氧，在低于蒸发温度以下热分解产生残炭。若燃烧不完就排走，便形成了残炭型炭黑。

外层焦炭烧掉后，其残炭就裹在内层焦炭上，所形成的灰壳妨碍氧气向颗粒内部扩散，妨碍焦炭的进一步燃尽。但是，一方面可能因灰分熔点低，成不了灰壳就熔融滴下；另一方面焦炭粒之间相互碰撞或撞到墙上，使灰壳裂开掉下。计算表明，即使内在灰分（即煤炭在形成过程中就已存在的矿物杂质）为30%的焦炭球烧掉50%时，裹灰使燃烧速度降低8%，焦炭燃尽时间增加14%。事实上，内在灰分含量只占总量的1%~2%。因此，单从“裹灰”的作用看，其影响并不大。主要是因为我国煤中灰分高（含采煤时混进的大量矿物杂质，即外在灰分），灰分吸收了大量的热量而使炉壁温度降低，造成燃烧不完全，增加了残炭型炭黑。此外，灰本身也是尘，构成了飞灰污染。

7.2.3 烟尘的生成量及影响因素

7.2.3.1 影响烟尘生成量的因素

A 燃料种类的影响

燃料的种类不同，烟尘的生成量也不同。一般来说，有如下的规律：

（1）烯烃类碳氢化合物（C_nH_{2n}）比烷烃类碳氢化合物（C_nH_{2n+2}）容易产生炭黑，分子质量越大，越难燃尽。

（2）芳香族碳氢化合物比链状碳氢化合物容易产生炭黑。

（3）燃料的C/H比值越大，越容易产生炭黑。液体燃料通常含有残炭，C/H比越大，残炭的含量相应较大，则在相同条件下，其炭黑的生成量也越大。图7-1为各种锅炉燃用不同燃料时，燃油残炭量与烟尘浓度的关系。由图看出，残炭量增大，烟尘浓度会显著增加。残炭量为10%的燃料油，其烟尘浓度比无残碳的燃料油高100~150mg/m^3。

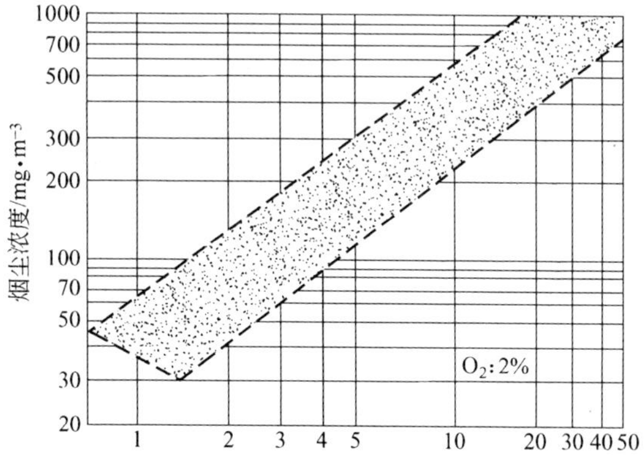

图7-1 烟尘浓度和残留碳含量的关系

与液体燃料相比，气体燃料的C/H比小，且与助燃空气混合条件良好，因而炭黑析出较少。

（4）固体燃料不完全燃烧也产生炭黑，但主要是燃料中的灰含量会产生烟尘。一般煤粉炉的飞灰浓度，可由下式决定：

$$\mu = 940A \tag{7-1}$$

式中 A——燃料中灰分的含量,%；

μ——飞灰浓度，mg/m^3。

B 燃料颗粒度的影响

油滴或煤颗粒由原始直径 d_0 烧到直径 d 所需时间由下式计算：

$$\tau = \frac{d_0^2 - d^2}{K} \tag{7-2}$$

式中，K 为比例常数，即燃烧速度常数。

当 $d=0$ 时，油滴或煤颗粒燃尽时间为：

$$\tau_r = \frac{d_0^2}{K} \tag{7-3}$$

可见，油滴和煤颗粒燃尽所需时间与原始直径的平方成正比。为了提高燃烧效率和燃尽度，应尽量减少烟尘的生成，尽量减小煤粉和液体燃料的雾化粒径。

C 空气系数的影响

如果燃料在燃烧时获得了适量的氧，并与燃料充分混合，即使是扩散燃烧过程，也可大大降低烟尘的生成量。在普通燃烧器上，如果空气系数降低到接近 1 的话，炭黑生成量显著增加。

D 温度的影响

燃烧的条件之一就是热力学条件，温度越高，越有利于着火燃烧。因此，提高燃烧室温度，对于防止或减少炭黑的生成具有显著的效果。根据碳的异相燃烧反应动力学机理，当燃烧反应处于化学动力区时，其燃烧速度决定于化学反应。大约在1000℃以前，温度升高反应速度增快，燃烧速度常数遵从阿累尼乌斯定律。

前人把炭黑的氧化速度作为氧的浓度和温度的函数表示出来，即假定碳与氧的燃烧反应为一次反应，且以所消耗的氧的容积为基准，单位时间内氧化的炭黑量由下式计算：

$$\mathrm{d}m_c/\mathrm{d}\tau = -n \cdot a_m \cdot m_c \cdot V_{O_2} \cdot K \tag{7-4}$$

式中 τ——燃烧时间，s；

m_c——单位体积中含碳量，kg/m^3；

n——一次反应中与单位容积的氧化合的碳的重量，kg/m^3；

a_m——炭黑的比表面积，m^2/kg；

V_{O_2}——单位容积的烟气中氧的容积，m^3/m^3；

K——炭黑的反应速度常数（即燃烧速度常数），

$$K = 8.1 \times 10^4 \exp(-37000/RT) \tag{7-5}$$

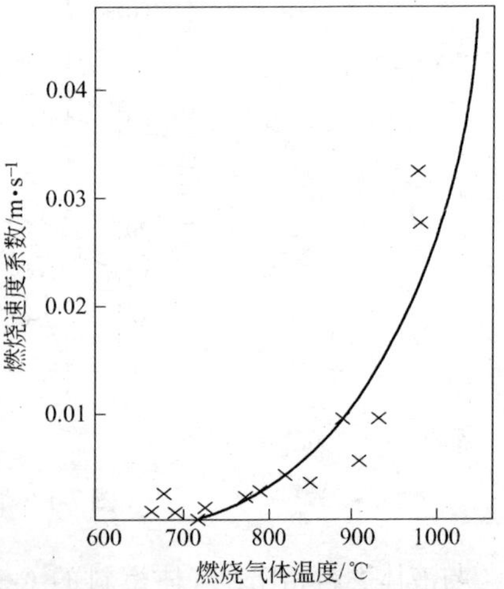

图 7-2 燃烧速度系数和燃烧气体温度的关系

由图 7-2 可以看出，随着温度升高，燃烧速度系数急剧增大。

对小炭粒燃烧，若氧能完全渗入碳粒内部，各处均保持外表面上的氧浓度不变，则可由质量交换系统和反应气体交换常数构成综合反应速度常数，

以 $K_{综}$ 表示。

$$K_{综} = \frac{1}{\frac{1}{a_v} + \frac{1}{a_b}} = \frac{1}{\frac{1}{K(1+\varepsilon S_n)} + \frac{r_s}{D}} \tag{7-6}$$

式中 a_v——质量交换系数，$a_v = K(1+\varepsilon S_n)$；

a_b——反应气体交换常数，$a_b = \frac{D}{r_s}$；

K——阿累尼乌斯的反应速度常数，同式（7-4）中 K；

ε——有效渗入深度，$\varepsilon = r_s/3$；

S_n——碳粒的内比表面积；

r_s——碳粒的半径；

D——氧的扩散系数。

由式（7-6）看出，炭粒小时 r_s 小，$K_{综}$ 大，则炭粒燃尽时间短，当 $r_s \to 0$ 时，$r_s/D \to 0$，$\varepsilon \to 0$，$K_{综} \approx K$，反应进入动力区。

E　压力的影响

燃烧室内压力升高的时候，有利于反应向体积缩小的方向进行，所以，压力升高会促进碳氢化合物的缩合、重合，生成芳香族或多环高分子化合物，而使炭黑生成量增加。

F　惰性气体的影响

在燃烧时，用向空气中掺入惰性气体（如 CO_2）的办法，可以降低烟尘的浓度。对扩散燃烧而言，在燃料量不变时，空气中加入了惰性气体后使空气的喷出速度增加，提高了气流的相对速度，强化了混合和燃烧，由此使烟气中烟尘的浓度降低。图 7-3 是烟尘浓度与掺入惰性气体浓度的关系。

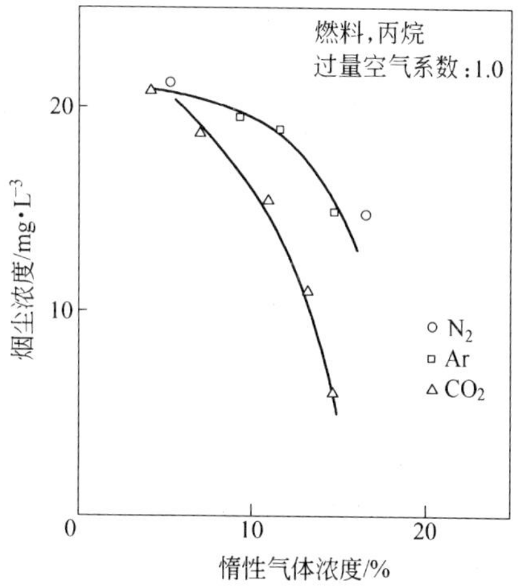

图 7-3　惰性气体对烟尘浓度的影响

7.2.3.2　烟尘的生成量

燃烧烟尘的生成量依燃料种类而异。一般来说，燃烧烟尘生成量的大小关系为：固体燃料 > 液体燃料 > 气体燃料。对同一种燃料，在不同的燃烧方式和燃烧条件下，烟尘的生成量也不相同。

工业炉窑所排放的烟尘约占烟尘排放总量的 60%。但是，烟尘的生成量不是用排放总量来表示的，而是用排污系数即每消耗单位质量的燃料所排放的烟尘量来表示。表 7-1 列出了不同燃煤方式和燃烧不同灰分煤的烟尘排污系数，供参考。

表 7-1　不同燃煤方式和燃烧不同灰分煤的烟尘排污系数

燃烧方式	煤中灰分/%								
	10	15	20	25	30	35	40	45	50
层燃炉	14.29	21.43	28.57	35.72	42.86	50.00			
抛煤机炉		68.18	90.91	113.64	136.37	159.09	181.82	204.55	
沸腾炉				141.75	170.10	198.45	226.80	255.15	283.50

7.3 改善燃烧，控制烟尘

对燃烧烟尘的治理，归纳起来有两类，一类是燃烧治理，另一类是排烟治理，即通过改善燃烧条件，尽可能使燃料完全燃烧，以利在燃烧过程中控制和减少烟尘的生成。后一种方法是烟气通过烟囱排放之前在烟道上建立除尘装置对烟气进行净化。显然，前一种方法是治本的方法，治理效果好，投资省。而后者属于亡羊补牢，投资大，成本高，效果差。

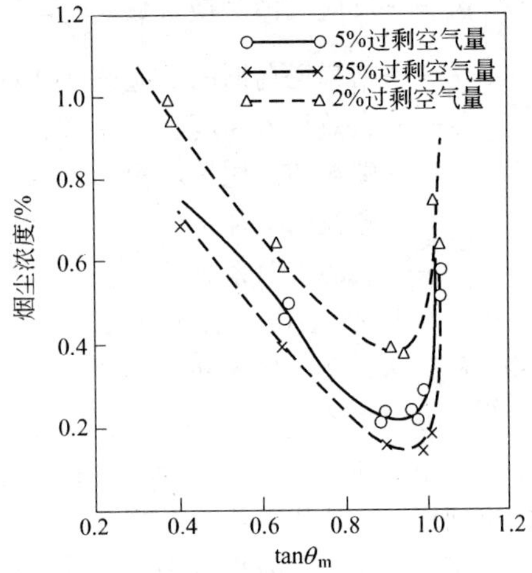

图 7-4 旋转角与烟尘浓度的关系

θ_m—空气流中央部位的旋转角度

7.3.1 改善燃烧

为改善燃烧，除了要选择合适的燃料外，关键在于合理设计和选择性能良好的燃烧器。以液体燃料的雾化燃烧为例，首先是油的雾化，必须将油雾化，雾化颗粒越小越好，粒径分布越均匀越好。在保证雾化质量的前提下，还要进一步改善油滴与空气的混合条件，如增加气流的相对速度，增加两股气流的交角，适当增加旋流强度等。图 7-4 ~ 图7-6分别介绍了旋转角、二次空气旋转角和旋流数与烟尘浓度的关系。

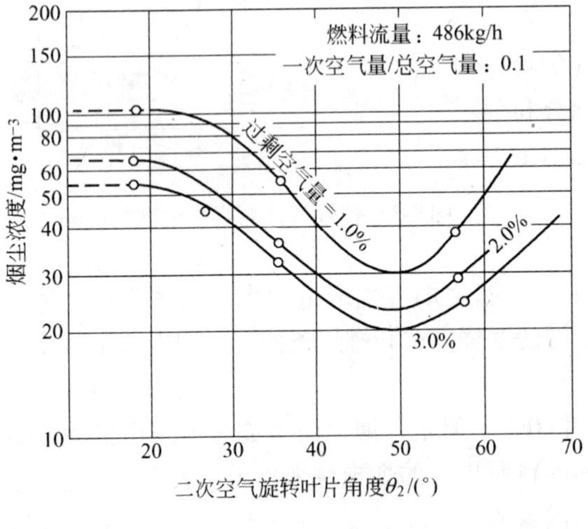

图 7-5 二次空气旋转角和烟尘浓度的关系

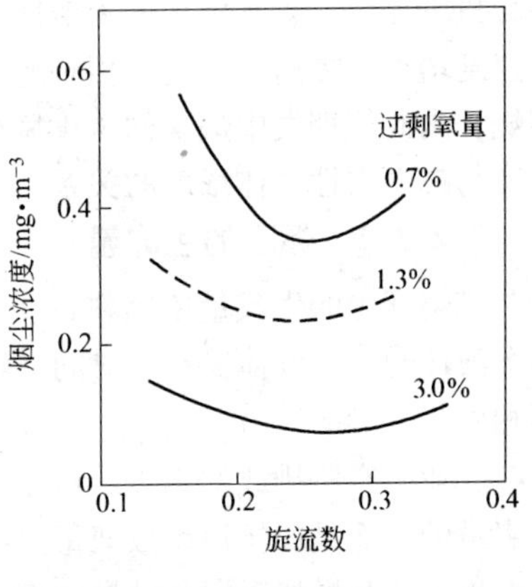

图 7-6 旋流数和烟尘浓度的关系

7.3.2 特殊燃烧方法

7.3.2.1 烟尘再燃烧法

燃烧初期在火焰中心所形成的炭黑烟尘是初期烟尘。若不能保证及时供给足够的氧气和提供一定的温度条件使之燃尽，一旦离开火焰中心，由于温度降低反应速度变慢，就难以保证燃尽。采用烟尘再燃烧方法，使那些未燃尽的烟尘回到高温区，在高温下再与氧接触进行二次燃烧，可大幅度降低烟尘的生成量。具体要求是必须保证烟尘在该区域有足够的停留时间，才能使烟尘的再燃烧充分进行。根据在实验炉上测得的炭黑燃烧速度常数，计算烟气中含有的炭黑通过再燃烧方法烧掉95%所需的停留时间，结果示于图7-7。由图可知，当氧气浓度增加，所需停留时间缩短；回流区温度越高，所需停留时间也越短。如烟气温度从1000℃提高到1300℃，燃尽时间缩短到原来的1/10。

7.3.2.2 烟气再循环法

烟气再循环法是在炉内造成烟气再循环区。如前所述，在助燃空气中掺入 N_2 和 CO_2 等惰性气体后，可降低燃烧烟尘的生成量。当烟气循环比在一定范围内时，对改善燃烧有一定效果。其原因之一是在燃料消耗量不变的情况下，由于体积增大（加进了烟气），出口速度将增大，使燃料和空气的混合得到改善。其次，当 CO_2 浓度增高时，在高温下由于气化反应而使未燃炭粒量降低，因而烟尘浓度有所降低。

7.3.2.3 添加剂控制法

在燃料中加入某些金属或金属化合物、液体化合物等添加剂，可以达到减少炭黑生成量的目的。如金属Ba，Mn，Fe，Ca，Mg，Ni等的化合物，水、乙醇、碳化物等液状化合物，都可以作添加剂。图7-8是在液体燃料中加入Ba的减排烟尘效果。金属Ba，Ca，Mo等可作为原子团形成过程中的催化剂，可控制脱氧反应，同时还可以同火焰离子交换电荷使小炭粒带正电，从而改变粒子的流动途径和凝聚特性，因此可避免凝聚成大颗粒，促其容易燃尽，起到消烟除尘的作用。

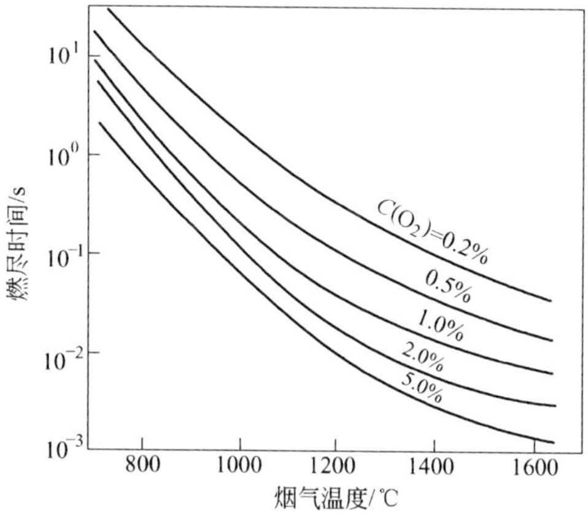

图7-7 炭黑烧掉95%所需的时间

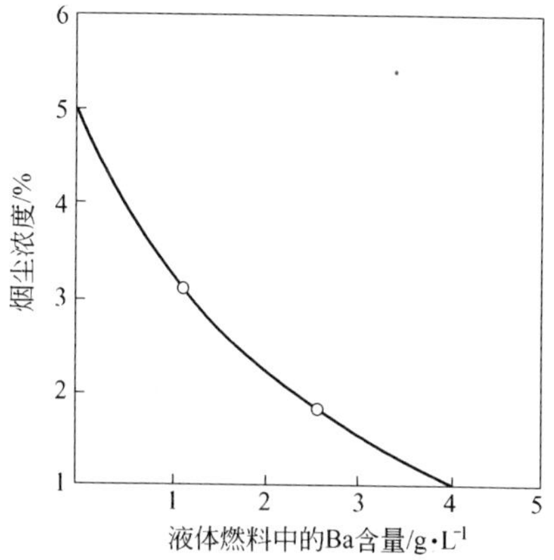

图7-8 Ba添加剂对炭黑浓度的影响

综上所述，烟尘的燃烧治理要以控制一次燃烧烟尘的产生为主，烟尘的再燃烧和烟气的再循环法为辅，尽可能降低烟尘的生成量。应当指出，在降低烟尘生成量的同时，还要考虑 NO_x 的生成量问题，切忌为降低烟尘量而使 NO_x 量剧增。

7.4 烟尘的物理性质及除尘器的性能

7.4.1 粉尘的物理性质

粉尘的物理性质包括粉尘密度、粒径和平均粒径、粒径分布、比表面积、润湿性、黏附性和荷电性等。它们都会直接影响除尘技术和除尘设备的选择，进而影响除尘器的效率、容量和压力损失等性能参数。

7.4.1.1　粉尘的密度

密度为粉尘颗粒的基本特性之一，也是粒度和孔隙率测定时不可少的物性之一。粉尘之间充满着气体和液体。尘粒内部含有开口细孔、凹下、裂缝及封闭细孔等，对尘粒的密度影响复杂。根据计算方法的目的不同，可将粉尘颗粒的密度分为以下两种：

（1）堆密度。以一定的方法将粉体填充在已知容器中，该容器的容积也包括颗粒之间孔隙的体积，则粉体质量除以此体积，所得的值即为粉尘的堆密度，也叫堆积密度，以 ρ_B 表示。

（2）真密度。真密度一般是指固体密度值，以 ρ_S 表示。其颗粒体积不包括存在于颗粒内部的开口气孔，也不包括颗粒之间孔隙的体积。

将粉尘粒子的孔隙体积 V_a 与包含粉尘孔隙在内的粉尘总体积 V 之比，称为粉尘的孔隙率，用 ε 表示。则堆密度与真密度间的关系为

$$\rho_B = (1 - \varepsilon)\rho_S \tag{7-7}$$

部分粉尘的 ρ_S，ρ_B，ρ_S/ρ_B 值见表 7-2。ρ_S 越小，粉尘分离和捕集就越困难，捕集后粉尘也容易发生二次飞扬。当 $\rho_S/\rho_B > 10$ 时，要考虑二次飞扬问题。

表 7-2　部分粉尘的 ρ_S 和 ρ_B 值

粉尘种类	ρ_S/g·cm^{-3}	ρ_B/g·cm^{-3}	ρ_S/ρ_B
煤粉炉种类	2.1	0.52	4.0
水泥窑粉尘	3.0	0.6	5.0
重油炉粉尘	1.98	0.2	9.8
硫化矿熔炉	4.17	0.53	7.9
氧气炼钢炉	4.75	0.65	7.3
炭　黑	1.90	0.025	76
锡青铜炉	5.21	0.16	32.6
黄铜电炉	5.4	0.36	15.0
飞　灰	2.2	1.07	2.06
烟道粉尘	4.88	1.11～1.25	3.9～4.4

7.4.1.2　粉尘粒径

粒径是表示颗粒大小的一个量度。尘粒的大小不同，不但对人体和生物的危害不同，而且物理和化学特性也不同，对除尘器性能影响很大。因此，粒径是粉尘的一个重要特征。

冶金工业的烟尘种类繁多，如高炉烟尘、转炉烟尘、平炉烟尘和电炉烟尘等等。这些烟尘含金属量较高，粒度较细。

通过检测可以得出各种单一尘粒子的粒径。颗粒的粒径表示方法有很多，用不同的粒径测定方法（如筛分法，显微镜法，离心沉降法，电镜法等）测定同一颗尘粒会得到该尘粒不同定义的粒径，数值各不相同，而且可能差别很大。表 7-3 列出了颗粒的几种主要粒径表示方法。常用的测定方法有重力沉降法和显微镜法。目前先进的测量方法是激光粒度测定法。

表 7-3 单一粒子径的表示方法

名 称	计 算 式	名 称	计 算 式
长轴径	l	球相当径	$(6V/\pi)^{1/3}$
短轴径	b	斯托克斯径	$[18\mu \cdot u_t/(\rho_s - \rho_f)]^{1/2}$
二轴平均径	$(l+b)/2$	符号意义	ρ_s——粒子密度； ρ_f——流体密度； μ——流体动力黏度； u_t——粒子的沉降速度； f——投影面积； V——粒子的体积； n——粒子个数
外接矩形相当径	$(lb)^{1/2}$		
正方形相当径	$f^{1/2}$		
圆形相当径	$(4f/n)^{1/2}$		
柱体相当径	$(fh)^{1/3}$		
几何平均径	$(lbh)^{1/3}$		
立方体相当径	$V^{1/3}$		

重力沉降法可用液体和气体为流体介质，依据颗粒的自身重力 F，与流体的浮力 F_B 和流体阻力 F_D 达到平衡时颗粒等速下降的原理，测定颗粒的沉降末速，从而测定颗粒的粒径，称之为斯托克斯径，以 $d_{斯}$ 表示。

采用显微镜法测定粒径时，可由颗粒的投影图形决定粒径。即先求出投影的代表尺寸（一次元）或投影面积（二次元），然后把与此面积相等的圆形或正方形的代表尺寸作为粒径。同样，如果能用某种方法测定出各颗粒的体积，则可取与其体积相当的球体、圆柱体或立方体等的代表尺寸作为粒径。图 7-9 为在载玻片上测定各粒子在投影图上在同一方向上的最大投影距离，称为定向直径 d_g。按同一方向将投影面积分割为二等分时的投影长度，称为定向面积二等分径。表示单一颗粒粒径的方法还有很多，表 7-3 只列出了主要的几种。

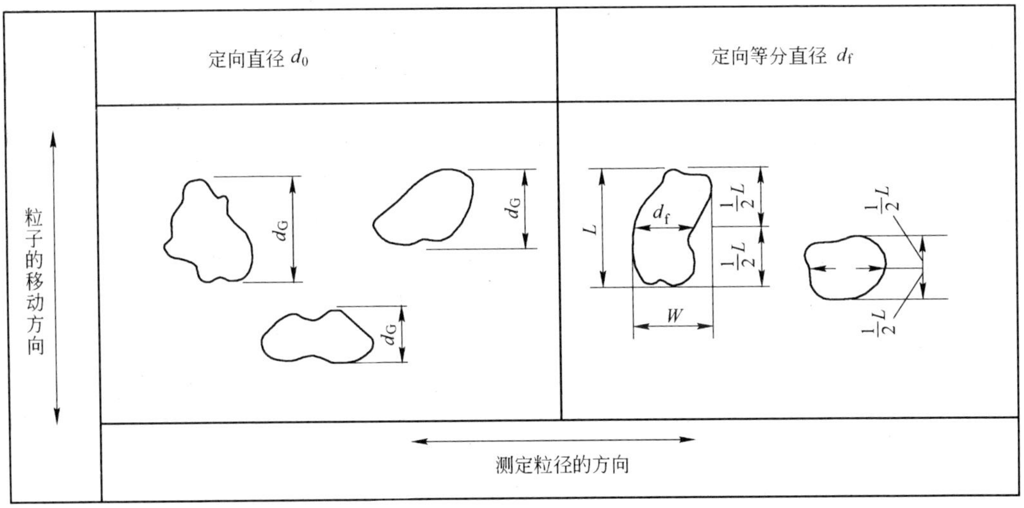

图 7-9 定向直径与定向等分直径

7.4.1.3 平均粒径

在粉尘中通常包含有各种大小不同的颗粒，要将这些颗粒的大小确切地表示出来是非常困难的。但可以在测定单一粒径的基础上，用平均粒径来定量地表示粒子群的特性。表 7-4 列出了几种平均粒径的计算方法及适用范围。表中 n 为粒子的个数，d 为任意粒子的单一粒径。

表 7-4　平均粒径的计算方法和适用范围

名　称	计 算 公 式	适 用 范 围
算术平均径	$d_1 = \Sigma nd_s / \Sigma n$	蒸发、各种尺寸比较
面积长度平均径	$d_2 = \Sigma nd_s^2 / \Sigma nd_s$	吸　附
体面积平均径	$d_3 = \Sigma nd_s^3 / \Sigma nd_s^2$	传质、反应、粒子层的流体阻力，充填材料强度
质量平均径	$d_4 = \Sigma nd_s^4 / \Sigma nd_s^3$	气力传输、质量效率、燃烧、平衡
平均表面积径	$d_5 = (\Sigma nd_s^2 / \Sigma n)^{1/2}$	吸　收
平均体积径	$d_6 = (\Sigma nd_s^3 / \Sigma n)^{1/3}$	光散射、雾化质量分布
比表面积径	$d_7 = 6(1-\varepsilon)/\varphi_s a_V$	蒸发、分子扩散
中位径	d_{50}筛上质量百分比为50%	分离、分级筛分
众　径	d_4 粒径分布中频度最高的粒径	

在工程设计中，选择和设计一台除尘装置，要考虑完全满足全部各不相同粒径的粉尘特性是不可能的。实践中应根据各种装置情况和烟尘的特性选择恰当的平均粒径计算方法。油的雾化粒径常用 d_4（索太尔径）；高炉、沸腾粒子炉多用 d_3；除尘器多用中位径 d_{50}。

7.4.1.4　粒径分布

所谓粒径分布是指粉尘中不同粒径的粒子所占的比例，在气体除尘中又称为粉尘分散度，它是对除尘效率影响较大的因素之一。

粒径分布有频率分布和累积（筛上和筛下）分布两种。其表示方法有以颗粒个数作为基准和以质量作基准两种方法。将待测颗粒体适当地划分为粒径间隔（例如 5μm 或 10μm），然后测定颗粒体数目或质量。根据测定结果，以粒径为横坐标，以颗粒数或质量作纵坐标。便可得出粒度分布曲线图。

（1）频数分布 ΔR。粒径 d_s 至 $(d_s+\Delta d_s)$ 之间粉尘质量（或个数）占粉尘试样总质量（或总个数）的百分数 $\Delta R = \Delta N(d_s)/N(\%)$，称为粉尘的频数分布。

（2）频度分布 $f(d_s)$。频度分布是指粉尘中某一粒径的粒子质量（或个数）占粉尘试样总质量（或总个数）的百分数，因此

$$f(d_s) = n(d_s)/N = \frac{\Delta N(d_s)/N}{\Delta d_s} = \frac{\Delta R}{\Delta d_s} \quad (\%/\mu m) \tag{7-8}$$

（3）筛上累积分布 R。筛上累积分布 $R(\%)$是指大于某一粒径 d_s 的所有粒子质量（或个数）占粉尘试样总质量（或总个数）的百分数，则

$$R = \int_{d_s}^{d_{smax}} f(d_s)\,\mathrm{d}(d_s) = \int_{d_s}^{\infty} f(d_s)\,\mathrm{d}(d_s) = \int_{d_s}^{\infty} f\frac{n(d_s)}{N}\mathrm{d}(d_s) \tag{7-9}$$

（4）筛下累积分布 $D = N(d_s)/N$。筛下累积分布 $D(\%)$ 是指小于某一粒径 d_s 的所有粒子质量（或个数）占粉尘试样总质量（或总个数）的百分数，则

$$D = N(d_s)/N = \int_{d_s}^{d_s} f(d_s)\,\mathrm{d}(d_s) = \int_0^{d_s} \frac{n(d_s)}{N}\mathrm{d}(d_s) \tag{7-10}$$

或

$$D = 100\% - R(\%) \tag{7-11}$$

由式（7-9）和式（7-11）可知，$R + D = 100\%$。

累积分布 $R = D = 50\%$ 的平均粒径称为中位径，以符号 d_{50} 表示。图 7-10 为频度分布与累积分布的关系图。

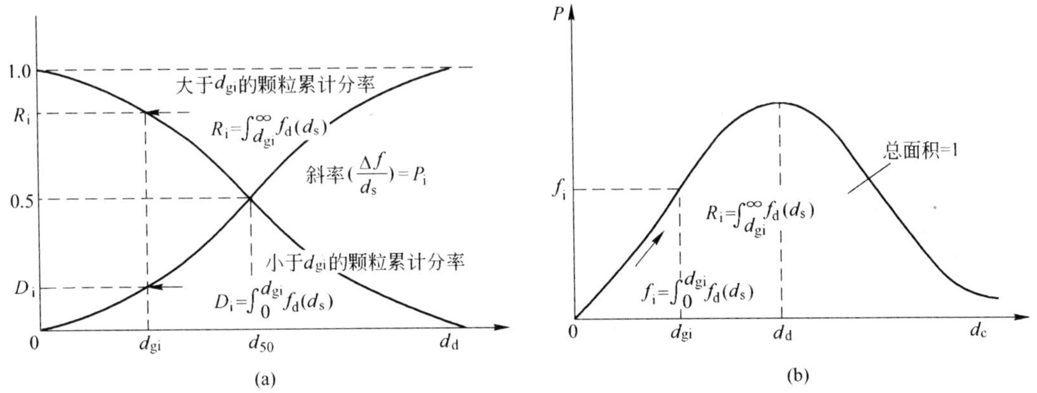

图 7-10　频度分布和累积分布之间的关系
（a）累积分布 D 和 R；（b）频率分布 f

表 7-5 列出了几种烟尘的粒径分布特性。

表 7-5　几种烟尘的粒径分布特性

发 生 源	重油烟尘	粉煤烟尘	平炉烟尘	发生炉煤气
中位径/μm	12.5	13 ~ 40	0.21 ~ 0.24	0.13
粒径为 10μm 的累积分布 D/%	32 ~ 63	5 ~ 40	100	100

7.4.1.5　粉尘的比表面积

单位体积（或质量）粉尘具有的表面积称为粉尘的比表面积。以粉尘的自身体积（不包括孔洞及孔隙在内）、堆积体积和以质量为基准表示的粉尘比表面积，相应表示为

$$a_s = \frac{\pi d_s^2/\varphi_s}{\pi d_s^3/6} = \frac{6}{\varphi_s d_s} \tag{7-12}$$

$$a_b = 6(1-\varepsilon)/\varphi_s d_s \tag{7-13}$$

$$a_m = 6(1-\varepsilon)/\varphi_s d_s \rho_s \tag{7-14}$$

式中，φ_s 为卡门形状系数；ε 为粉尘的孔隙率；d_s 为体面积平均径（即表 7-4 中的 d_3）。显然，a_m 与 a_b 之间的关系为

$$a_m = a_b/\rho_s \tag{7-15}$$

粉尘的比表面积并非表示粒径分布，而是表示粉尘集合体颗粒的微细程度，即 d_s 越小，a_b 和 a_m 值就越大。此外，比表面积的大小与尘粒的燃烧、吸附和溶解等化学反应、传热传质过程、粉尘对壁面的黏附及润湿性能密切相关。

7.4.1.6 粉尘的润湿性

粉尘粒子能否与液体相互附着或附着的难易程度称为粉尘的润湿性。根据粉尘能否被液体润湿的程度，可将粉尘分为亲液性粉尘和疏液性粉尘。当然，这种划分只是相对的。对于小于5μm，尤其是小于1μm的尘粒，即或是亲水性的，也很难被水润湿。这是因为细粉尘的比表面积大，对气体的吸附作用强，在尘粒表面形成一层气膜之故。此外，粉尘的润湿性还随压力增加而增加，随温度升高而下降，随液体的表面张力减少而增强。

各种湿式洗涤器的除尘机制，主要是根据粉尘的润湿性，即靠粉尘被水的润湿作用而实现除尘目的的。但对于像水泥、熟石灰、白云石砂等水硬性（即它们一旦吸水后就变成不溶于水的硬垢）粉尘，会造成除尘设备和管道结垢或堵塞，所以不宜采用湿式洗涤器。

7.4.1.7 粉尘的黏附性

粉尘的黏附性系指粉尘粒子间的自黏凝聚及粉尘对器壁的黏附作用。粒子的凝聚变大，有利于尘粒的分离，从而提高除尘器的捕集效率。有些除尘器的捕集机制是依赖于粉尘在表面上的黏附。但在含尘气流管道和净化设备中，又要防止粉尘在壁面上黏附，否则会使阻力增加，甚至堵塞管道和除尘器，从而降低除尘效果。

较大的粒子由于碰撞而发生凝聚。此外，如果存在异种带电离子，还由于静电作用发生凝聚。实践表明，颗粒越细，比表面积越大，含水高以及荷电量越大的粉尘，其黏附力越大，越容易黏附在器壁上。

7.4.1.8 粉尘的荷电性和导电性

粉尘颗粒由于相互碰撞、摩擦，或经放射线照射、电晕放电以及与带电体接触等原因，几乎总是带有一定的电荷。颗粒的这种带电现象称为粉尘的荷电性。粉尘荷电以后，将引起其凝聚性、附着性等性能的改变，同时对人体的危害程度也将增强。粉尘的荷电量随着温度的提高、表面积增大及含水量减少而增大，还与其化学成分有关。

同金属导体一样，粉尘具有导电性，可用它的电阻率表示。在电除尘器中，烟尘的电阻率控制在 $10^4 \sim 10^{11}\Omega\cdot cm$ 范围内，其除尘效果较好。电阻率小于 $10^4\Omega\cdot cm$ 时，沉降在收尘极上的粉尘会发生二次飞扬；电阻率大于 $10^{11}\Omega\cdot cm$ 时，沉积下来的粉尘将产生较大的电压降，会产生反电晕现象。这两种情况都会降低除尘器的除尘效率。

粉尘的导电不仅包括尘粒本体的容积导电，还包括颗粒表面因吸附水等所形成的化学膜的表面导电。因此，尘的电阻率与测定的条件有关，如温度、尘的松散度等。所以，尘的电阻率仅是一种可以相互比较的表观电阻率，简称比电阻。

7.4.2 除尘器的性能

除尘器是用于捕集气流中的尘粒而使气流得到净化的装置。它适用于含尘浓度在 0.01 ~ $100g/m^3$，粒度为 0.01 ~ 100μm 范围的含尘气体的净化。

根据烟尘的浓度范围、粒径分布以及尘粒的物理化学性质，应采用不同种类的除尘装置。除尘过程往往伴随有扩散、吸附、荷电等物理现象发生，还有可能发生高温氧化和腐蚀，甚至引起爆炸等化学现象。一般而言，在已知尘粒性能的条件下，可用处理气体量、除尘效率、阻力损失、负荷适应性这四项基本特性来表示各种除尘器的主要技术指标：

（1）处理气体量：表示除尘器能力的大小，用体积流量表示。

（2）除尘效率：指同一时间段内除尘器捕集的烟尘量与进入除尘器的烟尘总量之比。它是除尘器的最重要的性能指标。

（3）阻力损失：用进、出口的平均全压的差值来表示，是除尘设备消耗动力大小的指标之一。压力损失越大，所需引风机的功率也越大，从而增加了投资和运行费用。

（4）负荷适应性：指除尘器在实际运行中对实际负荷偏离设计工况的适应能力。即当处理烟气量或烟气含尘浓度波动变化时，除尘器仍能有效地除尘，具有较高的除尘效率。

7.4.2.1 总除尘效率

对于含尘气流中颗粒直径的全部范围而言，所定义的除尘效率称之为总除尘效率。其表达式如下

$$\eta = \frac{S_c}{S_i} \times 100\% = \left(1 - \frac{S_o}{S_i}\right) \times 100\% \tag{7-16}$$

式中，S_i 为除尘器进口粉尘量，g/s；S_c 为除尘器捕集的粉尘量，g/s；S_o 为除尘器出口粉尘量，也称尘的通过量，g/s。显然

$$S_i = S_c + S_o \tag{7-17}$$

设以 C 代表气流的含尘浓度（g/m^3），V 代表气体的流量（m^3/s），且 $S = CV$，则式(7-16)改为

$$\eta = \left(1 - \frac{C_o V_o}{C_i V_i}\right) \times 100\% \tag{7-18}$$

式中，C_o 为除尘器出口含尘浓度；V_o 为除尘器出口气体流量。

在计算时，要注意进口与出口参数的变化。

7.4.2.2 分级除尘效率

粉尘的粒径是影响除尘效果最显著的因素。即使是同一除尘器在同一运行条件下，如果尘粒的粒径分布不同，其除尘效率也不同。因此，一般用分级除尘效率表示对不同粒径尘粒的去除效果。

分级除尘效率系指除尘器对某一粒径 d_s 或以 d_s 为中心的 Δd_s 范围内的粉尘的除尘效率，以 η_d 表示。设粒径由 d_s 至 $d_s + \Delta d_s$ 范围内，粉尘质量为 S_d，又设 ΔR 为其质量分数（即为频数），则有

$$S_{id} = S_i \times \Delta R_i \tag{7-19a}$$

$$S_{cd} = S_c \times \Delta R_c \tag{7-19b}$$

$$\eta_d = \frac{S_{cd}}{S_{id}} \times 100\% = \frac{S_c \times \Delta R_c}{S_i \times \Delta R_i} \times 100\% = \eta \frac{\Delta R_c}{\Delta R_i} \tag{7-20}$$

或

$$\eta_d = \eta \times f_c / f_i \tag{7-21}$$

各种除尘器的 $\eta_d = f(d_s)$ 曲线如图 7-11 所示。各曲线的通式为 $\eta_d = 1 - \exp(-ad^m)$，a、m 为常数。

分级除尘效率还可以根据除尘器的出口粉尘的频数（或频度）分布 R_o（或 f_o）及入口的 ΔR_i（或 f_i）计算，如下式所示：

$$\eta_d = 1 - (1 - \eta) \frac{\Delta R_o}{\Delta R_i} \tag{7-22}$$

同样，由式（7-21）和式（7-22）可得

$$\eta_d = 1 - (1 - \eta) \frac{f_o \times \eta_d}{f_c \times \eta} \tag{7-23}$$

整理后可得

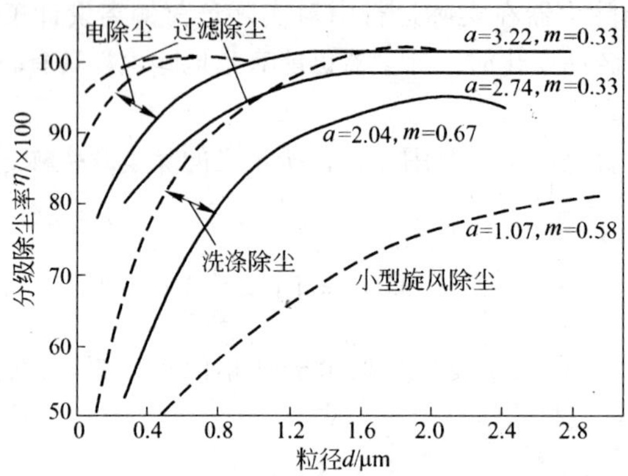

图 7-11　各种除尘器的分级降尘效率（图中虚线表示新式的）

$$\eta_d = \frac{1}{1+\frac{f_o}{f_c}\left(\frac{1}{\eta}-1\right)} \tag{7-24}$$

由式(7-21)～式(7-23)可知，只要测出总除尘效率 η 以及分析出频度分布 f_i、f_c、f_o 中的两项，即可计算出分级除尘效率 η_d。

7.4.2.3　总除尘效率与粒径分布和分级效率的关系

除尘器总捕集粉尘量为 $S_c=\int_0^\infty S_c f_c \mathrm{d}(d_s)$。由式（7-16）和式（7-21）得：

$$\eta=\frac{\int_0^\infty S_c f_c \mathrm{d}(d_s)}{S_i}=\eta\int_0^\infty \frac{f_i\eta_d}{\eta}\mathrm{d}(d_s)=\int_0^\infty f_i\eta_d \mathrm{d}(d_s) \tag{7-25}$$

如果已知 f_i 及不同粒径的 η_d，则可按上式计算出总除尘效率。对粒径由 d_s 至 $d_s+\Delta d_s$ 范围，其频数为 ΔR_i 时，$f_i=\Delta R_i/\Delta d_s$。所以可将式（7-25）改为求和的式子，即

$$\eta=\sum_{d_s=\min}^{d_s=\max}\Delta R_i\times\eta_d \tag{7-26}$$

图 7-12 表明了总除尘效率与粒径分布和分级效率的关系。

7.4.2.4　串联运行时的总除尘效率

在实际的除尘系统中，常把不同形式的除尘器串联起来使用，以提高总除尘效率，达到烟尘排放标准之要求。此外，还可防止因粉尘负荷过大而引起除尘器性能的降低或堵塞，或减小除尘器的尺寸。

串联运行时的总除尘效率可按下式计算：

$$\eta=1-(1-\eta_1)(1-\eta_2)\cdots(1-\eta_n) \tag{7-27}$$

式中　$\eta_1,\eta_2,\cdots,\eta_n$——分别为第 1，2，…，$n$ 级除尘器的除尘效率。

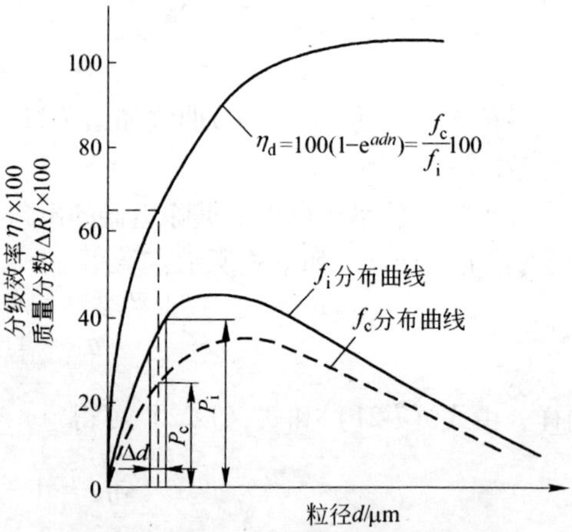

图 7-12　粒径分布和分级除尘效率

7.4.2.5 除尘器的阻力损失

阻力损失也是除尘器的一个重要的性能指标，是代表除尘器动力消耗大小的一个技术经济指标，一般用除尘器进、出口断面上气流平均全压差 Δp 表示。如若进、出口速度变化不大，可以用进、出口气流静压差来代表除尘器的阻力损失。

有些除尘器的效率很高，但其阻力损失很大。评价和选用除尘器时，必须同时考虑除尘效率和阻力损失这两个指标。除尘器的阻力损失与流体的流速、流动状态、流体性质以及流道粗细、形状等有关，必须兼而顾之。

7.5 除 尘 器

7.5.1 除尘器的分类

按照捕集粉尘的主要机理，可将除尘器分成如下四类：

（1）机械式除尘器：它是利用质量力（重力、惯性力和离心力等）的作用使粉尘与气流分离沉降的装置，包括重力沉降室、惯性除尘器和旋风除尘器等。

（2）电除尘器：它是利用高压电场使粉尘荷电，在库仑力作用下使粉尘与气流分离沉降的装置。

（3）过滤式除尘器：它是使含尘气流通过织物或多孔的填料层进行过滤分离的装置，包括袋式过滤器、颗粒层除尘器等。

（4）湿式洗涤器：它是利用液滴或液膜洗涤含尘气流，使粉尘与气流分离沉降的装置。

通常又按是否利用水或其他液体润湿尘粒，把除尘器分为干式除尘器和湿式除尘器两大类。

此外，还可按气体净化程度将除尘器分为以下三类：

（1）粗净化装置：主要除掉粒径大于 100μm 的尘粒。一般用于多级除尘中的初级除尘。

（2）中净化装置：主要是除掉粒径小于 100μm 的尘粒。净化后气体含尘浓度低于 100 ~ 200mg/m^3。中净化是烟气除尘所应达到的基本要求。

（3）精（细）净化装置：主要除掉粒径 10μm 以下的细粉尘，净化后气体含尘浓度要求达到 1 ~ 2mg/m^3。这种净化要求主要用于通风系统和再循环系统。

7.5.2 重力沉降室

重力沉降室的结构如图 7-13a 所示。当含尘气流进入空室后，尘粒借本身重力作用向底部自然沉降。粒子在沉降室内的运动速度取决于气流速度 u_0 和粒子的重力沉降速度 u_t。由图可

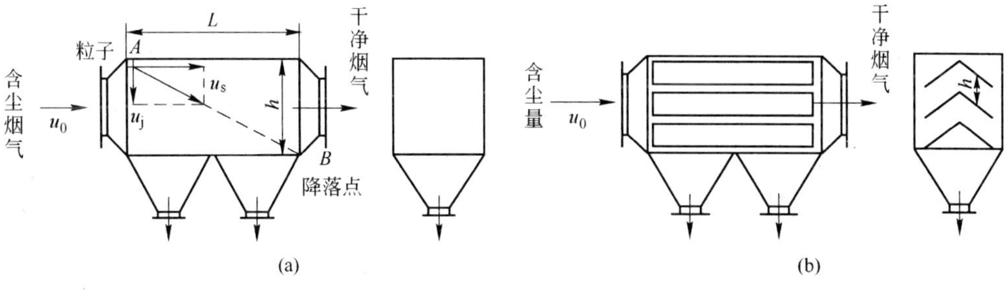

图 7-13　重力沉降室

知，尘粒通过沉降室的时间 $t = L/u_0$。粒子从顶部降到底部所需时间 $t' = H/u_t$。显然，要使粒径为 d_s 的尘粒在沉降室内全部沉降下来，必须使 $t \geqslant t'$，即

$$L/u_0 \geqslant H/u_t \tag{7-28}$$

式中，L 为沉降室长度，m；u_0 为气流在沉降室水平运动速度，m/s；u_t 为粒子的沉降速度，m/s。

由表 7-3 斯托克斯径表达式可得

$$u_t = \frac{d_s^2(\rho_s - \rho_f)g}{18\mu} \tag{7-29}$$

将式（7-29）代入式（7-28），可以求得重力沉降室能 100% 捕集的最小捕集粒径 d_{min}

$$d_{min} = \sqrt{\frac{18H\mu u_0}{g(\rho_s - \rho_f)L}} \tag{7-30a}$$

当尘粒在空气中沉降时，$\rho_s \gg \rho_f$，上式简化为

$$d_{min} = \sqrt{\frac{18H\mu u_0}{g\rho_s L}} \tag{7-30b}$$

分析上式可知，降低沉降室高度 H 和气流水平运动速度 u_0，增大沉降室长度 L 以及对于具有较大真密度的尘粒，都可提高沉降室的捕集效率。设计时 u_0 一般取 0.2 ~ 2m/s。

图 7-13b 为多层水平隔板的多层沉降室。这有如下三方面的作用。其一是可降低 H 以提高捕集效率；其二是在 L 及 u_0 不变情况下，H 减小，u_t 也减小，可以捕集更细小的尘粒；其三若保持效率不变，则减小 H 的同时，可以减小 L，使除尘器的容积利用系数提高。

重力沉降室一般用于捕集 50μm 以上，甚至 10μm 以上的尘粒。重力沉降室的压力损失较小，一般为 50 ~ 150Pa；除尘效率不高，一般为 50% ~ 70%（国外有的达 60% ~ 80%），因而在粗除尘和多级除尘的初级除尘中应用。

7.5.3 惯性除尘器

惯性除尘器是使含尘气流冲击挡板，气流方向发生急剧转变，借助尘粒本身的惯性力和离心力作用，其运动轨迹就与气流轨迹不一样，从而使两者获得分离，将尘粒分离下来的一种除尘装置。气流速度高，这种惯性效应就大，所以这类除尘器的体积可以大大减少，占地面积也小，对细颗粒的分离效率也大为提高，可捕集到 10μm 的颗粒。这种除尘器一般常作为多级除尘的第一级，用以捕集 10 ~ 20μm 以上至 100μm 的粗尘粒。其除尘效率为 50% ~ 70%，阻力损失因结构不同而有很大差异，约为 100 ~ 1000Pa。

惯性除尘器根据构造和工作原理分为碰撞式和回流式两种形式。

7.5.3.1 碰撞式除尘器

碰撞式除尘器的结构形式如图 7-14 所示。这类除尘器的特点是用一个或几个挡板阻挡气

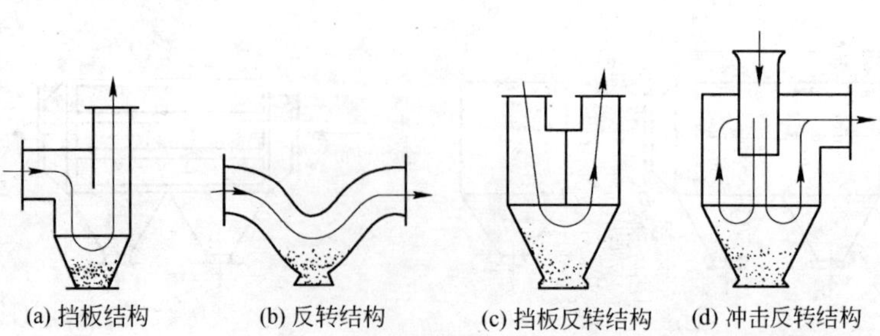

图 7-14 碰撞式除尘器的结构形式

流的前进，使气流发生流动方向的急剧改变，由于气流中的尘粒惯性较大，从而得到分离。该类除尘器阻力较低，效率不高。

7.5.3.2 回流式除尘器

回流式除尘器的结构形式见图7-15，特点是把进气流用挡板分割为小股气流。为使任意一股气流都有同样的较小回转半径及较大回转角，可以采用各种挡板结构，最典型的便是百叶挡板。

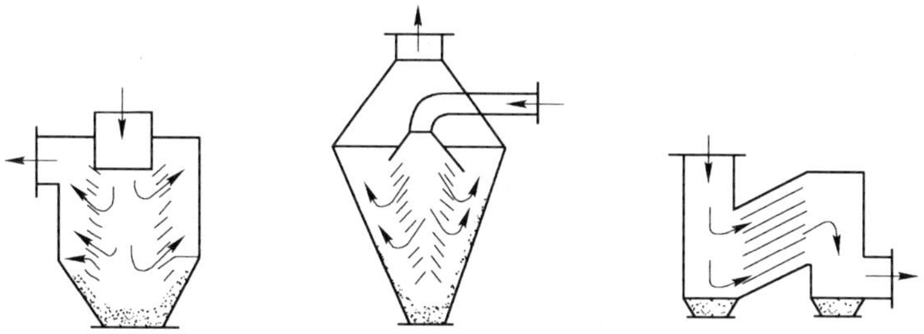

(a) 下行百叶式 (b) 上行百叶式 (c) 平行百叶式

图7-15 回流式除尘器的结构形式

7.5.3.3 百叶窗式除尘器的计算

百叶挡板能提高气流急剧转折前的速度，可以有效提高分离效率。但速度过高，会引起已捕集颗粒的二次飞扬，所以一般都选用速度12～15m/s。百叶窗式除尘器的计算如下：

（1）排气级数φ，即抽吸尘气量占总处理气量百分数，通常采用10%～20%这样可以减轻磨损，提高效率。

（2）拦灰栅阻力Δp，一般可采用100～200Pa。为防止尘粒在进气室沉积，Δp值不应低于最小允许值，拦灰栅位于水平管道时取200Pa，拦灰栅位于垂直烟道时取100Pa。

（3）拦灰栅进气室的横截面积A按下式计算：

$$A = lB = \frac{0.58Q}{\sqrt{\Delta p\left(1 + \frac{t}{273}\right)}} \tag{7-31}$$

式中 A——进气室横截面积，m；

l——拦灰栅叶板长度，m；

B——进气口宽度，m；

Q——处理气量，m^3/h；

t——烟气温度，℃；

Δp——拦灰栅烟气阻力，Pa。

拦灰栅的气体进口宽度B与叶板数量n（指拦灰栅的一侧）之间，存在下列关系：

当$\varphi = 10\%$时 $B = 18n$

当$\varphi = 20\%$时 $B = 19n$

为了防止吸尘缝内进入大块灰渣引起堵塞或因而减小吸出的烟气量，以致降低除尘效果，应在拦灰栅前装设网格或采取其他措施来尽可能保证除尘器正常工作。吸尘缝宽度b可按下列关系式求得：

中间吸尘缝（见图7-16a）：

$\varphi = 10\%$ 时，　　$b = 0.05B$

$\varphi = 20\%$ 时，　　$b = 0.1B$

两侧吸尘缝（见图 7-16b）：

$\varphi = 10\%$ 时，　　$b = 0.025B$

$\varphi = 20\%$ 时，　　$b = 0.05B$

根据吸尘缝宽度在构造上和运行上的要求，拦灰栅允许的最少叶板数应限定为：
中间吸尘缝（见图 7-16a）：

$\varphi = 10\%$ 时，　　$n_{min} = 12$

$\varphi = 20\%$ 时，　　$n_{min} = 11$

两侧吸尘缝（见图 7-16b）：

$\varphi = 10\%$ 时，　　$n_{min} = 44$

$\varphi = 20\%$ 时，　　$n_{min} = 22$

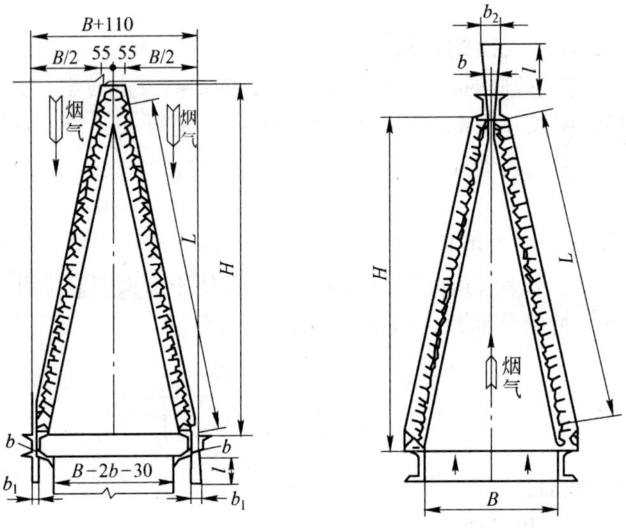

(a) 两侧吸尘缝　　(b) 中间吸尘缝

图 7-16　百叶窗式拦灰栅

对于所有形式的拦灰栅，其允许的叶板数最多为 75。在此情况下，烟气进气口宽度 $B = 1350(1425)$ mm。对于大容量的除尘器，当计算所得的 $B > 1350(1425)$ mm 时，必须并列装置几个拦灰栅。

（4）装置在吸尘缝后的扩散器的出口截面宽度 b_1 及其长度 l，可按下式确定：

$$b_1 = 0.35 \times \sqrt{\Delta p} \times b = k'b$$

$$l = \frac{0.305 \times \sqrt{\Delta p} - 1}{0.1748} \times b = k''b \tag{7-32}$$

式中，b 为吸尘缝的宽度，m；k'，k''为系数，见表 7-6。

表 7-6 k'，k''系数

Δp/Pa	196	245	294	343	392	491
k'	1.364	1.524	1.670	1.804	1.928	2.156
k''	2.082	2.997	3.832	4.600	5.310	6.610

注：当 $\Delta p = 147$Pa 时，不需要装设扩散器。

（5）将烟气从扩散器引至抽吸旋风子（抽吸除尘器）的引进管道的截面积 a_1 可按下式确定：

当 $\varphi = 10\%$ 时

$$a_1 = 0.01525\sqrt{\Delta p} \times a' = k'_1 a' \tag{7-33}$$

当 $\varphi = 20\%$ 时

$$a_1 = 0.0305\sqrt{\Delta p} \times a' = k''_1 a' \tag{7-34}$$

式中，a'为接到一条引进管道的进气室的截面积，m^2；对于中间吸尘缝 $a' = a/m$；对于两侧吸尘缝 $a' = a/2m$，其中，m 为与一个吸尘缝相连的引进烟道的数目。

（6）从旋风子（抽吸除尘器）到主管道的引出风道的截面积 $a_2 \geqslant 2a_1$。

（7）旋风直径 D。抽吸旋风子直径可由下列各式求得：

当 $\varphi = 10\%$ 时

$$D = 0.755\sqrt[4]{\frac{\Delta p}{\Delta p_a}} \times \sqrt{a'} \tag{7-35}$$

当 $\varphi = 20\%$ 时

$$D = 1.068\sqrt[4]{\frac{\Delta p}{\Delta p_a}} \times \sqrt{a'} \tag{7-36}$$

式中，Δp_a 为旋风子的计算阻力，一般为 100 ~ 250Pa。

百叶窗式除尘器的设计和选用：

（1）百叶窗式除尘器的拦尘栅宜用 20mm × 20mm 的方变圆截面形状的耐磨钢材制作。

（2）在拦尘栅前管道弯头中间装置导流叶片，以使气体速度和含尘浓度在拦尘栅前的管道截面中保持均匀。

（3）旋风子通常应直接放在吸尘缝的附近。

（4）在设计时，应考虑到旋风子不能用于积存捕集到的粉尘，而要将捕集到的粉尘连续地排出旋风子。应在原灰尘出处设置性能良好的卸灰装置。

（5）百叶窗式除尘器可安装在垂直、水平或倾斜的管道中。

（6）惯性除尘器的气流速度愈高，气流方向转变角度愈大。惯性除尘器用于净化密度和粒径较大的金属或矿物性粉尘时，具有较高除尘效率；对黏结性和纤维性粉尘，则因易堵塞而不宜采用。

7.5.4 旋风除尘器

旋风除尘器是使含尘气流做旋转运动，通过对粒子施加离心力使尘粒从气流中分离出来，并使之沉降到灰斗内的一种装置。它具有结构简单、造价便宜、体积小、除尘效率较高、适应粉尘负荷变化性能较好等优点，因而得到广泛应用。

7.5.4.1 除尘器的工作原理

如图7-17所示，当含尘气流切向进入筒体后，主流沿筒体内壁由上向下做旋转运动。这部分气流称为外旋流。当大部分气流向下旋转到锥体的顶部后又折转向上，在中心区域边旋转边上升，最后由排气管排出。这股旋转向上的气流称为内旋流。把外旋流转变为内旋流的锥顶附近区域为回流区。此外，当气流从除尘器顶部向下高速旋转时，顶部压力下降，使进口气流的一部分沿筒体内壁向上旋转，到达顶盖后排气管外壁向下旋转，到达排气管下口，由于径向力的作用运动到中心区内，被上升的内旋流带走。这一支流称为上旋流。

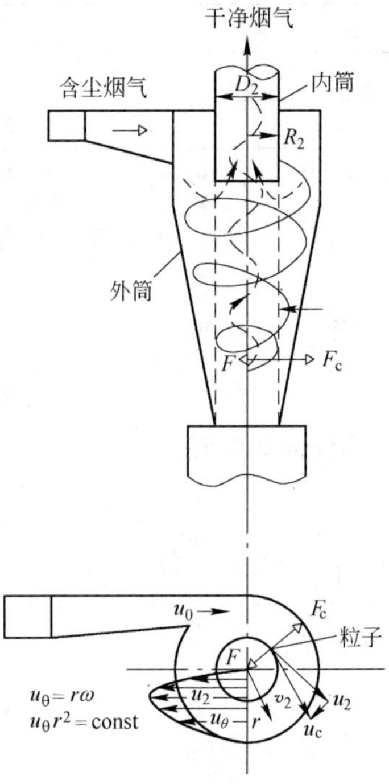

图7-17 旋风除尘器内烟气流与粒子的分离

当气流旋转运动时，尘粒在离心力作用下逐渐向外壁移动，到达外壁的尘粒在外旋流的推力和重力的作用下，沿器壁旋落至灰斗中。

上旋流直接带走部分微细尘粒；下部回流区会造成细尘二次反混，被内旋流带向上，由出口管排出。这两方面都将影响除尘效果，在结构设计时应引起注意。

由图7-17可知，在内旋流中，气流的切向速度 $u_\theta = r \times \omega$，其中 r 为旋转半径，ω 为强制涡旋的旋转角速度。在外旋流中，气流的切向速度与旋转半径之间按 $u_\theta \times r^n =$ 常数的分布规律运动。在旋风除尘器中，$n = 0.5 \sim 0.9$，为准自由涡。内、外旋流的交界处，u_0 为最大，假定为图中所示的由虚线构成的假想圆柱面。

7.5.4.2 旋风除尘器的性能

在假想圆柱面上，作用于尘粒上的离心力 F_c 应等于尘粒所受向心阻力 F_D（斯托克斯阻力），即

$$\frac{\pi}{6} d_s^3 \rho_s \frac{u_{\theta 2}^2}{R_2} = 3\pi\mu d_s u_{r2}$$

而

$$u_{r2} = \frac{Q}{2\pi R_2 H}$$

则

$$u_{r2} = \frac{d_s^2 \rho_s u_{\theta 2}^2}{18\mu R_2} = \frac{Q}{2\pi R_2 H} \tag{7-37}$$

在 F_c 和 F_D 平衡时，从概率统计角度，粒径为 d_δ 的尘粒将有一半分离下来，一半被卷入内旋流中，因而这一粒径被定义为分割粒径，并以 d_c 表示，可近似由下式计算：

$$d_c = \sqrt{\frac{9\mu Q}{\pi H \rho_\delta u_{\theta 2}^2}} \tag{7-38}$$

式中 u_{r2}——尘粒的分离速度（径向速度），m/s；

$u_{\theta 2}$——半径 R_2 处气流的切向速度，m/s；

Q——处理气体量，m^3/s；

H——假想圆筒的高度，m。

单级旋风除尘器的压力损失一般为150～1500Pa。对于5～20μm的尘粒，除尘效率为

80% ~95%；对于小于 5μm 的尘粒，除尘效率为 50% ~90%。因此，若设计良好，也可用于处理小于 5μm 的烟尘。

影响旋风除尘器效率的主要因素有：

（1）入口速度。在一定范围内提高 u_0，可以提高除尘效率。u_0 一般 12 ~20m/s 为宜。不低于 10m/s，以防入口管道积灰。但速度太高，既增加了阻力损失，又会因气流强烈旋流而把已分离的尘粒重新带走。

（2）除尘器的结构尺寸。筒体直径愈小，除尘效率愈高。减小排出筒直径，有利于捕集更小粒子；适当增加锥体长度，有利于提高除尘效率。锥体角度一般以 20°~30°为宜。

（3）除尘效率随粉尘粒径和密度增大而提高。

（4）除尘效率随气体的温度和黏度的增高而降低。

（5）除尘器下部的严密性。若除尘器下部不严密，漏入了冷空气，则会降低除尘效率。

7.5.4.3 旋风除尘器的结构形式

旋风除尘器按处理烟气导入方式可分切向进入和轴向进入两大类。入口形式见图 7-18。切向进入式入口烟速一般为 12 ~15m/s，阻力损失为 1000Pa 左右。轴向式的入口烟速为 10m/s 左右，阻力损失为 400 ~500Pa。和切向进入式相比，在相同阻力时，轴向进入式处理烟气量高 3 倍，且粉尘分配均匀。

当处理烟气量大时，为提高除尘效率，可将许多（几个、几十个乃至上百个）小直径（ϕ100，ϕ150，ϕ250mm）的旋风管（亦称旋风子）并联组合在一个壳体内，称为多管式旋风除尘器（图 7-19）。其特点是除尘效率较高，可捕集 5 ~10μm 的粉尘，也可捕集 1μm 的细尘粒；压力损失为 500 ~1000Pa，处理气体量大，可用于煤气的半精除尘等场合。缺点是结构复杂，金属耗量大。表 7-7 列出了国内几种常用旋风除尘器的型号。由于新型式除尘器不断出现，此表仅供学习选型时参考。

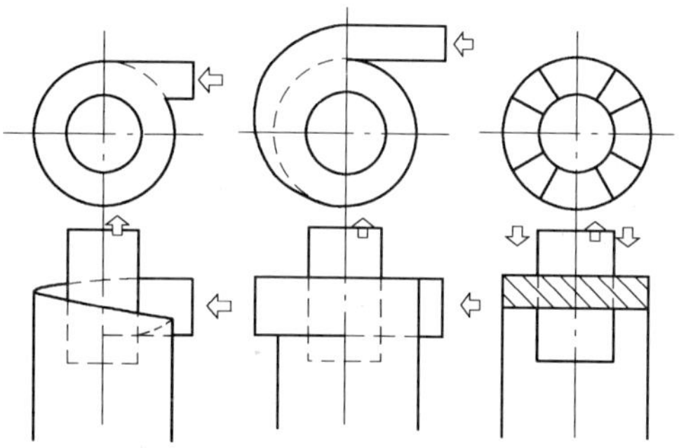

图 7-18 旋风除尘器的入口形式

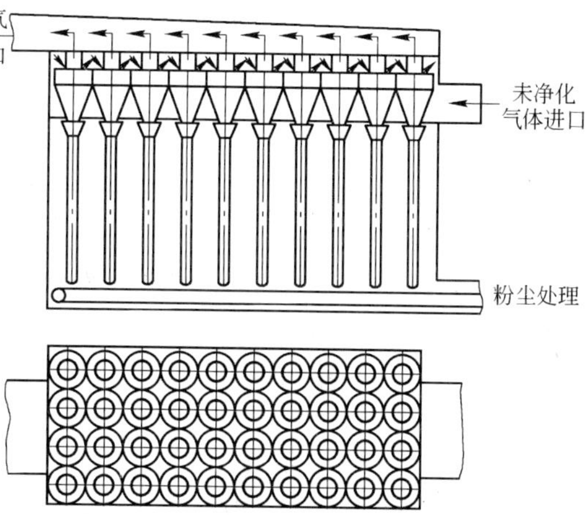

图 7-19 组合式旋风除尘器的排列情况

表 7-7 几种旋风除尘器的主要尺寸比例

尺寸名称	XLP/A	XLP/B	XLT/A	XLT
入口宽度 b	$\sqrt{A/3}$	$\sqrt{A/2}$	$\sqrt{A/2.5}$	$\sqrt{A/1.75}$
入口高度 h	$\sqrt{3A}$	$\sqrt{2A}$	$\sqrt{2.5A}$	$\sqrt{1.75A}$
筒体直径 D	上 3.85b 下 0.7D	0.33b (b=0.3D)	3.85b	4.9b

续表 7-7

尺寸名称	XLP/A	XLP/B	XLT/A	XLT
排出筒直径 d_2	0.6D	0.6D	0.6D	0.58D
筒体长度 L	上 1.35D 下 1.0D	1.7D	2.26D	1.6D
锥体长度 H	上 0.50D 下 1.00D	2.3D	2.0D	1.3D
排灰口直径 d_1	0.296D	0.43D	0.3D	0.145D
局部阻力系数 ζ	8.0	5.8	6.5	5.3

7.5.5 湿式除尘器

7.5.5.1 洗涤器除尘的工作原理

洗涤器除尘是利用液滴、液膜、气泡等洗涤含尘气体，使尘粒黏附和相互凝聚而将尘粒分离的装置。它是利用惯性力、扩散力、凝聚力和重力等作用力捕集尘粒的。惯性碰撞作用可用斯托克斯数描述，即

$$St = \frac{d_s^2 \rho_s u_r}{9\mu D_L} \tag{7-39}$$

式中 D_L——液滴直径，m；

ρ_s——尘粒的真密度，kg/m³；

d_s——粉尘粒径，m；

u_r——尘粒与液滴之间的相对运动速度，m/s。

尘粒在液滴上的拦截作用可用直接拦截比 K_R 描述，即

$$K_R = d_s / D_L \tag{7-40}$$

由式（7-39）和式（7-40）可知，当尘粒直径 d_s 增大，液滴直径 D_L 小时，惯性碰撞和拦截作用都会增强。

洗涤器适于净化非纤维性和不与水发生化学反应的各种粉尘，尤其适于净化高温、易燃和易爆（如各种煤气）的含尘气体。

7.5.5.2 洗涤器的性能

洗涤器可分为低能和高能洗涤器两大类。低能洗涤器的压力损失为 0.25～1.5kPa。其耗水量（水气比）一般为 0.4～0.81L/m³，对大于 10μm 的粉尘，其除尘效率可达 90%～95%。高能洗涤器压力损失为 2.5～9kPa，对于 5μm 以下的尘粒除尘效率达 90% 以上。因此，高能洗涤器常用于高炉煤气、转炉煤气、造纸和化铁炉烟气除尘上，而低能洗涤器一般用于焚烧炉、化肥生产、石灰窑等烟气除尘。

7.5.5.3 洗涤器的型式

洗涤器依其净化机理可分成七类，如图 7-20 所示。下面简要介绍几种。

A 重力喷雾洗涤器

重力喷雾洗涤器是洗涤器中最简单的一种。图 7-21 为喷雾塔的结构简图。由图可以看出，它是一种空塔，当含尘气体通过喷淋液体所形成的液滴空间时，由于尘粒与液滴

之间碰撞、拦截和凝聚等作用，使较大较重的尘粒依靠重力而沉降，并与洗涤液一起从塔底部排走。

由图 7-22 可知，对各种粒径除尘效率较高的最佳水滴直径在 0.5 ~ 1.0mm 范围内。采用粗喷嘴，喷水压力为 152 ~ 811kPa，水气比为 0.7 ~ 2.7L/m^3，可达要求。

合适的空塔气流速度大致为水滴沉降速度的 50%。实际空塔速度为 0.6 ~ 1.2m/s。

喷雾塔的压力损失小（ <0.25kPa），操作稳定。但除尘效率低，占地面积大，耗水量大，对小于 10μm 的尘粒捕集效率低，多用于净化大于 50μm 的尘粒。常与高效除尘器联用，作为粗除尘器和降温器。

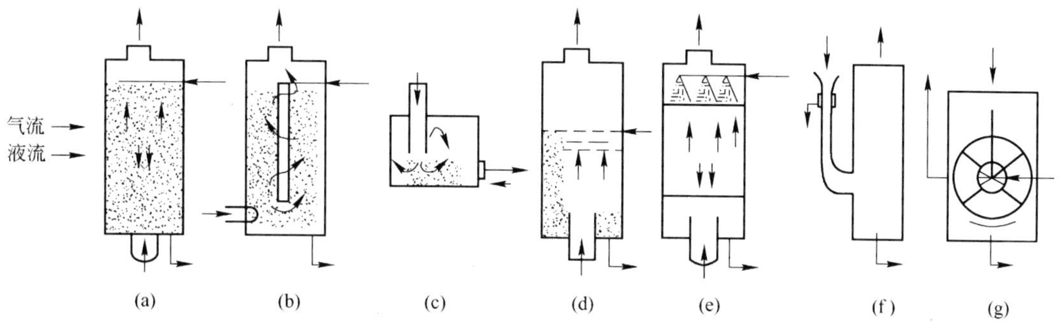

图 7-20 各类湿式气体洗涤器示意图

（a）重力喷雾洗涤器；（b）旋风洗涤器；（c）自激喷雾洗涤器；（d）泡沫洗涤器（板式塔）；（e）填料床洗涤器；（f）文丘里洗涤器；（g）机械诱导式喷雾洗涤器

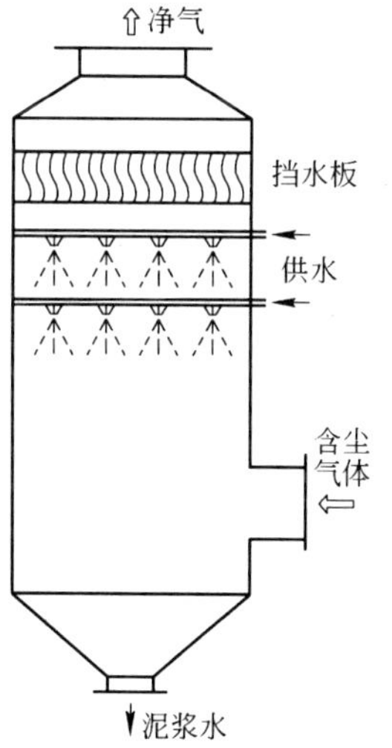

图 7-21 喷雾塔

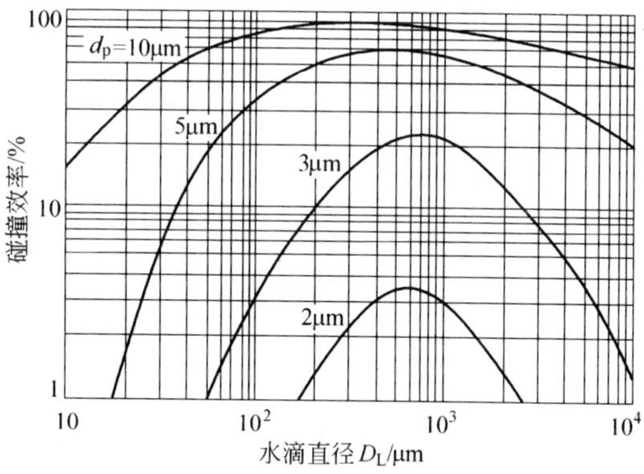

图 7-22 在喷雾塔中的碰撞效率

B 旋风洗涤器

旋风洗涤器理论最佳水滴直径为 100μm 左右，实际采用范围 100 ~ 200μm。气流入口速度为 15 ~ 45m/s。特别适合于气量大、含尘浓度高的场合，用于净化大于 5μm 的粉尘。其除尘效率可达 90% 以上，压力损失为 0.25 ~ 1kPa。

旋风洗涤器又有旋风水膜式、旋筒水膜式和中心喷雾旋风除尘器三种结构。

在图7-23所示的中心喷雾旋风除尘器中心，装设了一根多孔喷雾管。含尘气流由下部切向引入。气流入口速度在15m/s以上，断面速度一般为1.2～2.4m/s，阻力损失为0.5kPa。对小于0.5μm的粉尘，除尘效率可高达95%～98%。当用弱碱液作洗涤液时，对SO_2的吸收率可达94%以上。耗水量为0.5～0.7L/m^3。

旋风水膜除尘器内，喷雾沿切向喷向筒壁，使壁面形成水膜。而旋筒水膜式除尘器主要靠高速气流冲击水面，使水滴与尘粒碰撞并在离心力作用下，被甩向外筒形成水膜。总之，它们主要是靠水膜的作用除尘去粒的。

C 文丘里洗涤器

文丘里洗涤器是一种高效湿式洗涤器，其机构如图7-24所示。水由装置在收缩管内的喷嘴喷出，在高速气流冲击下雾化成细小液滴（同时，气体被水饱和，尘粒被水润湿），使尘粒与水滴或尘粒之间激烈碰撞、凝聚。在扩张管中，随着压力的回升，以尘粒为凝结核心的凝聚作用更快更完善，凝聚为大直径的含尘液滴，从而易于在脱水器中脱水分离，尘粒随污水排出。

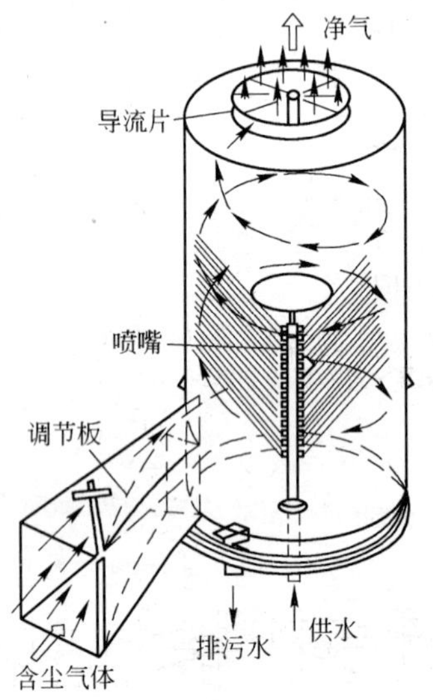

图7-23 中心喷雾旋风洗涤器

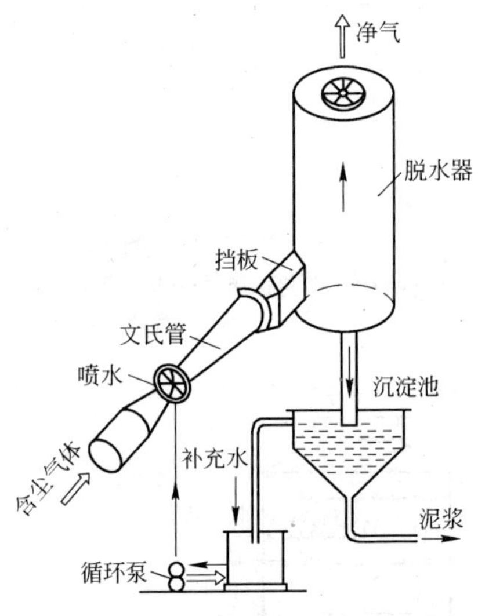

图7-24 文丘里洗涤器

实践表明，水滴愈细、水气比愈大、喉管处气速愈大，除尘效率愈高。最佳水滴直径为粒径的150倍左右为宜。水气比一般是0.3～1.5L/m^3，以选用0.7～1.0L/m^3为多。而喉管处气速取40～120m/s。对0.25μm以上的尘粒，除尘效率可达99%以上。文氏管洗涤器的阻力损失也取决于喉管气速和水气比的大小，一般阻力损失达3～10kPa。

文氏管洗涤器常用作高炉、氧气顶吹转炉、电炉、有色冶炼炉及各种炉窑的煤气或烟气的除尘装置。

7.5.6 过滤式除尘器

过滤式除尘器按种类分为袋式除尘器和颗粒层除尘器。袋式除尘器按进气方式分为上进气式和下进气式；按过滤方式分为内滤式与外滤式；按壳体分为密闭式与敞开式；按清灰方式分为简易清灰式、机械振动清灰式，逆气流反吹风式、脉冲喷吹式和联合清灰式等多种形式。

袋式除尘器利用棉、毛或人造纤维等加工的滤料进行过滤。粗尘粒首先靠碰撞、拦截等作用被捕集，并在网孔之间产生“架桥”现象，使小颗粒黏附其上，形成初次黏附层。而后，在初层上逐渐堆积成粉尘层，使滤布成为对粗、细粉尘皆可有效捕集的滤料。所以，袋式除尘器除了靠滤料的碰撞拦截作用外，主要是靠粉尘层的筛滤作用。随着过滤的进行，粉尘层不断增厚，效率增高，阻力也增大，过滤到一定时间后，需要进行清灰。但清灰又不能过度，否则将影响粉尘层的滤筛作用。

过滤式除尘器具有除尘效率高、性能稳定可靠、操作方便等特点，可用于净化 0.1μm 以上的微细尘粒，除尘效率高达 99%，如图 7-25 所示。但其阻力损失较大。总阻力损失为 1～2kPa。

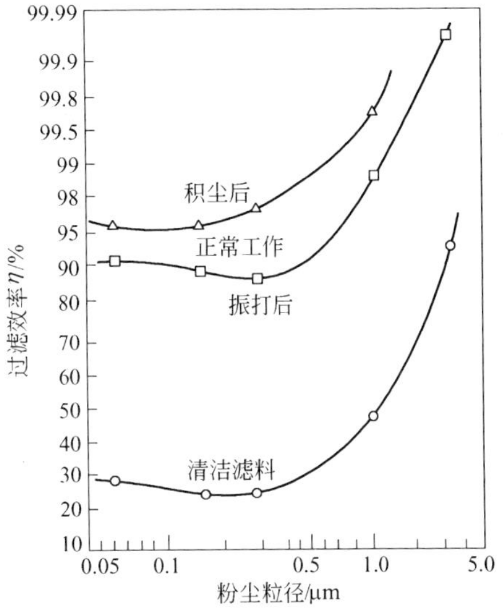

图 7-25 滤布不同积尘状态下的除尘效率

除尘器的性能在很大程度上取决于滤料的性能、清灰效果及过滤风速的高低。对滤料的要求是：容尘量大，透气性好，阻力小，能抗皱褶，耐磨，耐高温及耐腐蚀，吸湿性小，价格便宜。目前常用滤料有棉、毛等天然纤维，尼龙、腈纶、涤纶等有机合成纤维和无机纤维（玻璃纤维）三类，其最高使用温度分别为 100℃，200℃，300℃。现正着力研究耐高温的金属纤维（已有在 450℃下使用）。清灰效果对袋式除尘器的效率影响很大。清洁滤料（新的或清洗后的滤料）的滤尘效率最低，积尘后最高，清灰后有所降低。尤其是对素布结构的滤料，清灰后粉尘层受到破坏，沉积的粉尘层呈片状脱落，过滤效率显著降低。而绒布滤料因绒毛间保存部分永久性容尘，毛毡滤料容尘量大，因而清灰后效率下降不大。过滤风速对滤尘效率的影响明显。一些实验表明，过滤风速增大 1 倍，粉尘通过率将增大 2 倍甚至 4 倍以上。过滤风速选得低些为好，一般织物滤布的速度为 0.5～2m/min，毛毡滤料为 1～5m/min。

颗粒层除尘器是以硅砂、砾石、矿渣和焦炭等颗粒作为滤料，去除含尘气流中的粉尘的一种内滤式除尘器。由于能耐高温、耐腐蚀、耐磨损，除尘效率高，维修费用低，已引起人们重视。

颗粒层除尘器的除尘机理与袋式除尘器类似，主要靠惯性碰撞、拦截及扩散作用等，使粉尘附着于颗粒状滤料及尘粒表面上，从而在填料层的迎气侧形成尘粒层。颗粒填料层的厚度一般为 100～200mm。

颗粒层除尘器的结构形式也有多种，常见的有耙式颗粒层除尘器、沸腾床颗粒层除尘器和移动床颗粒除尘器。图 7-26 是使用广泛的耙式颗粒层除尘器的一种型式。其中图 7-26a 为工作（过滤）状态，含尘气体经总管 1 切线进入旋风筒 2，粗颗粒在此被清除；而气流通过插入管 4 进入到过滤室 5 中，然后向下通过滤床层 6 进行最终净化。干净气体由净气室 7 经阀门 8 到净气总管 9 排出。图 7-26b 为清灰状态。此时阀门 8 将净气总管关闭，打开反吹风口，反吹气体先经干净气体室 7，然后向上通过滤床层 6；与此同时，耙子转动将凝聚在颗粒上的粉尘剥落下来，经插入管 4 吹至旋风筒 2 中沉降；然后气流返回到含尘气体总管，进入到并联的其他正在工作的颗粒层除尘器中净化。

近年来，颗粒层除尘器开始应用在炼焦、化工和冶金等工业领域，在工业锅炉、燃煤炉窑、高炉煤气干除尘等场合应用日益广泛。

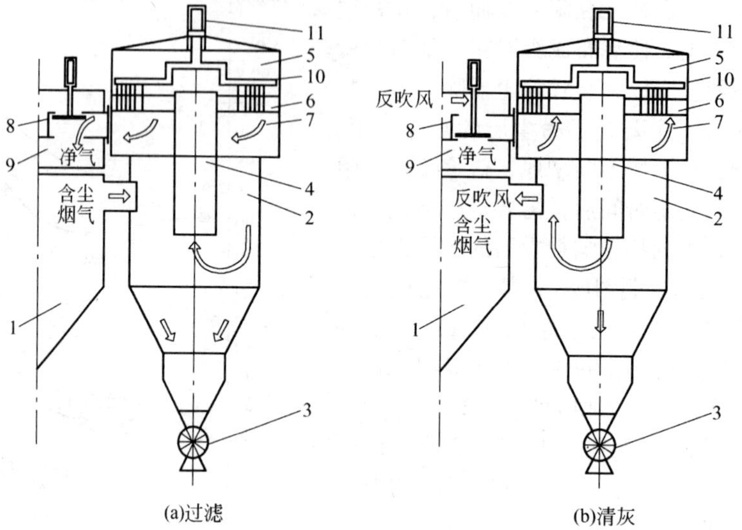

图 7-26 单层耙式颗粒层除尘器

7.5.7 电除尘器

7.5.7.1 电除尘器的工作机理

图 7-27 为管式电除尘器示意图，图 7-28 为其工作原理图。放电电极为一根金属线，通常为负极。接地的圆管（或平板）为集尘极，是正极。整个除尘过程大致由气体电晕放电、尘粒荷电、尘粒沉积和粒子清除四个过程组成。

将 50 ~ 70kV 的直流高压电源加在放电电极上，在两极间形成非均匀电场。当放电电极附近电场强度提高到一定值时，放电极发生电晕放电，产生大量的负离子和正离子。在电晕区内，正离子迁移到放电电极（即电晕电极）上被中和，而负离子和自由电子则向集尘电极迁移，便与所

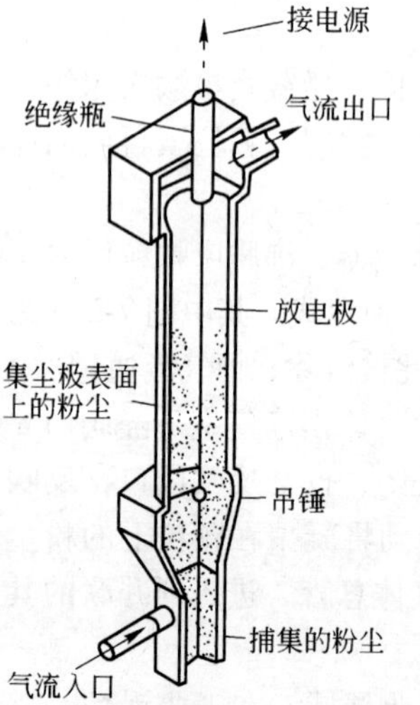

图 7-27 管式电除尘器示意图

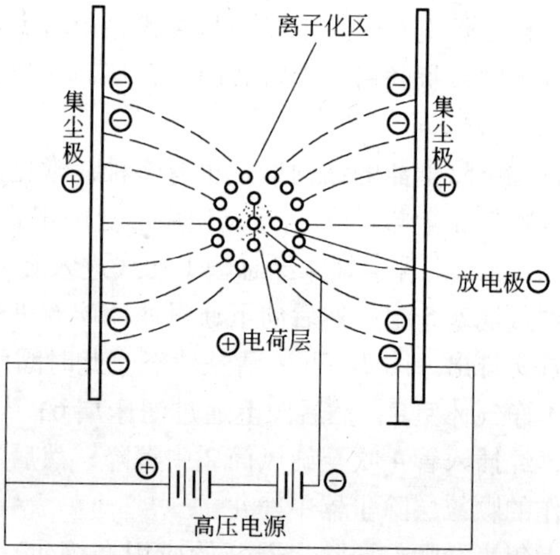

图 7-28 电除尘器原理图

通过的含尘气流中的尘粒碰撞，使尘粒荷电。荷电尘粒在库仑力作用下被驱往集尘极。到达集尘极表面后，便放出电荷而沉集其上。待其达到一定厚度时，用机械振打等方法将其清除。

7.5.7.2 电除尘器的分类及性能

电除尘器按集尘极的形式可分为管式和板式；按气流流动方向可分为立式和卧式。管式电除尘器都是立式的，而板式电除尘器一般是卧式的，以卧式板式电除尘器应用最广；按清灰方式可分为干式和湿式（用喷雾或溢流水清灰）电除尘器。

电除尘器的除尘效率可高达99.99%以上，能捕集1μm左右的粒子（甚至可除去0.1μm以下的粒子，效率达99.9%）。但从经济角度考虑，效率越高，投资及运行费用越大。因此，一般以效率控制在95%～99%之间为宜。电除尘器的压力损失一般为0.2～0.5kPa。电耗低，一般为0.1～0.8kW·h/1000m^3。电除尘器处理气量大（10^5～10^6m^3/h是很普通的），并且可以处理不同性质的烟气和煤气（温度可高达500℃，湿度100%）。此外，电除尘器能连续运行，能完全自动化操作。其主要缺点是设备庞大，钢材耗量大，初投资高。

7.5.7.3 影响粒子捕集效率的因素

电除尘器的分级效率可用如下理论公式计算：

$$\eta_d = 1 - \exp\left(-\frac{A}{Q}\omega\right) \tag{7-41}$$

式中，A为集尘板的面积，m^2；Q为处理气体量，m^3/s；ω为粒子的理论驱进速度，m/s。

实际上，按上式计算出的理论捕集效率要比实际值高得多。为此，把按实际测得的总捕集效率值代入上式，反算出驱进速度值（称为有效驱进速度），以ω_p表示，并替代式（7-41）中的ω，则总捕集效率为

$$\eta = 1 - \exp\left(-\frac{A}{Q}\omega_p\right) \tag{7-42}$$

该式可作为类似的新除尘器设计时确定其尺寸的基础。

影响电除尘效率的因素主要有三个：

（1）尘粒的比电阻。电阻率低于$10^4\Omega\cdot$cm（如石墨、炭黑烟尘及金属粉末等）时，尘粒导电性能好，带负电的粒子到达集尘极后，立刻放电且又因静电感应获得正电荷，易使沉集的粒子被斥力排回到气流中，降低除尘效率；电阻率高于$10^{12}\Omega\cdot$cm（如石灰石、白云石、黏土、氧化镁、铅烧结机粉尘等）时，到达集尘极的粒子放电很慢并残留部分电荷，在沉积粉尘层达到一定厚度时，导致发生反电晕（在集尘极上产生电晕放电）现象，粒子带正电荷，使集尘场强减弱，捕集效率显著降低。为了捕集电阻率较高的粉尘或提高电除尘器的捕集效率，可以采取调节烟气温度、调节烟气的含湿量或添加化学调节剂等方法，降低烟尘的电阻率。如炼铁高炉自熔性烧结矿用量增多时，烟尘的电阻率增大，碱度0.5时，η可达94%；碱度增至1.3时，η降至84%。

（2）烟气量。结构已定时，烟气量增加，烟气流速随之增加，使除尘效率降低。一般气流速度以0.5～2.5m/s为宜。

（3）粒径。粒径愈小捕集效率愈低，如图7-29所示。若在电除尘器前设有机械式除尘器，则电除尘效率和有效驱进速度ω_p都

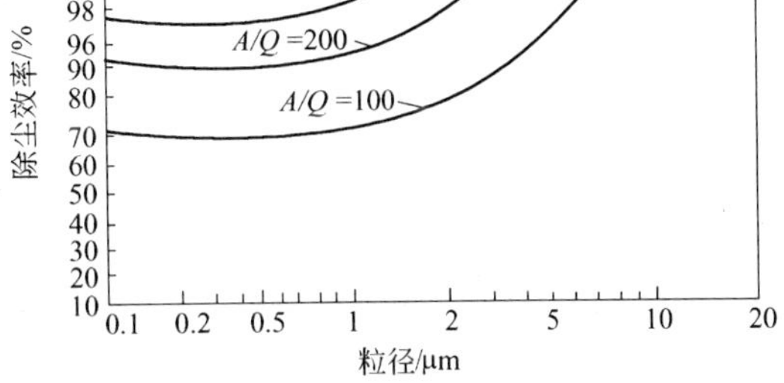

图7-29 理论捕集效率与粒径的关系

有所下降。

7.5.7.4 电除尘器的应用

电除尘器在电力、冶金、化工等部门均得到应用。如烧结机除尘，国外从20世纪70年代以来多采用电除尘器，除尘效率可达99%以上。国内的大、中型烧结机均采用电除尘器，除尘效率可达96%～99%。在高炉煤气除尘方面，日、美等国已出现采用文丘里洗涤器加电除尘器的流程，净化后煤气含尘浓度可达6mg/m^3。

7.5.8 二次微粒的控制

从上述几种除尘器的工作原理及其性能的介绍可知，粉尘的粒径及粒径分布是影响除尘器性能的最主要的因素。而提高除尘效率，主要是靠提高使尘粒与气体分离的外力以及加大尘粒直径这两条途径。前者需增加投资及运行费用，后者则往往更直接更经济些。

燃烧烟尘和冶炼烟尘为一次微粒，粒径很细且分布范围较窄。粒径太小则难以捕集，影响除尘效率。如果微粒尺寸小于1～3μm，应使单颗粒粉尘凝聚为粗大的二次微粒后再加以处理，以提高除尘效果，减少对人体的危害。这就是二次微粒控制法。

烟气中的水蒸气、硫酸酐或气体状的有机物凝结成分吸附或吸收在粉尘的表面上，就会更容易凝聚。采用喷水雾、喷水蒸气或其他液体冷凝烟气，能使细小的尘粒凝聚为较大的颗粒。采用煤油混烧或烧煤时混烧一些高硫分的煤，可取得与注入硫酸酐相同的效果，既可使细小尘粒易于凝聚，又可降低粉尘的电阻率。采用静电凝聚器使尘粒荷电，通过电场的作用（在平板对平板电极的均匀电场中），使粒子在充电空间里极化，形成空间凝聚的“灰珠”（如炭黑粒子可从0.02μm凝聚为几十μm），从而易于在后续的除尘器中除去。这些都是二次微粒的有效控制方法。粒子增大的程度取决于冷凝率和粒子的浓度。美国对含有6μm以下的金属微粒烟气进行实验，结果表明，当浓度为4g/m^{3}的烟气经冷凝器后，其含尘量降为30mg/m^3，能耗为0.8～0.9kW·h/1000m^3。

7.6 除尘器的选型

7.6.1 除尘器的选型

在选择除尘器时，一定要事先充分调查并掌握排尘发生设备的操作状态，气体和粉尘的性质与状态以及它们的变化情况，要了解除尘器的性能和当地排尘标准等等。表7-8列出了几种除尘器的性能参数。

表7-8 各种除尘器的性能参数

原 理	名 称	能捕集的粒径/μm	压力损失 Δp/Pa	除尘效率 η/%	设备费	运行费用
重力除尘	沉降室	50～1000	100～150	40～60	低	低
惯性力除尘	百叶窗	10～100	300～700	50～70	低	低
离心力除尘	旋风分离器	3～100	500～1500	85～95	中	中
洗涤式除尘	文丘里洗涤除尘器	0.1～100	3000～3800	80～95	中	高
声波除尘		0.1～100	600～1000	80～95	中上	中
过滤式除尘	袋式除尘器	0.1～20	1000～2000	90～99	中上	中上
电除尘		0.05～20	100～200	80～99.9	高	低中

A　根据粒径及粒径分布选型

在选型之前，必须掌握粉尘粒径及其分布情况，包括发生源不同工况时的粒度变化。图 7-30 为各种尘的粒径分布，图 7-31 为各种除尘器分级效率与粒径分布的关系。供选型时参考。

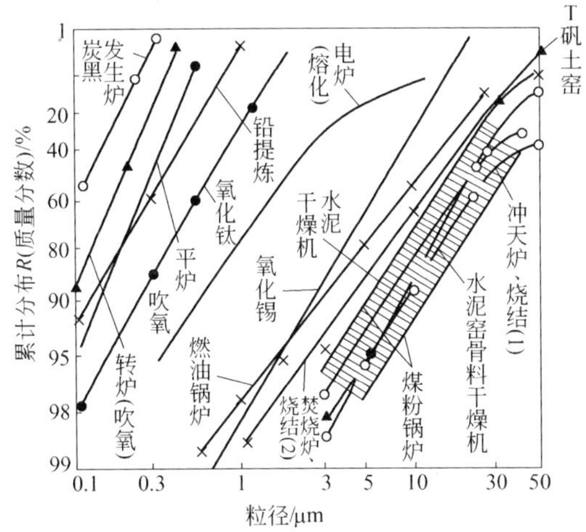

图 7-30　各种除尘的粒径分布

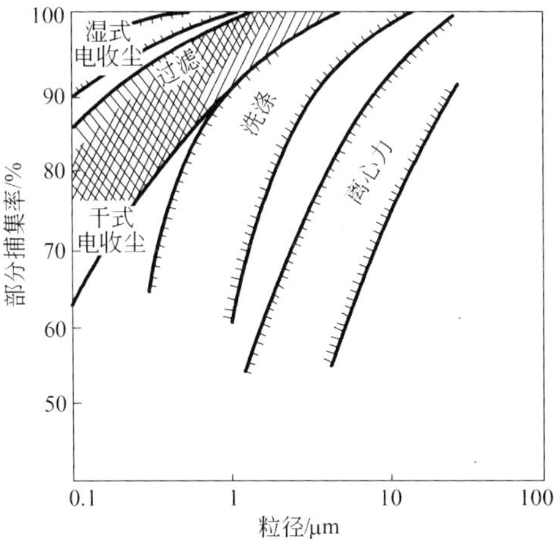

图 7-31　各种除尘器的分级效率

一般说来，粒径为数微米以上时，可选用旋风除尘器；数微米以下时，可选用洗涤器、过滤式除尘器、电除尘器。但如果尘粒很微细且浓度又很低，则可采用静电凝聚器。一次除尘可用静电凝聚器，二次除尘可用旋风除尘器或多管旋风除尘器，即所谓的 PC-MC 组合除尘装置。

B　湿式和干式除尘的选择

湿式除尘器的出口排烟温度通常在露点以下，既降低了排烟的扩散效果，又有白烟覆盖、降雾和洗涤废水的处理等后遗症。因此，从防止环境污染角度考虑，以干式除尘为好。

在处理烟气量少、排水处理较易及处理有害气体的场合，或要完全捕集炭黑之类的极细粉尘的场合，可采用湿法除尘。前三者用洗涤器，后者可采用湿式电除尘器。对高炉煤气和氧气转炉煤气来说，由于含尘浓度高（10～50g/m^3），烟气温度高、易燃烧或爆炸，可以选用湿式洗涤器或湿式电除尘器。

C　根据粉尘浓度选择

粉尘浓度高时，要采用多级除尘。机械式除尘器一般用于一级除尘，文丘里、袋式及电除尘器用于二级除尘。电除尘一般要求粉尘浓度低于 30g/m^3；洗涤器要求粉尘浓度低于 100 g/m^3；过滤器最好能连续振打落灰，使之有稳定的阻力损失，适于含尘浓度高的烟气。

D　除尘器内气流温度的选择

为防止除尘器附着粉尘、堵灰和腐蚀，干法除尘要求烟气温度必须高于酸露点 20℃左右。

过滤除尘器要求把烟气温度降低到滤料的实用耐热温度为止。电除尘器要求烟气温度低于 500℃，并且根据温度与电阻率的关系选定烟温。对洗涤器，则应考虑提高除尘效率，并在防止白烟、降雾的基础上，尽量降低排烟温度。

E　粉尘的真密度

烟尘的真密度 ρ_s 大，除尘效率高；ρ_s 愈小，就愈易产生二次飞扬，尤其对干式处理超微细尘粒的袋式和电除尘器特别显著。当 $\rho_s/\rho_b=10$ 时，尤应注意。

F　选定容量时要留有余地

必须根据各除尘器的基本流速（流速越大，容量也越大）来选定尺寸规格，保证充分发挥除尘器性能；并注意留有余地或设法留有扩建的场地。各种除尘器的基本流速如表 7-9 所示。

表 7-9　各种除尘器的基本流速　m/s

分　类	形　式	基本流速	分　类	形　式	基本流速
重力除尘	沉降式	1 ~ 3	洗涤式除尘	旋风洗涤除尘	10 ~ 20
惯性除尘	百叶窗式	>5		喷雾塔	1 ~ 2
	多挡板式	1 ~ 5		填料塔	0.5 ~ 1
离心力除尘	切向流入式	10 ~ 20		喷射洗涤除尘器	10 ~ 20
	轴流逆流式	8 ~ 13		文丘里洗涤除尘器	60 ~ 90
过滤式除尘	袋式除尘器	0.18 ~ 4m/min	电除尘	干　式	0.2 ~ 2
	空气滤清式	2 ~ 4		湿　式	1 ~ 3

G　经济性及其他

设计和选型时，要综合考虑投资、运行费用及能耗情况，进行方案优化。不应过于追求除尘效率的高低与否，而应根据烟尘排放标准及烟尘性状，选择具有合适效率的除尘器。

7.6.2　选型时应收集的资料

选型时应收集如下资料：

（1）气体的特性（成分、温度、湿度、压力、流量、腐蚀性等）；

（2）粉尘的特性（浓度、成分、密度、粒径分布、黏附性、含水率、电阻率等）；

（3）净化要求（除尘效率和阻力损失等）；

（4）粉尘的回收利用价值及回收方式；

（5）除尘器特性（效率、阻力损失、投资、能耗等）；

（6）通、引风机，烟囱，水电及现场情况等。

7.6.3　选型计算

以旋风除尘器为例，可采用经验法来选择除尘器的规格型号（其他除尘器大体类同）。其步骤是：

（1）根据含尘浓度、粒度分布、密度等烟气特征，及除尘要求、允许的阻力和制造条件等因素全面分析，合理地选择除尘器的类型。

（2）根据使用时要求的除尘效率及允许的压力降确定进口气速 u_1。除尘效率与 u_1 的关系，可按理论计算或实验数据确定。压力降与 u_1 的关系可按阻力系数确定，即

$$u_1 = \sqrt{\frac{2\Delta p}{\xi \times \rho}} \tag{7-43}$$

式中　Δp——除尘器的阻力损失，Pa；

ρ——气体的密度，kg/m^3；

ξ——局部阻力系数。

（3）确定旋风除尘器的进口截面积 A、入口宽度 B 和高度 h。根据选定的进口速度 u_1 和处

理气体量 Q，A 可由下式计算：

$$A = Bh = \frac{Q}{u_1} \tag{7-44}$$

然后，参照产品样本确定 A 值。

7.6.3.1 重力沉降室

根据尘粒的 ρ_s 和 d_s 计算 u_t（按式 7-29），再假设沉降室内气流速度 u_0 和沉降室高度 H（或宽度 B），确定沉降室长度 L 和宽度 B（或高度 H）。除尘效率按下式计算（紊流流动）：

$$\eta = 1 - e^{-nLBu_t/Q} \tag{7-45}$$

式中，n 为沉降室托盘数；Q 为处理气体量，m^3/s。

例 7-1 有一沉降室用于从 $10m^3/s$ 的标准状态空气流中捕集直径 $50\mu m$，密度 $2000kg/m^3$ 的颗粒。试求当要求捕集效率分别为 99% 和 99.9% 时的沉降室长度。并求应用第一个长度时，对 $25\mu m$ 颗粒的除尘效率为多少。

解：已知空气的 $\mu = 1.84 \times 10^{-5} kg/m \cdot s$，忽略 ρ_f，则由式（7-29）有

$$u_t = \frac{\rho_s d_s^2 g}{18\mu} = \frac{2000 \times (50 \times 10^{-6})^2 \times 9.8}{18 \times 1.84 \times 10^{-5}} = 0.148 m/s$$

设包括底面共有 9 层托盘，且 $B = 1.5m$，则

$$L_1 = -\frac{Q}{nBu_t}\ln(1 - \eta)$$

$$= -\frac{10}{9 \times 1.5 \times 0.148}\ln(1 - 0.99)$$

$$= 23.0m$$

$$L_2 = -\frac{10}{9 \times 1.5 \times 0.148}\ln(1 - 0.999)$$

$$= 34.6m$$

依据表 7-9 选择 $u_0 = 2.0m/s$，由式（7-28）可得

$$H_1 = \frac{L}{u_0} \times u_t = \frac{23.0}{2.0} \times 0.148 = 1.702m$$

$$H_2 = \frac{34.6}{2.0} \times 0.148 = 2.56m$$

对 $25\mu m$ 颗粒，

$$u_t = \frac{2000 \times (0.25 \times 10^{-4})^2}{18 \times 1.84 \times 10^{-5}} = 0.037m/s$$

则

$$\eta = 1 - \exp\left(-\frac{9 \times 23.0 \times 1.5 \times 0.037}{10}\right) = 0.683$$

7.6.3.2 旋风除尘器

旋风除尘器的筒体直径一般不宜小于 150～250mm，也不宜大于 800～1100mm。其型号大小及各部分比例均以筒体直径 D 为标准。对宽为 B、高为 h、面积为 A 的入口段，取 $K = A/D^2 = h \cdot B/D^2$，其范围为 0.07～0.3；而 h/B 一般为 2.0～4.0；排气管多为圆筒形。直径 $d = (0.4 \sim 0.6)D$ 左右；锥体高度 $H = (1 \sim 3)D$，多为 $2D$ 左右。筒体高度 $L = 1.5D$，$H = 2.5D$ 时认为较适

宜；排气口直径 $d_3=(1/3\sim1/2)$左右。

例 7-2 已知 XZT-90 型旋风除尘器在选取入口的速度 $u_1=13\text{m/s}$ 时，处理烟气量 $Q=1.37\text{m}^3/\text{s}$。试确定净化工业锅炉烟气（温度为 423K，烟尘真密度 2.19g/m³）时的分割直径。已知该除尘器筒体直径 0.9m，排气管直径为 0.45m，排气管下缘至锥顶的高度为 2.58m，423K 时烟气的 $\mu=2.4\times10^{-5}\text{Pa}\cdot\text{s}$，涡流指数 $n=0.62$。

解：假设接近圆筒壁处的气流切向速度近似等于气流的入口速度，即 $u_1=13\text{m/s}$，取内、外涡旋交界圆柱的直径 $d_0=0.72d_2$。根据 $u_{O_2}R^n=$常数，得气流在交界面上的切向速度为

$$u_{O_2}=13\times\left(\frac{0.9}{0.7\times0.45}\right)^{0.62}=24.92\text{m/s}$$

由式（7-37）得气流的平均径向速度

$$U_C=\frac{Q}{2\pi R_2H}=\frac{1.37}{2\pi\times0.7\times0.45\times2.58}=0.27\text{m/s}$$

根据式（7-38）得

$$d_C=\left[\frac{9\times2.4\times10^{-5}\times1.37\times10^6}{\pi\times2.58\times2100\times24.92^2}\right]^{1/2}=5.291\mu\text{m}$$

即得该除尘器的分割粒径为 5.291μm。

例 7-3 已知烟气处理量 $Q=500\text{m}^3/\text{h}$，烟气密度 $\rho=1.2\text{kg/m}^3$，允许阻力损失为 900Pa，若选用 XLP/B 型旋风除尘器，试求其主要尺寸。

解：由式（7-43）和查表 7-7，得

$$u_1=\sqrt{\frac{2\times\Delta p}{\xi\times\rho}}=\sqrt{\frac{2\times900}{5.8\times1.2\times10^{-3}}}=16.1\text{m/s}$$

u_1 的计算值与查有关国标图（T513-2 号）所得的气速与阻力数据一致，则

$$A=\frac{Q}{3600u_1}=\frac{5000}{3600\times16.1}=0.0863\text{m}^2$$

$$h=\sqrt{2A}=\sqrt{2\times0.0863}=0.42\text{m}$$

$$B=\sqrt{A/2}=\sqrt{0.0863/2}=0.208\text{m}$$

$$D=3.33b=3.33\times0.208=0.624\text{m}=624\text{mm}$$

参考 XLP/B 产品系列，取 $D=700\text{mm}$，则得

$$d_2=0.6D=0.6\times700=420\text{mm}$$

$$L=1.7D=1.7\times700=1190\text{mm}$$

$$H=2.3D=2.3\times700=1610\text{mm}$$

$$d_1=0.43D=0.43\times700=301\text{mm}$$

型号为 XLP/B-7.0。其中 7.0 表示筒体直径的分米数。

7.6.3.3 袋式除尘器

袋式除尘器过滤面积 A 按下式确定：

$$A=\frac{Q}{60u_F}\quad\text{m}^2\tag{7-46}$$

式中，Q 为烟气处理量，m^3/s，u_F 为过滤风速，m/min。各种清灰方式的 u_F 值如下：

简易清灰 0.2～0.75	机械振动清灰 1.0～2.0
脉冲喷吹清灰 2.0～4.0	逆气流反吹清灰 1.0～2.0
玻璃纤维清灰 0.5～1.0	一般滤料 1.0～2.0

7.6.3.4 电除尘器

电除尘器主要是根据运行和设计经验，确定有效驱进速度 ω_p，再由已知气体量 Q 和要求的除尘效率 η，按式（7-42）计算集尘板面积 A。

例 7-4 某 $90m^2$ 烧结机尾电除尘器的实测结果为：入口初尘浓度 $C_i=26.8g/m^3$，出口浓度 $C_o=0.133g/m^3$，进口烟气流量 $Q=44.4m^3/s$。该除尘器断面积 $F=40m^2$，集尘极板总面积 $A=1982m^2$（二个电场）。试为另一 $130m^2$ 烧结机选择电除尘器。要求 $\eta=99.8\%$，$Q=70.0m^3/s$。

解：由式（7-18）得

$$\eta = 1 - \frac{C_oV_o}{C_iV_i} = 1 - \frac{C_o}{C_i} = 1 - \frac{0.133}{26.8} = 0.995 = 99.5\%$$

再由式（7-42）可得

$$\omega_p = \frac{-\ln(1-\eta)}{A/Q} = \frac{-\ln(1-0.995)}{1982/44.4} = 0.119m/s$$

除尘器断面风速

$$u = \frac{Q}{F} = \frac{44.4}{40} = 1.11m/s$$

则

$$A = \frac{-\ln(1-\eta)}{\omega_p/Q} = \frac{-\ln(1-99.8\%)\times 70}{0.119} = 3670m^2$$

若选取老式系列产品 SHWB60 型，则集尘板总面积为 $3743m^2$，有效断面为 $63.3m^2$。这时除尘器断面风速为

$$u = \frac{70.0}{63.3} = 1.1m/s$$

计算结果表明，所选型号是合适的。

复习思考题

（1）名词解释

烟尘，飘尘，降尘，润湿性，荷电性，黏性，粒径，粒径分布，斯托克斯径，总除尘效率，分级除尘效率，总悬浮颗粒。

（2）简要回答问题

1）简述烟尘的生成机理及控制方法。

2）简述影响烟尘生成量的因素。

3）简述除尘器除尘原理。

4）烟尘的物理性质有哪些？

（3）分析回答问题

1）比较湿式除尘与干式除尘的优缺点，它们分别采用哪种形式的除尘器？

2）选择除尘器的依据有哪些，选型计算时应注意哪些问题？

参 考 文 献

[1] 曲格平. 能源环境可持续发展研究[M]. 北京：中国环境科学出版社，2003.

[2] 谷丽琴. 煤化工环境保护[M]. 北京：化学工业出版社，2009.

[3] 唐国山. 工业电除尘应用技术[M]. 北京：化学工业出版社，2006.

[4] 韩剑宏. 钢铁工业环保技术手册[M]. 北京：化学工业出版社，2006.

[5] 胡满银，赵毅，刘忠. 除尘技术[M]. 北京：化学工业出版社，2007.

[6] 唐平，曹先艳. 冶金过程废气污染控制与资源化[M]. 北京：冶金工业出版社，2008.

[7] 赵大传，陶颖，杨厚苓. 工业环境学[M]. 北京：中国环境科学出版社，2004.

[8] 龚金科. 热动力设备排放污染及控制[M]. 北京：中国电力出版社，2007.

[9] 李广超. 大气污染控制技术[M]. 北京：化学工业出版社，2008.

[10] 汪军. 工程燃烧学[M]. 北京：中国电力出版社，2008.

[11] 李光强. 钢铁冶金的环保与节能[M]. 北京：冶金工业出版社，2006.

[12] 赵毅. 电力环境保护技术[M]. 北京：中国电力出版社，2007.

[13] 朱亦仁. 环境污染治理技术[M]. 北京：中国环境科学出版社，2008.

[14] S. Shanthakumar, D. N. Singh, R. C. Phadke. Flue gas conditioning for reducing suspended particulate matter from thermal power stations[J]. Progress in Energy and Combustion Science, 2008, 34: 685 ~ 695.

[15] J. Viñals, M. J. Balart, A. Roca. Inertization of pyrite cinders and co-inertization with electric arc furnace flue dusts by pyroconsolidation at solid state[J]. Waste Management, 2002, 22: 773 ~ 782.

[16] Debora Fino, Nunzio Russo, Guido Saracco etc. A multifunctional filter for the simultaneous removal of fly-ash and NO_x from incinerator flue gases[J]. Chemical Engineering Science, 2004, 59: 5329 ~ 5336.

[17] Adam Grochowalski, Jan Konieczyński. PCDDs/PCDFs, dl-PCBs and HCB in the flue gas from coal fired CFB boilers[J]. Chemosphere, 2008, 73: 97 ~ 103.

8 工业节能与环境

8.1 节能与环境

我国工业节能减排工作面临一系列的挑战，目前消耗着全球46%的钢铁、16%的能源和52%的水泥，但仅创造了全球8%左右的GDP。长期以来的经济发展主要依靠物质资源消耗和资源环境为代价的粗放型的增长模式，亟待得到根本性扭转。

此外，高耗能行业快速增长面临严峻的能源资源约束。“十一五”前四年，我国钢产量年均增长12.4%，水泥产量年均增长11.5%，有色金属工业增加值年均增长17.1%。高耗能行业能源消费量约占工业能源消费总量的80%，高耗能行业的快速增长带动中国工业能源消耗总量的不断增加。

从今后发展看，按照2020年全面建设小康社会的战略目标，工业化、城镇化将进一步发展，工业生产结构需要调整，居民消费结构继续升级，对工业品的需求也将继续增加，中国重化工业所占的比重仍将保持较高水平，对能源、交通、原材料的需求还会进一步增大，资源消耗总量将进一步增加，工业发展面临的资源约束进一步加大。

8.1.1 我国工业用能状况

长期以来，节能在各行各业得到了高度重视，取得了显著的节能成果。表8-1列出我国“十一五”期间各部门能源消耗及结构，由表可以看出，“十一五”期间全国能源平均消耗总量为223300万吨标煤，工业行业（包括县级以上工业企业）消耗的能源量为158100万吨标煤，占全国总能源消耗量的70.80%。在西方工业发达国家的能源消耗结构中，工业一般只占22%左右，民用一般占18%左右。可见，我国工业部门能源消耗比例虽较前几年有了大幅度的降低，但仍然比重偏大。这一方面反映了我国工业用能水平低，产品的单耗高，另一方面也反映了我国人民的生活水平还较低，因而用于生活消耗的能源所占比例较低。

表8-1 “十一五”期间我国各部门能源消费结构

部　门	消费量/万吨标煤	比重/%
工业部门	158100	70.80
交通运输、邮电业	16700	7.48
建筑业	3400	1.52
商业及非物质部门	5000	2.24
农、林、牧、渔、水利	8000	3.58
生活消费	23400	10.48
非物质生产部门	8800	3.94
合　计	223300	100.00

注：摘自陈甲斌，贾文龙，殷俐娟著。《能源消费结构分析及研究政策》。

近年来，我国的能源生产得到较大比例的增长，能源工业的发展速度与国民经济发展速度正在逐步趋于一致。可由一次能源弹性系数和电力弹性系数来反映它们间的匹配关系。这两个系数由下式定义：

$$\text{能源(电力)生产弹性系数} = \frac{\text{能源(电力)生产量年平均增长速度}}{\text{国民经济年平均增长速度}} \tag{8-1}$$

能源弹性系数和电力弹性系数是根据国家经济发展情况、能源发展状况以及用能水平等诸多因素而定的。例如，我国2009年一次能源生产总量达到23.7亿吨标准煤，比2002年增长64.6%；原煤增长75.9%；原油增长12%；电力装机突破7亿千瓦，新增装机容量相当于新中国成立到2009年50多年的总和。煤炭和电力供应紧张状况得到有效缓解。全国拉闸限电由最多年份的124万条次减少到1.2万条次，火电设备利用小时数回落到正常水平。发达国家的经验表明，提高电能在终端能源消费中的比例，是节约一次能源和合理利用能源的重要途径。目前发达国家发电用一次能源的比例已达50%，我国仅为38.1%，这反映了我国工业用能水平还是比较低。因此，在未来的发展中，能源工业的发展要以大力发展电力，提高电能在终端能源消费中的比例为重点。

2006年至2009年，我国规模以上单位工业增加值能耗累计下降20.76%，实现节能量5.3亿吨标准煤；2010年前三季度，中国单位工业增加值能耗同比下降4.57%，其中三季度同比下降10.37%。期间共淘汰低能效炼铁产能1.1亿吨、炼钢产能6863万吨、焦炭产能1亿吨、水泥产能3.3亿吨、造纸产能998万吨。同时，严格控制“两高”和产能过剩行业新上项目。从2011年5月开始，工业部门开始停止审批、核准、备案“两高”和产能过剩行业扩大产能项目。

我国先后制定了钢铁、有色、建材、化工等重点用能行业13种产品（工序）能效标杆指标，开展重点用能行业能效水平对标达标活动，推广行业节能减排先进经验和先进技术。同时，能耗限额标准执行情况受到严格的专项督查。工信部要求地方对不达标企业立即停产改造，改造无望或经改造仍不能达标的企业要列入淘汰名单。对于仍在使用国家明令禁止的落后高耗能机电设备的，则要求其限期更换。

我国还安排巨额专项资金用于节能降耗的技术改造，并积极推进节材代木和水资源节约，开展代木包装和强化回收试点，设定钢铁、纺织、造纸3个行业20类产品单位产品取水量指导指标。多部门联合发布的《金属尾矿综合利用专项规划》、《金属尾矿综合利用先进适用技术目录》和《赤泥综合利用指导意见》等政策文件，加快了金属尾矿、赤泥（生产氧化铝过程中的固体废弃物）等固体废物综合利用先进适用技术的推广应用。“大宗工业固废综合利用十大示范基地”的建设工作也在快速推进中。此外，电子信息产品污染控制和废旧产品回收处理工作日益加强，废弃电子电器产品综合利用技术陆续产业化。

我国同时注重推行工业循环经济，清洁生产法规政策体系不断完善，聚氯乙烯、钢铁、纯碱、氮肥、磷肥、硫酸、电解锰、纺织印染等17个重点行业的115项先进清洁生产技术在全国推广。但是能耗指标与国际先进水平相比还有较大差距。例如，我国钢铁工业的发展举世瞩目，但其能耗指标与世界主要工业国相比差距较大。表8-2是我国近几年吨钢能耗的变化情况，表8-3是主要产钢国的吨钢综合能耗。

表8-2 我国吨钢能耗　　吨标煤

能耗＼年份	1989	1990	2000	2005	2008	2009
吨钢综合能耗（全国）	1.636	1.611	0.906	0.760	0.697	0.640
吨钢综合能耗（重点企业）	1.213	1.201	0.815	0.741	0.629	0.594
可比能耗（重点企业）	0.998	0.997	0.784	0.700	0.609	0.640

注：摘自中国“节能中长期专项规划”，上海科学技术情报研究所整理。

表 8-3 主要产钢国吨钢综合能耗

国 家	吨钢综合能耗/千克标煤				
	1980 年	1987 年	2000 年	2005 年	2009 年
美 国	823.7	839.9	906	760	722
日 本	664.3	595.7	642	656	634
德 国	777.5	679.1	770	698	656
意大利	677.6	714.8	759	725	720
法 国	783.9	697.0	767	675	665
英 国	770.6	714.8	743	710	709
巴 西	823.7	744.6	750	712	710

应当指出，当前用能过程中仍存在着严重的浪费现象，如 2008 年煤炭的损耗达 1700 万吨，占当年统配煤的 1%；原油的损耗（包括企业自用油）达 750 万吨，占当年原油产量的 3%；能源运输、储存、转换、使用过程中，也存在着许多浪费现象，如余能资源没有充分回收利用，钢铁企业副产煤气的放散等。这些浪费是造成单位产品能耗高的原因之一。

8.1.2 节能潜力

节能有两方面的含义，其一是减少支出，其二是增加收益。具体地说，节能是采用技术上可行、经济上合理、社会能够接受和环境所允许的一切措施来提高能源的利用效率。2009 年，我国总体能源利用率仅为 33%，比发达国家低近 10 个百分点。节能的量化指标可用节能率（达到同样的生产水平节约能源的比例）来表示。主要工业国自 1973 年石油危机以来，都十分注意节约能源。我国单位国民生产总值能耗相对较高。我国已经制订能源中长期发展规划。根据规划内容，到 2020 年，我国万元 GDP 能耗将下降到 1.54 吨标准煤，形成节能能力 14 亿吨标准煤，主要产品单位能耗指标将达到或接近国际先进水平。“十一五”期间，我国实现节约和替代石油 3800 万吨。到 2020 年，我国可再生能源在一次能源消费中的比重可由目前 7% 提高到 15%，可替代化石能源 4 亿吨标准煤。表 8-4 列出了我国部分产品单位产品能耗与国外先进水平的比较。由表可见，我国产品的单耗一般比发达国家都要高，差距比较大，这说明我国的节能潜力巨大。

表 8-4 近年来我国部分产品单耗

指 标 名 称	2008 年（千克标准煤/吨）	2009 年（千克标准煤/吨）	同比增减/%
炼焦工序单位能耗	163.78	132.49	-19.10
炼铁工序单位能耗	654.03	548.35	-16.16
单位电石生产综合能耗	1066.50	908.16	-14.85
单位纯碱生产综合能耗	350.06	300.23	-14.24
轧钢工序单位电力消耗	90.21	79.76	-11.59
轧钢工序单位能耗	81.99	76.54	-6.64
硅锰合金工序单位能耗	1422.01	1328.12	-6.60
吨钢综合能耗	269.24	252.68	-6.15

注：上海科学技术情报研究所整理。

据预测，2020年中国能源需求量将达到28.88～38.80亿吨标准煤，届时原煤缺口约为3.21～11.74亿吨，石油和天然气均有巨大的缺口。因此，能源是我国当前和今后相当长一个时期内，制约经济发展的突出问题。由上述节能潜力分析可以看出，缺口的能源完全可通过技术改造，采用成熟的节能先进技术降低单位产品能耗来补上。据测算，我国主要产品的单位能耗的节能潜力达3亿吨标煤以上。例如，14万台工业窑炉年耗能2亿多吨标煤，其热量利用率比已经能达到的国内先进水平低20%左右，相当于每年多耗4000万吨标煤；现有工业锅炉保有量55.33万台，生产190.61万吨蒸汽，热量利用率比已经能达到的国内先进水平低10%～20%，相当于每年多耗能9000万吨标煤；火力发电煤耗比国外先进水平高100g/(kW·h)，如果缩小一半差距，每年就能节能2800万吨标煤；工业部门的风机、水泵的运行效率比国外工业发达国家同类产品低20%左右，相当于每年多耗能300亿千瓦时，折标煤1212万吨；在发电、输电和配电过程中，电能的损失率约25%，比工业发达国家平均水平高出1倍，相当于每年多耗电600亿千瓦时，折标煤2400万吨。这些例子生动地说明了节能的巨大潜力。

8.1.3 节能与环境

能源的开采和利用对环境造成的污染极其严重，节能不仅对解决我国能源供需矛盾具有重要作用，对改善和减轻环境污染也有着显著的效果。

我国有70%的能源用于工业生产，因此工业企业的节能应当是全国节能的重点，也是减轻环境污染的重要环节。节能与环保的关系可概括为如下四个方面。

8.1.3.1 节能可减少污染物的排放量

到目前为止，应该说世界主要的能源来自矿物燃料，我国更是如此。前面几章已经介绍了燃料的开采和使用所造成的环境污染，表明只要减少能源的消耗，就必然会减少污染物的排放量。与2000年相比，2008年全国城市空气中二氧化硫、可吸入颗粒物和二氧化氮年均浓度分别下降28.5%、33.3%和31.5%，空气质量达到国家二级以上标准的城市比例由35.6%提高到76.8%，增长了41个百分点，可见节能与减少污染物的排放量密切相关。

2008年，全国工业固体废物产生量151541万吨，比上年增加12.7%；工业固体废物排放量1302万吨，比上年减少21.3%。全国危险废物产生量1084万吨，比上年减少6.7%；危险废物排放量20万吨，比上年增加3.2倍。其中一部分直接与能源的利用有关，合理利用能源，节约能源，可以减少废渣的排放量。同时，这些废弃物是在生产过程中消耗了原料、材料和能源后，伴随着工业产品而产生的。因此，节约原材料的消耗，既节约了能源又减少废渣的产生量，对减轻环境污染有重要意义。

8.1.3.2 节能可减轻环境的热污染

热污染是指工业生产和生活中排放的废热所造成的环境污染。热污染可以污染大气和水体。因城市人口集中，建筑群、街道等代替了地面的天然覆盖层，工业生产排放热量，交通尾气排放，大量空调排放热量而形成城市气温高于郊区农村的热岛效应；因工业生产和人类生活排放大量热水等所造成的水的温度升高，使水中溶解氧减少，某些毒物毒性提高，水生生物和植物不能正常生长甚至死亡，某些细菌繁殖，破坏水生生态环境进而引起水质恶化的水体热污染。如美国每天排放的冷却用水达4.5亿立方米，含热量约2500亿千卡，足以使2.5亿立方米的水温升高10℃。美国环保机构建议控制废热的排放，提出废热水进入水体经混合后温度升高不得超过下列数值：河水小于2.83℃，湖水小于1.66℃；海水冬季小于2.2℃，夏季小于0.83℃。

热污染对人类的危害大多是间接的。环境温度的变化首先冲击对温度敏感的生物，破坏原有的生态平衡，然后以食物短缺、疫病流行等形式波及人类。危害的出现往往要滞后较长时间。今天人们对自然气候还远未充分了解，控制与之有关的热污染问题尚处于探索阶段。

8.1.3.3 节能可减少温室气体排放，抑制全球气候变暖的趋势

近一个世纪以来，地球大气中的二氧化碳不断增加，气候变暖，冰川积雪融化，使海水水位上升，一些原本十分炎热的城市，变得更热。专家们预测，如按现在的能源消耗的速度计算，每10年全球气温会升高0.1~0.26℃；一个世纪后即为1.0~2.6℃，而两极温度将上升3~7℃，对全球气候会有重大影响。

在化石燃料仍然是人类使用的常规能源的今天，节能可以减少化石燃料的消耗。能源节约得越多，节约的化石燃料就越多，自然就会减少温室气体二氧化碳的排放，对控制大气温度升高和全球变暖大有益处。

8.1.3.4 新技术可促进环境污染的治理

当考虑和实施一项新的节能技术时，应当以长远的、综合的、社会的观点考察该项技术的经济和社会效益，既要节能，也要满足环境的要求，有利于促进环境污染的治理。事实上，许多节能新工艺和新技术已经取得了很好的成效。例如，干熄焦技术基本上不造成大气污染和水污染；脱硫技术极大地降低了环境污染；采用低沸点工质的动力装置回收冷却烧结矿的废气余热，既节约了能源，又可为烧结工序的环保设施提供动力；富氧燃烧技术、低 NO_x 燃烧技术、水煤浆燃烧技术、自身预热烧嘴等，都兼顾了节能和环保的效果。

8.2 工业节能的途径

8.2.1 节能的三个阶段

节能的水平可大致分成如下三个阶段：

第一阶段（初期政策）：不需要多少投资，可期望节能20%。该期的后一阶段最多节能5%~7%。

第二阶段（中期政策）：需要一些投资，即进行部分的设备和工艺的改造所采用的节能技术和节能设备投资，可获10%~20%的节能效果。属于提高效率阶段。

第三阶段（长远政策）：需要大量投资，采用节能型的新工艺流程和进行根本性的设备改造，以适应长期的能源发展规划，协调能源供需关系。可期望节能30%。

当然，发展是不平衡的，上述三个节能阶段也不是绝对的，它们之间往往相互交叉。

8.2.2 工业节能的途径

8.2.2.1 直接节能与间接节能

节能有直接节能和间接节能两种途径。直接节能又称狭义节能，即指生产和生活中一次能源、二次能源和耗能工质的直接节约。间接节能又称广义节能，除了狭义节能的内容外，还包括各种间接的能源节约，如原材料和各种物料的节约，产业结构和产品的节能化调整，能源梯级利用和合理分配与使用等等。

8.2.2.2 单体设备节能与系统节能

A 载能体与载能值

每一种物质（材料与产品）在其生产、运输、储存及使用的过程中，都要消耗一定的能源。例如生产1吨钢材大约消耗700kg标煤的能源。凡是本身能产生能量的物质或在制备过程

中消耗了能量的物质，都称之为载能体。某种物质在生产、运输、储存和使用时所消耗的能源总值，就称为载能体的载能值。

B 单体设备节能和系统节能

就工业节能而言，其具体途径包括单体设备的节能和系统节能两个方面，节能的最终目标应体现在降低产品的载能值上。

能量的转换和利用，都是通过设备来实现的。锅炉、工业炉窑、电加热炉、风机、水泵等都是单体耗能设备。为了降低单体设备的能源消耗，提高其能源利用水平，必须对能量利用过程进行分析，挖掘节能潜力。这就是单体设备的节能。

工业生产的能源系统，是包括燃料、载能工质的产生、转换、运输、利用和工艺处理等各个环节在内的综合系统。将能源系统作为一个整体来考虑，对工业生产中用能的全过程进行综合研究，用热力学、系统工程学、热经济学等有关能的梯级利用、全能量利用、过程综合系统优化以及综合工程经济评价等方法，结合实测数据，分析系统内部各要素之间相互关系和作用，进行优化分析，从而提出提高能源利用率的技改方案和管理措施。这就是系统节能的内容。

系统工程学就是对事物的系统性和共性进行研究以解决工程问题的科学，对用能设备、过程与能源系统的分析和改进，以降低能耗、增加产量、提高经济效益，这就是热经济学评价方法；将热力学的基本原理和各种用能过程，包括各种单元操作和工艺反应过程，更为有效地结合起来，着眼于减少过程能耗，将局部过程扩大到全过程来讨论，这就是“过程综合”；从热力学观点考虑能质的有效匹配和利用，就是能量的梯级利用与全能量利用。

8.2.3 单体设备的节能

各种各样的耗能设备，种类繁多，结构不一，其工作原理也各不相同。但从节能的视角出发，他们之间存在着共性的东西。以下简要介绍有关节能原理。

8.2.3.1 热设备的用能效率分析方法

与热现象及热过程有关的设备称为热设备。热设备可分为热工设备（如各种加热炉、工业炉窑、加热器、换热器等）和热力设备（如锅炉、内燃机、蒸汽轮机、燃气轮机、蒸汽机等）两大类。这两类设备用能的主要形式不是功就是热，而对外输出的也是热或者功。因此，根据热力学第一定律，进出系统的能量守恒，并有如下数学表达式：

封闭系统：
$$q = \Delta u + W(\text{kJ/kg}) \tag{8-2}$$

开口系统：
$$q = \Delta h + W_t(\text{kJ/kg}) \tag{8-3}$$

稳流系统：
$$q = \Delta h + \frac{1}{2}\Delta C^2 + g\Delta Z + W_i(\text{kJ/kg}) \tag{8-4}$$

式中 q——单位质量的流体流经系统时从外界吸入的能量或热效应；

Δu，Δh，ΔC，ΔZ——分别为该流体的内能、热焓、流速和位能的变化；

W，W_t，W_i——分别为系统对外界所做的功、技术功和内部功。

通过对热设备进行能量平衡测试计算，可以得知能量的利用或传输效率和能量消耗的去向和大小，从而为采取节能措施确定方向和目标。

对某一热工设备，其能量利用效率的表达式为

$$\eta_l = \frac{\text{有效能}}{\text{供入能}} \times 100\% = \frac{\text{已利用能}}{\text{供入能}} \times 100\%$$

$$=\frac{\text{产品用能}+\text{过程用能}}{\text{供给体系的总能}}\times 100\% \tag{8-5}$$

对电机、热机等动力设备，其效率为

$$\eta_l=\frac{\text{输出能}}{\text{输入能}}\times 100\% \tag{8-6}$$

对热设备的能量利用过程可作如图8-1所示的分析。输入设备的总能量可分为两部分：一部分是已被利用的能量，即有效利用能量；另一部分是未被利用的能量，即损失能量。在损失能量中，有一部分不能够或不值得回收利用，称之为理论损失能量；而可以回收的那一部分能量称之为余能。有效利用能中也有一部分可以重复利用，称之为重能；另一部分无法重复利用，称之为不可再用能。

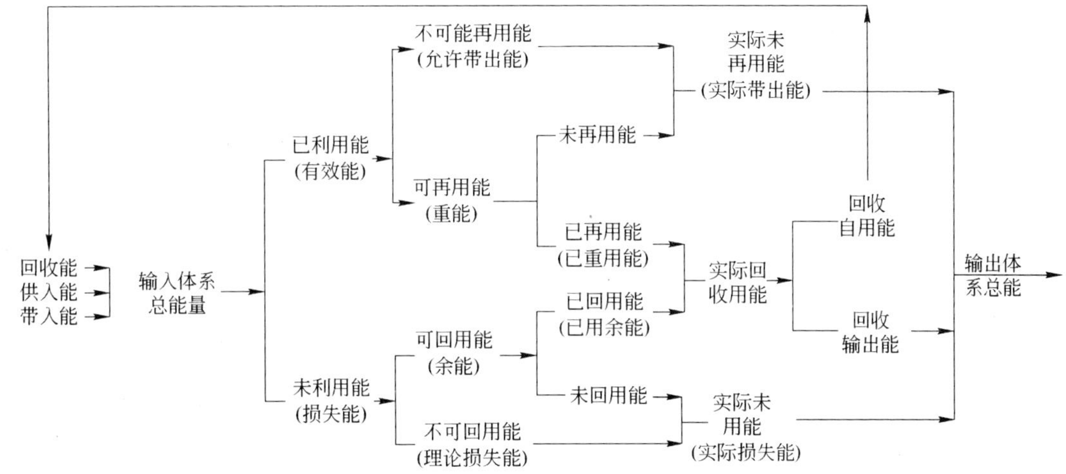

图8-1 热设备能量利用分析图

由此可知，提高热设备的效率、节约能源的方向，是提高有效能的比例，减少损失能，回收利用余能，提高已用重能的比例。回收的余能用于本体系成为输入能的一部分，则减少了环境向体系的供入能，节约了能源。已用重能作为二次能源输出，用于其他体系，从全局讲也节约了能源。

应当指出，能量利用效率的分析方法只考察了能量的数量关系，而未考察能量的质量关系。因此，这种分析方法有其局限性，有时甚至会得出不符合实际的结论。只有以热力学第一、第二定律为指导的㶲效率分析法，才能统一衡量能量的数量和质量问题。在分析热设备的节能潜力时应注意到这两种分析法的异同点，并把这两种分析方法结合起来应用。例如，对蒸汽电站进行能量分析和㶲分析的结果表明，虽然电站的能量损失（59%）和㶲损失（61%）数量上差不多，但各主要部件所占份额却大不相同。能量分析中凝汽器的能量损失最大（47%），而㶲分析中锅炉的㶲损失最大（49%）。按能量分析法，提高电站效率的主要方向是改进凝汽器；按㶲分析法，则认为凝汽器中所损失的大量能量是无法转换成电能的低级能，而锅炉中损失的是高级能。因此，提高电站效率的主攻方向应该是锅炉而不是凝汽器。但是，锅炉中燃烧与传热过程的不可逆性（不可逆㶲损）是客观存在的，若一味地追求减小这种不可逆程度，必然要使过程无限缓慢（如因传热温差太小），设备生产效率不高，这在经济上也是不合理的。因而，只有把两种分析方法结合好，才能真正做到最佳化。

8.2.3.2 热工设备的节能技术

一个完整的能量利用系统包括能量的转换、传输、使用和回收四个环节。对热工设备来说，与这些环节有关的节能技术，主要是燃烧节能技术、传热节能技术、绝热节能技术以及余热回收节能技术。

A 燃烧节能技术

为提高燃烧设备的热效率，必须精心设计、制造燃烧装置，组织好燃烧过程，使燃料中蕴藏的热能充分释放出来；使燃烧设备适应于用能设备并便于控制，例如为适应用能设备所要求的温度、热负荷及气氛等，需要采用合理的燃烧技术。主要技术措施举例如下：

（a）采用节能燃烧装置。如油压比例调节烧嘴、自身预热烧嘴、高速烧嘴、各种低空气系数燃烧器等。

（b）采用节能燃烧制度。如采用低温排放烟气、合理的工艺曲线等。

（c）改造设备。如炉体结构的合理改造，供热点合理布置及热负荷分配，水冷件绝热包扎等。

（d）采用新的燃烧技术。如富氧燃烧，水煤浆、乳化油、油煤混烧等。

B 传热节能技术

热量的传递是实现工艺目的的关键环节。提高传热速率，缩短加热时间，减少热损失，重复利用工艺有效热等，是节能的有效途径。

（a）强化辐射传热。如 200 ~ 600℃ 远红外涂料的加热干燥技术；红外高辐射率涂料（1000℃左右）技术；钢坯及金属表面喷涂陶瓷涂料技术等。

（b）强化对流传热。如炉气强制循环技术，冲击快速加热技术等。

（c）强化传导传热。如采用碳化硅高导热炉膛，采用水垢清洗剂的锅炉除垢技术等。

（d）其他传热节能技术。如少（或无）氧化加热技术；采用具有高辐射率的中间加热体（如辐射管）加热技术；罩式炉间接加热改为直接加热技术；连续退火加热技术等。

C 绝热节能技术

如耐火纤维全炉衬技术，耐火纤维贴面炉衬技术，间歇式加热炉炉料优化设计，低辐射率外壁涂料，热力管道保温优化技术，热工设备保温优化技术，热力管道的堵漏塞冒技术等。

8.2.4 系统节能

8.2.4.1 节能系统的特点

系统观念的节能是建立在已经实现和正在实现的管理技术 IE，QC，OR，VE 等方法结合的基础上而形成的能量综合管理手段。所谓 IE（Industrial Engineering）法，是为降低成本和提高生产，综合考虑人员和设备的设计方案，并且在该方案实施前，对该方案进行分析、预测和评价。预测和评价需采用各种数学方法。QC（Quality Control）法是指为满足消费者的要求进行优质、低成本的生产，努力维持质量和改善质量而进行的管理工作。当前质量管理已经由统计性质量管理进而发展为综合性的质量管理，这意味着不仅是维持质量，而且是使企业经营全面合理化。OR（Operation Research）是运筹学，企业经营者从全局出发，通过建立模型，如数学模型或模拟模型，对要求解的问题得到最合理的决策，其内容随时代而变。VE（Value Engineering）是价值工程学，对产品就其价值和机能进行分析对比，不断对材料种类、制造方法、购入方法等进行改善，使总费用最小化。在先进国家，将这些管理技术和热管理结合起来的节能系统方法是多方面的，由于计算机的应用，在大企业取得了较大成果，而中小企业由于节能技术、方法等的知识和情报均滞后，人才缺乏，尚未充分地应用。

和以往的节能工作比较，系统节能具有很强的系统性、综合性、根本性、效率性和创造性。

当节能技术达到一定水平后，再要提高单体设备的节能效果，难度很大。这时就需要从能源供应与利用的全过程、全系统和长周期来综合考虑，将多个子系统有效匹配结合，进一步节约能源。

系统节能首先成功于用下述系统，即把高温热源作为动力，低温热能作为热来利用（即㶲利用和焓利用），简称热电联合供应或称综合发电厂。这就是从系统的、综合的观念出发考虑按能量的质来使用能量，而取得了有效的成果。例如，优质燃料用于燃气轮机，燃气轮机排出的蒸汽用来驱动蒸汽透平，蒸汽透平排出的蒸汽再作为工厂的一般生产用汽或取暖用汽。计算表明，燃气透平入口的高温气体用于燃气透平、蒸汽透平复合发电系统发电后，还可集中供热综合利用，效率可达83%。而一般发电和供热分开的旧系统，热利用率只有50%左右。这种节能性系统技术的开发，即是从系统观念考虑的节能效果。

8.2.4.2 系统节能的主要方法

系统节能研究中有两方面内容：（1）过程综合、总能量利用与系统匹配的方法；（2）对能源系统进行模化优化的方法。

A 过程综合和系统匹配

过程综合与系统匹配的中心思想，就是将系统中若干过程进程综合考虑，以寻求符合设计目标的能耗最低、投资运行费用最少的系统方案。例如，在钢铁联合企业中，上道工序的产品是下一道的原料。上道工序产品的质量、物理化学指标等，影响着上、下工序的能耗。这就要求上、下工序相互配合协调，才能使全过程直至产品的总能耗最低。如精矿品位越高，吨铁焦比及烧结矿的单位能耗也越低，但选矿厂的能耗也将越高；采用低温轧制，可以使轧钢加热炉的燃耗和钢坯的烧损降低，但轧机的电力消耗和轧辊的磨损及其他不可见的消耗也增加。这些都说明必须对全过程进行综合，对系统进行优化组合，才能达到最佳节能效果。

热交换器网络综合是过程综合的又一个例子。热交换器中有热流也有冷流。几台热交换器可以组合形成热交换网络。Linnhoff 提出用表示于温焓图上的过程曲线来分析冷热流体综合情况。图 8-2a 是三个已知进出口温度 T、流量 m 及热物理性质 C_p 的热流过程，A，B，C 分别代表三个热流过程 m 千克流量温度降低 1℃所释放出的热量。将三个热流过程叠加后构成图 8-2b 所示的组合曲线。若将冷流过程也综合，即可得图 8-3 上表示的结果。以上所述清楚地显示了

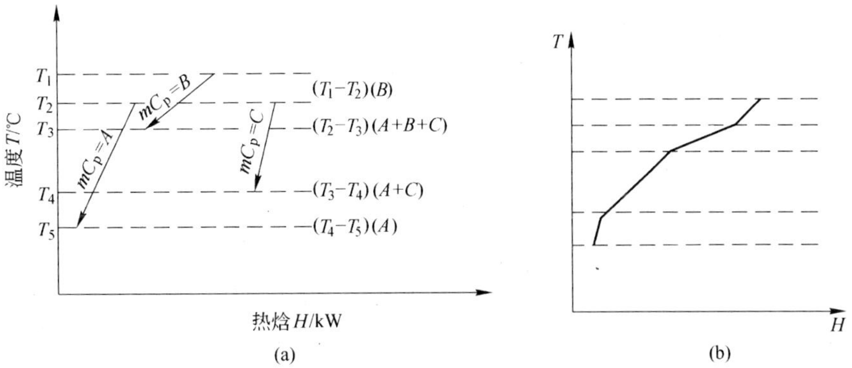

图 8-2 三个热流过程温焓图

节能目标达到的程度，其中冷热流体最小温差处，可称为“节点”；两曲线两端点处的焓差，即为外部冷却与外部加热的能量。在节点以上过程需要外部加热（需另加热源），在节点以下需外部冷却（需另加冷源）。显然，应寻求外部加热和外部冷却量的最小值，否则过程的节能效益就差。节点温差对于用户有一个整体用能与热交换器负荷为最优分配的最小值 ΔT_{min}。在给定 ΔT_{min} 下的综合焓温图，可反复试算，以实现节能要求。

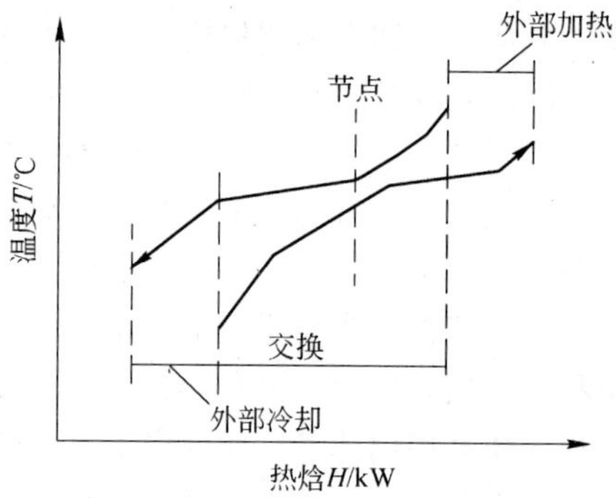

图 8-3 热交换过程焓温图

系统匹配实质上是利用热综合与全能量系统的概念来进一步考虑能量系统的优化。能质的高低用能级来衡量。全能量系统就是按质用能，从充分利用燃料热量的观点，并按最优方案和最大㶲利用效率去安排生产和提供系统内所需的电、热等能量。热电联供就是一例。

B 用能系统模型与优化

运用数学方法研究用能系统的方法，其基本内容是建立用能系统模型，例如回归统计模型，投入产出模型；一般线性规划模型，混合整数模型；静态模型，动态模型；纯能源模型，能源经济耦合模型等。

用全能量系统观点优化企业内上、下工序间的配合、设备群的负荷分配、能源的分配以及梯级利用，也是企业系统节能的一个重要方面。

近年来，一些企业针对本企业各生产过程的特点，对所消耗的能源进行全面合理的综合利用，力求使整个用能系统最优化，打破传统观念，修改相应的管理制度，协调工序间的衔接，调整生产结构，实现最佳配料，处理好高产与均衡生产、动力生产和供应与使用、辅助生产与主体生产等相互之间的关系，以实现总体节能的目标。我国钢铁企业已经深入开展了企业系统节能，并取得显著成效。但是还有很多工作需要做，如产品的结构极不合理，亟待调整。应从节能环保和提高利润两个方面综合考虑，应用系统工程的研究方法，对企业的生产条件进行优化，达到节能增产的目的。

8.3 载能体和完全能耗

8.3.1 直接能耗与间接能耗

为生产某种产品所消耗的各种能源的数量，称为该产品的直接能耗。为生产某种产品所消耗的各种原材料和辅助材料等非能源物质的能值总和，称为该产品的间接能耗。因为这些原材料和辅助材料在制备过程中也要消耗能源和非能源物质（原材料、辅助材料和零部件等），而这些能源和非能源物质的生产也要消耗能源和非能源物质。依此类推，可追溯到天然资源为止。大多数产品都要经过多道工序才能完成制作，一般说来，上一道工序产品的直接能耗是下一道工序产品的间接能耗。因此从最终产品往前追溯，除了直接能耗之外，还有一次间接能耗，二次间接能耗……。以钢材产品为例，见图 8-4，在图的右边标明了直接能耗，一次间接能耗，二次间接能耗……。图中箭头上“直接”两字代表该工序产品的直接能耗，“间接”两字代表间接能耗；上一道工序的能源和非能源物质消耗就构成该工序产品的间接能耗，依此类

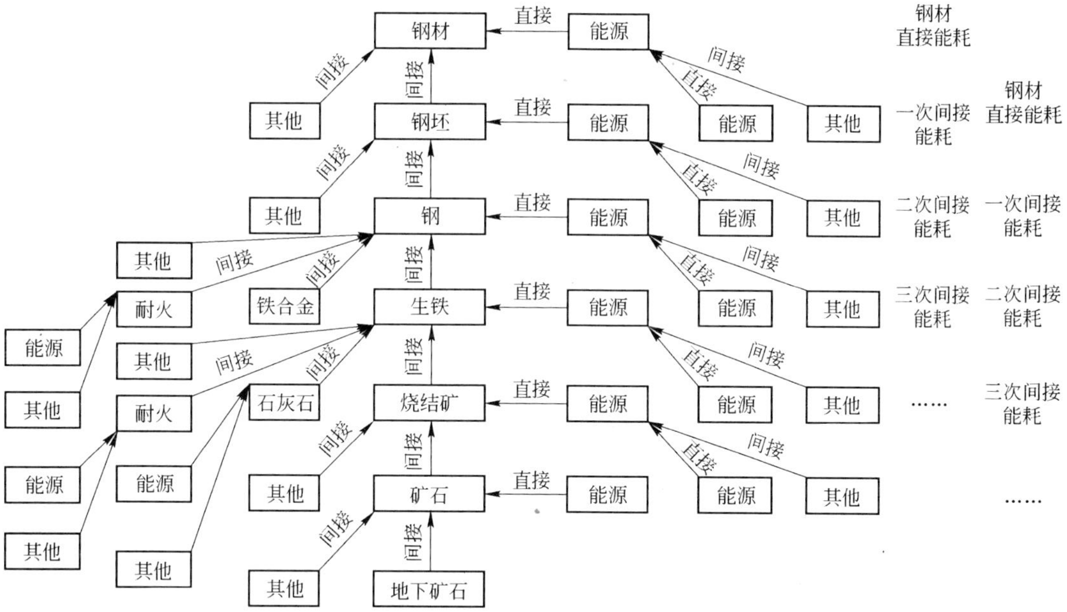

图 8-4 钢材的能耗

推；“其他”代表辅助材料等非能源物质。

8.3.2 完全能耗

产品的直接能耗和各层次间接能耗的总和称为完全能耗：

$$[完全能耗] = [直接能耗] + [各层次间接能耗] \tag{8-7}$$

完全能耗考虑了生产过程中的能源和非能源物质消耗这两个方面，因此，完全能耗反映了产品在生产全过程中所消耗的能源总量。

图 8-4 表明了各中间产品直接能耗和各层次间接能耗的关系。在钢铁生产中，生铁是中间产品，是炼钢的主要原料。炼铁生产所消耗的焦炭和煤粉及电力等能源，是炼铁工序的直接能耗。但对炼钢工序而言，这些能源就构成炼钢产品（钢锭和连铸坯）的一次间接能耗的一部分。炼铁工序除了消耗各种能源之外，还消耗主原料（烧结矿）和石灰石、耐火材料等辅助原料。生产烧结矿、石灰石、耐火材料等又要消耗各种能源（焦粉、煤粉、电、煤气等），这些能源消耗量的总和就构成了“生铁”产品的一次间接能耗；烧结矿的主要原料是铁精矿、石灰石，它们来自于矿石的开采、运输、破碎和选矿，耐火材料的原材料生产也要消耗能量，这些非能源物质在制备过程中又要消耗各种能源和非能源物质。依此类推，就有三次、四次间接能耗……，直到天然原料为止。把上述直接能耗和各层次间接能耗累加，累加值就是生铁的完全能耗。

8.3.3 载能体的概念及表达式

8.3.3.1 载能体的概念

在 8.2 节中已给出了载能体的定义。载能体概念由完全能耗概念而来，研究它有助于研究广义节能。

按载能体的概念，地下未开采的天然矿物的载能量等于零。而一些废料如废钢、废铁、氧化铁皮、瓦斯泥等被认为能值已耗尽，而其加工能值又不高，可忽略不计，为计算方便，一般取为零。

8.3.3.2 载能体的分类

载能体可以划分为三类：

(1) 第一类载能体。固态、液态、气体燃料归结为第一类载能体。燃料的能值取决于它的发热值和它在开采、制备、输送过程中所消耗的能量。

(2) 第二类载能体。电力和载能工质（水、蒸汽、压缩空气、氧气等）是第二类载能体，简称为动力。

(3) 第三类载能体。生产中所用的各种原材料、辅助材料、零部件、其他消耗品等为第三类载能体。这类载能体的能值等于它们各自的完全能耗值。

表8-5是我国某钢铁公司部分主要产品的能值。表8-6、表8-7是国外钢铁厂常用的原材料和燃料的能值。因各国和各个企业之间的生产条件和技术水平不同，因此不同产品具有不同的能值。

表8-5 某钢铁公司部分主要产品的能值 kJ/t

产 品	能 值	产 品	能 值
铁矿石	435.522	平炉钢	27542.570
铁精矿	1579.411	转炉钢连铸坯	26911.806
烧结矿	4192.418	初轧坯	35725.473
生 铁	21927.730	重 轨	42452.564
大型材	41926.455	热轧薄板	43652.722
中厚板	355493.448	冷轧厚板	52683.960

表8-6 一些燃料的能值

名 称	能 值	名 称	能 值
无烟煤	26.744×10^6kJ/t	汽 油	34.808×10^6kJ/t
烟 煤	26.334×10^6kJ/t	柴 油	38.664×10^6kJ/t
炼焦煤	27.379×10^6kJ/t	残渣油	41.757×10^6kJ/kL
冶金焦	33.181×10^6kJ/t	天然气	41.757kJ/10^3m^3
焦 粉	22.112×10^6kJ/t	焦炉煤气	18.601kJ/10^3m^3
焦油和沥青	44.516×10^6kJ/kL	高炉煤气	3.532kJ/10^3m^3

表8-7 钢铁工业主辅原料和成品的能量 GJ/t

品 名	能 值	品 名	能 值
铁 水	18.20	高碳锰铁	33.903
铁水温度 ±10℃	±0.008	中碳锰铁	43.529
沸腾钢	19.40	硅-铁	49.389
镇静钢	21.46	铁-硅	133.099
连铸坯	17.38	高碳铬铁	61.945
铝	236.480	低碳铬铁	97.104

8.3.3.3　载能体能值的数学表达式

某工序单位产品所耗辅助材料、燃料和动力的总载能量，称为该道工序的燃料当量 PFE（Process Fuel Equivalent），

$$\text{PFE} = F + E + S - B \tag{8-8}$$

式中　PFE——工序的燃料当量，kJ/单位产品；

F——工序所耗燃料的载能量，kJ/单位产品；

E——工序所耗动力的载能量，kJ/单位产品；

S——工序所耗各种辅助材料的载能量，kJ/单位产品；

B——工序生产单位产品所回收的余能及副产品的能值，kJ/单位产品。

当回收副产品时，B 的计算如下：

$$B = \text{单位产品的副产品回收量} \times \text{该副产品的能值}$$

（$F + E - B$）正是当前采用的工序耗能。因此工序的燃料当量 PFE 等于工序能耗加上工序所耗各种辅助材料的载能量总和。

工序的燃料当量加上该工序的主原料的载能量，称该工序产品的燃料当量，即工序产品的能值，以 MFE（Material Fuel Equivalent）表示：

$$\text{MFE} = \text{PFE} + R = F + E - B + S + R \tag{8-9}$$

式中　MFE——工序产品的燃料当量，即工序产品的能值，kJ/单位产品；

R——工序单位产品所用主原料的载能量，kJ/单位产品。

产品的综合能耗实质上就是生产该产品的 $\Sigma(F + E - B)$，而 MFE 是表示该产品的能值，除了综合能耗的能值外，还包括了 ΣS 和 ΣR。

降低产品的能值就意味着节能。式（8-8）和式（8-9）是工业节能的重要依据。

8.3.4　载能体能值的计算方法

计算载能体能值主要有累加法和逆矩阵法两种方法。

累加法计算产品的能值是根据完全能耗的概念，对某种产品所消耗的原材料、辅助材料、燃料、动力等都必须追根溯源，从天然资源为原料开始，经过若干道工序，制成这些物质，最终制成产品。按式（8-8）和式（8-9）层层累加计算各中间产品的能值，最后累加计算最终产品的能值。这种方法叫做累加法。实际上，因为涉及许多产品，计算网络错综复杂。为此，假设给各种产品划定一个物料消耗范围，在此范围内，考虑各种主要物质并计算其能值。而在有限范围以外的各种物料的能值，或者假定为零，或给定一个数值。这样，所计算的产品的能值就接近于完全能耗的概念。

例 8-1　已知铜矿含铜 0.7%，露天开采，脉矿与矿石之比为 2.5∶1；每 1t 采掘物的工序燃料当量（包括所耗炸药、轮胎、钻头等）为 46040kJ/t 采掘物。浮选收得率为 80%，每 1t 矿石的工序燃料当量（包括电、工业水、球磨机内衬、钢球、浮选药剂等）为 214298kJ。熔炼和精炼工序铜的收得率为 98%，1kg 铜的供需燃料当量为 45622kJ，矿石中无其他共生金属。求成品铜条的能值。

解：

（1）采矿工序。先将采矿的吨采掘物化为吨矿石的单位。已知脉石与矿石之比为 2.5∶1，即每采 3.5t 采掘物中有 1t 矿石。故采掘每 1t 矿石的工序燃料当量为

$$3.5 \times 46040 = 161140\text{kJ}$$

再将吨矿石单位化为吨铜单位，因矿石含铜0.7%，故开采含1t铜的矿石工序燃料当量为

$$PFE = \frac{161140}{0.007} = 23 \times 10^6 kJ/t$$

或

$$(PFE)_1 = 23000kJ/kg$$

由于地下矿石的载能量为 $R_1 = 0$，故含有1kg铜的矿石的能值为

$$(MFE)_1 = (PFE)_1 + R_1 = 23000 + 0 = 23000kJ/kg$$

（2）浮选工序。浮选收得率为0.8，故从含有1/0.8 = 1.25kg铜的矿石中才能选出1kg铜的精矿，则

$$R_2 = \frac{1}{0.8} \times (MFE)_1 = 1.25 \times 23000 = 28750kJ/kg$$

为了得到含有1kg铜的精矿，浮选矿石量为1/0.007×0.8，则浮选工序燃料当量为

$$(PFE)_2 = \frac{214298kJ/t\ 矿石}{1000kg/t\ 矿石} \times \frac{1}{0.007} \times \frac{1}{0.8} = 38267kJ/kg$$

浮选精矿能值为

$$(MFE)_2 = (PFE)_2 + R_2 = 38267 + 28750 = 67017kJ/kg$$

（3）熔炼及精炼工序。其收得率为98%，故1/0.98 = 1.02kg铜才能炼成1kg铜条，则生产1kg铜条所需精矿的能值为

$$R_3 = \frac{1}{0.98} \times (MFE)_2 = 68357kJ/kg$$

已知 $(PFE)_3 = 45622kJ/kg$ 铜，故1kg铜条的能值为

$$(MFE)_3 = (PFE)_3 + R_3 = 45622 + 68357 = 113979kJ/kg$$

8.4 钢铁工业工序节能

从完全能耗的概念出发，钢铁工业工序节能应以降低各工序所耗主要原料（R）、各种辅助材料及零部件（S）、各种燃料（F）、各种动力或载能工质（E）的载能量，以及回收利用各工序向外提供的副产品煤气、蒸汽、余能资源及其副产品（B）等，寻求节能措施，研究节能新技术、新工艺，开发节能新设备、新产品。因此，研究工序节能，一定要用完全能耗的概念开展广义节能；用系统节能的观点，对用能系统进行优化组合和分析，以取得最佳节能效果。

8.4.1 焦化工序节能

炼焦主原料是洗精煤。燃料是高炉煤气，或高、焦混合煤气。此外还消耗蒸汽、工业水和电力等。主要产品是焦炭，副产品是焦炉煤气、焦油和粗苯等。2010年上半年，我国重点钢铁企业焦化工序能耗在150kg/t左右。

以下就该工序的节能方向及措施进行论述。

8.4.1.1 降低F值

降低F值，可采用如下四种措施：

（1）研制大容积高效焦炉。大容积高效焦炉采用了高导热性能的炉墙砖、减薄炉墙的厚

度以加大向炭化室内煤料传热的速度，以及采用高比换热面积（面积/高度）的蓄热格子砖提高换热率，缩短炼焦时间等技术措施，提高生产力。例如，德国鲁尔煤矿公司和奥托公司共同研制制造了39孔80mm厚的薄壁炭化室焦炉，与110mm厚的炭化室相比，结焦时间缩短2.5～3h；立火道温度降低100℃，每1kg焦炭可节能160kJ，相当于降低7.5%的炼焦热耗。由于立火道温度降低，废气中的NO_x成分减少，对环境保护有利。与此同时，还可节省耐火材料，投资也有所降低。故除降低*F*值外，还可降低*S*值。

（2）焦炉程序加热炼焦。用煤气量不变的加热制度（恒定加热）是不合理的，应按结焦过程的需热量供热。德国一煤矿研究所与奥托公司和卡尔-斯梯尔公司采用程序加热的焦炉，结果表明，与恒定加热炼焦相比，加热煤气量减少约12%。

（3）减少焦炉表面的热损失。焦炉表面散热大约为供入热量的10%。装煤孔盖加隔热材料，在蓄热室封墙和斜道砌体表面设置隔热层、炉门绝热、焦炉地下室表面采用隔热层等措施都可减少表面散热。

（4）改善操作条件。采取措施，改善操作条件，降低F值。具体效果见表8-8。

表8-8　燃料单耗与操作条件变动的关系

项　目	变化程度	吨煤节能量/MJ
作业率	提高10%	66.9
炭化时间	延长一小时	74.0
置放时间①	缩短一小时	31.8
炉　温	10℃以下	5.4
洗精煤水分	减少1%	70.3
空气化	由n=1.4→1.2	96.2
焦炭温度	由1100℃→1010℃，同时每期温度由720℃→680℃	204.9

①指焦化完毕到推焦时间。

8.4.1.2　降低*E*值

蒸汽耗能量占工序耗能的20%左右，因此，合理利用蒸汽是减低E值的重要方向。

8.4.1.3　降低*R*值

减少间接耗能的措施主要是降低入炉洗精煤的载能值和扩大炼焦煤源。例如，煤预热技术就可以扩大煤源（配煤时可以多配弱黏结性煤），增加煤的堆密度，缩短结焦时间，提高生产能力。该技术已在生产中应用，结果表明，与湿煤炼焦相比，堆密度增加4%～19%，结焦时间缩短约1/3，焦炉生产能力提高30%～50%。若保持原湿煤炼焦时的焦炭强度不变，配煤中可以多配50%左右的弱黏结性煤。

8.4.1.4　降低*S*值

增大焦炉炭化室的几何尺寸。在保证焦炉炭化室合适宽度，适当延长炭化室长度的基础上，靠增加炭化室的高度以提高其有效容积。先进国家已建成投产炭化室高达7米以上的焦炉，并且已有炭化室高达8米以上的焦炉的设计。焦炉大型化了，相应使用的筑炉材料、护铁件、加热煤气设备减少，从而降低了S值，同时也节省了基建投资。在生产能力相同的情况下，6米焦炉出炉比4米的少36%，大大减少了推焦、装焦、熄焦时的污染排出量。作为世界最大的焦化炉之一，炭化室高度为7.63米的焦炉新技术目前已在武钢、太钢、马钢等国内钢铁企业应用。由中冶焦耐工程技术有限公司自主开发的炭化室高6.25米的JNDK625-06型捣固焦炉，是目前世界上炭化室最高、单孔炭化室容积最大、技术水平最先进的超大型捣固焦炉。该焦炉 2009 年 3 月已在唐山佳华煤化工有限公司顺利投产。捣固焦炉的消烟除尘环保设施比较先进，焦炉在生产过程中产生的阵发性和连续性排放烟尘，均得到了良好的回收治理。我国目前正在研究开发更大的焦炉。

8.4.1.5 增大 *B* 值

增大 *B* 值可采取如下措施：

（1）回收赤热焦炭的物理热。焦炭的出炉温度一般为 1050～1100℃，采用干法熄焦既可节能，又能减少污染，尤其是与煤预热炼焦技术结合，则更为合理。干熄 1t 红焦可获得 400～450kg 过热温度为 300℃、压力为 1.42MPa 的动力蒸汽，如用于发电，可获得 100kW·h 的电能。干熄焦技术目前已经成为焦化厂的必配余热回收设备，除了回收大量余热用于发电外，还减少了环境热污染，消除了湿法熄焦的水污染和大气污染，焦炭质量也大大提高，是一举多得的高效节能环保措施。

我国现有生产和在建设中的干熄焦装置有 90 多台，干熄焦的焦炭量约为 9000 万吨，对于全国年产焦近 4 亿吨来说，干熄焦比例不高。

（2）减少和回收荒煤气带出的热量。荒煤气带出的热量占供入热的 35% 左右。减少和回收这部分热量节能效果显著，目前常用的措施有：降低装炉煤的水分，干燥煤或预热煤炼焦、降低炉顶空间温度，从而减少荒煤气带走的显热；改上升管氨水喷洒冷却为汽化冷却；利用热管换热器回收荒煤气显热等。

（3）回收燃烧产物带走的热量以增大 *B* 值。目前常用方式是采用蓄热式换热回收烟气余热，预热助燃空气。需要进一步开发高效燃烧技术和换热装备。

上述一些节能措施的节能效果见表 8-9。

表 8-9 焦炉的一些节能措施的节能效果

节能途径	每 kg 焦炭节能 kJ/kg	按年产 30Mt 焦计折标煤 10^4t	节能途径	每 kg 焦炭节能 kJ/kg	按年产 30Mt 焦计折标煤 10^4t
干法熄焦	1.295	116	程序加热	326	29.25
煤预热炼焦	397	35.6	改造炉盖	16.7	1.50
上升管汽化冷却	107	7.5	改造看火孔盖	5.8	0.52
煤气低 λ 值下燃烧	33～42	3～3.75	蓄热室风墙	42～50	3.75～4.5
定供热量加热	125	11.25	炉门衬砖	4.6	0.41
计算机控制加热	52	4.69	地下室隔热	13	12

8.4.2 烧结工序节能

烧结矿是炼铁的主要原料之一，其主要成分是铁精矿，辅助成分有富矿粉、轧钢铁皮、高炉瓦斯灰、转炉尘、熔剂等。该过程消耗的能源有电力、焦粉、无烟煤和煤气等。不合格的或粒度过小的烧结矿作返矿处理。

烧结工序节能的主要途径如下：

8.4.2.1 降低烧结矿的 *F* 值

A 改善固体燃料的质量

在烧结过程中，固体燃料提供了约 70% 的热源，其余的 5%～10% 热源由点火器提供。烧结工艺要求固体燃料灰分低、挥发分少、粒度适宜（0.5～3mm最为理想）。燃料灰分低可降低烧结矿的燃料消耗，有利于提高烧结矿的品位，因此应尽量采用焦末或低灰分的无烟煤。

B 改善点火器及采用热风助燃

延长点火器的长度和采用热风助燃，可使烧结料表面热量增加，促使上下部热量和温度分布均匀，烧结料层处于高温作用时间长，从而改善了表层烧结矿的强度，减少返矿量，达到节能效果。

C 小球烧结和分层布料

先将混合料进行造粒，减少粉料的损失，提高固体燃料和精矿粉的利用率。分层布料是根据烧结过程的特点，在不同料位高度上配加不同比例的固体燃料，既保证了烧结矿的质量，又节约了固体燃料消耗量。

8.4.2.2 降低烧结矿的*E*值

电耗占工序能耗的10%左右，其中抽风机的电耗占总电耗的60%以上。因此改善料层透气性、减少烧结机漏风率、提高抽风机效率，可降低电耗。目前我国烧结机漏风率一般为50%～60%，国外先进的漏风率为25%；国外抽风机的效率高达86%，我国仅70%。这两方面都存在较大的节能潜力。

8.4.2.3 降低烧结矿的*R*值

A 充分利用含铁废料

高炉瓦斯灰、转炉炉衬、钢渣、轧钢铁皮和铁屑等都是能值较低的含铁废料。在混合料中配加5%～10%的含铁废料，每1t烧结矿可节约燃料11kg左右。同时可减少能值高的铁精矿的用量，从而降低烧结矿的R值。

B 稳定烧结矿原料的化学成分

烧结矿原料的成分不稳定，会导致烧结矿化学成分不稳定，这给高炉的稳定操作带来不良影响。我国大部分钢铁企业没有原料中和混匀场地，精矿中全铁波动一般都在±2.0%。稳定烧结矿原料的化学成分，或许对烧结工序本身的节能没有多大影响，但可以降低炼铁工序的电耗，从系统节能角度看，其节能潜力是很大的。

C 增加料层厚度

目前国内外已普遍推行厚料层操作，厚度已达700mm以上。因料层加厚，蓄热性能好，使烧结矿的强度提高，成品率上升，返矿量减少。厚料层还可以降低烧结矿中FeO含量，因而混合料中Fe_2O_3分解成FeO的吸热量减少，或混合料中FeO氧化成Fe_2O_3的放热量增加（究竟是减少吸热还是增加放热，取决于混合料中FeO量与烧结矿FeO量之比）。厚料层使碳燃烧充分，烟气中CO_2量增加，CO量降低；厚料层改善了蓄热条件，提高了热利用率。因此，采用厚料层操作可以节能。经验表明，料层每增加10mm厚，可节约固体燃料1～5kg/t。但是，料层厚度的增加会增加料层阻力，增大风机电耗，需要综合考虑，兼而顾之。

8.4.2.4 降低烧结矿的*S*值

我国铁精矿的脉石以SiO_2为主，因此配料中要配入大量的石灰石。提高铁精矿品位可以降低石灰石消耗量，从而降低烧结矿的S值，降低工序燃耗。提高铁精矿品位或许会使选矿耗能增加，铁精矿能值反而增高。我国铁精矿品位普遍低于国外水平。从总体来看，由于烧结矿品位的提高，生产生铁的烧结矿用量必然减少，其效果是既可降低烧结工序总能耗，又可降低炼铁工序能耗。对整个系统进行优化，确定最佳精矿品位，就可取得好的节能效果。

8.4.2.5 增大 *B* 值

出烧结机的烧结矿的平均温度可达700℃以上，含有大量的显热，是冶金工业固体余热资源的大项之一。目前国内外已成功地应用烧结余热来发电，此外也可用来预热鼓风。例如，采用厚料层鼓风冷却时，能得到250～350℃的热风，可用作点火器的助燃空气。但是，目前的烧结余热发电系统还存在许多问题，还有很多地方需要改进和优化。

8.4.3 炼铁工序节能

炼铁工序的主要原料是烧结矿、球团矿（块矿、锰矿、杂铁、均热炉渣等也是炼铁的主要原料），此外还有造渣剂、石灰石等辅助原料。

炼铁工序是钢铁工业中耗能最大的环节，占钢铁生产总能耗的2/3左右（日本约占50%左右）。该工序消耗了钢铁工业生产的焦炭量的85%，动力的15%，此外便是热风炉用燃料、高炉喷吹燃料和氧气等消耗。2010年前4个月全国重点钢铁企业炼铁燃料比为518kg/t。

炼铁工序在消耗能量的同时产生副产煤气，副产高炉煤气的热值占钢铁工业二次燃料的20%左右。

8.4.3.1 降低生铁的 *F* 值

A 精料

精料是高炉生产技术进步的基础。精料是指入炉原料的品位高，成分波动小，强度大，粉末少。入炉矿品位高，使石灰石用量减少，渣量就少。计算表明，渣量每增加100kg，将使焦比增加20kg，鼓风量增加70m^3，热风炉用煤气耗量也相应增加。在扣除因同时使炉顶煤气量增加（84m^3）和煤气热值增加（59kJ/m^3）的效果后，吨铁能耗增加约3.33MJ。若焦炭灰分减少1%，焦比可下降5～10kg；原料中5mm以下的粉末降低10%，焦比可下降10～15kg。

B 喷吹代焦燃料

高炉炼铁所需的能量有78%来自炭素，所以说降低炼铁工序能耗工作重点是降低炼铁燃料比。喷吹燃料（粉煤、沥青和沥青焦油）可在高炉风口前的高温区产生净吸热效应，使因高风温操作而带来的风口循环区供热量过多的炉况得到调节。同时，因燃料供给了炭素，替代了部分焦炭，因而可降低高能值焦炭的用量，降低F值。喷吹相当于1kg标煤的煤粉可置换0.9kg的焦炭，1kg沥青焦油可置换1.13kg焦炭。每增加1kg煤粉的喷吹量，可降低焦比0.7～0.8kg。

C 脱湿鼓风

高炉脱湿鼓风是降低焦比的重要措施之一。日本的标准推荐鼓风湿分为6g/m^3。并使鼓风湿分近于恒定，可使风口前炉内温度保持稳定，有利于稳定高炉炉况，减少风口前水分的分解吸热量以及减少热风炉单位耗热量。计算表明，鼓风湿分每脱去10g/m^3，可降低焦比5～10kg。

D 高风温

高炉能源有18%来自热风。低温时，提高100℃风温可降低焦比10～20kg/t；当风温超过1150℃时，提高100℃风温可降低焦比8kg/t左右。世界先进水平的热风温度可达1300℃以上，我国的高炉热风温度普遍偏低，主要原因有焦炉煤气供应紧张，煤气和助燃空气预热效果差，热风炉结构不合理，冷风温度利用差等。

日本通过轧钢节能省下了焦炉煤气用于热风炉，当前热风炉用的焦炉煤气已占总焦炉煤气量的三分之一。

热风炉结构的改造是提高风温的关键。采用陶瓷燃烧器，鼓风机出口处冷风温度150～250℃。如保温好，可少降温30～45℃。热风管道保温好，入炉风温可提高数十度。

8.4.3.2 降低生铁的 *F* 值

提高杂铁料比例，在工艺许可条件下多用能值较低的球团矿，多用富矿及降低烧结矿 MFE 值等措施，都可以降低生铁的 *F* 值。

8.4.3.3 降低炼铁的动力消耗 *E* 值

炼铁工序的动力消耗主要用于鼓风的动力上。我国吨铁耗风量多在1600m^3 以上，而日本为1200余m^3。耗风量大的主要原因是大马拉小车，放散损失和漏风率高造成的。仅这一项每吨生铁多耗能约20kg标煤。提高风机效率，尽力解决配套设备，降低漏风率和休风率等，可有效降低动力消耗。

8.4.3.4 降低生铁的 S 值

采用自熔性和超高碱度烧结矿，可以减少石灰石在高炉内焙烧的热负荷，且比酸性或非自熔性烧结矿力度均匀，强度也更好，是节能的有力措施。

提高高炉炉衬的质量（抗渣性和抗冲刷性），采用炉衬喷补技术和高炉冷却水检漏技术等，延长高炉的寿命，降低炼铁生产耐火材料及其他辅助材料消耗，以减少 *S* 值。

8.4.3.5 增大 *B* 值

回收利用由炉渣、高炉煤气、热风炉排出的烟气和冷却水带走的物理热和化学热以增大 *B* 值。

（1）提高高炉煤气的回收率。目前我国高炉煤气的回收率约97%，在减少煤气放散方面仍有工作可做。

（2）高压炉顶余压余热发电。目前我国1000m^3 以上的高炉已采用了这项技术，这是炼铁工序节能的一大进展。

（3）炉渣余热的回收利用。高炉渣具有温度高、热量大（$530 \sim 580 \times 10^6$ 千焦/吨铁）的特点。高炉渣作为资源回收的技术已成熟，作为高标号水泥添加剂取得了显著的经济效益，而作为余热资源还没有得到有效的回收。20世纪80年代就开始研究该项技术，但是直到现在还没有很好的回收措施。今后需要加大力度深入研究，尽快回收该部分余热。

高炉炉体的冷却水带走大量的热，还造成大量的水的蒸发损失，这部分余热量大但温度较低，能量质量差，目前可采用热泵技术进行回收，用于人们的日常生活。

（4）回收热风炉烟气余热。

采用热管或热媒式换热器回收热风炉烟气余热，预热助燃风，改善燃烧，提高燃烧温度，可提高高炉鼓风风温，可起到良好的节能效果。

8.4.4 炼钢工序节能

氧气转炉、平炉、电炉炼钢是炼钢的三种方法。炼钢的主原料是铁水和废钢。氧气、空气和矿石为氧化剂，石灰、萤石为造渣剂，还消耗一部分高能值的铁合金和耐火材料。平炉炼钢以燃料、电炉炼钢以电能为热源。

2009年，我国重点钢铁企业钢的工序能耗见表8-10。从表中数据可看出，各生产工序均有一批能耗值较低的企业，他们的工序能耗值已达到或接近国际先进水平。说明我国钢铁企业相关工序的能耗水平不断取得进步，他们的先进节能技术经验，应当大力推广。从表中还可以看出，我国尚存在一批技术经济指标落后的钢铁企业。这种现象表明，我国的钢铁企业是处于多层次、不同生产结构、不同装备水平、不同技术经济指标的共同发展阶段。指标值落后的企业与先进企业的差距很大。一方面应加大淘汰落后技术装备的力度，另一方面也表明我国钢铁工业尚有较大的节能潜力。

表 8-10 国内外大型钢铁企业工序能耗指标比较 吨标煤

项 目	吨钢综合能耗	吨钢可比能耗	烧 结	球 团	焦 化	炼 铁	转 炉	电 炉	钢加工
2009	619.43	595.38	54.95	29.96	112.28	410.65	3.24	72.53	57.65
2008	630.4	613.04	55.32	30.41	118.97	432.13	6.01	80.81	59.58
增减 kg/t	-10.97	-17.66	-0.37	-0.45	-6.69	-21.46	-2.77	-8.34	-1.92
先进值			首钢 38.08	太钢 16.21	建龙 64.71	太钢 353.89	太钢 -13.41	南京 23.23	水钢 24.22
最高值			72.83	53.78	330.07	509.92	32.92	197.9	208.46

8.4.4.1 降低炼钢的 *R* 值

A 降低铁钢比

多加废钢减少铁水消耗，生铁的能值高，废钢的能值低，故在炼钢过程中多加废钢减少铁水消耗是降低钢的 *R* 值的关键。据统计，多用 1 吨废钢，可节省 1.7 吨铁矿石，0.88 吨标煤，280 千克石灰石；与铁水炼钢相比节能 74%，节约原料 90%，节水 40%。我国炼钢的废钢用量比国外少，见表 8-11，主要是我国废钢资源短缺。加强铁水的保温，提高铁水的入炉温度，尽可能降低钢水出钢温度，改善造渣剂质量以减少渣量和分解热等，都可以显著节能。

表 8-11 我国炼钢废钢耗量基本情况 万吨

年 份	2000	2001	2002	2003	2004	2005	2006	2007	2008
自产废钢	1299	1334	1344	1530	1700	2220	2750	2700	2860
社会采购	1788	1897	2284	3216	3300	3675	3800	4310	4200
进口废钢	510	979	785	945	1023	1014	538	339	359
进口海绵铁	—	70	130	168	156	75	31	33	60

注：中国废钢协会网 http：//chinascrap. org. cn/

B 减少钢铁料消耗

所谓钢铁料消耗，是指铁水、废钢等金属的总消耗量。我国炼钢的钢铁料消耗比较高，减少喷溅、跑钢、漏钢、浇铸时的残钢，以及降低废品率等，都可降低钢铁料消耗。

C 扩大连铸比

连铸代替模铸，不但可减少均热开坯的整个工序耗能，还可提高成材率（连铸比每提高 1%，成材率提高 0.1%），既可节约直接能耗又可节约间接能耗。我国 2007 年的连铸比为 98.86%，而日本为 98.7%，联邦德国为 96.3%，意大利为 96.4%，法国为 95%。目前个别钢铁企业的连铸比接近 100%，但从整个行业来看，今后还有提高的空间。

8.4.4.2 降低炼钢的 *S* 值

A 降低耐火材料消耗

耐火材料能值高。我国炼钢用耐火材料消耗量比日本高 3 倍左右，因此节约耐火材料消耗量，降低耐火材料的载能量，对于减少吨钢产品的载能量也极为重要。提高耐火材料的质量、改善炼钢工艺操作、调整合适的炉渣碱度以及减少渣量等，都可以降低耐火材料消耗量；减少耐火材料的熟料比，用散状耐火材料、不定型浇筑料代替砌砖等，可降低耐火材料的载能量。

B 降低铁合金消耗量

采用向钢包投射铝丸，将铝熔化注入中间包钢水中，采用低能值的铁合金代替高能值的铁合金等措施，可以提高铁合金料的使用效率，降低其载能量，从而减少炼钢的S值。

C 改善造渣剂质量，减少渣量

采用活性石灰石代替一般石灰，可提高金属收得率1%，每1t钢可减少渣量17kg，可节约相当于10kg生石灰的分解吸热。

8.4.4.3 降低 *E* 值

我国2009年重点钢铁企业电炉钢平均吨钢冶炼电耗是239千瓦·时，现在已经大大接近国际先进水平，但是还有潜力可以挖掘。加强电炉钢原料管理，精料入炉；减少装炉次数；缩短冶炼时间；采用超高功率强化冶炼；加辅助性燃料和吹氧助熔等，均可以降低电耗。

8.4.4.4 增大 *B* 值

（1）回收转炉煤气。日本生产1吨钢可回收120米^{3}的转炉煤气，而我国还有不少转炉未回收转炉煤气，即使进行了回收其回收水平也较低，一般为60~80米^3/吨钢。加强转炉煤气的回收力度，使得炼钢工序实现负能炼钢。

（2）回收利用炉渣显热。和铁渣一样，钢渣显热的回收利用对增大B值有重要意义。

（3）回收炉尘用于烧结工序。

8.4.5 轧钢工序节能

轧钢包括热轧和冷轧。轧钢能耗占钢铁工业总能耗的13%左右，其中燃料约占70%，动力约占30%。2010年上半年我国轧钢各品种工序能耗状况见表8-12，轧钢工序的节能是多方面的，其主要节能措施示于图8-5。

表8-12 2010年上半年我国轧钢各品种工序能耗状况 kg/t

项 目	2010年上半年	2009年上半年	增减量	增减率/%	先进值	落后值
钢加工	61.85	61.81	0.04	0.06	纵横27.29	471.35
热轧工序	55.28	56.6	-1.32	-2.33	马钢39.61	154.08
大 型	69.9	70.68	-0.78	-1.11	莱钢49.18	140.16
中 型	53.11	54.55	-1.44	-2.64	三钢33.63	178.57
小 型	45.99	49.27	-3.28	-6.66	唐钢31.23	99.16
线 材	55.8	55.11	-0.69	-1.26	邯钢39.32	223.92
中厚板	70.28	77.19	-6.91	-8.95	三钢51.34	350.98
热轧宽带钢	53.35	54.31	-0.96	-1.77	纵横27.29	79.92
热轧窄带钢	54.94	53.64	-1.3	-2.42	建龙24.54	85.32
热轧无缝管	107.81	112.52	-4.71	-4.19	天管70.91	170.74
冷轧工序	82.57	80.55	-2.02	-2.51	唐钢14.76	702.11
冷轧宽带钢	55.5	59.71	-4.21	-7.05	唐钢18.96	205.88
冷轧窄带钢	322.12	269.24	52.88	19.64	杭钢46.01	1785.71
镀层工序	53.59	62.77	-9.18	-14.63	唐钢47.81	75.67
涂层工序	47.79	145.3	-97.51	-67.11	邯钢45.1	48.18

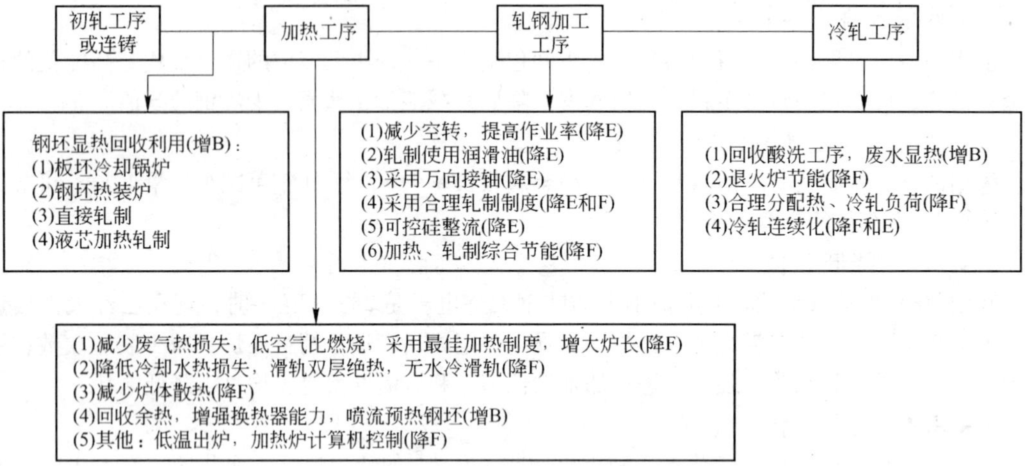

图 8-5　轧钢工序的主要节能措施

8.4.5.1　增大 *B* 值

A　充分利用上道工序产品的显热

来自于炼钢车间的热钢锭给初轧工序带来钢锭的显热，初轧坯（900～1100℃）和连铸坯（700～900℃）又为轧钢工序带来显热。传统的生产过程中不太重视这些热量，往往有时甚至冷下来再加热，造成热能的大量浪费。如今，这些工序之间的显热的利用受到充分的重视，并发展到已能够较充分利用这些显热的水平，使轧钢工序能耗大幅度降低。这种充分利用上一工序带来的显热的措施，就是在 $PFE = F + E + S - B$ 的表达式中增大 B 值，达到降低 PFE 的目的。

提高热装率，推广液芯装炉，液芯轧制，发展连铸、连铸热连轧、直接轧制等新的工艺流程和工艺设备的改造，均可有效地利用上一工序产品的显热。例如，均热炉冷锭的燃耗大约是800℃热锭燃耗的3倍，700℃热锭装炉燃耗是800℃热锭装炉的1.2倍。实践表明，当加热炉板坯的热装温度为300～600℃，其吨坯单耗可降低210～460MJ。我国重点钢铁企业轧钢加热炉热装平均温度为400～800℃，取得了良好的节能效果。又如将连铸坯和初轧后的热钢坯直接送往成品轧机进行直接轧制，每吨钢材可节约1050～1256MJ的热量，相当于节能0.0358～0.0429吨标煤/吨钢。液芯装炉时，钢锭中心温度可高达1400～1600℃，部分未凝固的钢水吨钢锭的潜热约为268MJ。这时可采用如图8-6所示的“反L加热法”加热制度。我国鞍钢、攀钢的试验表明，吨钢可节能83.7MJ。

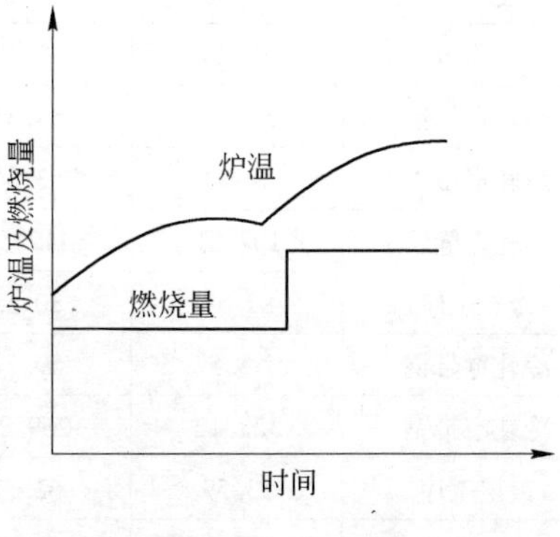

图 8-6　反 L 加热法

B　回收均热炉、加热炉烟气余热

最主要和最直接的烟气余热回收是进行燃料和助燃空气的预热，此外，还可以进行物料的预热，在余热没有充分利用的前提下，可进一步利用余热锅炉来生产蒸汽，作为车间动力或者生活用。

C　回收利用赤热轧制产品的余热

根据产品和工艺及其设备的不同，轧钢终轧温度也不同，但是一般都在奥氏体区，温度在800℃左右，携带有大量的显热，由于温度高，其余能的品质较好，是钢铁企业目前蕴藏的一项余热资源，有待进行有效的回收利用。

8.4.5.2　降低 *R* 值

提高成材率是降低 R 值的最有效措施，是间接节能的重要方面。钢材载有由采矿、运输、选矿、烧结、炼铁、炼钢、开坯等各道工序所耗的能量。在能耗方面，钢材集各道工序能耗之大成，提高成材率就是节能。从轧钢工序角度考虑，应千方百计地提高成材率和成坯率。计算表明钢材成材率提高 1%，吨钢可节能 0.012 吨标煤。若以年产钢材 6 亿吨计算，每年全国可节能约 720 万吨标煤。当然，提高成材率要由炼钢、铸锭着手、保证合理的加热制度，直到尽量减少切头、切尾，减少氧化铁皮的生成等，采取一系列措施。其中，减少氧化烧损潜力巨大，因为目前的多次热加工带来的氧化烧损高达 2% ~3%，这对于我国这样一个产钢大国意义巨大。我国钢材综合成材率目前为 97% 左右，还有提高空间。

8.4.5.3　降低 *F* 值

轧钢节能的第三个方向是提高炉子的热效率。日本轧钢加热炉的热效率比我国高，但他们仍认为：轧钢加热炉热效率一般仅在 60% ~70% 左右，比热风炉、锅炉等热效率为 70% ~90% 的炉子还差得很远。因此轧钢工序的节能要以提高加热炉的热效率为主体，改进炉体结构、降低排烟温度和加强余热回收、实现高效燃烧和优化加热等。我国轧钢加热炉的热效率平均 50% 左右。因此，提高加热炉热效率是轧钢节能的主要内容之一。

8.5　有色金属工业节能与环境保护

有色金属工业是指重有色金属（铜、铅、锌、锡）和轻有色金属（铝、镁）以及一些稀有有色金属的熔炼加工。全世界产量最大的十种有色金属依次为：铝、铜、锌、铅、锡、钼、锑、钨、汞。2009 年，中国有色金属产量平稳增长，10 种有色金属产量 2605 万吨，同比增长 4%；全年有色金属工业能源消耗量折合标准煤 8314 万吨，同比下降 3%。节能降耗，有色金属冶炼企业任重道远，产量最大的四种有色金属应是节能和环境污染控制的重点。搞好有色冶金工业的节能、降低能耗，可直接减少污染物排放量和热污染。节能不仅会带来巨大的经济效益和社会效益，同时直接产生显著的环境效益。

8.5.1　有色冶金工业耗能的特点

有色冶金工业耗能的特点为：

（1）有色金属冶炼工序多，设备容量相对较小，设备热效率较低。由于有色金属矿石品位低，有多种伴生金属，提取工艺复杂，所以单位主产品能耗高。表 8-13 是部分有色金属单位能耗的统计资料，多数产品能源利用率不足 10%。能量利用率低，说明以余能形式排放的能量大，单位产品产生污染物量大。回收丰富的余能，利于节能和环境保护。

表 8-13　部分有色金属生产单位能耗　　千克煤/吨

年　份	铜	氧化铝	铅	电解锌	锡	锑
2008	485.8	731.8	576	1063	2800	2120
2009	460	693.44	515.87	965	2100	1461.5

（2）许多有色金属矿（如铜、锌、铅矿）中硫化矿所占比例大，可利用氧化焙烧放热。目前世界铜产量约 90% 来自硫化矿，每生产 1 吨铜排出 2 ~3 吨 SO_2。用硫化矿每生产 1 吨锌排

出 SO_2 约 1.2 吨，生产 1 吨铅排出 SO_2 约 0.6 吨。氧化焙烧是放热反应，合理地利用反应放热及解决硫资源回收，是有色冶金过程的重要节能减排途径。

（3）铜、锌、铅等有色金属生产的矿山耗能比例大。由于矿石中金属含量低，采矿选矿耗能大。如美国铜冶金各工序耗能所占比例为：采矿和选矿 51.6%，冶炼 48.4%。因此矿山节能占有重要地位。

（4）有色冶金耗能中消耗的电能所占比例大。用电的熔炼炉多，如炼镍、熔铜的电弧炉；生产高品位纯金属的电解过程耗电多，如铝的电耗是铝生产总能耗的 70%；其他如磨矿、电力拖动等都会消耗大量电能。

8.5.2 有色冶金工业的节能

节能的核心是提高能源的利用水平，降低全能耗。发展有色金属工业以及生产工艺的选择，应从完全能耗低、技术经济合理、排放符合环保要求等几个方面进行综合评价，选择最优方案。

我国有色冶金的单位产品能耗与发达国家相比差距较大。如美国生产 1t 电解铜总耗能 111GJ，我国耗能 176GJ，约为美国的 1.6 倍。炼铝工业中，由铝土矿得到高纯氧化铝的生产方法，通常用拜耳法、烧结法或是两者联合的工艺，我国拜耳法耗能 35GJ/t，烧结法为 48GJ/t，国外拜耳法的先进水平为 12.5GJ/t。因此，我国有色冶金工业节能潜力很大。

节能的主要途径有以下三方面：产业结构调整节能、管理节能和技术节能。在产业结构一定的前提下，应通过提高管理水平和技术进步以实现节能。下面对有色冶金工业的主要节能途径和措施进行讨论。

8.5.2.1 改革生产工艺及设备

改革生产工艺及设备是节能和环保影响面最大的措施。近年来，有色冶金的工艺广泛革新，着重于提高生产能力、节能、改进环保和促进资源合理利用。火法炼铜过去长期使用反射炉，能耗高，烟气中 SO_2 浓度低，含 SO_2 仅 0.5%～1.5% 的烟气不能制酸，对环境污染大。新发展的闪速炉是以铜、镍等硫精矿为原料和使用少量辅助燃料的新型冶炼炉，把焙烧和熔炼合在一起，有脱硫能力大、冰铜品位高等优点。烟气经废热锅炉回收余热后用于生产硫酸（烟气含 SO_2 10% 左右），有效地控制了 SO_2 的污染，较大幅度降低了能耗。新发展的炼铜工艺尚有加拿大的诺兰达法、日本的三菱法等，各种炼铜工艺的能耗对比见表 8-14。对于多种火法冶炼，提高产量，节约能源的共同措施是采用富氧、纯氧和热风熔炼，并充分利用熔炼过程的余热。据研究，在反射炉上用氧气比用空气可节能 40%。我国几个冶炼厂铜密闭鼓风炉进行富氧熔炼，使粗铜生产能力提高了 30% 以上，焦耗降低 30% 左右。此外使用高温烟气余热预热空气到 300～400℃供熔炼炉使用，可降低燃料消耗 15% 以上。

表 8-14 我国与世界先进炼铜法粗铜能耗对比

工艺方法	企业名称	吨粗铜工艺能耗(标煤)/t	
		不扣余热	扣余热利用
闪速熔炼	江西铜业公司贵溪冶炼厂	1.1	0.7
电炉熔炼	云南冶炼厂	1.43	1.05
白银炼铜法熔池熔炼	白银有色公司	1.49	1.27
密闭鼓风炉熔炼	沈阳冶炼厂	1.072	0.897
密闭鼓风炉熔炼	中条山有色公司	1.897	1.897

续表 8-14

工艺方法	企业名称	吨粗铜工艺能耗(标煤)/t	
		不扣余热	扣余热利用
反射炉熔炼	大冶有色公司	1.56	1.33
纯氧闪速熔炼	加拿大国际镍公司	0.306	0.221
诺兰达富氧熔炼	加拿大诺兰达公司	0.523	0.31
瓦纽科夫熔炼	原苏联巴尔哈什	0.55	0.431
低温高浓度富氧闪速熔炼	芬兰奥托昆普公司	0.566	0.301
高温富氧闪速熔炼	日本佐贺关冶炼厂	0.731	0.418

铝电解过程中如采用添加锂盐的新工艺，即在电解质中加入百分之几的锂盐，可以减少电耗8%～14%。锂盐的加入降低了电解质熔体的初晶温度，从而降低了电解温度，提高了电解质的导电性能，降低了电耗。这一工艺还减少了碳阳极和冰晶石消耗，减少了氟的排放。

在设备上采用先进设备，如炼铝工业采用沸腾焙烧氢氧化铝，沸腾焙烧硫化铅锌矿，都提高了生产强度，降低了能耗。

8.5.2.2 优化能源结构

能源构成是否合理、先进以及是否有利于环保，是衡量企业能源利用水平的一个标志。改变企业能源结构，应考虑以清洁的或较清洁的能源代替污染严重的能源；以储运方便的能源代替储运不便的能源；以燃烧效率高的能源代替燃烧效率低的能源，开发用能新技术，提高设备用能效率。能源结构的改变其基础是实际可能供应的能源品种、价格、资源和生产工艺的要求。如将燃煤的工业炉窑改造为使用煤气，建企业（或地区）集中供热的系统或热电联产的热电站，都有利于节能和环保。

有色冶金工业用电量大，特别是电解精炼过程。国内外节电的经验主要是提高电流效率，通过增加电极表面积，以适当降低电流密度；通过缩短极间距等措施以降低槽电压。此外，改进输配电系统也可减少电能损耗。

8.5.2.3 回收利用余热资源

有色冶金过程有大量的能量由高温烟气、冷却水和炉渣等带走，能量的利用率不高。出炉的产品也带有相当部分的显热。这些能量有相当大的比例可重复利用，统称为余热。大量余热的放出不仅浪费能源而且给环境造成了热污染。表8-15是几种有色冶金炉炉气余热资源的数据，多数情况仅烟气带走的热量就占燃料燃烧热的40%以上。炉渣的余热资源如表8-16所示一般占有色冶金企业余热资源的10%～14%，如表8-16所示。这些余热利用有很大的潜力。

表 8-15 有色冶金炉炉气余热资源

炉子名称	炉膛温度/℃	烟气离炉平均温度/℃	烟气带走热量占燃料燃烧热比例/%	炉子热效率/%
冰铜反射炉	1500～1550	1200～1300	40～50	20～30
铜精炼反射炉	1300～1450	1200～1250	50～55	20～30
炼锡反射炉	1300～1350	～1200	50～55	20～30
炼铅鼓风炉	1250～1300	200～500	20	45
铝土矿煅烧回转窑	1400～1500	250～400	12～18	55～65
铅渣烟化炉	1200～1250	1150～1200	40～50	30～35
锌渣挥发回转窑	950～1150	650～750	22～60	20～22

表 8-16 有色冶金炉渣余热资源

金 属	精矿品位/%	熔炼方法	每吨金属产渣量/t	每吨渣含热量/GJ	每吨金属所产渣含热量/GJ
铜	15~25	反射炉	2~5	1.25	2.5~6.3
	15~25	电炉	2~5	1.96	3.8~10
铅	50	鼓风炉	0.5	1.40	0.7
镍	5~10	鼓风炉	10~20	1.67	16.7~33.4
锌	40~55	竖罐蒸馏	2~3	1.00	2.0~3.0
锡	50	反射炉	0.5	1.40	0.7

有色冶金余热利用比钢铁工业余热利用难度更大一些，这是由于有色冶金生产规模相对较小，生产环节多，余热资源产出点分散，余热品质变化大，难以保持稳定的供需平衡。此外，热源条件恶劣，如排出的烟气温度很高；含尘量大且烟尘黏结性强，易于堵塞磨损管道（沸腾焙烧炉烟气含尘量为 100~150g/m^3，闪速炉为 30~90g/m^3）；烟气中多含有腐蚀性气体，如 SO_2，SO_3，HF，Cl_2 等，容易腐蚀设备，排放后又严重污染大气环境。因此，余热利用与除尘、脱硫等问题应统筹解决，余热利用带来了节能、环保和资源综合利用的实际效益。

余热的利用应遵循按质用能、能尽其用、经济合理的原则。

A 烟气余热利用

从国内外情况看，烟气余热利用主要是装置空气（或煤气）换热器和余热锅炉。

安装换热器是将高温烟气和空气（或煤气）在换热器内通过间壁换热，预热后的高温空气或煤气将热量带回炉窑内部，既增加了炉窑的热量收入，又能够改善燃烧条件，提高燃烧效率，直接节约冶金燃料。这种余热利用方式投资省、设备简单、不存在供求关系的矛盾，容易管理控制，其缺点是受耐热金属材料性能和价格的限制，余热利用不充分。

安装余热锅炉，利用高温烟气的热量产生蒸汽，直接用蒸汽供热，发电或热电并供，蒸汽多级利用。该法投资较大，设备、工艺及控制都比较复杂。余热锅炉在我国有色冶金企业已逐渐成为利用烟气余热的主要设备。如云锡第一冶炼厂在炼锡反射炉后安装了余热锅炉和 1500kW 汽轮发电机组，年发电量 490 万千瓦时。

更充分合理利用烟气余热的装置是利用余热锅炉和换热器的联合系统。如贵溪冶炼厂转炉和闪速炉的烟气余热回收既用于产生蒸汽发电，又用于加热入炉空气。

为了回收 250~350℃的较低烟气余热，可以利用具有极高传热能力的热管式换热器，以及热泵循环技术。

B 采用汽化冷却

冶金炉窑水冷构件的冷却改为水的汽化冷却，生产蒸汽。如硫化矿沸腾炉焙烧浓相段的冷却改为汽化冷却，生产蒸汽，提高了回收热能的品质。

C 炉渣及出炉产品余热利用

有色冶金炉的出炉渣温一般为 1200~1350℃，据估计我国有色冶金炉渣保有量为每年 250 万吨，带走热量约 34×10^{14} 焦，折标煤 12 万吨。炉渣余热回收方法与炼铁高炉渣相似。根据熔渣性质一般首先将熔渣在转筒上粒化凝固，温度约 800~1000℃的渣粒在沸腾炉内与空气换热，被加热到 500~600℃的空气进入废热锅炉生产蒸汽，1 吨高温渣余热可产生 0.3~0.4 吨蒸汽。

高温出炉产品余热利用与生产工艺密切相关，如我国有的企业将锌沸腾焙烧炉的焙砂（约 900℃）和烟尘直接加入硫酸水溶液中浸出，浸出温度增高，提高了锌的浸出率。

据统计平均每生产1吨有色金属大约有1吨标煤的余热资源可以利用，而我国余热利用率尚低，余热利用有很大的潜力。

8.5.2.4 综合利用有色金属资源，提高资源利用率

有色金属矿都伴有多种有价元素，如硫、稀有金属、贵金属等。冶炼过程中分别相对集中在烟气、炉渣、电解阳极泥中。利用含 SO_2 的烟气制硫酸或回收硫，从烟尘和炉渣中提取稀有金属，从阳极泥中提取贵金属，对剩余炉渣开展综合利用，这样不仅可获得更大的经济效益，同时，减少污染排放和降低各种产品的综合能耗。

8.5.2.5 回收废旧有色金属及其他节能措施

回收和再生废旧有色金属，节约了宝贵的资源并有显著经济效益，又是节能的重要途径。有色金属再生耗能只是从矿石提取金属耗能的10%～30%。相对于原生有色金属产量，国外再生有色金属比例高。如铜为12%～80%，铝为27%～65%；我国的比例较低，如回收利用率较高的铜只占33.75%，铝为12.94%。我国与发达国家相比差距大，急需做好有色金属的回收工作。

节能的其他方面主要包括保证入炉矿石和燃料的品位和质量，严格选矿以提高精矿品位；改进燃烧技术，提高燃烧效率；加强设备绝热保温，减少热损失；生产过程严格操作控制。

8.5.2.6 强化管理节能

企业能源规划和管理的目的是：在满足能源需求的条件下，采用科学的方法和手段，合理有效地利用能源和原材料，以最少的花费和能耗，创造出更多符合社会需要的产品和产值。

为达上述目的，要求企业从能源及材料的供应到使用各个环节的技术经济活动进行全面的管理。在生产过程中特别要加强计量、控制和定额管理，做到合理有效地组织生产过程，科学管理是正常生产的保障，采取各种节能措施，降低完全能耗以及保护环境。

8.5.3 炼铝及炼铜工业的工序节能简述

8.5.3.1 炼铝工业的节能

铝的用途广泛，在金属中产量仅次于钢铁，生产1t铝的能耗，先进水平一般为250～300GJ。在整个生产系统中各生产环节的能耗所占比例分配如下：铝土矿开采、处理和运输占2%，氧化铝生产占16%～20%，铝电解占60%～64%，再熔和加工占12%～15%。生产铝耗电量大，约占铝总能耗的70%。节电是炼铝工业节能的重点。

A 氧化铝生产节能

氧化铝的生产是由铝土矿中除去 SiO_2 等杂质，得到高纯的氧化铝，通常有拜耳法、烧结法和两者联合法的工艺，主要节能措施有下述两点：

（1）熟料烧成工序的节能重点是提高烧成窑的热效率，可从几个方面采取措施：提高燃料燃烧效率和强化传热，根据所使用的燃料，选用相应的节能型烧嘴，使燃料燃烧完全。强化温度控制，增设必要的强化传热构件；在保证工艺正常的前提下，降低入炉窑物料的水分，以减少水分蒸发耗热；减少废气和熟料带走的热量，加强余热回收，实现热风燃烧。回收的热窑灰直接入窑；提高炉窑的运转率，延长炉窑运转周期。

（2）采用先进的工艺和设备。铝土矿的溶出采用高压溶出间接加热新工艺，避免蒸汽直接入料浆冷凝析出，减少水分蒸发负荷。蒸发器方面如采用多效降膜蒸发器代替自然循环蒸发器。采用沸腾焙烧炉代替回转窑焙烧氢氧化铝，炉温均匀，易回收余热，比回转窑节能30%以上。

B 氧化铝电解节能

（1）采用新工艺，主要是改善电解质成分、降低熔点、提高电导率、降低电耗。电解质中

添加氟化镁、氟化钙可以降低电解质初晶温度，将氟化盐含量由2%提高到5%，可使电解质温度降低，电流效率提高，吨铝电耗降低90～180kW·h。国外推行向电解质中添加锂盐的方法，减少电耗8%～14%，并减少了氟的排放量。

(2) 减少设备耗能，提高设备用能效率。采取的措施主要有：加宽导电母线，减少电能的线损，如将母线电流密度由0.735A/mm^{2}降到0.213A/mm^2，母线电压降减少110mV，电解直流电耗减少380kW·h/t（铝）左右；电解槽底加保温层，减少热损，直流电耗降低约100kW·h/t（铝）。

(3) 运用计算机系统控制电解生产过程，严格工艺条件控制，节电效益显著。

8.5.3.2 炼铜工业的节能

铜的冶炼基本上可分为采选、熔炼和精炼三大工序。

A 铜矿采选节能

铜矿石的品位低，平均品位含铜量0.5%～0.8%，采矿和选矿的工作量大，能耗大，采选工序耗能占总能耗的40%～60%，主要是矿山开采和矿石的磨碎。选矿厂的节能重点是磨矿，改善磨矿作业应改进分级设备，合理控制粒度以减少矿石过磨现象。选矿后应尽量降低干燥前精矿水分，改进干燥工艺。

提高铜精矿品位，利于减少运输量，同时大大减少渣量，减少冶炼过程的能量消耗。

B 熔炼节能

熔炼有多种方法，节能的措施也不同。铜矿石中硫化矿的比例很大，火法炼铜中闪速炉效果远优于反射炉，其优点是烟气中SO_2浓度高，一般为10%～14%，利于制硫酸；炉子单位容积生产能力大；冰铜品位高；能充分利用反应热。同时也存在烟尘率高，炉渣含铜高等缺点需要改进。炉型的选择是熔炼工序的关键，对节能、环保及硫的回收利用起着重要作用。

与其他火法冶炼过程相同，提高产量节约能源的共同措施是冶炼过程余热回收利用，具体途径有采用富氧、纯氧或热风燃烧等。

C 精炼工序节能

火法精炼节能措施与一般工业炉原则上相同。电解精炼过程的耗能，电能和蒸汽各占一半。节电方面主要采取适当降低电流密度，缩小电极间距等措施。为了节约蒸汽，很多工厂普遍采用覆盖式电解槽并对电解槽壁进行保温。

8.6 冶金工业的余能和环境

8.6.1 冶金工业余能的特点

工业用能过程中存在大量的余能，主要以余热和余压的形式存在，其中的余热与环境的关系密切。

冶金工业余热有三种形式，即显热型、化学能型和显热与化学能共存型。显热型包括固态（产品及炉渣）、液态（熔融金属、热水等）、气态（燃烧烟气、工艺排气等）。化学能型指工艺过程产生的具有一定热值的可燃气，通常这些可燃气属于显热与化学能共存型，如高炉煤气、转炉煤气和焦炉煤气等。由于冶金工业生产过程中，无论是工艺过程、燃料转化过程和燃烧过程，还是产品和设备的冷却过程，能源与环境都存在着不可分割的关系，这个关系充分体现在冶金余热资源上。可以说钢铁工业的余热资源同时又是钢铁工业的主要污染源。

冶金企业生产过程的特点是高温、多工序，这两个特点决定了冶金企业余能资源的特性：

工序多，从而积累的余能量大，同时又多属高、中温的余热。

综上所述，不难看出冶金工业余热资源的特点是量大、质高，同时又是主要的污染源。充分利用这些余能，直接关系到节约能源和治理环境。

8.6.2　余热资源的潜力

初步查明，我国冶金工业可利用的余热资源中，仅显热型一项其总量达每年1500多万吨标煤，占总耗能量的15%。所谓可利用的余热资源与利用的技术水平有关，上文中指的可利用资源是指烟气载体温度高于250℃，固体载体温度高于400℃，冷却水载体温度高于50℃。

8.6.2.1　余热资源的分布

2009年对我国某钢铁企业可利用余热资源的调查表明，可利用的余热资源按工序和按载能体分布数据如表8-17、表8-18所示。

表8-17　某钢铁企业余热资源按工序分布数据

工　序	种　类	产品资源量			工序余热潜力 Q_q/%
		热 $Q_c/GJ \cdot t^{-1}$	㶲 $E_c/GJ \cdot t^{-1}$	能　级	
焦　化	焦炭显热	1.4	1.2	0.85	33
烧　结	烧结矿显热	0.62	0.32	0.52	53
转　炉	LDG显热	0.8	0.6	0.75	34
轧　钢	加热炉烟气显热	0.32	0.18	0.56	30

表8-18　某钢铁企业余热资源按载能体分布数据

载　体	红焦	烧结矿	球团矿	钢锭	轧材	高炉渣	钢渣	烟气	荒煤气焦炉	气化冷却	烟气
占总资源/%	10.83	9.35	0.13	6.19	8.84	8.97	2.68	40.74	9.84	2.22	0.22

由上述分布情况可见，气态余热占约50%，各工序赤热固态产品约占35%，炉渣约占12%。按余热资源的温度分布，以某钢铁企业为例，示于图8-7。

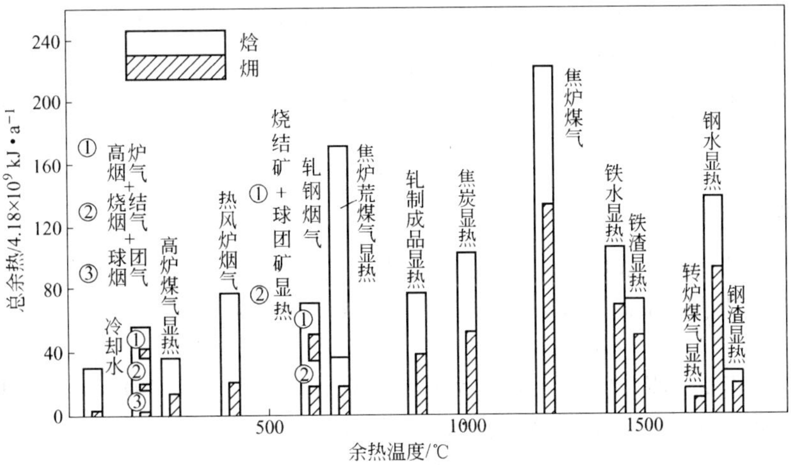

图8-7　余热资源的温度分布

8.6.2.2 余热资源的量和质

A 余热资源的量

对钢铁企业三种形式的余热资源总量进行调查，其结果示于表8-19。该表系对三个企业的全部用能设备的余热量进行计算汇总，并且是以环境温度（25℃）为基准。表中的化学余能包括了工艺生产的焦炉煤气、高炉煤气和转炉煤气的发生量。

表8-19 三个企业的总余热资源

厂别		A厂		B厂		C厂	
项目		焓	烟	焓	烟	焓	烟
总能耗	$\times 10^3$ J	8099.80	8181.40	2796.90	2816.20	1628.00	1643.90
	$\times 10^{10}$ t标煤	276.37	279.66	95.433	96.092	55.548	56.092
物理余能	$\times 10^3$ J	2540.10	1247.10	986.70	488.10	466.60	254.80
	$\times 10^{10}$ t标煤	186.67	42.57	36.24	16.67	15.92	8.90
	占总能耗/%	31.40	15.25	35.20	17.30	28.67	15.50
化学余能	$\times 10^3$ J	2690.00	2411.60	1100.30	942.60	416.30	425.20
	$\times 10^{10}$ t标煤	91.79	32.29	37.545	32.163	14.20	14.51
	占总能耗/%	33.20	29.50	39.34	33.47	25.57	25.87
总余能占总能耗/%		64.60	44.75	74.54	50.77	54.24	41.37

由表中数据可见，钢铁工业的余热占总能耗的1/2以上，数额很大。从节能角度考虑，充分利用余热资源是节能技术改造的主要方向之一。

B 余热资源的质（烟）

能不仅有大有小，同时也具有不同的品质。余热的利用价值不仅取决于它的量，也取决于它的质。当系统由任意状态可逆变化到与给定环境相平衡的状态时，理论上可无限转换为其他能量形式的那部分能量称为烟。任何能量 E_n 都由烟（E_x）和炕（A_n）组成，即 $E_n = E_x + A_n$。由此可引出表征能的质的参数，即能级 ε。其数学表达式为 $\varepsilon = E_x/E_n$，ε 值越高，能的品位越高。显热热能品质的高低取决于温度的高低，钢铁企业余能多属高品质余能。

C 钢铁工业余能潜力

根据余能的量和质的概念，对上述三个企业余热的焓值和烟值计算并汇总于表8-19。由表可见，其余热的能质高，余热的总烟值占总能耗烟值的40%～50%。其中化学余能为25%～30%，物理余能占15%～17%。这个数值相当于钢铁企业消耗的全部电能。这些数据说明了钢铁工业的余能量大、质高。

8.6.3 余能与环境

余热与环境的密切关系是钢铁工业余热的又一特点。

（1）余热与大气污染的关系。钢铁生产过程中产生的废气量大，废气中含有大量污染物质。

每生产1吨钢材，将产生烟尘约1.55千克，SO_2 约2.27千克，NO_x 约2.16千克。若化学能不能完全回收而放散到大气中，情况将更加严重。

（2）热污染。抛开排放的 CO_2 造成的温室效应的影响，通过烟气、固体产品、熔渣、冷却水等放散到环境中，产生大气、水体的热污染也是相当严重的。

8.6.4 余热利用方向

8.6.4.1 余热利用方向

余热的回收利用途径有热利用和动力利用，一般应首先考虑热利用，并使之返回本设备或本工序，以达到节约燃料降低本工序能耗的目的；其次则考虑动力回收。动力回收首先考虑回收高温高压蒸汽用于发电；然后再考虑作为一般低压蒸汽回收，以降低用于生产一般低压蒸汽的燃耗；最后考虑能否利用中低温余热实现高效率发电。

按余热的用途划分，可分为自身利用和对外供能。在考虑利用顺序时，应先自身利用，后对外供能。自身利用指回收的余热返回生产设备，以提高设备本身的热效率，降低能耗。如将工业炉窑的高温烟气预热送入炉窑的空气或物料，或用以驱动炉窑用的鼓风机等，借以减少炉窑动力设备的耗电等。对外供能是指回收的热或动力用于与本设备无关的外部系统。

按余热资源的温度，应首先回收利用高温余热资源，如高温烟气、炉渣等的余热。由于气态、液态、固态余热载体中，气态的回收设备相对简单，回收效率高，因此必须充分注意回收高温烟气的余热。

8.6.4.2 余热利用现状

随着节能工作的不断深入，我国余热资源的回收利用已取得了一些成绩，但尚有很大潜力。

调查表明，已回收的显热资源仅占总显热资源的 9.33%，其中炼铁 4.41%，炼钢 10.50%，轧钢 17.21%。其中用于生产的占 70%，用于生活的占 30%，回收后的利用方向是正确的，但用于生产部分的比例尚待提高。

从回收情况看，高温烟气回收利用较多，高温炉渣余热仍停留在采暖或生活用水上，钢水显热只部分利用，干熄焦设备少，钢材显热基本未利用。高温烟气余热回收设备的热回收率也待提高。

表 8-20 表示了调查期间 A、B、C 三厂尚待利用余热资源占总能耗的比例，说明了我国尚待利用的余能资源潜力很大。

表 8-20 尚待利用的余热资源占总能耗的比例 %

厂 别	余能总焓值	余能总㶲值	余能物理㶲值	余能化学㶲值
A 厂	27.80	15.51	11.38	3.93
B 厂	43.75	25.60	12.01	11.70
C 厂	25.20	14.51	12.01	2.50

8.6.4.3 提高效率、加快步伐、改善环境

A 气态余热的回收利用

日本各种副产煤气和排烟烟气的吨钢气态余热潜在资源为 2.839MJ。我国 C 厂和 B 厂分别为日本的 1.82 和 2.6 倍。这说明对待烟气显热资源潜力问题，首先应立足于改善燃烧，强化传热，降低烟气出炉温度和提高用能设备的热效率，从而降低余热资源量，而不是单纯考虑如何利用这种量大、质高的余能。

对于烟气，特别是高温烟气的余热，必须加强研究工作，大力发展我国高温高效换热器。除继续完善和推广碳化硅管换热器、陶瓷热轮、喷流式换热器、辐射式换热器外，还应重点开展相关的研究，如颗粒换热器、高温固体显热回收装置、高温传热强化技术、与换热器有关的

高温金属与非金属材料。

B 铁水、钢水显热的回收

钢水显热的回收要靠连铸等工艺改革，化铁炼钢现象的杜绝有待于企业结构的改造，关键在于加快改造的步伐。

C 固体显热的回收

以精料为基础减少渣量，降低被加热件的出炉温度；改革工艺，充分利用工序之间的显热，是减少固体显热的根本方向。然而无论上述措施完善到什么程度，当前和今后固体显热的利用都要进一步加强。

D 化学余能的利用

减少煤气放散、加快转炉煤气的回收、合理地利用副产煤气能解决部分优质燃料的短缺问题和减少污染物的排放。

E 加强综合治理措施，改善环境

余热排放与环境污染的密切关系不言而喻，因此在余热回收时，若加强综合治理措施，能更有效地利用余热、改善环境、提高经济效益。以下举两个例子说明：

（1）利用余热预热空气可以提高理论燃烧温度，实质上是实现能级上升。以热风炉废气为例，热风炉废气是一项能质不高（150～300℃）、数量很大的余热。开发利用这部分余热预热空气后，可以少用焦炉煤气，减少了能质的浪费，并将这部分焦炉煤气供居民使用，从而实现了综合节能，减少了环境污染。

（2）再以氧气转炉炼钢为例，转炉排出的炉气温度在1600℃以上，并含有约90%的一氧化碳。在吹炼过程中，氧气转炉产生大量烟尘，通常为出钢量的1.8%，烟气最大含量为160g/m^3，烟尘的含铁量高达71%。可见回收转炉烟尘对于广义节能和降低污染都有重大意义。美国和欧洲的钢厂现已成功地应用了转炉煤气新技术。新技术与其他技术的区别，主要是在锅炉装置上增加了一个对流段，以便产生尽可能多的蒸汽，回收更多的煤气显热；同时与静电除尘器组成干式除尘系统构成一体，以便有效地回收细尘粒。粗尘粒的烟尘（每吨钢6kg左右）储存并用水湿润以供烧结厂使用，也可以把烟尘回收作为转炉废钢的替代物，从而省去废钢的准备过程。细粉尘的消除是在由蒸发冷却器和静电除尘器组成的综合装置上进行的，除尘效率可达99.97%以上。干除尘后的粉尘可造块，为钢铁生产部门和非钢铁生产部门利用这些粉尘提供了可能。这种回收方法把余能回收与环境治理很好地结合起来，实现了广义节能，又减少了环境污染。

应当指出，上述内容只是简略介绍了冶金工业余能回收利用的方向问题，它们无不与改善环境、治理污染联系在一起。总括起来，当一项先进的余能回收技术被实现后，一般都能够减少大气污染，减少废渣排放，减少废水的污染，减少热污染，并达到节约能源、回收资源的目的。

F 余热的动力回收

相对于余热热回收来说，动力回收系统比较复杂，技术难度较高。但因其实质是将较低品位的能转换成高品位的能，因此节能意义和经济效益很大。从能的有效利用全面分析，动力回收有确定的科学含义，这可以用“烟”概念加以阐明。

对某一温度为 T_2 焓为 i_2 的热源，当环境温度为 T_a 时，其烟值为

$$e_2 = i_2 - i_a - T_a(S_2 - S_a) \tag{8-10}$$

式中，i_a，S_a 分别为 T_a 下热源的焓及熵。

若此工质热源经历一个从 T_2 到 T_1 的放热过程，最大可能转换的功即㶲为：

$$e = \int_1^2 \frac{T - T_a}{T} dq = \int_1^2 \eta_{ca} dq \qquad (8\text{-}11)$$

式中，q 为热量；η_{ca}为卡诺因子。

如果这一工质热源具有高于循环压力的位能，则可以通过一个膨胀做功过程进行动力回收，其利用效率即为膨胀透平效率（见图 8-8）：

$$\eta_{tp} = \frac{i_1 - i_2}{i_1 - i_{2S}} \qquad (8\text{-}12)$$

而基于㶲值变化的这种过程的㶲效率为：

$$\eta_{ep} = \frac{输出功}{㶲变化} = \frac{i_1 - i_2}{(i_1 - i_2) - T_a(S_1 - S_2)} \qquad (8\text{-}13)$$

由于 $i_1 - i_{2S} > T_a(S_2 - S_1)$，故 $\eta_{ep} > \eta_{tp}$。

这说明，通过一个过程进行动力回收，其热效率比特殊安排的循环效率高，因为它相当于透平效率，而表征最大可用能利用程度的㶲效率则更高。

如图 8-9 所示，当工质最高加热温度为 T_3 时，利用热机循环进行动力回收的循环热效率为：

$$\eta_{tc} = \frac{输出功\ W}{输入热能\ Q}$$

而㶲效率为：

$$\eta_{ec} = \frac{输出功}{输入㶲} = \frac{W}{\left(1 - \frac{T_n}{T_3}\right)Q} = \frac{\eta_{tc}}{\eta_{cn}} \qquad (8\text{-}14)$$

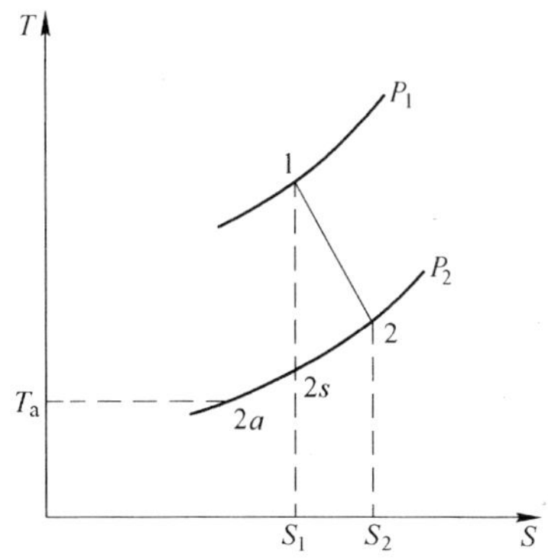

图 8-8 膨胀过程 1—2 的温熵图

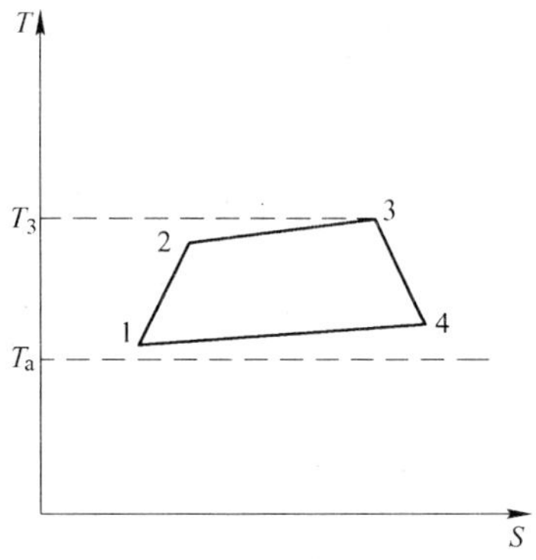

图 8-9 热机循环温熵图

此外，$\eta_{ca} = 1 - \frac{T_a}{T_3}$，若 T_3 较低，η_{ca}会较小，但㶲效率却更高。所以不能因为工业余热物质初温低导致循环效率低，就认为动力回收没必要。它的㶲效率并不低，说明用能上是合理的。

表 8-21 是对现有工业余热动力回收技术的粗略分析与展望，并加以大致分类。对于不同的余热资源可区别对待，利用不同的过程或循环，并采用不同的工质及动力回收系统。随着能

源科学技术的发展，新的更有效的利用方案与系统还会不断出现。

表 8-21 余热动力回收的分类

温度水平		余热来源	采用的循环或过程	工作介质	系统特点
高温	>600℃	钢渣，煤焦，刚加工完的高温钢铁产品	勃雷顿循环	N_2 等气体水	1. 利用封闭循环或开式循环燃气轮机系统； 2. 利用热管回收器加热蒸汽的发电系统
中温	250～600℃	各种工业炉排气，燃气轮机与柴油机排气	朗肯循环	水，NH_3，丁烷，丙烷	1. 朗肯循环系统； 2. 燃气-蒸汽联合循环或热电联产系统
低温	100～250℃	工业炉窑，锅炉排气，石化及工业中热油，热水等	朗肯循环或膨胀做功过程	NH_4，丁烷，丙烷，氟利昂，其他有机工质，水	1. 有机工质和其他工质朗肯循环闪蒸汽的热泵-透平系统； 2. 全流透平系统

复习思考题

（1）名词解释

能源弹性系数，吨钢能耗，工序能耗，单耗，载能体，载能值，系统节能，直接能耗，间接能耗，完全能耗，脱湿鼓风，炉顶余压发电，干熄焦。

（2）简要回答问题

1）节能潜力；

2）节能的三个阶段；

3）三类载能体；

4）节能与环保的关系。

（3）分析回答问题

1）工业节能的途径和我国冶金工业节能现状；

2）铁、烧、焦三大工序的节能途径和关键节能技术；

3）冶金工业余能资源及利用关键技术。

参 考 文 献

[1] 黄素逸，王晓墨．能源与节能技术[M]．北京：中国电力出版社，2008.

[2] 潘昊，于海斌，苑明哲．钢铁工业节能技术进展及应用[J]．中国科学院沈阳自动化研究所工业信息学重点实验室，2010.

[3] 张新敬，谭春青，隋军，徐建中．我国工业节能现状调研和对策[J]．中国能源，2008.

[4] 刘虹．国外工业节能政策与措施[J]．中国能源，2007.

[5] 王家诚．中国工业能耗与节能途径[J]．国家发展和改革委员会宏观经济研究院，2007.

[6] 冷劲松．企业能源审计分析及对工业节能的启示[J]．吉林市能源利用监测中心，2007.

[7] 渠时远．我国工业节能形势及其对策[C]．2008 年（第十届）中国科协年会论文集，2008.

[8] 周伏秋等．“十一五”工业节能面临的挑战与对策[J]．中国能源，2007.

[9] 廖洪强等．钢铁工业铁前系统工序节能集成技术构想[J]．中国金属学会，2005.

[10] 王炜等. 炼铁工序提高煤比降焦节能探讨[J]. 冶金能源，2006.
[11] 朱仁良等. 宝钢铁前系统节能降耗实践与思考. 宝山钢铁股份有限公司宝钢分公司炼铁厂，2007.
[12] 黄导. 中国钢铁工业节能分析[J]. 中国能源，2004.
[13] 高斌等. 炼铁节能要点[C]. 2005 中国钢铁年会论文集，2005.
[14] 耿丽. 钢铁企业能源成本及其影响因素分析[J]. 东北大学学报，2005.
[15] 丁皓等. 关于我国钢铁工业二次能源利用的思考[J]. 科技进步与对策，2004.
[16] 时仁英. 谈炼铁厂节能降耗实践[J]. 能源研究与利用，2007.
[17] 陈丽云等. 钢铁工业二次能源产生量分析[J]. 过程工程学报，2006.
[18] 张初永等. 论钢铁企业焦化工序节能减排[C]. 2008 年冶金循环经济发展论坛论文集，2008.
[19] 冯光宏. 轧钢工序节能技术分析[J]. 钢铁研究总院，2006.
[20] 白桦. 有色冶金炉窑的余热利用[J]. 有色冶金节能，2001.

9 废弃物资源化利用和环境

9.1 综合利用、保护资源、改善环境

资源（包括能源）是环境的一部分，它既是自然资源，又是自然环境。例如大气，在此地可能只作为自然资源的一部分，在彼地用来生产合成氨，就变成了资源。从这个角度看，保护环境就必须保护资源，树立环境资源观。

自然资源可分为三大类：一是不可再生资源，如各种矿物、化石燃料；二是可再生资源，如水、土、生物，它们能在较短时间内再产生出来或循环再现；三是取之不尽的资源，它们被利用后不会导致储量上的减少，如太阳能、风能等。

世界能源资源枯竭已为人们所认识，实际上地球上剩余的某些矿物资源不是很多，而是很少，特别是金属矿物资源。对19种矿藏的消耗情况加以分析，按1970年的消耗速度推算，有13种将在100年内耗竭；如果消耗速度按指数增长，有14种矿物将在50年内耗竭，如铜、金、铅、汞、钼、银、锡、钨等。即便探明储量增加4倍，有15种矿藏也将在100年内耗尽，因此出现了世界性的“资源危机”问题。还应指出，一些易开采的高品位矿石大多已开采，剩下的矿石虽然很多，但品位很低，其短缺表现为“需求增加，富矿耗竭”。富矿越来越少，贫矿就要代替富矿，这样一来，通过开采、选矿、运输、冶炼各环节的能量消耗量相对增大。图9-1表明开采铜矿石时，矿石品位与能耗的关系。因此，矿石耗竭趋势必将加剧能源资源的枯竭，资源枯竭与能源枯竭有着密切的关系。污染的治理与节约能源和资源是不可分割的。例如，大约需要2.5吨以上的原料来炼1吨铁，除约300kg炉渣外，其余部分以气态及固态颗粒形式最终是不同程度地排入大气。又如以一个年产622万吨铁水、677万吨钢水的典型钢铁联合企业为例，在生产过程中，每年产生的渣为393.4万吨（其中钢铁渣391.19万吨、其他残渣2.09万吨），尘37.5万吨，废金属30.3万吨（其中氧化铁皮30万吨），污泥、废耐火砖22.32万吨，这些固体废物之和为483.5万吨。当矿石品位下降时，由于资源消耗的排污将加剧，能源消耗的排污也将加剧。也就是说，如果不节约资源，不综合利用，那么资源枯竭将引起环境污染的恶性循环。因此，节约资源、综合利用，是保护环境、改善环境质量的重要途径。节约资源有两条途径，一是不断加强管理，改进工艺，提高资源利用率、转化率，减少废弃物的排出；二是对已排出的废弃物进行综合利用，变废为宝，把排泄物在本生产部门或另一生产部门内再转化为新的生产要素。所以，综合利用不只涉及一个工厂、一个产业部门，而是涉及多个工厂、多个产业部门的合理生产组合。例如，有色冶炼厂的高浓度SO_2废气治理过程中回收的硫，比化工厂生产的硫成本低，因此不仅起到保护资源的作用，同时也提高了经济效益。目前许多技术先进的国家大力开展材料-能源-环境之间相互关系的研究，并组织有关节省资源、节省能源、环境保护和材料技术方面的活动。强调循环使

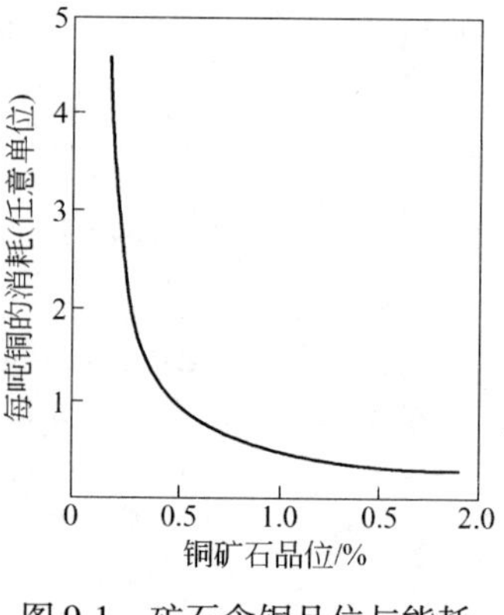

图9-1 矿石含铜品位与能耗

用材料的重要性，指出循环使用材料是保护资源的一项重要措施。

综合利用资源、保护环境、改善环境，主要有以下三个途径：

（1）降低原材料的使用量和废弃物的产生量，提高产品寿命；

（2）增强资源回收，发展资源回收工程；

（3）增加资源的重复利用率。

总之，“综合利用，化害为利”是环境保护方针的重要内容。它包括进入生产系统的资源的综合利用、循环利用、重复利用、资源转化率的提高，“三废”资源化等，是促进人类生态系统保持良性循环的重大措施。只有大力开展综合利用，才能将发展经济和保护环境协调起来。

9.2 转炉煤气的综合利用

转炉煤气含有煤气和转炉烟尘（简称炉尘），是转炉炼钢的副产品，含有大量可燃气体，主要成分是一氧化碳。过去一般都是向大气放散，目前多进行回收加以利用。

9.2.1 煤气的利用

（1）气体燃料。转炉煤气含 CO 60%～90%，每吨钢可产 80～100m^3 转炉煤气。由于转炉煤气含氢少，含硫少，作为均热炉燃料可提高收得率。

（2）化工原料。转炉煤气是很好的化工原料，可用来生产合成氨，回收 CO_2，合成甲醇及甲酸钠等。

用转炉煤气和制氧车间的副产品氨气生产化肥，其反应如下：

$$CO + H_2O \xrightarrow{\text{催化剂}} H_2 + CO_2$$

上述反应经脱硫和回收 CO_2 后，将 H_2 和 N_2 合成氨：

$$3H_2 + N_2 \xrightarrow{\text{催化剂}} 2NH_3$$

这种氨生产成本很低。年产 180 万吨钢规模的转炉煤气，可产硫酸铵 15 万吨/年，回收 CO_2 12 万吨/年。

合成甲醇：将 CO 与 H_2O 所得的 H_2 与 CO 合成甲醇：

$$CO + 2H_2 \xrightarrow{\text{催化剂}} CH_3OH$$

甲醇是很有价值的燃料和化工原料。

9.2.2 炉尘的应用

炉尘是一种含铁量为 60% 的氧化铁尘，其排出的铁量相当于转炉铁水装入量的 1%～2%。以 120 吨（三吹二）转炉车间为例，每年回收的炉尘中氧化铁约为 2.5～5 万吨，相当于一座 80m^3 高炉所需的铁矿石量。

转炉尘有如下用途：

（1）经烧结作为高炉原料。转炉尘含铁量高，烧结性好，易成块；含氧化钙高，可降低烧结过程石灰的加入量；含二氧化硅低；成本低，仅为一般矿粉的 1/3 左右。是极好的高炉原料。

(2) 作 CO 转化的催化剂。CO 与 H_2O 转化为 H_2 所需的催化剂主要成分是氧化铁，因此将炉尘与 Cr、Ni、Al、Mg、K 等金属中的一种或数种金属盐溶液混合，加入沉淀剂使其成为沉淀物，再经过一般的催化剂生产工艺，就可制得 CO 转化催化剂。

(3) 制造海绵铁。使含 4% ~8% 水分的转炉尘成为粒状，放在输送箅上进行干燥和硬化，然后放入回转窑内，将锌、铅及其他金属氧化物挥发掉，最后制成高度金属化的海绵铁。

9.2.3 余热蒸汽发电

氧气顶吹转炉炉气温度为 1400 ~ 1600℃，国内现有转炉烟气冷却大多采用汽化冷却烟道和喷水降温技术，受技术条件的限制，汽化冷却烟道在将烟气温度由 1600℃ 左右降至 1000℃ 以下的同时，产生大量饱和蒸汽。

因为炼钢是周期性生产，造成烟气流量和温度周期性变化很大，最终造成余热蒸汽也是周期性产生。某千万吨级钢铁企业 40 吨转炉余热蒸汽压力的变化规律见图 9-2 和表 9-1。从图和表看出，在一个生产周期内，余热蒸汽的压力变化巨大，相当不稳定。采用如图 9-3 转炉烟道蒸汽使用蓄能器变成稳定的常压蒸汽，形成一股流量达 30t/h（4 座转炉）的稳定的常压蒸汽。这股常压蒸汽进入常压汽轮机做功，可发电 2000kW。作完功的蒸汽进入空气冷凝器冷凝成水。冷凝水由凝结水泵打进冷凝水池，再由给水泵打进转炉烟道汽包中。

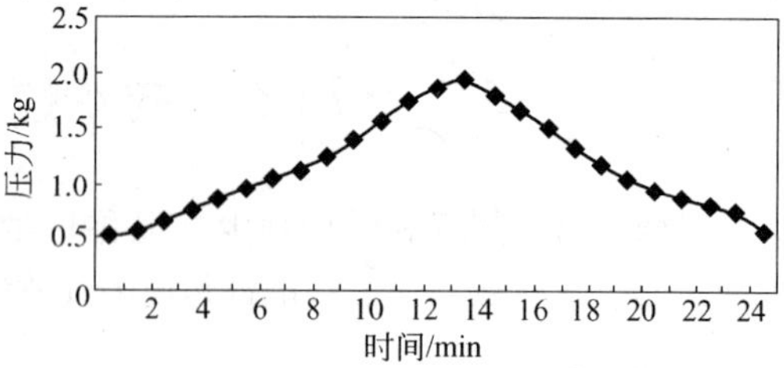

图 9-2 蒸汽压力随时间的变化趋势

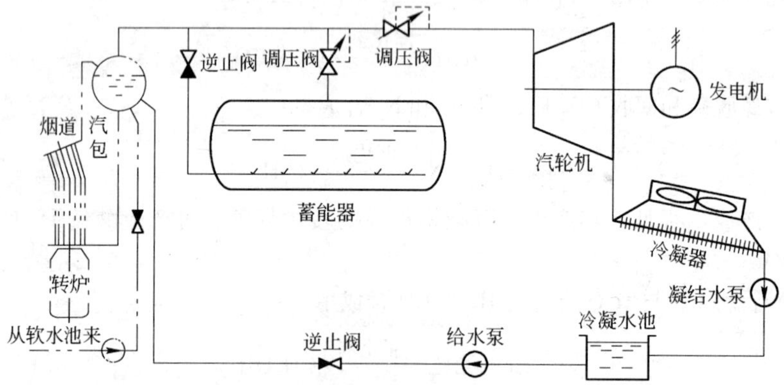

图 9-3 转炉余热蒸汽发电系统流程图

表 9-1 蒸汽压力统计

时间/min	压力/×0.1MPa									合计	平均
	1	2	3	4	5	6	7	8	9		
0	0.45	0.22	0.41	0.2	0.45	0.45	1.08	0.63	0.74	4.63	0.514
1	0.49	0.33	0.52	0.27	0.51	0.46	0.91	0.75	0.79	5.03	0.559
2	0.57	0.46	0.58	0.36	0.59	0.52	1.02	0.83	1.07	6	0.667
3	0.63	0.51	0.61	0.46	0.77	0.63	1	0.8	1.33	6.74	0.749
4	0.73	0.54	0.64	0.61	1	0.89	1.03	0.77	1.37	7.58	0.842

续表 9-1

时间/min	压力/×0.1MPa									合计	平均
	1	2	3	4	5	6	7	8	9		
5	0.82	0.55	0.7	0.73	1.18	1.06	1.13	0.77	1.54	8.48	0.942
6	0.9	0.66	0.78	0.79	1.36	1.28	1.27	0.85	1.53	9.42	1.047
7	0.95	0.72	0.82	0.95	1.38	1.32	1.37	0.9	1.52	9.93	1.103
8	1.23	0.9	0.98	1.21	1.52	1.43	1.45	0.96	1.41	11.09	1.232
9	1.42	1.14	1.12	1.54	1.77	1.54	1.56	1.02	1.32	12.43	1.381
10	1.58	1.27	1.35	1.83	2.01	1.7	1.67	1.06	1.45	13.92	1.547
11	1.71	1.49	1.52	2.1	2.33	1.83	1.84	1.18	1.6	15.6	1.733
12	1.79	1.65	1.62	2.3	2.6	1.87	2.01	1.13	1.66	16.63	1.848
13	1.66	1.71	1.74	2.48	2.79	1.88	2.09	1.4	1.64	17.39	1.932
14	1.41	1.55	1.63	2.46	2.42	1.56	1.91	1.37	1.56	15.87	1.763
15	1.27	1.41	1.49	2.1	2.27	1.57	1.88	1.21	1.36	14.56	1.618
16	1.03	1.33	1.42	1.91	2.17	1.46	1.71	1.13	1.21	13.37	1.486
17	0.84	1.17	1.22	1.7	2.01	1.32	1.37	1.06	1.08	11.77	1.308
18	0.72	0.89	0.96	1.56	1.77	1.19	1.19	1.04	0.99	10.31	1.146
19	0.65	0.74	0.77	1.45	1.56	1.11	1.06	0.97	0.88	9.19	1.021
20	0.62	0.67	0.68	1.19	1.26	1.06	0.98	0.9	0.81	8.17	0.908
21	0.52	0.61	0.66	0.97	1.12	1.06	0.91	0.83	0.84	7.52	0.836
22	0.46	0.54	0.55	0.83	0.95	1.02	0.82	0.76	0.94	6.87	0.763
23	0.4	0.49	0.5	0.72	0.77	0.98	0.78	/	0.99	5.63	0.704
24	0.35	0.41	0.44	0.58	0.72	1.03	0.61	/	1.08	4.248	0.531

该余热发电方案的优点在于：1）蓄能器的工作压力为0.10～0.36MPa，不超出转炉烟道现行运行参数范围，不需要改变任何操作工艺和操作参数；2）汽轮机的工作压力是0.101～0.01MPa，不需把饱和蒸汽加热成过热蒸汽，系统简单。如将蒸汽的压力提高为1.0～1.3MPa，使用蓄能器来稳定蒸汽流量，在蓄能器和调压阀组的调节和控制下，压力为0.4～0.6MPa，可发电4000kW，余热回收效率大大提高。随着压力的提高，蓄能器的数量减少。如果在蓄能器后增加一个蒸汽过热器，蒸汽经过蓄能器后变为0.2MPa的饱和蒸汽，再由过热器过热到250℃，然后进入汽轮机发电，预热回收效率更高。

按吨钢发电量15千瓦时计算，全国年产钢6亿吨，则每年可以发电90亿千瓦时，产生节能效益45亿元。同时，本企业所发电能可以替代从社会电厂购电，从而实现社会减排CO_2 756万吨，减排SO_2 7.2万吨，社会环境效益显著。

冶金行业有大量的低压余热蒸汽因无法利用而放散，随着循环经济的发展，节能减排工作的深入，低压余热蒸汽有效回收利用技术的研究与应用日显其重要性和迫切性。

9.3　焦炉煤气的综合利用

氢能是一种二次能源，在人类生存的地球上，虽然氢是最丰富的元素，但自然氢的存在极少。最丰富的含氢物质是水（H_2O），其次就是各种矿物燃料（煤、石油、天然气）及各种生物质等。氢气是清洁能源，有取代化石燃料的趋势，在未来几十年可能形成“氢经济”。同时，氢气也是优良的还原剂，可以替代碳作为金属氧化物的还原剂，用于钢铁等工业生产过程。因此要开发利用这种理想的清洁能源，必须首先开发氢源，即研究开发各种制氢的方法。

9.3.1 制氢方法

目前制氢的方法比较多，主要有水电解制氢、矿物燃料制氢、矿物质制氢以及从化工副产品中回收氢气。

9.3.1.1 电解水制氢

水电解制氢是目前应用较广且比较成熟的方法之一。以水为原料制氢的过程是氢与氧燃烧生成水的逆过程，因此只要提供一定形式的能量，则可使水分解。提供电能使水分解制得氢气的效率一般在75%～85%，其工艺过程简单，无污染，但消耗电量大，应用受到一定的限制。目前水电解的工艺、设备均在不断地改进：对电解反应器电极材料进行改进，以往电解质一般采用强碱性电解液，近年开发采用固体高分子离子交换膜为电解质，且此种隔膜又起到电解池阴阳极的隔膜作用；在电解工艺上采用高温高压参数以利反应进行等。但水电解制氢能耗仍高，一般每立方米氢气电耗为4.5～5.5kW·h左右。电能可由各种一次能源提供，其中包括矿物燃料、核能、太阳能、水能、风能及海洋能等，核能、水能和海洋能资源丰富，可长期利用。

9.3.1.2 矿物燃料制氢

以煤、石油及天然气为原料制取氢气是当今制取氢气最主要的方法。所得氢气主要作为化工原料，如生产合成氨、合成甲醇等；亦可作为气体燃料供城市之用。用矿物燃料制氢的方法包括含氢气体的制造、气体中CO组分变换反应及氢气提纯等步骤。

A 以煤为原料制取氢气

以煤为原料制取含氢气体的方法主要有两种：一是煤的焦化（或称高温干馏），二是煤的气化。焦化是指煤在隔绝空气条件下，在900～1000℃制取焦炭，副产品为焦炉煤气。焦炉煤气组成中含氢气55%～60%（体积）、甲烷23%～27%、一氧化碳6%～8%等。每吨煤可得煤气300～350m^3，可作为城市煤气，亦是制取氢气的原料。所制得煤气组成为氢37%～39%（体积）、一氧化碳17%～18%、二氧化碳32%、甲烷8%～10%。采用煤气化制氢方法，其设备费占投资主要部分。

B 以天然气或轻质油为原料制取氢气

该法是在有催化剂存在下与水蒸气反应转化制得氢气。主要发生下述反应：

$$CH_4 + H_2O \longrightarrow CO + H_2$$

$$CO + H_2O \longrightarrow CO_2 + H_2$$

$$C_nH_{2n+2} + nH_2O \longrightarrow nCO + (2n+1)H_2$$

反应在800～820℃下进行。从上述反应可知，也有部分氢气来自水蒸气。用该法制得的气体组成（体积）中，氢气含量可达74%。其生产成本主要取决于原料价格，由于制气成本高，应用受到限制。

C 以重油为原料部分氧化法制取氢气

重油原料包括有常压、减压渣油及石油深度加工后的燃料油。重油与水蒸气及氧气反应制得含氢气体产物。部分重油燃烧提供转化吸热反应所需热量及一定的反应温度。气体产物组成

（体积）：氢气46%，一氧化碳46%，二氧化碳6%。该法生产的氢气产物成本中，原料费约占1/3，而重油价格较低，故为人们所重视。

9.3.1.3　生物质制氢

生物质资源丰富，是重要的可再生能源。生物质可通过气化和微生物制氢。

A　生物质气化制氢

将生物质原料如薪柴、锯末、麦秸、稻草等压制成形，在气化炉（或裂解炉）中进行气化或裂解反应，可制得含氢燃料气。我国在生物质气化技术领域的研究已取得一定成果，但目前氢含量仍较低。在国外，由于转化技术的提高，生物质气化已能大规模生产水煤气，其氢气含量大大提高。

B　微生物制氢

微生物制氢技术亦受到人们的关注。利用微生物在常温常压下进行酶催化反应可制得氢气。生物质产氢主要有化能营养微生物产氢和光合微生物产氢两种。属于化能营养微生物的是各种发酵类型的一些严格厌氧菌和兼性厌氧菌，发酵微生物放氢的原始基质是各种碳水化合物、蛋白质等。目前已有利用碳水化合物发酵制氢的专利，并利用所产生的氢气作为发电的能源。光合微生物如微型藻类和光合作用细菌的产氢过程与光合作用相联系，称光合产氢。该法采用各种工业和生活有机废水及农副产品的废料为基质，进行光合细菌连续培养，在产氢的同时可净化废水并获单细胞蛋白，一举三得，很有发展前途。

9.3.1.4　各种化工过程副产氢气的回收

多种化工过程如电解食盐制碱、发酵制酒工艺、合成氨化肥、石油炼制和炼焦等，均有大量副产氢气。

焦炉煤气（Coke Oven Gas，简称COG）中含有50%～60%的氢气和23%～28%的甲烷，它们是从焦炉煤气中分离氢的主要来源。某厂焦炉煤气的成分见表9-2。

表9-2　某厂焦炉煤气成分

序　号	项　目	单　位	测量值（平均）	
			脱硫塔后	洗苯塔后
Ⅰ	成　分			
1	CO	%	6.0	5.3
2	CO_2	%	2.4	3.0
3	N_2	%	9.6	9.3
4	O_2	%	0.6	0.8
5	CH_4	%	24.2	23.0
6	H_2	%	55.0	56.2
7	C_nH_m	%	2.2	2.4
Ⅱ	热　值	kJ/m^3	965.4	949.7
Ⅲ	杂质含量			
1	H_2S	g/m^3	1.62	2.6
2	NH_3	g/m^3	0.09	0.01
3	HCN（氢化氰）	g/m^3	0.76	0.67
4	萘	g/m^3	0.5	0.4
5	焦　油			
6	BTX（苯，甲苯，二甲苯）	g/m^3	35.8	5.0
7	固体颗粒			
8	NO			

如能采取适当的措施进行氢气的分离回收，如变压吸附的方法，每年可得到数亿立方米的氢气。这是一种不容忽视的清洁能源资源，应设法加以合理回收利用。

9.3.2 氢分离技术

目前，实现工业化的气体分离技术可分为三大主流技术：深冷法（cryogenic）、变压吸附法（PSA）和膜分离法（Membrane Separation）。

（1）深冷分离法。利用进料组分的沸点温差达到分离效果。其特点是：产品回收率高，分离纯度高；但投资较大，运行能耗高，多适用于同时回收大规模、多组分气体的场合。

（2）变压吸附（PSA）分离法。利用分子筛对不同种类气体在某一时间内吸附容量的差别，结合加压吸附、减压脱附的非连续循环过程实现气体分离。特点是产品气纯度高、压降小，但回收率相对较低。

（3）膜分离法。利用混合气体在通过高分子膜时不同的渗透速率而实现气体分离的。与传统方法相比，无材料损耗、投资少、占地少，能耗低、免维护、操作方便；但产品纯度低，规模小。

几种氢分离技术参数比较见表9-3。

表9-3 氢分离技术参数比较

项　目	膜分离	变压吸附	深冷分离
规模/$m^3 \cdot h^{-1}$	100 ~ 10000	100 ~ 100000	5000 ~ 100000
氢纯度(体积)/%	80 ~ 99	99 ~ 99.999	90 ~ 99
氢回收率/%	75 ~ 85	80 ~ 97	最高98
操作压力/MPa	3 ~ 15 或更高	0.5 ~ 3.0	1.0 ~ 8.0
压力降/MPa	高，原料产品压力比为2 ~ 6	<0.1	<0.2
原料氢最小含量(体积)/%	30	15 ~ 20	15
原料的预处理	需预处理	需预处理	需预处理
产品中的CO含量	原料气中CO的30%	<10μg/g	几百 μg/g
操作弹性/%	20 ~ 100	10 ~ 100	50 ~ 100
投　资	低	低	较高
能　耗	低	低	较高
操作难易	简单	简单	较难

综上所述，变压吸附法是一种灵活、实用性强的氢分离技术，适合于焦炉煤气的氢分离。变压吸附（Pressure Swing Adsorption，PSA）这一概念是由 H. Kahle 于1942年在德国申请专利时提出的，其基本原理是以吸附剂（多孔固体物质）内部表面对气体分子的物理吸附为基础，利用吸附剂在相同压力下易吸附高沸点组分、不易吸附低沸点组分和增压下吸附量增加（吸附组分）、减压下吸附量减少（解吸组分）的特性，将原料气在压力下通过吸附剂床层。相对于氢的高沸点杂质组分被选择性吸附，低沸点组分的氢不易吸附而通过吸附剂床层，达到氢和杂质组分的分离。然后在减压下解吸被吸附的杂质组分，使吸附剂获得再生，以利于再次进行杂质的吸附分离。

直至20世纪上半叶，吸附分离作为一个化工单元操作，在工业应用上还仅是一种辅助的工艺过程，其应用范围只限于工业气体的干燥脱水和微量 CO_2 的脱除。近50年来，随着变压吸附技术发展，吸附分离已成为一种简单有效的气体分离方法，广泛应用于化工、冶金、电子、医药、食品等行业，并逐渐发展成为继深冷法之后的又一新兴的气体分离技术。

变压吸附制氢工艺过程之所以得以实现是由于吸附剂在这种物理吸附中所具有的两个性质：(1) 对不同组分的吸附能力不同；(2) 吸附质在吸附剂上的吸附容量随吸附质的分压上升而增加，随吸附温度上升而下降。利用吸附剂的第一个性质，可实现对含氢气源中杂质组分的优先吸附而使氢气得以提纯；利用吸附剂的第二个性质，可实现吸附剂在低温、高压下吸附而在高温、低压下脱附再生，从而构成吸附剂的吸附与再生循环，达到连续分离提纯氢气的目的。从焦炉煤气分离氢气的4塔流程PSA工艺见图9-4。1号塔正处于吸附操作步骤，在塔顶收集纯氢产品；2号塔为降压操作步骤，首先使4号塔升压，然后给3号塔提供冲洗气；3号塔正在较低压力下释放解吸气，然后由2号塔来的气体进行低压下冲洗，使塔内杂质组分排放出来；4号塔先由2号塔来的气体充压，再加上由1号塔一小部分产品气体，使之升压到吸附状态的压力。就每个吸附塔而言，在一个操作循环周期里，要经历7个操作步骤——吸附、顺向降压平衡、顺放、逆向解吸、冲洗、升压平衡和最终充压。

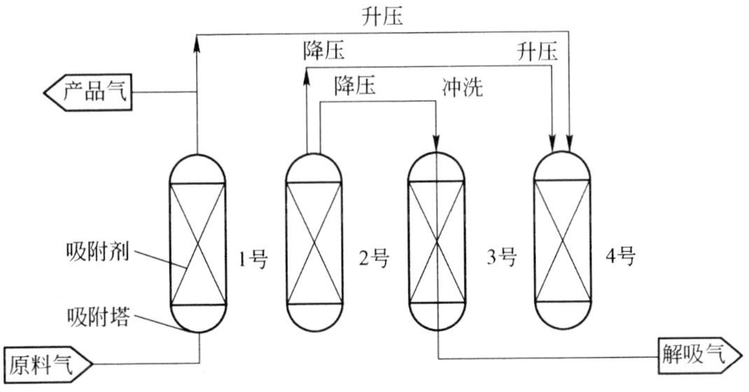

图9-4 四塔流程PSA从焦炉煤气分离氢气的工艺

9.3.3 焦炉煤气合成氨

钢铁企业除了是钢铁生产中心外，同时也是能量转化中心。按照我国年产6亿吨钢，焦比按照400kg测算，钢铁企业年产焦炭2.4亿吨，按照每吨焦炭产350m^3焦炉煤气计算，钢铁企业年产焦炉煤气约$840 \times 10^8 m^3$，其中含氢$508 \times 10^8 m^3$，含甲烷$210 \times 10^8 m^3$。氢气和甲烷都是良好的化工原料。它同时也是优质清洁燃料，应加以综合利用，而不是简单地作为燃料烧掉。

(1) 氢燃料。利用变压吸附技术，将焦炉煤气中的氢气分离出来，获得高纯度的氢气，可用于氢燃料汽车，或用于离子交换膜燃料电池发电。相对于电解水制氢等技术，是一种廉价的氢燃料。

(2) 生产合成氨。钢铁联合企业除了富产焦炉煤气外，还盛产污氮、余热蒸汽和二氧化碳气体，这些废气都是宝贵的合成氨原料，是放错位置的资源。

氮气主要来自空分，钢铁企业利用深冷技术进行空气分离，得到氧气用于炼钢，只回收少部分氮气，大部分以污氮的形式排放掉。氮是合成氨的主要原料。氢气来自煤炭的干馏，可通过提纯焦炉煤气生产氢气。钢铁生产过程中会产生大量不同能值的余热蒸汽，如转炉余热蒸汽、加热炉气化冷却蒸汽等，可作为合成氨的部分能源。利用焦炉煤气合成氨的工艺流程见图9-5。

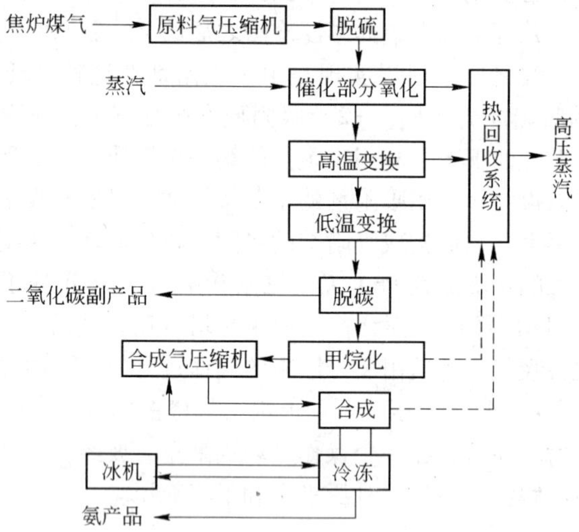

图 9-5　焦炉煤气做原料气合成氨工艺

年产 1000 万吨钢的钢铁企业，经测算可以建设年产 30 万吨的合成氨企业。

（3）生产尿素。如果进一步将合成氨加工成尿素，还需要大量的 CO_2。在钢铁生产过程中，必须利用大量石灰，石灰窑在生产过程中会产生大量的 CO_2，各种加热炉生产过程中也会排放 CO_2。根据尿素生产的要求，对石灰窑产生的 CO_2 进行回收利用，一方面减少了温室气体排放，另一方面生产出的尿素可满足农业生产的需要。经测算，年产 1000 万吨钢的联合企业，焦炉煤气量可以满足年产 50 万吨尿素生产的需要。

9.4　固体废弃物的综合利用

9.4.1　固体废弃物及其利用途径

固体废弃物主要有工业废弃物、矿业废弃物、农业废弃物和城市生活废弃物等。废弃物总是相对而言的，往往一个过程中的废弃物却是另一个过程的原料，许多固体废弃物实际上是宝贵的资源，因此许多国家都实行固体废弃物“资源化”方针。

工业废弃物包括冶炼废渣、化工废渣、粉煤灰、煤矸石、燃煤炉渣、放射性渣及工业垃圾（切削、研磨的金属碎屑等）。我国每年排放的工业废渣达 4 亿吨以上，其中煤矸石约 1 亿吨，高炉渣约 1.8 亿吨，钢渣和有色金属渣约 1.4 亿吨，电厂煤灰渣 1.38 亿吨。这些废弃物的综合利用具有很高的经济价值。

矿业废弃物包括采矿废石、选矿尾矿等。

本节主要介绍几种工业废弃物的综合利用。不同国家、不同地区采用不同的综合利用途径，主要取决于该地区的资源和需求状况。概括起来有以下五条途径：

（1）提取各种金属，尤其是稀贵金属；

（2）充分利用余热，大力回收能源；

（3）作为某些工业原料的代用品，节省资源；

（4）生产建材；

(5) 作为农业化肥及改良土壤。

9.4.2 燃煤灰渣的综合利用

9.4.2.1 燃煤灰渣的物理化学性质

灰渣的性质取决于燃料品种，燃烧方式及出灰方式。大部分燃煤灰渣来自火力发电厂，其灰渣特性见表9-4。

表9-4 燃煤灰渣粒度特性

粒度/mm	5.00	2.5	0.65	0.32	0.14	<0.14
百分比/%	1.95	3.1	8.4	34.7	41.9	10.0

比表面积2500～4500cm^2/g。

组成物质：玻璃状物质占60%～80%，主要为氧化硅和氧化铝，磁铁矿占6%～16%，碳粒占4%～13%，片状结晶物质4%～6%。

9.4.2.2 生产建筑材料

A 用来生产水泥

含氧化铝、氧化硅、二氧化硅高的粉煤灰可直接磨成水泥。我国建材工业总局已将粉煤灰水泥列为国家三大水泥标准之一。标准规定粉煤灰作为水泥混合材料的掺量为20%～40%。可利用各地粉煤灰的特点生产不同类的水泥，如熟料水泥、无熟料水泥、少熟料水泥等。

B 粉煤灰制砖

燃煤灰渣可生产轻质黏土砖、粉煤灰蒸养砖、粉煤灰泡沫砌砖等。这些轻型砖的重量是一般混凝土的40%～60%，故使基体负荷降低，从而节省材料和降低造价，进一步起到了间接节能的作用，提高了经济效益。特别是粉煤灰还具有保温、隔热、吸音和耐震的特点，是高层建筑、地下建筑和桥梁建筑的好材料。

C 提取空心微珠

研究表明，烟煤和无烟煤燃烧，当燃烧温度不低于1200～1400℃时，均能产生大量空心微珠（Cenosphere），最多可达50%～70%。而燃烧褐煤或劣质煤时很少有空心微珠产生。

空心微珠粒径为0.03～200mm，其中0.3mm的占30%。壁厚为直径的5%～8%的约占1%左右，可漂在水面上，称为漂珠（Floater）。其余的沉于水中称微珠。空心微珠具有的特性，很少有别的材料能与之相比。现将其特性介绍如下：

(1) 较高的耐压强度。美国明苏达大学实验表明，它可承受700MPa以上的压力。

(2) 轻。密度约为480kg/m^3，堆比重330～400kg/m^3。

(3) 耐高温。耐高于1430℃，可制耐火或防火材料。

(4) 介电性好，电阻随温度上升而增加，见表9-5。由于介电性不同于一般介电物质（温度上升，介电性下降），因此可用来作高温绝缘材料。

表9-5 漂珠比电阻特性

温度/℃	20	50	100	200
电阻率/Ω·cm	9.0×10^{11}	6.29×10^{12}	3.2×10^{13}	$(2.7\sim4.3)\times10^{13}$

(5) 导热系数小，$\lambda=0.159W/(m\cdot℃)$，比石棉略高，可制作保温材料。

综上所述，空心微珠可制成很好的潜艇材料和深海器材、航天航测材料、涂料、油漆、泡沫塑料等。许多国家建立了专门研究空心微珠的机构，我国一些院所和电厂也在开展这方面的工作，作为一种新型材料加以研究。

宝山钢铁公司等重点企业应用空心微珠轻质耐火材料效果良好。铸锭用漂珠制成绝热板，可提高成坯率1% ~3%；制成保温帽后，综合性能优于其他普通保温帽，而成本只是普通保温帽的30% ~50%。

D 提取有用元素和物质

可提取镍、铀等多种金属。含铁多的粉煤灰，可磁选精矿，矿的品位为67%，成本只是矿山开采的十分之一。

E 用于农业

上述4种途径由于投资较大，有些还没能发挥作用。灰渣用于农业则不需要大量的投资，而且相对来说见效快。因此，国内外有很多单位都采用这个途径。美国用煤灰改良土壤，使土质疏松有良好的透气性，试验种植的豆类获得高产。英国的蔬菜研究站也进行过煤灰对蔬菜生长的实验研究，由于施加煤灰后土壤保持水分提高30%，种植蔬菜得到增产。我国在近20年内对不同土壤进行了粉煤灰的试验，综合各种研究结果，可以看到上述类似效果，但波动较大，尚待进一步研究。

当前国外对粉煤灰的应用都很重视，其利用率日本为92%，德国为55% ~79%，法国为40% ~65%，英国为40% ~53%。我国粉煤灰排量大，每年达1.38亿吨以上，利用率不到20%。钢铁公司每年排出量达数百万吨，回收利用起步较晚。今后应因地制宜地开展综合利用，扩大使用范围，研制新型材料。

9.4.3 冶金渣的综合利用

冶金渣的综合利用早已引起人们的重视，进行了大量研究，已经研制颁布了多项冶金渣资源化综合利用标准，见表9-6。

表9-6 冶金渣资源化综合利用标准

序号	标准名称	标准号	标准等级	进度
1	钢渣硅酸盐水泥	GB 13590—2006	国标	已发布
2	用于水泥和混凝土中的钢渣粉	GB/T 20491—2006	国标	已发布
3	用于水泥和混凝土中的粒化高炉矿渣粉	GB/T 18046—2008	国标	已发布
4	钢渣稳定性试验方法	GB/T 24175—2009	国标	已发布
5	用于水泥中的钢渣	YB/T 022—2008	冶金行标	已发布
6	工程回填用钢渣	YB/T 801—2008	冶金行标	已发布
7	混凝土用高炉重矿渣碎石	YB/T 4178—2008	冶金行标	已发布

9.4.3.1 冶金渣

目前我国钢铁总产量已达到6亿吨，有色金属年总产量达34万吨，每年产生的冶金渣达3亿多吨。在冶金渣中，排量大的主要有高炉水淬矿渣、钢渣、高炉重矿渣等，其中高炉水淬矿渣和高炉重矿渣利用率较高，而钢渣利用率较低，仅有20%左右。未得到利用的冶金渣长期堆放而未及时综合利用，一方面冶金渣逐渐失去活性难于再利用，另一方面占用了大量土地，严重污染环境。

由于我国炼铁炼钢技术还不够先进而钢产量稳居世界第一，因此各钢铁企业每年都会产生大量的不同种类的冶金渣。根据我国的国情和目前的技术水平，要想大量利用冶金渣，只有走开发节能、利废、环保的建材产品这条路。冶金渣综合利用是指从冶金渣中磁选出铁，并将尾料大量用于建材产品的生产。从冶金渣中磁选回收的废钢铁可返回钢铁厂冶炼再利用；磁选回收的尾料可用来生产水泥混合材、路基材、砌筑水泥、预拌砂浆、混凝土标砖、多孔砖、冶金渣蒸压加气砌块等建材产品。冶金渣的开发利用既要考虑资源的再利用，符合循环经济的产业政策；又要考虑到采用合理的生产工艺，开发出节能、环保、符合市场需求、达到国家标准要求的建材产品。

利用冶金渣生产节能环保建材产品的方法，是利用钢铁厂产生的冶金渣、高炉煤气、余热蒸汽等再生资源生产出具有节能、环保、可替代高能耗建材产品的新工艺。破碎磁选除铁后的钢渣含有较多的游离 CaO 等矿物，具有独立的水硬性。当钢渣与高炉水淬矿渣配合使用时，钢渣水化析出的 $Ca(OH)_2$ 能对矿渣起碱性激发作用，而矿渣又可消除钢渣中游离 CaO 的不良影响，改善产品的体积安定性。破碎磁选除铁后的重矿渣具有质密、体积安定性好的特点，可取代碎石、黄沙用作建材产品的粗细骨料。

近年来国家鼓励发展循环经济，号召节能降耗。冶金渣综合利用是最具代表性的资源循环利用、节能、环保措施之一，也是冶金工业实现健康、持续发展的一个重要保障。利用冶金渣生产建筑材料，大量利用了工业废渣及余热蒸汽、高炉煤气等再生资源，又能生产出满足市场需要的绿色建材产品。这样的项目具有良好的环境效益、经济效益和社会效益。我们要继续加大研究并推广冶金渣综合利用技术，为冶金工业的健康、可持续发展作出贡献。

9.4.3.2 高炉渣的综合利用

我国高炉渣利用率仅次于日本，其利用途径如下：

（1）水淬高炉渣用作水泥混合材。这是我国高炉渣的主要利用途径，每年利用量达 1.4 亿吨。水淬高炉渣也可制成矿渣砖，这种砖具有水硬性能（即随着水化产物的不断增多，硬度也逐渐提高）。

（2）生产铸石。铸石是一种新型工艺材料，具有耐磨、耐腐蚀的特性，绝缘性好、硬度高，因而广泛用于许多工业部门，例如用作水利排灰沟的耐磨衬板，可节约铸铁等。经济效益明显，许多国家都建立了铸石厂，生产各种板材。管材、异型材、球及粉等，替代了部分不锈钢、炭素钢及铸铁。

（3）生产微晶玻璃。微晶玻璃是一种性能优良的建筑材料，具有比铝轻，耐化学腐蚀、耐热、耐磨和机械强度高的特点，又是一种很好的电绝缘材料和装饰材料。在许多情况下，它可替代钢（包括不锈钢）和铸铁，化工、建筑、机械等工业部门均有应用。

（4）其他方面。除上述利用途径外，高炉渣还用来制作玻璃、搪瓷、耐火纤维和矿棉等，有些国家也用它作肥料。

9.4.3.3 钢渣的综合利用

钢渣指平炉、转炉、电炉渣。由于钢渣内各种元素含量变化幅度大、成分复杂，因此利用较困难。主要利用途径为：

（1）在炼铁、炼钢中代替石灰、石灰石作溶剂。掺入烧结料替代石灰石，可提高烧结矿质量和产量，还能节焦。该项利用我国只占钢渣总量的 8%，而美国、日本、西德分别为 56%、50%、20%，具有较大发展空间。

（2）生产钢渣水泥。

（3）利用钢渣均质性好和硬度高的性能，生产道路工程材料。

（4）生产肥料。利用其中的成分磷生产磷肥，利用硅成分生产硅肥。

9.4.3.4 有色金属渣的利用

目前我国数量最多的有色金属渣是氧化铝厂的残渣（赤泥），其次是铜渣、锌渣和锡渣。

（1）赤泥的利用。生产1吨氧化铝约排出0.3～2吨赤泥。赤泥是以钙、硅、铁、铝为主的氧化物，主要用来制作水泥；不少国家研究从中回收碱、锌、铁、钒等金属；可用作炼铁球团矿黏结剂和炼钢助熔剂；还可作耐火材料、活性剂等，也可用于改良土壤。

（2）铜渣利用。可用以配制水泥生料，生产渣棉和铸石等。

9.4.4 煤矸石的综合利用

近年来，我国煤炭工业大力发展循环经济，按照3R（减量化、再利用、再循环）原则，重点对煤矸石、矿井水和粉煤灰进行了治理和利用。2010年，全国煤矸石综合利用量超过3.9亿吨，利用率达到70%以上。其中，电厂年利用煤矸石作为低热值燃料2亿吨；煤矸石制砖利用0.9亿吨；煤矸石复垦造田、筑路和井下充填消耗达1亿吨以上。产生酸性矿井水50亿立方米，综合利用36亿立方米，利用率达到70%。

从煤矸石中还可回收大量铁矿，提取二氧化硅、氧化铝和一些金属等有用物质；作陶瓷、水泥和耐火材料的原料；生产混凝土的骨料；可制取氨水、明矾；可改良土壤、作肥料等。

在发展循环经济过程中，要加快煤矿资源综合利用的研究，建设覆盖合理范围的集中利用或与排放量相匹配的综合利用项目。对不具备单独利用煤矸石等低热值燃料条件的中小型煤矿，实行区域集中治理和集中利用。在大型煤炭基地和主要煤炭矿区，要加快扩大煤矸石、煤泥、洗中煤、矿井水等资源的综合利用，建设煤矸石电厂等。

9.5 垃圾焚烧

垃圾焚烧是一种古老的传统垃圾处理方法，世界各国争相建造焚烧炉，垃圾焚烧已成为城市垃圾处理的主要方法之一。垃圾焚烧处理后，能够实现减量化，节省用地，还可灭绝各种病原体，将有毒有害物质转化为无害物。现代化的垃圾焚烧炉皆配有良好的烟尘净化装置，以减轻对大气的污染。一般焚烧炉内温度控制在980℃左右，焚烧后垃圾体积比原来缩小50%～80%，分类收集的可燃性垃圾经焚烧后可缩小90%。近年来，焚烧处理与高温（1650～1800℃）热解、熔融处理结合，进一步减量化，达到最大限度地保护环境。

9.5.1 垃圾处理的背景

随着近年来城市化进程步伐的加快，作为城市代谢产物的垃圾已经成为城市发展的负担，世界上许多国家都有过垃圾围城的状况。今天，垃圾被认为是具有利用潜力的、永不枯竭的“城市矿藏”，是“放错地方的资源”。这既是对垃圾认识的深化，也是城市发展的必然。

我国垃圾处理起步晚，通过近年来的引进发展，垃圾处理已经初具规模，垃圾处理市场容量有了明显增加，市场渗透率显著提高，进入环卫行业的企业在迅速增加。垃圾处理行业已经从导入期进入成长期，并向成熟期发展。

环境问题的日趋严重，引起人们的高度重视，节能、减排和环保成为各国的基本国策，垃圾处理发展成为产业。全世界垃圾量年增长8.42%，我国增长率达到10%以上。全世界每年产生4.9亿吨垃圾，我国每年就产生近1.5亿吨。据统计，中国城市生活垃圾累积量已达70亿吨，垃圾处理行业压力巨大，有理由相信，垃圾处理逐渐成为国内的明星产业。

废弃物资源化和资源循环利用，同时成为循环经济的重要组成部分。此外，废弃资源和废旧材料的回收利用，不仅解决了资源短缺的问题，同时减少了垃圾产出量，可谓“一举两得”。我国不断出台政策支持垃圾处理的发展，各地政府也开始高度重视垃圾填埋场的建设，加大了投入，可以预期，未来垃圾处理的发展前景广阔。

9.5.2 垃圾焚烧的关键问题

9.5.2.1 工艺技术

工艺参数的正确选择是保证垃圾焚烧炉优化运行的必要条件。影响焚烧过程的主要工艺参数包括炉温、空气过剩系数、燃烧强度、灰渣热灼减量、蒸汽温度等。

(1) 炉膛温度：一般控制在850~980℃。低于850℃，很难保证二噁英等有毒污染物有足够的分解率；高于980℃，则容易造成飞灰熔化，影响炉体寿命。

(2) 烟气停留时间：要求大于2s。一般850℃下，二噁英分解率达99.99%的时间为1.7s。

(3) 空气过剩系数：控制在1.5~2.2之间。空气过剩系数太大，会导致烟气温度降低；太小，会导致燃烧不充分和CO超标。

(4) 燃烧强度：针对不同炉型控制不同的燃烧强度，一般取$(6 \sim 20) \times 10^5 kJ/(m^3 \cdot h)$。取值太大，会造成燃烧不充分，灰渣热灼减量较大，对材料要求高；取值太小，经济上不合理。

(5) 灰渣热灼减量：小于5%，太高则不能满足有关标准；太低则停留时间增加，会降低燃烧强度。

(6) 蒸汽温度：是热回收利用的一个重要指标。若采用饱和蒸汽，发电效率仅3%~7%，或者用于取暖；若采用250~400℃的过热蒸汽，发电效率也越高，温度越高效率越高。但当管壁温度（蒸汽温度+40℃）高于295℃，易造成管道腐蚀。此外，进料高度、干燥段长度、通风面积、炉膛高度等对焚烧有一定的影响，与垃圾成分、炉型、燃烧方式都有很大关系。

9.5.2.2 控制污染

随着环保要求的提高和焚烧技术的进步，发达国家垃圾焚烧关注的重点已从过去的焚烧炉转向二次污染控制。控制二次污染的关键是去除烟气中的烟尘、重金属、二噁英、酸性气体，如HCl、SO_2、NO_x等，采用袋式除尘器、静电除尘器和湿式除尘器去除烟尘。由于在静电除尘器中易形成二噁英，一些国家已禁用。袋式除尘器效率高于99%，能作为吸收二噁英的二次反应器，应用较广泛，但价高、运行费用高。湿式除尘器效率达97%~99%，又可脱酸，价格低，多用于小型焚烧厂。重金属通过除尘器就可除去。去除酸性气体的方法有干法、半干法和湿法三种，中和物为石灰或氢氧化钠，它们的吸收效率依次为40%~50%、60%~80%、80%~90%，成本比为1∶(1.5~2)∶(2~2.5)，应根据垃圾特点、环保标准以及经济发展水平，选择合适的处理方式。总之，一般技术水平高的大型焚烧厂可采取燃烧控制、布袋除尘器、喷活性炭和吸收塔等组合方式去除尾气中的各种污染物；小型焚烧厂一般采用燃烧控制、湿式除尘、脱酸的组合方式，也能达到有关标准。

9.5.2.3 洁净燃烧

焚烧炉的燃烧控制水平严重影响其污染物排放量，主要表现在两方面：

(1) 高温焚烧，防止不完全燃烧产生二噁英、一氧化碳和碳氢化合物。根据3T原则，在焚烧炉中加二次燃烧室、二次风及保证足够燃烧强度，可达到850℃的炉膛温度和2s停留时间。此外，在焚烧炉点火、停炉或炉温过低等情况下，还应喷油助燃，以提高燃烧温度。

（2）设备机械化和自动化，目的是降低劳动强度，保证焚烧工艺参数的准确，达到平稳焚烧。自动控制工艺包括：通过 PLC/PC 控制系统实现焚烧自动调节（与鼓风、引风、氧含量、燃烧负荷、炉温、助燃系统等有关）、锅炉水处理系统、锅炉水位自动调节、过热蒸汽温度、流量与汽轮发电系统自动调节、电气联锁与自动保护等。选择合理的焚烧工艺及适当的工艺参数，也是燃烧控制的重要手段。

9.5.2.4 能源回收与综合利用

国内目前运行的大型焚烧厂中，一般都利用热能来发电，例如深圳、广州、北京新建的垃圾焚烧厂，都是由余热锅炉发生蒸汽，然后带动蒸汽轮机发电。这是一件变废为宝的好事，应深入研究，应用多种配套技术高效回收利用热能。如北京方庄小区热电厂，夏天以高压蒸汽为动力，利用溴化锂将自来水冷却至4℃，通过采暖管道为居民制冷，其技术同样可以应用于垃圾焚烧厂。同时还应制定有关奖惩措施，推动垃圾分类处理及能源回收。

9.5.2.5 控制成本

技术条件是阻碍我国城市垃圾焚烧技术推广的主要因素。前几年引进国外的多种垃圾焚烧炉付出了高昂的代价，一般价格为 30 ~ 50 万元/吨，较先进的为 50 ~ 100 万元/吨。当前应该加大技术消化力度，进行集成创新，开发更加高效和清洁的垃圾焚烧处理技术和装备。同时，降低制造成本和运行成本，是快速推动我国垃圾焚烧处理发展的有效途径。

9.5.2.6 加强管理

垃圾的收运管理要制度化。管理水平会对垃圾处理产生较大影响，若实现分类或分区收集，则可提高进入焚烧厂垃圾的质量，提高焚烧炉的热效率，降低运行成本。此外，焚烧设备的设计和生产需要加强管理，避免劣质产品流入焚烧工厂。当然，好的设备还需要好的管理，只有加强管理、提高员工素质，才能确保设备的正常运行，减少故障率。

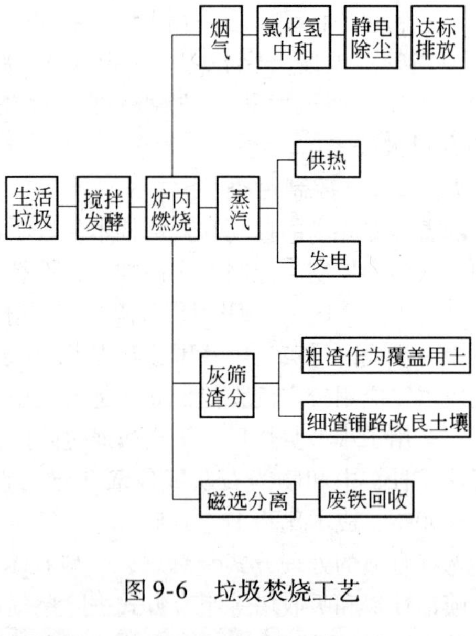

图 9-6 垃圾焚烧工艺

9.5.3 垃圾焚烧处理厂现状

目前，我国垃圾填埋较多，焚烧处理厂比较少，而且采用的技术也各不相同。尽管引进了世界上主流的焚烧技术和设备，但由于没有解决好上游垃圾收运环节的有效管理，垃圾混乱、品质差，造成洋设备水土不服，实际运行的效果不太理想，致使我国垃圾焚烧排放较高，如二噁英的排放控制标准比西方先进国家高 10 倍。一般垃圾焚烧的工艺如图9-6 所示，不同的焚烧设备会略有不同。国内垃圾焚烧炉的主要类型有 4 种。

9.5.3.1 马丁炉

马丁焚烧炉是引进日本三菱重工的产品，采用炉排燃烧，饱和蒸汽发电，静电除尘处理尾气，见图9-7。该工艺具有技术先进、运行稳定、可回收能量等优点。缺点是建设成本和运行成本高，而且由于中国垃圾未分类收集，玻璃碎片等硬物会影响传动系统，需定期停炉清理。此外还有些引进的固定炉排焚烧炉，虽然价格较低，但是技术较落后，灰渣热灼减量达 8% ~15%。

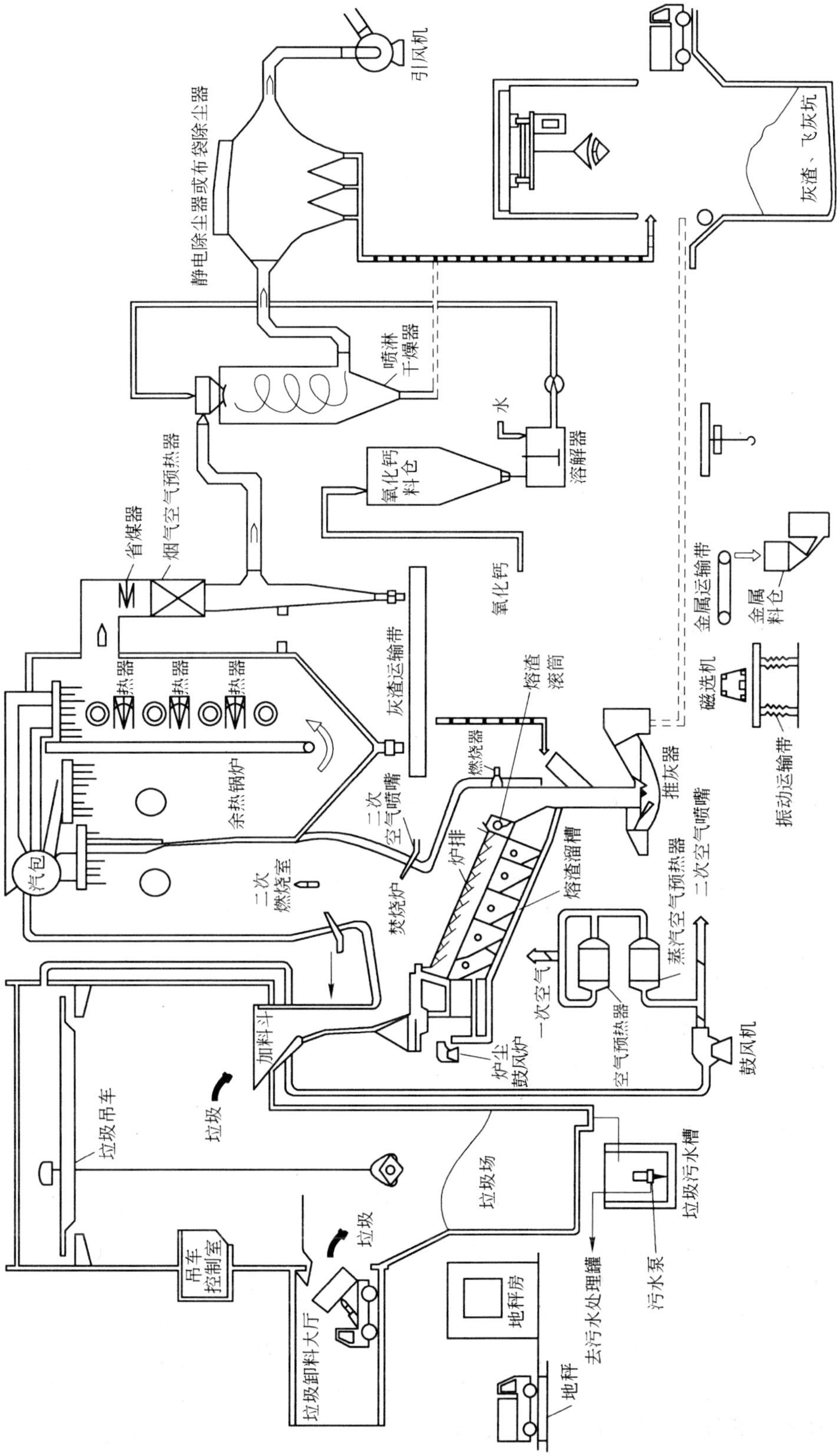

图9-7 马丁炉垃圾焚烧工艺图

马丁炉垃圾焚烧机理是：垃圾车运来垃圾后，卸入垃圾池，用吊车对垃圾进行翻拌混合，使垃圾的组分均匀，可使入炉的垃圾热值稳定，避免炉温波动过大。按垃圾贮坑的作业程序进行分区堆栈、发酵。解决高水分、低热值垃圾焚烧的重要机制，是让垃圾析出部分水分且产生沼气，以提高进炉垃圾的热值，容易着火燃烧。堆栈发酵后二至三天，由吊车经给料门送入焚烧炉内。在点火起炉和熄火停炉过程中，料槽内没有垃圾，关闭料门使炉膛与外界隔开，维持炉内负压。当达到投放垃圾温度时，开启料门，垃圾沿料槽下落到给料平台并充满整个料槽，给料装置将垃圾推送至炉排上，垃圾在炉排翻送过程中受到炉内的热辐射以及一次风的吹烘，水分迅速蒸发，着火燃烧，炉温逐步升高。当炉温达到600℃时，燃烧器退出，垃圾焚烧进入正常状态，炉温升高并维持在850～980℃。垃圾在炉排上依次通过干燥、燃烧和燃尽三个区域，可燃成分燃尽。灰渣由炉渣滚筒送出落入出渣机的水槽内，确保炉内负压的稳定。灰渣在出渣机内熄火和降温后被推送出来，由振动输送带送往渣场，在抛灰机的作用下落入灰渣贮坑中。垃圾经焚烧处理后成为稳定、无害的灰渣。输送过程中，悬挂在振动输送带上方的除铁器将含铁成分吸出，汇集后回收利用。垃圾焚烧过程中，细灰从炉箅的缝隙落到各风室中，称之为“漏灰”。应定时由漏灰排出系统依次打开风室下面的活门，将漏灰吹送入出渣机，同灰渣一起被排走。

灰渣贮坑的抓斗起重机将汇集在灰渣贮坑中的灰渣装车外运、填埋。助燃空气取自密封垃圾池的上方，由鼓风机抽吸和压送到二级加热（蒸汽预热器和烟气预热器）段。将风预热到250℃左右，然后分成一次风和二次风供入炉膛。一次风进入炉排下方的风室，通过调节阀获得最佳的风量分配，经炉箅风道穿过垃圾层进入炉膛，提供垃圾焚烧所需的氧气；二次风通过调节阀从燃烧室上方前、后拱处的两排喷嘴供入炉膛，对烟气起到扰动的作用和补充氧量，达到充分燃烧的目的。燃烧空气从垃圾贮坑抽取是为了将被污染带有恶臭的空气送入炉内进行高温处理，维持垃圾贮坑的负压状态，避免臭气外逸而造成周围环境的污染。垃圾燃烧产生的高温烟气由引风机抽吸，首先通过锅炉第一通道。该通道水冷壁下部用耐火材料敷设有相当长的未燃带，用以减缓热交换速度，使烟气温度保持不低于850℃，以使二噁英最大限度地分解。未燃带可避免水冷壁产生高温腐蚀。烟气经凝渣管从上而下通过第二通道，与锅炉管进行辐射热交换，再急转进入满布对流受热面的第三通道和第四通道，加快了热交换的速度。在锅炉出口处，烟温降至380℃左右。随后烟气通过布置有管式烟气预热器的第五通道，与空气进行最后的热交换，被冷却到270℃左右。通过调节挡板改变流经第四通道的烟气量，可控制进入除尘器的烟温。完成热交换后的烟气进入烟气处理系统。

9.5.3.2 道斯（Basic1）脉冲抛动式

脉冲抛动式技术的优势是垃圾入炉焚烧前不需进行任何预处理。生活垃圾经自动给料机送入焚烧炉，在干燥带上干燥、热解，在接受主炉膛的辐射热后，水分蒸发，使其更加容易燃烧。此阶段（干燥热解气化段）要控制燃烧空气量，实现欠氧燃烧。同时部分垃圾在高温辐射作用下，开始化学分解，挥发出部分高分子烃类和一氧化碳等可燃物。干燥带温度控制在500～600℃左右的最佳热分解温度范围，可以获得最好的分解效果。由于引风机的抽吸作用，部分气体在主炉膛内的停留时间很短，只有1～2秒，由于氧气供应并不是，只有25%的碳氢化合物在主炉膛燃尽，15%的固定碳燃尽，其余60%左右的挥发性碳氢化合物进入再燃室。烘干后的垃圾送入第一级炉排，经热解产生出的挥发性物质和可燃物在高温下燃烧。垃圾燃烧剩余的固体物留在炉排上，通过与空气的剧烈混合和炉排的抛动，垃圾被抛入下一级炉排继续燃烧。脉冲焚烧炉排级数依据设计而定。直至进入最后一级炉排燃烧时，供入的空气量使垃圾完全燃尽后进入灰渣坑，由自动出渣机排出。此时就整个焚烧炉炉膛与再燃室接口状态看，空气、垃圾颗粒、挥发分略呈不完全燃烧状态，各级炉排的燃烧强度和燃烧废物量不一样，所需的空气量不同。因此，每层炉排的振动频率和振幅也不一样，完全视现场工艺情况来调整，采用计算机控制其准确性。根据燃烧特点和传热方式的不同，焚烧可分为三个阶段：

第一阶段在炉膛内布置有水冷壁，接受燃烧的辐射热。燃烧空气由每个炉排的下部风口送入，经喷嘴进入炉膛，在气流作用下垃圾呈松散浮动燃烧，燃烧后的烟气中有许多焦炭颗粒和未燃烧物质。此时温度达 860℃。

第二阶段是烟气进入第一级再燃烧烟道与高速喷入的空气剧烈混合燃烧，仍有未燃尽可燃物继续进入第二级再燃烧烟道与空气混合燃烧，温度达 1000℃。此过程没有热交换，主要目的是提高烟气的温度，加快烟气中有害物质的分解。

第三阶段为控制余热锅炉进口温度，从省煤器出口处抽取部分 190℃ 的烟气回送至余热锅炉前混合，使进入余热锅炉的烟气温度保持在 760℃。燃烧完全的高温烟气经过过热器、省煤器、空气预热器进行换热，然后经干石灰与活性炭吸收处理，再经过半干式烟气处理设备和布袋吸尘器经引风机抽出，由烟筒排入大气。吸收塔下部飞灰与石灰等混合物由排灰装置排出。

9.5.3.3 LXRF 系列立式旋转窑焚烧炉

立式旋转室焚烧炉从结构上分为热解气化炉和第二燃室。热解气化炉内燃烧分层布置（如图 9-8 所示），从上往下依次分为干燥段、热解段、燃烧段、燃尽段和冷却段。进入热解气化炉的垃圾首先在干燥段被热解段上升的烟气干燥，其中的水分蒸发；在热解气化段分解为一氧化碳、气态烃类等可燃物并形成混合烟气，被吸入第二燃室燃烧；热解气化后的残留物（液态焦油、碳素以及垃圾本身含有的无机灰土和惰性物质等）进入燃烧段充分燃烧，温度高达 1100 ~ 1300℃，其热量随烟气上升为热解段和干燥段提供所需能量。燃烧段产生的残渣经过燃尽段继续燃烧后进入冷却段，被来自热解气化炉底部的一次风冷却，最后残渣经炉排的机械挤压、破碎后，由排渣系统排出炉外。同时，残渣将一次风预热。一次风穿过残渣层给燃烧段提供了充分的助燃氧，在燃烧段消耗掉大量氧气后上行至热解段，并形成了发生热解气化反应的欠氧或缺氧条件。

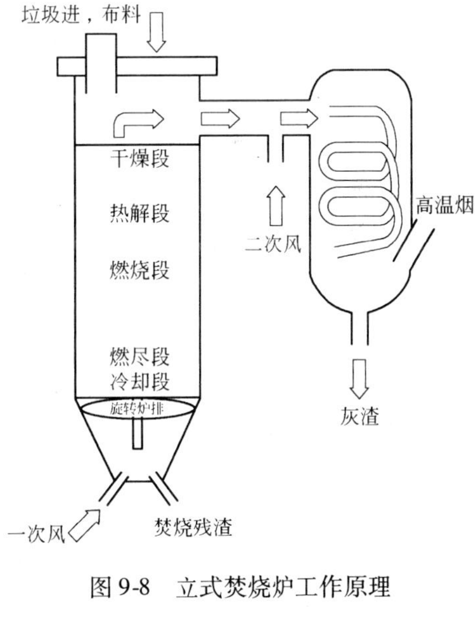

图 9-8 立式焚烧炉工作原理

综上所述，垃圾在热解气化炉内经热解反应后完成了能量的两级分配：裂解成分进入二燃室焚烧，裂解后残留物留在热解气化炉内焚烧，垃圾的热分解、气化、燃烧形成了向下运动方向的动态平衡。在投料和排渣系统连续稳定运行时，炉内各反应段的物理化学过程也持续稳定进行，从而保证了热解气化炉的持续正常运转。

9.5.3.4 流化床垃圾焚烧炉

流化床垃圾焚烧炉采用异重流化床燃烧方式和低倍率分级分离循环返料的燃烧系统。该系统由炉膛、物料分离收集器和返料器三部分组成，见图 9-9 和图 9-10。炉膛上部由膜式水冷壁组成，下部为倒锥体流化燃烧室，亦称为密相区。底部为水冷布风板，布风板上布置有特殊形式的风帽。布风板下部由水冷管构成等压风室。一次风经等压风室、布风板和风帽进入密相区使燃料开始燃烧，并将物料吹离布风板流化。二次风由床层上方的二次风口供入炉膛，一、二次风比例控制在7∶3左右，并可以根据燃料变化和运行情况进行灵活调节，保证垃圾的完全燃烧，同时能够控制 SO_2 和 NO_x 的生成。

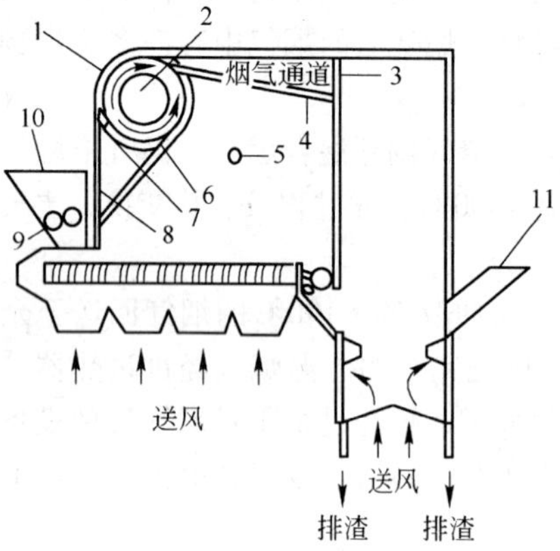

图9-9 流化床内循环示意图

1—旋风分离筒；2—烟气出口；3—流化床式烟气出口；4—层燃室烟气出口；5—二次风入口；6—压力平衡器；7—分离灰出口；8—返料室；9—破碎轧辊；10—垃圾及拌烧煤；11—拌烧煤加料口

此外，从一次风管引出几支二次风管从前后墙进入密相区，分别拨动垃圾、煤和返料灰，以便将垃圾、煤和返料灰等物料均匀播撒到床料中去，同时加强密相区下部的扰动。密相区上部为悬浮段，为保证烟气在炉膛中停留时间大于2秒，炉膛断面有所扩大。烟气携带物料继续燃烧，同时向炉膛四周放热。由于断面扩大，并且烟气经悬浮段碰撞炉顶防磨层，部分粗物料返回密相区，烟气只携带细物料离开炉膛进入一级分离器。一级分离器为四排撞击式分离器，由凝渣管构成，布置于炉膛出口处，作为炉内分离装置。烟气通过一级分离器时，物料中较粗部分被分离出来，落入分离器下方收集斗，返回炉膛再循环燃烧。经一级分离后的烟气携带较细的物料，经过过热器后进入二级分离器——下排气蜗壳式旋风分离器，将细物料进一步分离和收集起来，通过U形返料器返回到密相区，继续循环燃烧。过热器为纯对流型，分二级，为防止高温腐蚀，布置在炉膛出口，凝渣管后面。为保证管壁温度不超温，沿烟气流动方向依次为低温过热器和高温过热器。两级过热器之间设有减温器调节气温，考虑到焚烧垃圾烟气量较大的特点，面式减温器调温幅度在0～40℃之间。为防止过热器管子磨损，除把过热器布置在一级惯性分离器之后外，过热器前两排管子还采用了喷镀镍基合金防磨技术。锅炉采用两只蜗壳钢板式中温旋风分离器，外部为钢板结构，内部敷设保温、绝热和防磨材料。分离器入口采用蜗壳式布置，分离效率达到99.3%。回料阀采用非机械式U形阀回料器，保证回料通畅，并能耐高温、耐磨损和防黏结。

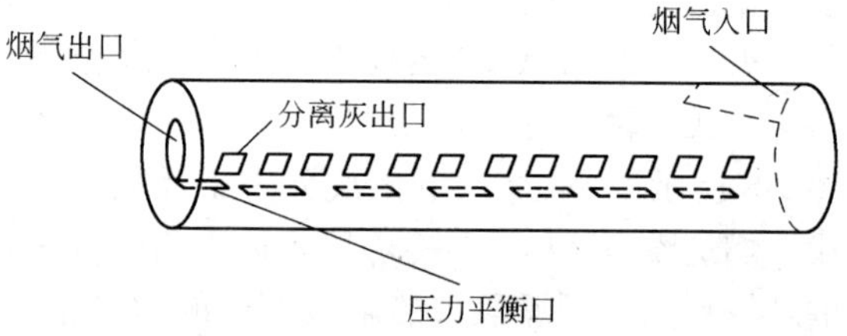

图9-10 旋风分离器结构

流化床垃圾焚烧炉的技术特点在于：

（1）需要石英砂作为辅料，需要掺煤才能燃烧垃圾，在煤价较低或上网电价比较高的情况下，掺煤越多，经济效益就越好。

（2）可以混烧多种废物，但是进料粒度越均匀越好，一般配有前级分选和破碎工序。

（3）焚烧炉内垃圾处于悬浮流化状态，为瞬时燃烧，燃烧不完全，飞灰量大，飞灰量是炉排炉的3～4倍，飞灰热灼减率高；二噁英产生量大，所以飞灰中二噁英的浓度反而较低；此外，流化床焚烧的另一个特点是炉渣的热灼减率较低，仅为1%～2%。

（4）床层处于悬浮状态，烟气流速较高，对焚烧炉的壁面冲刷磨损比较严重，设备寿命较短。

（5）检修相对较多，年运行时间较短，通常只有6000多小时。需要进一步深入研究，提高运行的可靠性。

（6）起炉和停炉比较方便。

近年来，由于煤价上涨，飞灰量大，垃圾需要预处理及政策调整等原因，流化床生活垃圾焚烧炉在我国的应用和发展受到一定的制约。但是，流化床技术在污泥处理领域有广泛的应用前景，流化床焚烧污泥在发达国家也有较多的应用实例。

垃圾焚烧处理厂（发电或供热）的核心设备是垃圾焚烧炉，前面对国内常见几种垃圾焚烧处理炉的特性作了介绍，下面就其机械特点、垃圾处理的适应性等性能进行比较，结果见表9-7。

表9-7　垃圾焚烧炉性能的比较

项　目	Basic1 炉	机械式马丁炉	回转炉	流化床炉
炉排形式	整体炉排	机械炉排	无炉排	无炉排
传动机构	压缩空气	液压系统	蜗轮蜗杆	机　械
燃烧空气压力	低	低	低	高
垃圾与空气接触	较好	较好	较好	好
点火升温速度	较快	较快	慢	快
二次燃烧室	需要	不要	需要	不要
烟气中含尘量	低	低	较高	高
设备占地面积	大	大	中	小
垃圾破碎情况	不需要	不需要	不需要	需要
燃烧介质	不需介质	不需介质	不需介质	需要介质
燃烧炉体积	大	较大	大	小
给料斗高度	高	高	低	较高
焚烧炉状态	静止	静止	旋转	静止
残渣中未燃成分	较少	少	较少	最少
垃圾种类	生活垃圾	生活垃圾	医疗垃圾	生活垃圾
垃圾热值	低热值类垃圾	低热值类垃圾	高热值类垃圾	低热值类垃圾
操作方式	连续	连续	连续	可间断
炉体材料耐磨性	小	小	大	大
垃圾处理量	<1500 吨	≥100 吨	<100 吨	<150 吨
炉型历史	长	长	较长	短
市场占有份额	低	高	低	低
检修工作量	少	比较多	少	较少
运行费用	低	偏高	低	较低

随着我国经济的高速发展和科技水平的巨大进步，城市生活垃圾焚烧处理行业必将得到快速发展。引进发达国家的技术设备建立一个生活垃圾焚烧厂，吨垃圾投资高，一般为60～80万元，吨运行费用要100多元，而且对垃圾热值要求高（>4320kJ/kg），我国除少数大城市和沿海经济发达的城市能承受外，大多数城市都无法接受。利用生活垃圾焚烧发电能产生一定的经济效益，然而因生活垃圾本身质量不稳定，造成发电不稳定，仍是全世界亟待研究解决之事。仅靠引进国外技术设备来解决我国城市生活垃圾焚烧是不可取的，应该在引进技术和装备

的基础上，学习和吸收国外先进技术和经验，扩大与国外技术合作与交流，走以发展国产化为主的技术路线。我国城市生活垃圾焚烧技术经过“八五”、“九五”、“十五”、“十一五”的科技攻关和滚动计划，已研发出一些适合于我国国情的国产化焚烧技术和设备，逐渐形成了一批由高等院校、科研单位和企业组成的研发队伍，持续进行科技攻关。在越来越高的环保和资源综合利用要求促进下，适合我国国情的国产化、现代化生活垃圾焚烧炉将应运而生，将成为我国垃圾焚烧行业的主力军。

由上述分析可以看出，开展废弃物资源化利用是一项重大的技术经济策略，对于节约能源、综合利用资源、增加社会财富、提高经济效益和保护自然环境，都具有重要意义。

复习思考题

（1）名词解释

清洁生产，循环经济，3R 原则，煤矸石，高炉渣，转炉渣，余热发电，变压吸附，垃圾焚烧，马丁炉，流态化炉。

（2）简要回答问题

1）制氢方法有哪些？简述你对氢能经济的看法。

2）马丁炉的垃圾焚烧机理。

3）流态化炉的垃圾焚烧机理。

4）回转炉的垃圾焚烧机理。

（3）分析回答问题

1）试比较 Basic1 炉、机械式马丁炉、回转炉、竖炉和流化床炉的优缺点。

2）钢铁联合企业含铁粉尘和废弃物的综合利用途径有哪些？

3）你对钢铁联合企业废气资源及其综合利用有何设想？

参 考 文 献

[1] 张方，马彦涛，胡将军．国内外火电厂烟气脱硫石膏的特点利用及处置[J]．粉煤灰综合利用，2003(4)：50.

[2] 田贺忠，郝吉明，赵喆．燃煤电厂烟气脱硫石膏综合利用途径及潜力分析[J]．中国电力，2006，39(2)：64.

[3] 童伟刚，姚雪荣，莫伟标．烟气脱硫方法分析及脱硫石膏的应用途径[J]．新型建筑材料，2006(8)：56.

[4] 陈云嫩．烟气脱硫石膏的综合利用[J]．中国资源综合利用，2003(8)：53.

[5] 欧伏岭，谢宝木．钢铁企业煤气资源综合利用措施初探[J]．冶金管理，2008 年第 6 期．

[6] 武运生．临钢钢铁渣资源化综合利用现状与发展方向[J]．中国冶金，2006，16(12).

[7] 朱桂林，杨景玲，李可，孙树杉．生产钢渣粉是钢渣高价值利用的重要途径[C]．中国钢铁年会，2005 年 10 月 1 日．

[8] 罗晔，叶琦哲，邹文敏等．燃煤电厂脱硫废水综合利用探讨[J]．中国资源综合利用，2009 年第 27 卷第 10 期．

[9] 吴红．六盘水市煤矸石资源化利用分析[J]．中国资源综合利用，2010 年第 28 卷第 12 期．

[10] 郭永辰．综合利用城市雨洪资源[J]．南水北调与水利科技，2004 年第 2 卷第 6 期．

[11] 陈秀萍．新集矿区劣质煤热电厂余热综合利用优化设计[J]．矿业安全与环保，2000 年第 27 卷第 4 期．

[12] 王光宇．安徽省油菜秸秆资源综合利用方案研究[J]．资源开发与市场，2010 年第 26 卷第 3 期．

[13] 马洪安．热电厂废热资源综合利用简介[J]．价值工程，2010，29(26).

[14] 聂永丰．国内生活垃圾焚烧的现状及发展趋势[J]．中国城市环境卫生，2009 年第 04 期．

[15] 贾学斌，刘冬梅，赵志伟．我国城市生活垃圾焚烧处理方法及设备的现状与展望[J]．哈尔滨商业大学学报，2002.

[16] 王涛，刘廷凤，高占啟等．城市垃圾焚烧飞灰中重金属的形态及酸浸出性研究[J]．环境化学，2007(5)．

[17] LIU Feng，LIU Jian-guo，YU Qian-feng，NIE Yong-feng. Chemical speciation and mobility of heavy metals in municipal solid waste incinerator fly ash[J]. Journal of Environmental Sciences，2004，No. 06.

[18] J. F. Brilhac，B. Pateyron，J. F. Coudert，P. Fauchais，A. Bouvier，Study of the dynamic and static behavior of de vortex plasma torches：Part II：Well-tye cathode[J].

[19] 冯军会，何晶晶，曹群科，章骅，张沛君．垃圾焚烧飞灰中重金属浸出的影响因素[J]．环境化学，2005(4)．

[20] 黄雅曦．城市污水污泥重金属控制机理及堆肥利用的研究[D]．中国农业大学，2004.

[21] 李建新．垃圾焚烧过程重金属污染物迁移机理及稳定化处理技术研究[D]．浙江大学，2004.

[22] 王晓泳．钢铁烧结行业脱硫石膏综合利用前景[J]．中国资源综合利用，2003(8)：53.